# L'ENSEIGNEMENT

## A L'ÉCOLE NATIONALE ET SPÉCIALE

### DES

# BEAUX-ARTS

---

# SECTION D'ARCHITECTURE

---

ADMISSION. — 2ᵉ CLASSE. — 1ʳᵉ CLASSE. —
DIPLOME-PRIX DE L'ACADÉMIE ET PRIX DE ROME
AVEC LEUR EXPOSÉ PRATIQUE

PAR

## Henry GUÉDY

ARCHITECTE

| | |
|---|---|
| **Préface de M. J. GUADET**<br>Professeur de théorie à l'École des Beaux-Arts | **Historique par M. Eug. MÜNTZ**<br>Membre de l'Institut |

PARIS
## LIBRAIRIE DE LA CONSTRUCTION MODERNE
### AULANIER ET Cⁱᵉ, ÉDITEURS
13, RUE BONAPARTE, 13

(En face de l'École des Beaux-Arts)

# L'ENSEIGNEMENT

## A L'ÉCOLE NATIONALE ET SPÉCIALE

### DES

# BEAUX-ARTS

## SECTION D'ARCHITECTURE

# L'ENSEIGNEMENT

## A L'ÉCOLE NATIONALE ET SPÉCIALE

DES

# BEAUX-ARTS

# SECTION D'ARCHITECTURE

*ADMISSION. — 2ᵉ CLASSE. — 1ʳᵉ CLASSE. —*
*DIPLOME-PRIX DE L'ACADÉMIE ET PRIX DE ROME*
AVEC LEUR EXPOSÉ PRATIQUE

PAR

## Henry GUÉDY

ARCHITECTE

Préface de M. J. GUADET
Professeur de théorie à l'École des Beaux-Arts

Historique par M. Eug. MÜNTZ
Membre de l'Institut

PARIS
LIBRAIRIE DE LA CONSTRUCTION MODERNE
AULANIER ET Cⁱᵉ, ÉDITEURS
13, RUE BONAPARTE, 13

(En face de l'École des Beaux-Arts)

# PRÉFACE



*Mon cher confrère,*

*J'ai lu votre publication sur l'Ecole des Beaux-Arts : je la crois utile et bienvenue.*

*En effet, j'ai vu trop souvent des jeunes gens — ou leurs parents — ignorer totalement ce que sont nos études, leur difficulté et leur longueur : entre tant d'autres carrières, on choisit celle d'architecte sans être renseigné, sachant vaguement qu'il y a une Ecole des Beaux-Arts où s'enseigne l'architecture, supposant qu'il suffit de s'y faire inscrire, ne soupçonnant pas les difficultés très grandes de l'entrée, n'ayant aucune idée de ce que seront les études qu'elle réclame. Cependant, le temps s'use, la jeunesse se passe vite, et tel qui a cru venir à Paris pour y rester deux ou trois ans peut-être avec l'espoir d'être consacré architecte après ces deux ou trois années, s'aperçoit trop tard qu'il lui faut sacrifier un temps souvent long à la préparation, à l'admission; puis, lorsque ses modestes ressources ont peut-être été épuisées dans cette attente, il voit qu'il lui reste à parcourir toute une série de travaux qu'il ne soupçonnait pas, et qui exigent des années encore. Pris alors par les difficultés de la vie, le jeune homme ne peut plus se livrer sans partage à son instruction, il lui faut dérober en quelque sorte au travail qui fait vivre le temps trop hâtif qu'il peut donner presque furtivement aux études, les mutiler, s'astreindre à une vie pénible, parfois sans résultats. C'est une histoire trop fréquente, et nous sommes témoins impuissants de ces luttes souvent héroïques, je ne crains pas de le dire, de la pauvreté et de l'ardeur à s'instruire.*

*Cela, certes, existe partout, et à l'honneur des plus vaillants parmi les étudiants, mais chez nous peut-être plus qu'ailleurs, parce qu'on est moins renseigné, et que dès lors on peut moins sûrement établir son plan de campagne en vue de cette lutte sérieuse qui est l'âme de toutes les hautes études. Partout on connaît, sinon dans les détails, tout au moins dans l'ensemble, l'organisation des études littéraires ou scientifiques; on sait quel est le fonctionnement des Facultés ou des Ecoles spéciales, les conditions requises à l'entrée, la durée normale des études; on se prépare en conséquence. De notre Ecole des Beaux-Arts, même dans les milieux artistiques, on ne connaît rien ou presque rien.*

*C'est que cette Ecole ne ressemble à aucune autre; et peut-être comme introduction à votre livre, et pour permettre de lire en connaissance de cause les renseignements que vous donnez, est-il nécessaire d'exposer d'abord quel est son but, son principe et la constitution exceptionnellement libérale à laquelle elle entend demeurer fidèle, — en se limitant ici à ce qui concerne sa section d'architecture.*

*L'Ecole des Beaux-Arts s'interdit volontairement et résolument l'enseignement dogmatique de l'art. C'est là son originalité libérale; et lorsqu'on parle, avec colère parfois, d'enseignement plus ou moins exclusif, de doctrine officielle, d'empreintes systématiques sur de jeunes cerveaux, c'est tout simplement qu'on ne connaît pas l'Ecole, ou qu'on veut ignorer ce qui s'y passe. Notre Ecole est en réalité un grand Gymnase où les étudiants, quel que soit le professeur de leur choix, le conseiller permanent et dévoué de leurs études, apportent leurs travaux faits chez eux ou dans l'atelier qu'ils ont préféré. Tout y est concours, l'Ecole indique les sujets, soumet les résultats à des jurys indépendants, et ne fait que constater les efforts et récompenser les meilleurs travaux étudiés sous le régime de la plus entière liberté, sous la direction que l'élève a choisie lui-même dans sa complète indépendance. L'Ecole est le rapprochement et la concentration des enseignements artistiques et personnels donnés à qui les sollicite par des professeurs, ou plutôt des maîtres, qui veulent bien se dévouer à cette mission honorable mais laborieuse, de guider les essais de leurs jeunes camarades. L'enseignement amical est ce qui caractérise nos études.*

Mais pourtant cette Ecole a son enseignement collectif, elle a ses cours? Sans doute. C'est que dans les études d'architecture il y a deux parts bien distinctes : ce qui est certain, ou à peu près certain, et ce qui ne relève que de l'idée personnelle, du goût, de l'inspiration. L'Ecole enseigne le certain, elle laisse chacun suivre le guide de son choix pour la direction de sa conscience artistique. Aussi a-t-elle des cours de mathématiques, de géométrie descriptive, de stéréotomie, de perspective, de construction, de physique et chimie, de législation; elle enseigne aussi le dessin, le modelage, la composition décorative, l'histoire de l'architecture, celle de l'architecture française, l'histoire générale et la littérature. Tout cela peut s'enseigner ex cathedra.

Elle a aussi un cours de théorie de l'architecture, et là il semblerait qu'elle pût faire œuvre dogmatique en matière d'art : ayant l'honneur d'être chargé de cet enseignement redoutable, je puis dire comment je le comprends avec la pensée de respecter avant tout la liberté de l'enseignement artistique donné par chaque maître à ses élèves propres.

Soit sur les éléments de l'architecture — murs, portes, fenêtres, portiques, planchers, voûtes, etc., soit sur les éléments de composition des édifices — habitation, instruction, édifices religieux, etc., etc., je cherche à faire connaître aux élèves ce qui s'est fait, et pourquoi, en m'attachant aux exemples universellement admirés, sans acception de styles ni d'époques, sans affirmer ni imposer des préférences ou des exclusions. C'est donc, si le mot peut être employé ici, la science de l'architecture qui est le programme de ce cours. Je m'efforce d'y exposer, ici encore, ce qui est certain, certain pour tout le monde; je dis : « Voilà ce qui s'est fait »; je ne dis pas : « Voilà ce qu'il faut faire. »

Tel est l'enseignement de notre Ecole. Je n'en connais pas d'autre dont la constitution soit aussi libérale et respectueuse de toutes les initiatives et de toutes les bonnes volontés.

Les études trouvent d'ailleurs à l'Ecole leur sanction, qui est toujours le concours. Tous les cours aboutissent à des concours ou à des examens, toujours avec des récompenses de divers degrés. Il n'y a pas de division par années, comme dans bien des écoles; on entre en seconde classe; on passe en première classe, non après un temps *déterminé, mais après l'obtention plus ou moins rapide, plus ou moins lente, des succès requis. De même en première classe, il faut, pour pouvoir se présenter aux épreuves du diplôme, non un temps déterminé, mais un minimum de succès obtenus. Dans tous ces concours, les élèves de dix, douze, quinze maîtres luttent ensemble : l'Ecole n'intervient que par le programme et par le jugement: jugement rendu par un jury où les professeurs de l'Ecole sont la minorité.*

*La première, la grande qualité chez l'élève est donc l'esprit d'émulation, car du jour de l'entrée au jour de la sortie, il est toujours en concours, il ne vit que de concours. Rien n'est obligatoire — on s'adresse à des hommes ; — nous n'avons ni feuilles de présence, ni moyens coercitifs autres que la radiation lorsqu'il y a abandon formel des études. A chacun de se faire ses études, ses succès. Celui qui est doué de l'esprit d'émulation, qui veut être le premier, qui veut dépasser les autres, qui éprouve un chagrin très vif à se voir dépasser lui-même, qui ne voit dans un échec que la leçon méritée et l'incitation à la revanche, qui a l'ardeur et la volonté, celui-là réussira. Celui qui, même avec des dons peut-être plus heureux, sera satisfait d'un minimum réglementaire, mesurera son effort à la poursuite prosaïque de la récompense exigible et non à la poursuite du progrès artistique, qui pourra être même laborieux, mais sans entrain et sans feu sacré, qui n'aura pas le diable au corps, celui-là restera en arrière et ne jouera dans sa vie, à moins de révulsion tardive, que les utilités.*

*Très vastes, nos études sont forcément très longues. Sans parler des concours du grand prix de Rome, concours de l'Institut et non de l'Ecole des Beaux-Arts, qui incitent nos meilleurs élèves à prolonger leurs études bien au delà de ce qui est strictement exigé, il ne se passe guère moins de cinq ou six années entre l'admission à l'Ecole et la présentation aux épreuves du diplôme. Ce temps est souvent beaucoup plus long pour trois catégories d'élèves : ceux qui poursuivent volontairement leurs études; ceux qui doivent partager leur temps entre l'étude et les travaux lucratifs; ceux enfin dont la nature plus lente exige de plus longs délais pour les mêmes résultats.*

*Quelques mots maintenant des programmes d'architecture. Pour l'admission, vous en transcrivez un assez grand nombre, mais je regrette un peu que vous ne les ayez pas datés. Il y en a qui remontent à une époque où les tendances, que je ne critique pas, étaient autres. Quant à moi — puisque c'est moi qui donne ces programmes — je ne proposerai pas aux aspirants des questions de module, des distinctions entre un style grec ou romain, non plus que des compositions d'ensemble comme un tribunal ou une mairie. Que viendraient-ils faire chez nous s'ils devaient savoir déjà composer un ensemble? L'épreuve d'architecture de l'admission doit être un exercice, qui ne suppose pas le bonheur de la connaissance préalable et parfois fortuite d'une solution apprise. Ces programmes doivent viser un élément d'architecture fréquente, d'interprétation libre, où l'on puisse montrer ce qu'on sait faire. Je n'admets pas non plus des programmes sans coupes, comme quelques-uns de ceux que vous citez; encore moins ceux qui supposent la connaissance de théories personnelles à un professeur, comme ceux où il est parlé d'ordres hexamétriques ou heptamétriques, langage mystérieux pour qui n'avait pas suivi un cours très personnel. Il ne faut pas croire non plus que nos concours roulent uniquement sur les ordres antiques. J'en connais toute l'importance, mais cela ne répond pas à tout; et ce que nous voulons avant tout, c'est que l'élève puisse montrer qu'il sait comprendre et exprimer la structure de ce qu'il conçoit, sur un sujet simple, mais bien vu dans sa vérité rendue par d'heureuses proportions et la concordance raisonnée des différentes projections qui ne doivent faire que les diverses expressions d'un même tout.*

*Pour le dessin, le modelage, une chose prime tout : la vérité. Le dessin sérieux, aussi sérieux que possible, et non l'habileté de facture et surtout le chic, voilà ce que nous demandons.*

*Les sujets sont relativement faciles, mais l'étude doit être sérieuse; on ne saurait trop le recommander.*

*Quant aux sujets des concours de composition pour les élèves admis, ils s'en rendront compte une fois à l'Ecole. Les éléments analytiques les exerceront sur les moyens dont dispose l'architecture : ce ne seront pas des compositions entières, mais des exercices encore; par exemple, un parallèle de travées d'un même édifice, avec la diversité d'étude que comportera l'étude des intérieurs et des extérieurs*

— *plan, coupe, façade,* — *suivant que les salles seront voûtées ou plafonnées, etc. Les* projets de seconde classe *visent des sujets fragmentaires ou des ensembles restreints, permettant d'approfondir l'étude. Mais pour les* esquisses de seconde classe, *les élèves auront en vue surtout de se préparer à la composition générale, à traiter rapidement une composition complète et étendue : un théâtre, un hôtel de ville, un entrepôt, etc. Par là, ils s'essaient à la grande composition qui sera avant tout l'objet de leurs études en première classe.*

*En première classe, ce sont des sujets analogues — ce théâtre, cet hôtel de ville, qui deviendront l'objet non plus d'une simple esquisse, mais d'un projet complet, composé en douze heures, puis étudié et rendu à l'atelier. Comme esquisses au contraire, ils auront à traiter et exprimer lestement un sujet restreint, avec tout le charme que leur permettra le talent déjà acquis.*

*Grâce à cette gymnastique, car c'est surtout cet exercice permanent de l'imagination, de la souplesse et de l'invention que nous voulons susciter, l'élève aura vu beaucoup, se sera exercé sur des sujets variés, se sera enrichi jusqu'à devenir un compositeur. Il n'aura pas appris de recettes, il ne se sera pas spécialisé; il aura fait mieux : il se sera rendu apte à se mesurer utilement, comme composition et comme étude, avec tel programme spécial que lui imposeront des circonstances qui ne dépendent pas de lui. Ces circonstances ignorées et imprévues feront de lui l'architecte d'un théâtre ou d'une église, d'une habitation luxueuse ou d'un hospice : n'importe, il sera préparé, et il saura approfondir un sujet, s'en pénétrer, il saura être architecte.*

*Mais votre livre est surtout le manuel de l'aspirant, ou du père de l'aspirant. A ceux-là, il faut dire que pas plus chez nous que pour d'autres écoles, on ne prépare pas des épreuves d'admission. Les fours à candidats sont chose déplorable : rien n'est inepte comme les pronostics sur les sujets à traiter, l'exercice de dessin, par exemple, limité à des modèles déterminés parce que ces modèles ont pu être choisis pour des épreuves. Celui qui aura bien su dessiner le torse du Belvédère, par exemple, saura a fortiori dessiner un ornement quelconque: celui qui aura bien traité quelques éléments d'architecture* sérieusement étudiés saura suffire aux sujets que nous pouvons lui demander. Il faut arriver aux épreuves bien préparé et indifférent à ce qu'en sera le programme particulier ; ne croire ni aux poncifs ni aux trucages, savoir qu'il n'existe pas un métier de candidat, être convaincu que la condition du succès est dans la force acquise, consciencieusement acquise, et là seulement.

Et ce qui est vrai au début est vrai encore après : pendant les longues études de l'Ecole, de ce Gymnase d'art, nous ne faisons qu'une chose : rendre les hommes forts, créer des artistes forts — à condition qu'ils en soient pourtant capables, et qu'ils le veuillent.

Après quoi, l'Ecole a fait ce qui était en son pouvoir. On n'enseigne que ce qui peut s'enseigner : puis chacun, dans ce concours éternel qu'est la vie, se fait la place qu'il mérite par son intelligence, sa raison et sa volonté. Les circonstances, le hasard même, le bonheur parfois, joueront un grand rôle dans sa carrière ; mais il sera préparé ; et après cette préparation, avec, s'il est juste, quelque reconnaissance pour son Ecole et ses maîtres, il ne relèvera plus que d'autres maîtres, plus sévères et plus exigeants : la vie, l'amour de son art et — je l'espère — de lui-même !

Paris, le 1ᵉʳ juin 1899

J. GUADET,

Professeur de théorie d'Architecture et membre du Conseil
supérieur à l'Ecole des Beaux-Arts.

# HISTORIQUE DE L'ÉCOLE DES BEAUX-ARTS

## I

Dans une des rues les plus étranglées et les plus bruyantes de la rive gauche, au fond d'une vaste cour, à la tournure monumentale, qui évoque le souvenir de l'Italie, se développe calme et harmonieuse l'arène où la jeunesse s'exerce à cueillir le plus beau fleuron de notre couronne, l'École des Beaux-Arts. Cette institution, à la fois lieu d'enseignement et musée, n'est pas connue comme elle le mériterait. Le passant admire de confiance les élégants portiques et l'imposante façade élevés par Duban ; puis il s'imagine que l'accès du monument est limité par des règlements draconiens, maugrée un instant contre l'Administration et passe son chemin. A peine si, à de rares intervalles, les expositions ouvertes dans la partie de l'École qui donne sur le quai Malaquais, — prix de Rome et envoi de Rome, expositions d'artistes décédés, etc., — attirent un flot de visiteurs, qui s'écoule sans avoir eu la curiosité de pousser ses investigations plus loin. Seuls, les étrangers font régulièrement leur pèlerinage au sanctuaire de la rue Bonaparte.

Notre vive et spirituelle population parisienne m'objectera que les collections de l'École ne sont pas publiques. Erreur, triple erreur ! D'abord, le dimanche, l'immense majorité des salles est ouverte à tout venant ; en outre, dans la semaine, rien qu'à l'aide de cartes très libéralement délivrées par la Direction des Beaux-Arts, des gardiens guident les visiteurs à travers le dédale de nos amphithéâtres et de nos salles.

## II

L'histoire de l'École est triple : il y a celle de l'institution, celle de l'édifice, celle des collections. A une époque relativement récente, en 1817 seulement, ces courants se sont rejoints ; il sera bien difficile de jamais les séparer à nouveau.

Quoique le contenant soit plus vieux que le contenu, je commencerai par ce dernier : aussi bien est-ce lui qui donne sa raison d'être au monument détourné de sa destination primitive et qui, aujourd'hui, grâce au génie de Duban, est indissolublement lié au souvenir de notre grande pépinière artistique, il serait plus juste de dire à la pépinière où se perfectionne jusqu'à la jeunesse du nouveau monde. Les États-Unis d'Amérique n'ont-ils pas tenu à reconnaître ce qu'ils doivent à l'établissement de la rue Bonaparte, quand il ont institué, en 1888, en faveur d'un élève français, un prix annuel de 1,470 francs, dit prix de reconnaissance des architectes américains !

Les origines de l'École des Beaux-Arts se confondent avec celles de l'Académie royale de peinture et de sculpture : depuis l'arrêt du Conseil d'État qui sanctionna, le 27 janvier 1648, l'établissement de l'Académie, jusqu'au décret de la Convention qui la supprima, le 8 août 1793, l'École ne fit qu'un avec elle, comptant le même personnel, installée dans le même local, partageant avec elle la bonne comme la mauvaise fortune. La fondation de l'Académie, — sur l'initiative et sous les auspices de Charles Le Brun, le futur visir des Beaux-Arts, — avait pour but de soustraire les représentants des arts libéraux à la

tyrannie des membres de la maîtrise, « ces doreurs, étof-
feurs et marbriers... », qui voulaient obliger les peintres et
sculpteurs de Sa Majesté et les « autres excellents hommes
de ladite profession » de se faire passer maîtres à Paris ou
de travailler sous des broyeurs de couleurs ou de polis-
seurs de marbres. Disons tout de suite que la lutte, — une
lutte séculaire, — entre l'Académie royale et la maîtrise
ou Académie de Saint-Luc, forme un des épisodes les plus
piquants de l'histoire des corporations, une revendication
éclatante de la liberté du travail intellectuel. Chez les corporations, telles qu'elles étaient organisées au début du
xviiᵉ siècle, la routine formait un obstacle infranchissable à
tout progrès, à toute initiative, et cette routine était
rendue plus féroce encore par les préoccupations
professionnelles, par le désir de se défendre contre ceux
qui n'avaient pas pris la précaution de se syndiquer. Or,
si les corporations avaient leur raison d'être, en ce sens
qu'elles offraient des garanties de bonne et solide fabrication, toutes les fois qu'il s'agissait de principes supérieurs
de goût, d'imagination, de poésie, elles ne pouvaient qu'op-
poser une barrière à l'effort des esprits indépendants. Les
agissements de l'Académie de Saint-Luc en sont une
preuve saisissante, sinon éloquente : sans désemparer,
cette association de médiocrités éprouva le besoin de
recourir aux tribunaux pour ses prérogatives. Triste res-
source pour des artistes

L'Ecole académique avait une mission des plus hautes :
elle devait enseigner ce que l'on pourrait appeler les HUMA-
NITÉS DE L'ART, enseignement depuis longtemps organisé
en Italie, mais qui manquait de tout point en France. Jusque-là, en effet, il n'existait pas chez nous d'écoles des
Beaux-Arts : c'était dans les ateliers particuliers, sous
forme d'apprentissage, que la jeunesse se familiarisait avec
les connaissances théoriques ou pratiques indispensables :
point de cours théoriques jusque-là, point de méthode,
point d'esthétique. Il s'agissait, sans supprimer l'appren-

tissage, de donner aux études une base plus large. Libre aux parents de placer leur fils dans une demi-domesticité, chez de braves maîtres peintres, sculpteurs, graveurs, qui leur enseigneraient leur art « suyvant Dieu, leur conscience et expérience », sans leur rien cacher, et qui les occuperaient dans leur maison « aux choses licites et honnêtes », comme de balayer l'atelier, d'allumer le feu, de bercer les enfants ou de panser les chevaux. L'État, lui, se croyait tenu d'offrir des éléments d'éducation d'un ordre plus relevé et de préconiser des principes supérieurs. L'innovation, pour ne pas dire la révolution, fut grosse de conséquences. Les fondateurs de l'École n'oubliaient d'ailleurs pas que l'enseignement a pour objet, non de donner le génie ou tout simplement le talent (c'est là affaire à la nature, non aux professeurs), mais uniquement de fournir le minimum de connaissances positives indispensables et de former le goût.

Les débuts de l'institution, — aujourd'hui si splendidement dotée et installée, — furent modestes, précaires, touchants ; on manquait d'argent, tantôt pour payer le modèle, qui s'empressait, — et c'est bien le cas d'employer cette expression, — de rendre son tablier ; tantôt pour payer le bois et la chandelle. Ce fut l'âge héroïque de l'Académie. D'ordinaire, on reproche aux artistes leur égoïsme ; mais aux heures décisives, ils savent prodiguer des trésors de dévouement. L'un des membres de l'Académie, Louis Testelin, n'hésita pas, dans la détresse générale, à faire face, de ses deniers, au foyer, aux frais du modèle, à ceux du chauffage. Même exemple d'abnégation en 1694, lorsque la pénurie du Trésor força Louis XIV à supprimer ou plutôt à suspendre l'Académie ; immédiatement, les professeurs prirent à leur charge l'entretien de l'École. En 1793, après la suppression définitive de l'Académie, l'esprit de sacrifice se révéla, avec plus d'éclat encore : pendant de longs mois, l'École ne vécut que des subsides des maîtres, qui lui donnaient à la fois leur temps et leur argent. Si le formalisme et le pédantisme de l'ancienne Académie prêtent trop souvent à la critique, on ne louera jamais non plus assez son attachement aux devoirs professionnels, à cette cause sacro-sainte : l'éducation de la jeunesse.

Rien qu'en relevant les listes des élèves inscrits à l'Ecole académique pendant la période si agitée qui va de 1648 à 1664, les hauts et les bas de l'institution nouvelle sautent aux yeux : chaque crise financière a pour contre-coup une masse. En 1651, le chiffre des élèves descend à vingt environ ; en 1652, il tombe à douze ou quatorze. C'était bien déjà, d'ailleurs, la jeunesse ardente et turbulente qui depuis a si souvent fait parler d'elle. Dès lors, les charges étaient en honneur ; elles troublèrent plus d'une fois les paisibles habitants du quartier ; longue est la liste des actes d'indiscipline, suivis immédiatement d'une répression exemplaire. L'indépendance dans le caractère et dans les mœurs n'a-t-elle pas toujours distingué l'artiste du bourgeois !

N'allons pas toutefois nous figurer des jeunes gens costumés en « rapins », à la façon de 1830, avec une longue chevelure en désordre, des chapeaux de fantaisie, un pourpoint ou des chausses invraisemblables. C'étaient des cavaliers, j'allais dire des gentilshommes, à la tenue irréprochable : l'épée au côté (en 1689 seulement le port de cette arme leur fut interdit), la perruque soigneusement frisée. Les belles manières, — un des futurs directeurs de l'Académie, C.-A. Coypel, le déclara en propres termes, — faisaient partie de l'éducation de la jeunesse au même point que le goût ; elle devait se présenter avec une noble politesse, éviter les « inclinations basses et la grossièreté d'un vilain artisan ! »

Le besoin d'organisation et aussi (hélas !) de réglementation, qui s'incarne dans la figure si pompeuse et, au fond si vide, du Roi-Soleil, ne pouvait manquer de s'étendre au domaine de l'art. Il fallait que celui-ci se soumît au joug de la discipline, qu'il endossât l'uniforme, — j'allais dire la livrée, — se fît courtisan et reçût l'estampille officielle.

L'Ecole académique se ressentit de ces tendances : en échange de faveurs signalées (gratuité de l'enseignement, fondation du prix de Rome en 1664, etc.), les élèves durent s'astreindre, d'une part, à la recherche du style, — ce style plus solennel encore que noble, — de l'autre, à la glorification des exploits de Louis XIV ; à partir de 1654, l'Académie institua chaque année un concours pour célébrer les actions héroiques du roi. Celui-ci, fort différent des Mécènes de la Renaissance, attendait de ses protégés la glorification, précise, littérale, de ses moindres faits et gestes ; il ne leur laissait de latitude ni pour le choix des sujets, ni pour leur interprétation.

Pendant cette première période, qui s'étend de la minorité de Louis XIV à la Révolution, de 1648 à 1793, l'Ecole suivit toutes les vicissitudes du goût français : l'enseignement y fut tour à tour grave et solennel, comme le style Louis XIV, spirituel et piquant, comme le style Régence et le style Louis XV, savant et déclamatoire à la manière de Louis David. Mais à travers les fluctuations, un principe surnage : l'étude du corps nu considérée comme la base du grand art.

Aux approches de la Révolution, des deux courants qui allaient transformer l'art français, — l'étude de la nature, préconisée par Jean-Jacques Rousseau, et celle de la sculpture romaine, remise en honneur par Louis David, — ce fut le second, presque exclusivement, qui se fraya une route dans l'Ecole. C'était désormais à qui s'opiniâtrerait sur le *morceau*, faisant montre de sa science anatomique ; l'élégance, l'esprit, l'harmonie, qui distinguent l'art des Boucher, des Bouchardon, des Clodion, firent place à je ne sais quelle lourdeur plébéienne ; les compositions, qu'elles fussent peintes ou sculptées, devinrent aussi heurtées que déclamatoires ; c'en était fait du sentiment décoratif.

Comparez les derniers grands prix de Rome d'avant la Révolution à ceux d'après. Quelle science dans la perspective, l'anatomie, l'ordonnance, la mise en scène! On dirait des acteurs consommés.

Vers cette époque, le plus illustre des anciens élèves de l'École, le grand peintre Louis David, poussé par je ne sais quelle ambition ou quelles rancunes, entreprit la campagne la plus violente contre un enseignement qui reflétait cependant si complètement ses propres tendances. Ses attaques se rencontraient avec celles qui étaient dirigées de toutes parts contre les corps privilégiés : on devine que les jours de l'Académie étaient comptés.

Il fallait que l'École, si vivement attaquée aux approches de la Révolution, eût en elle une singulière force, une vertu immanente, car, même après que sa suppression eût été décrétée, aucun de ses adversaires ne fut assez téméraire pour porter la main sur cette arche sainte de l'enseignement français. Supprimée en droit, elle continua d'exister de fait.

En 1807, l'École quitta le Louvre pour aller s'installer au Collège des Quatre-Nations, aujourd'hui le palais de l'Institut.

En 1816, une ordonnance royale lui assigna les locaux de l'ancien Musée des Monuments français, qui avait lui-même succédé à l'ancien couvent des Petits-Augustins. Nous revenons sur nos pas pour retracer l'histoire de ce nouvel asile.


III


Les origines de l'École en tant qu'établissement d'enseignement, nous ont reporté à la minorité de Louis XIV ; celles de l'édifice qui lui sert d'abri nous obligent à remonter jusqu'aux dernières années du règne de Henri IV. Elles évoquent une image à la fois profane et touchante ;

celle de l'ex-épouse du roi, la reine Marguerite de Valois, célèbre par ses tristesses conjugales, par ses affections libres, par la rare distinction de son esprit.

Quelque voluptueux ou éblouissant que soit le souvenir de la reine Margot, ce ne fut pas quelque inspiration épicurienne, ni seulement riante, qui la décida à élever le monument qui abrite aujourd'hui l'École des Beaux-Arts ; bien au contraire ! L'heure du repentir, de la pénitence, des angoisses, de l'expiation, avait sonné, lorsqu'elle entreprit, — en 1608, — d'édifier un monastère dont les hôtes chanteraient, nuit et jour, des cantiques destinés à obtenir en sa faveur le pardon auquel elle avait tant de titres.

Le choix de l'emplacement n'avait rien d'arbitraire ; comme le palais de Marguerite donnait rue de Seine (à la hauteur du n° 6 actuel) et que ses dépendances se prolongeaient jusque vers la rue des Saints-Pères, il était tout naturel que, voulant avoir le couvent à proximité, elle le fît construire à mi-chemin, entre les deux points extrêmes, c'est-à-dire à l'endroit où se déroule aujourd'hui l'irrégulière et bruyante rue Bonaparte.

Rien de plus piquant que l'histoire des rapports de Marguerite avec les Pères chargés d'assurer le salut de son âme : nous y apprenons ce qu'il persistait de vanités mondaines dans cette contrition cependant si sincère. L'ordre auquel la reine s'adressa, — les Augustins déchaussés, — était austère autant que morose. Marguerite ne tarda pas à leur découvrir toutes sortes d'imperfections : ils ne chantaient pas le plain-chant ; quel crime abominable ! Ils ne pouvaient pas posséder de rentes : vice rédhibitoire ! Le fin fond de l'histoire, — ce sont les mauvaises langues qui le prétendent, — fut la sévérité avec laquelle le confesseur déchaussé reprochait à la princesse ses faiblesses.

Je fais grâce au lecteur des détails de cette lutte épique ; en fin de compte, — ce fut en 1613, — Marguerite obtint de la cour de Rome l'autorisation de renvoyer les Augustins déchaussés et de leur donner pour successeurs des Augus-

tins pourvus de chaussures, de la communauté et province
de Bourges.

A coup sûr, un tel sanctuaire, consacré à la mortifica-
tion et à l'ascèse, n'avait pas de quoi éveiller des idées
brillantes, telles qu'en comporte l'art ; il n'appelait pas
d' « ornements égayés », comme disait le vieux Boileau.
Et cependant, l'érudite, spirituelle et voluptueuse princesse,
à qui nous en devons l'édification, semble avoir jeté un
charme sur ce coin de terre. Dès l'origine, la chapelle, dans
laquelle devait être déposé son cœur si tendre (c'est l'endroit
où sont aujourd'hui exposés les moulages des sculptures de
Michel-Ange), marqua une innovation capitale dans les
annales de l'architecture française : elle fut surmontée d'une
coupole, à l'italienne, la première que l'on eût vue à
Paris.

Ce fut la Révolution qui consacra définitivement ces
lieux au culte de l'art : elle y établit, en 1790, le dépôt des
ouvrages de toute nature destinés à former, sur l'initiative
et sous la direction d'Alexandre Lenoir, le Musée des
Monuments français, réunion des innombrables sculptures enlevées aux églises, le plus vaste musée lapidaire du
moyen âge et de la Renaissance que notre pays ait jamais
possédé.

A ce moment, l'ancien couvent transformé en musée
s'enrichit de la plupart des fragments qui font, aujourd'hui
encore, la gloire de l'École des Beaux-Arts, l'arc de Gaillon, le portail d'Anet et bien d'autres chefs-d'œuvre.

Plusieurs lustres durant, jusqu'à la fin de l'Empire, le
Musée des Petits-Augustins fut l'endroit le plus propice au
recueillement et à la rêverie. Pendant que le canon tonnait
de toutes parts, les admirateurs du passé et les fervents de
la nature venaient s'y délasser ou s'y inspirer. Les uns s'y
attachaient aux manifestations de l'art français, sous ses
formes les plus diverses, depuis ses débuts dans l'ancienne
Gaule, jusqu'à son entier épanouissement, ou encore à
tant de souvenirs glorieux : mausolées des rois de France,

du chancelier de l'Hôpital, de Richelieu, de Colbert. Aux autres, de vastes jardins, plantés d'arbres séculaires et semés de monuments funéraires (tombeaux du roi Dagobert, d'Héloïse et d'Abélard, chapelle du connétable de Montmorency, monument de Descartes, urne contenant les restes de Boileau, etc.) offraient, au cœur même de Paris, cette double source de poésie qui s'appelle la nature et les ruines. A-t-on assez tenu compte du rôle que l'Élysée, — c'est ainsi qu'on l'appelait, — a joué dans le mouvement d'idées qui a abouti au romantisme ?

Jusqu'à la Restauration, l'École fondée par Louis XIV et le couvent bâti par Marguerite de Valois restèrent sans rapport l'un avec l'autre. A ce moment, devant l'insuffisance des locaux du palais de l'Institut, le gouvernement de Louis XVIII résolut d'installer notre grande institution nationale d'enseignement artistique dans les bâtiments devenus disponibles, par suite de la suppression du Musée des Monuments français.

A peine celui-ci évacué, on commença les travaux pour sa transformation en Ecole des Beaux-Arts. Plusieurs années se passèrent avant qu'on mît la main au corps de logis principal, le palais des Études, dont la construction fut confiée à l'architecte Debret. Enfin, en 1820, eut lieu la pose de la première pierre. Les travaux étaient fort avancés lorsque Félix Duban remplaça Debret, en 1832. Ce maître en l'art de bâtir, dont le nom est inséparable de l'École des Beaux-Arts, réussit, par des prodiges d'habileté, à transformer l'œuvre de son prédécesseur, tout en utilisant les parties achevées, et donna aux deux cours, ainsi qu'à l'ancien cloître, dont il fit la cour du Mûrier, leur cachet de haute distinction. Il compléta son œuvre en élevant, de 1858 à 1862, l'édifice qui donne sur le quai Malaquais et qui sert principalement aux expositions.

Cependant, en dépit de tous les agrandissements, l'École étouffait dans l'enceinte de l'ancien couvent des Petits-Augustins. En 1884, l'acquisition de l'hôtel de Chimay (ancien hôtel de Bouillon), situé sur le quai Malaquais et communiquant avec l'École par son jardin, vint lui assurer des locaux nouveaux, encore bien insuffisants. C'est là qu'ont été transportés les ateliers, autrefois installés aux abords de la salle Melpomène et dans le palais des Études, tandis que les salles devenues disponibles par suite de ce déplacement sont appelées à devenir des salles d'exposition.

## IV

L'ordonnance royale du 18 décembre 1816, qui affectait à l'Ecole des Beaux-Arts l'ancien couvent des Petits-Augustins, devenu le Musée des Monuments français, fut complétée par l'ordonnance du 4 août 1819, véritable charte de notre institution. Sans entrer dans le détail du programme, constatons que les méthodes d'enseignement restèrent sensiblement ce qu'elles avaient été dans la primitive Ecole organisée par Charles Le Brun. L'étude du nu, celle de l'anatomie, de la perspective et d'autres sciences positives continua de former la base de l'enseignement. Pour modèles, l'Ecole recommanda, plus vivement que jamais, les chefs-d'œuvre de l'art classique, ainsi appelé parce que, échappant aux fluctuations de la mode, il a pu prendre place dans nos classes et entrer, comme partie intégrante, dans l'éducation de la jeunesse.

En 1863, un décret, qui fait date dans les annales de l'Ecole enleva la direction de cette institution à l'Académie des Beaux-Arts, élargit son programme et organisa les ateliers d'architecture, de sculpture, de peinture et de gravure. On a peine aujourd'hui à comprendre les orages que souleva cette mesure : les protestations indignées d'Ingres et de Beulé, la révolte des élèves.

La création, sur l'initiative de M. Paul Dubois, de l'enseignement simultané (c'est-à-dire l'étude, pour les peintres, des rudiments de la sculpture et de l'architecture, pour les sculpteurs, de la peinture et de l'architecture, pour les architectes, de la sculpture et de la peinture) compléta ce cycle, le plus riche et le plus fécond qui soit au monde.

En résumé, l'Ecole, étrangère ou peut s'en faut aux querelles des partis, neutre en apparence entre les Champs-Elysées et le Champ-de-Mars (ses sympathies réelles ne sauraient faire l'ombre d'un doute!), s'efforce de donner à la jeunesse la préparation la plus solide, la plus complète.

Les conditions d'admission sont restées, comme par le passé, éminemment libérales. L'Ecole est ouverte à tous les jeunes gens âgés de quinze ans au moins et de trente au plus, à quelque nationalité qu'ils appartiennent, pourvu qu'ils satisfassent aux conditions d'un examen ou plutôt d'un concours des plus sérieux.

De même, l'enseignement donné par l'Ecole est absolument gratuit. Mais il y a mieux : une longue série de Mécènes ont tenu à fournir aux jeunes gens sans fortune les moyens de poursuivre leurs études sans avoir à compter avec les préoccupations matérielles. Les sommes ainsi données ou léguées représentent un revenu annuel de plus de 100,000 francs, qui, joint aux subventions de l'Etat, des municipalités ou des départements, ouvre la carrière des arts à tous ceux qui font preuve d'une vocation véritable.

Quelques chiffres pour donner une idée de l'importance de l'Ecole comme centre d'études : pendant l'année scolaire 1894-1895, le nombre des élèves médaillés et admis à l'Ecole proprement dite s'est élevé à 1,265 (contre 1,128 en 1890-1891), soit 287 peintres, 163 sculpteurs, 813 architectes. Parmi les nationalités étrangères le plus fortement représentées, citons l'Amérique avec 58 élèves, presque tous architectes, et la Suisse avec 21. Ne sont pas compris dans ce total les élèves qui fréquentent les ateliers et ceux qui suivent les cours de l'Ecole du soir.

La durée des études varie, naturellement, selon l'âge au-

quel un élève entre à l'Ecole, selon son degré de préparation.
Pour les architectes elle est en moyenne, de cinq à six ans,
il n'est pas rare de rencontrer des élèves, — j'allais dire des
étudiants, — de trente ans : c'est jusqu'à cet âge en effet
qu'ils peuvent concourir pour le prix de Rome.

C'est un monde à part que la jeunesse de l'Ecole; des
traditions, dont l'origine se perd dans la nuit des temps,
alternent chez elle avec les aspirations les plus modernes.
Cette vie d'atelier, avec sa saveur et sa couleur si caractéristiques, a un côté pittoresque que l'on chercherait en vain
chez les groupes du quartier Latin proprement dit. Je re-
gretterais de ne pas la dépeindre, si cette tâche n'avait été
brillamment menée à fin par un ancien élève de l'Ecole,
M. Lemaistre, dans un volume publié à la librairie Didot.
Que de tableaux piquants! Ici, devant la porte de la rue
Bonaparte, ces modèles italiens qui causent sous le buste
de Poussin, le grand admirateur et l'interprète éloquent
des beautés de leur pays; là, le nouveau qui se présente au
massier, lequel à son tour le présente solennellement à
l'atelier; puis l'examen phrénologique, les brimades, la
bienvenue, la corvée, les monomes récemment stigmatisés
par les journaux du matin !


V


L'enseignement théorique et pratique donné, soit dans
les ateliers, soit dans les cours, a pour complément les
collections, le Musée des études, pour employer le terme
consacré : là de riches séries d'originaux ou de reproductions retracent les évolutions de l'art, en même temps
qu'elles offrent à la jeunesse les modèles de goût les plus
parfaits. Malgré l'étendue des locaux dans lesquels il se
développe, — il s'étend du quai Malaquais à la cour de
la rue Bonaparte et de celle-ci au Palais des Etudes, contigu
à la rue des Saints-Pères, — le Musée étouffe dans le
cadre qui lui est assigné : il ne faudra rien moins que son

installation dans les anciens ateliers d'architecture, de sculpture et de peinture pour lui donner un peu d'air et d'élasticité.

Au moment où une génération d'iconoclastes — chaque siècle compte des spécimens de cette race trop vivace! — monte à l'assaut de la citadelle classique, c'est plaisir de se retremper, entre ce splendide cadre d'architecture et ces frais ombrages, au contact de tant de chefs-d'œuvre, qui proclament les droits imprescriptibles de la beauté.

Toutes les grandes manifestations de l'art, à toutes les époques, sont ici représentées en reproductions offrant les plus sérieuses garanties.

La cour qui donne sur la rue Bonaparte est à elle seule un musée. Toute l'histoire de notre Renaissance du xvi siècle y revit : les fragments de l'hôtel dit de la Trémouille, qui s'élevait naguère dans la rue des Bourdonnais, nous montrent le passage du gothique au style nouveau. Les fragments du château de Gaillon, élevé par le cardinal d'Amboise, dans le voisinage de Rouen, nous initient à l'exubérance si délicate cependant, de la Renaissance normande et évoquent le souvenir de ce prélat somptueux, qui « eut juste le temps d'entrer dans son lit, de s'y coucher et d'y mourir ». Dans les fragments de la chapelle funéraire de Philippe de Commines, notre si naïf et si spirituel chroniqueur, les motifs littéraires (la légende d'Aristote servant de monture à la belle Compaspe, celle de Virgile suspendu dans un panier par une femme artificieuse), rivalisent avec d'élégants ornements. Plus pur, plus châtié, le portail du château d'Anet, construit près de Dreux, pour Diane de Poitiers, s'honore du nom de son architecte, Philibert Delorme, et de celui de son sculpteur, Jean Goujon. Et que de souvenirs historiques mêlés au triomphe de l'art! Sous ce portail, comme Alexandre Dumas l'a rappelé dans sa notice sur l'Ecole, ont passé François Ier, Henri II, Catherine de Médicis, Diane de Poitiers et son brutal ami le Connétable. — Plus loin, dans les arcades de l'hôtel Torpanne, la Renaissance, à peine montée au faîte, aspire à descendre : les lignes ont perdu toute tranquillité et aussi, hélas ! toute distinction.

Le portail d'Anet sert de façade à l'ancienne chapelle conventuelle, transformée en musée du moyen âge et de la Renaissance. Franchissons-en le seuil : dans le haut, contre les parois, des copies de tableaux italiens célèbres ; dans le bas, une longue série de moulages reproduisant les types les plus importants de la statuaire chrétienne, depuis ses débuts au sortir des catacombes, jusqu'aux triomphes réalisés par Michel-Ange, Jean Goujon et Germain Pilon.

D'un côté sont les maîtres tout ensemble fiers et tendres de la première Renaissance italienne : le grand Donatello, génie aussi puissant qu'universel ; Ghiberti, avec ses figurines fouillées, suaves et pittoresques ; le piquant Desiderio da Settignano ; Mino de Fiesole et Civitali de Lucques, dont la pureté dégénère parfois en froideur ; les della Robbia, recueillis et harmonieux ; Verrochio, qui inaugure de concert avec son immortel disciple Léonard de Vinci, le règne de la morbidesse. Une ère nouvelle s'ouvre avec Michel-Ange, le plus extraordinaire tempérament de sculpteur que l'univers ait vu depuis Phidias, à la fois incomparable pour la finesse du modelé et le pathétique des expressions.

Du côté opposé se déroulent les fastes de notre statuaire française, depuis les informes essais, tentés au xi⁰ siècle à l'abbaye de Moissac, dans le département de Tarn-et-Garonne, où certaines réminiscences classiques — des anges volant en forme de Victoires — surgissent d'un abîme de barbarie ; puis les statues de la cathédrale de Chartres, graves et cependant animées d'une sorte de chaleur latente ; les apôtres de la Sainte-Chapelle, désormais libres de leurs mouvements et de leurs gestes, véritables précurseurs de l'art moderne.

La seconde cour, avec ses côtés disposés en hémicycle

et le Palais des Études au fond, nous offre, elle aussi, de précieux vestiges de notre sculpture française du moyen âge et de la Renaissance, pour ne point parler des fragments romains (chapiteaux, frises, ornements divers), incrustés sur les ailes du palais. Ici, ce sont les informes chapiteaux romans de Sainte-Geneviève; plus loin, la vasque gigantesque qui servait de lavabo aux moines de Saint-Denis, avec ses curieuses personnifications, — sous forme de bustes — (la *Pauvreté*, la *Richesse*, l'*Avarice*, l'*Eau*, le *Feu*, l'*Air*, etc., commencement du xiiie siècle); puis de superbes dalles funéraires.

Jetons en passant un coup d'œil sur le jardin de l'Ecole, et tout d'abord sur les quatre merveilleuses arcades du château de Gaillon, avec leurs sculptures d'une incomparable finesse, qui forment l'entrée. En face de nous se dresse un pan de mur, orné de bas-reliefs provenant de l'ancien Louvre et attribués à Paul Ponce (la *Charité romaine*, le *Jugement de Cambyse*, etc.). Au fond, se développe la façade postérieure, à l'allure monumentale, de l'hôtel de Chimay.

Le Palais des Etudes, qui se dresse au fond de la seconde cour, renferme le musée des Antiques, la bibliothèque, les collections de dessins et d'autres productions originales, enfin la salle des cours, célèbre sous le nom d'Hémicycle. Les salles du rez-de-chaussée — vestibule, cour vitrée, salle grecque, salle romaine, salle d'Olympie — font pendant à la chapelle; mais tandis que celle-ci est réservée à la période chrétienne, ici l'antiquité classique célèbre tous ses triomphes. Est-il nécessaire de rappeler quelles qualités cumulaient les Grecs et leurs imitateurs trop décriés, les Romains : fécondité d'invention et puissance dramatique, observation de la nature et fantaisie, raffinements de la technique et liberté du style. Ils nous offrent un éternel thème d'admiration, et devant cette noblesse alliée à tant d'aisance, devant la perfection du modelé, devant la hauteur de l'inspiration, les chefs-d'œuvre même de la Renaissance pâlissent.

Les visiteurs, persuadés que l'Ecole ne renferme que des reproductions (moulages de sculptures, copies de peintures), passent devant plus d'un torse, devant plus d'un bas-relief, sans se douter qu'ils ont devant eux de précieux originaux. Telle est la gigantesque *Minerve Médicis*, contemporaine du Parthénon (envoyée de Rome à Paris par Ingres) ; tel l'incomparable torse de *Vénus*, placé au bas de l'escalier qui conduit à la Bibliothèque ; tels encore les fragments incrustés dans les baies de la Cour vitrée.

La grande attraction du palais des Etudes, c'est l'Hémicycle de Paul Delaroche.

Accordons, avant d'y pénétrer, un coup d'œil au monument élevé en 1894, en l'honneur de Duban, l'architecte de l'Ecole. Le buste qui le surmonte et le génie qui le soutient sont dus au ciseau si délicat et si éloquent de M. Eugène Guillaume, l'ancien directeur de l'Ecole, qui a laissé dans notre institution tant de traces de sa féconde activité.

L'Hémicycle tire sa gloire de la grande peinture de Paul Delaroche (terminée en 1841). Qui ne connaît la donnée de cette page classique ! Au centre, les trois représentants les plus autorisés de l'antiquité — l'architecte Ictinus, le sculpteur Phidias, le peintre Apelle — trônant graves, austères, impersonnels. Près d'eux, les personnifications du style grec, du style romain, du moyen âge et de la Renaissance (l'éclectisme, on le voit, est la loi de l'Ecole des Beaux-Arts), et la Renommée lançant des couronnes aux jeunes lauréats. Tout à l'entour, les chefs des Ecoles modernes, depuis Giotto, le rénovateur de la peinture, jusqu'à Rembrandt ; les uns isolés dans leurs méditations, tels que Fra Angelico, le peintre séraphique, et Michel-Ange, le sublime misanthrope ; les autres reliés en groupes vivants et éloquents, agitant quelque problème transcendant de technique ou d'esthétique.

Mais montons au premier étage, non sans admirer, en faisant cette ascension, dans la cage de l'escalier, une excellente copie d'une des fresques de Pinturicchio, au dôme de Sienne : le pape Pie II célébrant le mariage de l'empereur Frédéric III avec Eléonore de Portugal ; la composition, d'un coloris vif, riche en portraits et en costumes du temps, est pittoresque plutôt qu'imposante.

Nous entrons, par la porte de gauche, dans une salle longue, touffue, inondée de lumière : la bibliothèque.

Faire connaître et admirer la bibliothèque serait tâche facile pour tout autre que l'auteur de la présente notice. L'enrichissement, la mise en œuvre et en lumière de tant de trésors : mais c'est sa vie à lui-même, le labeur auquel il s'est consacré depuis vingt ans avec tant de joie que l'idée de sacrifice ne saurait même venir à son esprit ! Que du moins il lui soit permis d'accorder un tribut de gratitude à ceux qui l'ont aidé dans cette œuvre pie : à M. Gatteaux, l'éminent graveur en médailles, qui a légué à l'Ecole sa riche collection de dessins, de livres et de gravures ; au sénateur Schœlcher, qui lui a fait don d'une série d'estampes dans laquelle 8,000 graveurs différents sont représentés ; à Mme Lesoufaché, qui a enrichi l'Ecole des imposants incunables, des élégants in-octavo du xvie siècle, des 3o,ooo gravures d'ornement, réunis avec une ardeur incomparable par son mari,

La générosité d'amateurs aussi éclairés qu'enthousiastes a triplé, décuplé nos richesse. Grâce à eux, l'Ecole a pu dérouler sur ses parois déployer dans ses meubles-tournants de longues séries de feuillets jaunis, — reliques vénérables, incomparables modèles, — sur lesquels les peintres les plus illustres ont jeté une idée, fixé un contour, caressé une forme. Il n'est pas de production qui nous permette de mieux pénétrer dans l'intimité des maîtres, de saisir leur pensée au vol, d'étudier leur manière de procéder, de suivre l'impétuosité ou les scrupules de leur coup de crayon.

Tout récemment, le legs fait par M. Achille Wasset a enrichi l'Ecole d'une superbe série d'ivoires, de bois sculptés, de bronzes, de terres cuites, de médailles, de pièces d'orfèvrerie, d'émaux, qui permettra aux élèves d'étudier les modèles du passé, non plus seulement dans des reproductions plus ou moins parfaites, mais dans les originaux eux-mêmes. Que d'éléments d'enseignements inconnus à l'ancienne Ecole académique ! A peine encore si la jeunesse artiste a besoin de voyager. Les trésors de l'étranger s'accumulent à Paris :

« Rome n'est plus dans Rome. »

A la suite de la bibliothèque s'étendent : les salles de la Construction (réductions en liège de monuments antiques ou modernes, superbes dessins de maîtres) ; Lesoufaché (bibliothèque formée par l'architecte de ce nom) ; Schœlcher (suite des dessins de maîtres, cheminée surmontée de deux Anges sculptés par Germain Pilon) ; Gatteaux (peintures et dessins de maîtres) ; et enfin, la salle du Conseil (portraits des professeurs de l'Ecole, torchères Louis XIV, pendule Boulle). Partout de précieux spécimens de l'art décoratif, portes sculptées du château d'Anet, au chiffre de Diane de Poitiers, tapisseries Louis XIII, etc., — alternent avec les productions du grand art.

Une place à part, au milieu de tant de richesses, revient aux souvenirs de l'ancienne Académie de peinture et de sculpture : morceaux de réception, académies peintes ou dessinées par les professeurs.

Nous revenons sur nos pas pour visiter la cour du Mûrier, la salle Melpomène, les salles du quai Malaquais.

Une surprise charmante nous attend dans la cour dite du Mûrier, l'ancien cloître des Petits-Augustins ; jusqu'ici l'art débordait partout ; ici la nature vient se mêler à lui : un mûrier vigoureux, rejeton de celui qui a valu son nom à la cour et qui a disparu il y a quelques années, de belles pelouses bordées de lierre, une fontaine jaillissante, mêlent une note d'une fraîcheur délicieuse aux bas-reliefs de la frise du Parthénon et à ceux de la frise de l'hospice Pistoia, une des dernières productions de l'atelier des Della Robbia.

Mais il y a place également ici pour des sentiments plus graves : le monument élevé en l'honneur d'Henri Regnault et des élèves de l'Ecole, morts à l'ennemi pendant la guerre de 1870, proclame quelle part glorieuse nos jeunes artistes ont prise à la défense de la patrie. Un chef-d'œuvre décore ce monument pieux : la statue de la *Jeunesse*, par Chapu.

Les salles qui nous restent à explorer occupent la partie de l'Ecole construite sur le quai Malaquais. Elles sont consacrées aux copies d'après les maîtres et aux prix de Rome.

Dans la pratique, l'établissement du Musée des copies peut prêter à la discussion : en principe, l'idée de Charles Blanc était inattaquable. Une collection de ce genre offrait, en effet, un double avantage : conserver une reproduction des chefs-d'œuvre, au cas où les originaux périraient; fournir à ceux qui n'avaient pas les moyens ou le loisir de voyager l'occasion de se faire du moins une idée approximative des merveilles conservées dans les musées étrangers. Quel dommage que notre siècle ne dispose pas, pour la reproduction des peintures, d'un procédé aussi parfait que l'est le moulage en plâtre pour la reproduction des sculptures en marbre ! Ce sera affaire au xx° siècle, lorsque l'ingénieux procédé de photographie en couleurs inventé par M. Lippmann aura reçu son plein développement.

Les trois petites salles qui s'étendent à la gauche de la salle Melpomène sont consacrées aux compositions scolaires et retracent toute l'histoire de l'Ecole depuis Louis XIV jusqu'à nos jours. Ici se développent — en rangs trop serrés malheureusement, en attendant qu'ils puissent être exposés d'une façon plus digne, — les grands prix de Rome, les prix de la tête d'expression, concours fondé au xviie siècle par un savant amateur, M. de Caylus, les esquisses modelées ou peintes. Que de coups de maîtres chez ces débutants, mais aussi que d'espérances trompées ! Que de drames autour de ces prix de Rome : le vainqueur, célèbre du jour au lendemain et le plus souvent assuré de faire fortune ; les vaincus, découragés, réduits parfois à choisir une autre carrière ! Dans l'organisation même des épreuves, il y a quelque chose de solennel et de mystérieux : l'Académie des Beaux-Arts, qui les juge, y procède avec un luxe de précautions dont il est difficile de se faire une idée. La moindre irrégularité, un changement apporté après coup à l'esquisse première, est puni d'exclusion.

Et qui n'a entendu parler des soixante-douze jours de loge imposés aux concurrents ! Ici toutefois le public s'exagère la rigueur du régime. Il se figure qu'il s'agit d'une véritable réclusion, pendant laquelle les malheureux sont claquemurés dans d'étroites cellules, avec défense de se promener, de respirer une bouffée d'air frais ! Que les âmes tendres se rassurent ! Nos jeunes élèves ne sont enfermés que de jour ; à la tombée de la nuit, ils sont libres de rentrer chez eux. C'est seulement lors de la première épreuve pour le concours définitif, — épreuve dont la durée est de trente-six heures, — qu'ils sont forcés de passer la nuit à l'Ecole.

Au sujet de ces concours en loge, je me suis livré à des recherches rétrospectives et voici les résultats auxquels je suis arrivé : dès 1663, l'Ecole académique pratiquait le système de loges où les concurrents étaient enfermés et travaillaient, sans communications entre eux et sans relations avec le dehors, de manière à assurer la parfaite sincérité des épreuves ; chaque concurrent étant abandonné à ses seules forces et à ses seules lumières.

On voit par quelles racines profondes tant de règlements,

en apparence arbitraires, plongent dans un passé vieux de près de deux siècles et demi.

La série des grands prix de Rome commence, pour la peinture, en 1688, et se poursuit, avec des interruptions de plus en plus rares, jusqu'à nos jours. Si elle compte beaucoup de noms aujourd'hui oubliés, on est heureux par contre d'y trouver les représentants les plus aimés de notre art. Le rapprochement seul des noms prouve combien l'enseignement de l'Ecole est libéral : son ambition, ce n'est pas d'imposer à tous le même idéal, c'est de fournir à tous le minimum de connaissances positives sans lesquelles il n'y a pas d'art plastique. Ne faut-il pas apprendre l'orthographe avant de s'attaquer à la tragédie ou au poème épique ? L'Ecole a compris que recommander l'étude des chefs-d'œuvre classiques n'est pas étouffer l'originalité, mais lui donner un stimulant nouveau ; qu'à côté de l'imagination, il fallait faire une part à la discipline. N'est-ce pas le dessinateur impeccable, dont le monument s'élève dans un de nos vestibules, qui l'a proclamé : « Les exemples d'autrui, loin d'affaiblir notre imagination et notre jugement, ainsi que beaucoup de gens le pensent, servent au contraire à resserrer, à consolider nos idées de la perfection, qui, dans l'origine, sont informes et confuses. Ces idées, — ajoute Ingres, — deviennent solides, parfaites et claires, par l'autorité et la pratique de ceux dont on peut dire que l'approbation des siècles a consacré les ouvrages. »

Eugène Muntz.

# L'ENSEIGNEMENT
## A L'ÉCOLE NATIONALE ET SPÉCIALE DES BEAUX-ARTS

## SECTION D'ARCHITECTURE

### ADMISSION

# ÉCOLE NATIONALE ET SPÉCIALE DES BEAUX-ARTS

## SECTION D'ARCHITECTURE

### ADMISSION

## AVANT-PROPOS

Il en est des examens comme de bien des choses ; et le désir de chacun serait de pouvoir essayer ses forces avant d'être candidat sérieux ; oui, essayer, voir, connaître les précédents, les manières d'agir, et ne pas arriver au jour de l'examen seulement avec les exhortations d'un professeur départemental, et les *on dit* des camarades, mais avec une préparation spéciale qui vous mette en quelque sorte au niveau moral de l'examen.

L'examen d'admission à l'école des Beaux-Arts n'est pas, à proprement parler, un examen de mémoire ; c'est la constatation des études antérieures ; et l'on ne demande pas à l'élève de savoir telle ou telle chose, l'on veut seulement se rendre compte et juger si le candidat est apte à suivre fructueusement l'enseignement donné à l'école des Beaux-Arts.

Nous avons donc cherché à montrer aux futurs élèvés la charpente de l'examen, et cela le plus clairement possible ; c'est-à-dire en développant les programmes et en y joignant les divers conseils qui nous ont été dictés par une expérience personnelle. Les programmes que nous donnons dans la partie architecturale, ainsi que la représentation des modèles de dessins, ne sont pas exclusivement ceux qui peuvent être soumis à l'examen ; mais ce sont des programmes et des modèles qui ont été déjà donnés, et qui peuvent à nouveau être choisis pour les candidats à l'admission ; nos programmes forment en quelque sorte la moyenne de l'examen.

L'Enseignement préparatoire pour l'admission à l'école des Beaux-Arts est depuis quelque temps l'objet de nombreux cours spéciaux, professés en dehors de l'Ecole. Ces cours ont remporté jadis de grands succès parce qu'ils suivaient l'enseignement un peu routinier de l'école, surtout avant la nomination de M. Guadet au poste de professeur de théorie. On arrivait alors par déduction à connaître approximativement d'avance le sujet des concours. Cependant, malgré le changement complet apporté dans le choix des programmes par M. Guadet, les élèves en suivant *fructueusement* ces cours préparatoires ont beaucoup plus de chances d'arriver que les élèves isolés ; nous soulignons à dessein fructueusement, car les cours préparatoires, pour donner de bons résultats, doivent être excessivement surveillés au point de vue présence et travail, car le moment où l'on suit ces cours coïncide généralement avec une période de la vie un peu turbulente, et l'habitude et la passion dans le travail dépendent de ces premiers débuts.

Il existe aussi à l'école même des Beaux-Arts des ateliers gratuits où les aspirants peuvent aller préparer leur examen ; mais dans ces ateliers, la véritable notion du concours ne leur est pas donnée, ils ont pour ainsi dire trop d'émulation au contact permanent des élèves de première et de seconde classe, et leurs projets s'en ressentent. De même, cette association avec les élèves admis à l'école ne leur est pas profitable, car ils ne font que très peu de travaux d'admission, le temps se passe surtout à aider leurs camarades dans des travaux d'un ordre assez inférieur et qui n'ont que de très lointains rapports avec l'étude des proportions doriques ou corinthiennes.

Ce n'est pas une protestation que nous dirigeons contre les ateliers de l'école ; ces réflexions sont le fait d'une expérience personnelle et notre opinion serait toute contraire si nous parlions à des élèves admis définitivement à l'Ecole. Nous leur conseillerions, et cela le plus énergiquement possible, d'entrer dans un des trois ateliers de l'Ecole, car les ateliers de l'Ecole sont, à notre avis, bien supérieurs aux ateliers extérieurs pour l'élève admis, tant au point de vue enseignement, pour la commodité personnelle, et la gratuité.

Maintenant, puisque nous parlons à des nouveaux, notre devoir est de leur enlever toute idée préconçue sur les brimades. Nous nous sommes souvent élevés, dans la presse parisienne, contre les brimades, et nous avons accentué à dessein le tableau de ces méchantes plaisanteries dans le seul but de voir donner des ordres sévères pour arriver à la suppression complète de ces abus. Mais à vrai dire, les brimades n'existent pas dans les ateliers d'architectes, les élèves sont de grands enfants, et tant que la plaisanterie ne cherche qu'à former et assouplir le caractère, il faut l'accepter ; mais ce qu'on ne devrait pas tolérer, par lâcheté ou par peur, c'est un acte contraire aux convenances, et par ce mot de convenances, j'entends d'abord le respect dû aux mœurs, ou à une opinion personnelle.

L'enseignement général de l'Ecole a été très souvent critiqué, on a reproché aux professeurs leur manière de voir en ce qui concerne le côté pratique et l'exécution qui, pour beaucoup, paraissent être sacrifiés au côté décoratif.

S'il y a du vrai dans cette critique, on doit penser combien est excusable cet état de choses, étant donné que les professeurs et les élèves de l'école des Beaux-Arts sont avant tout des artistes et non des ingénieurs. L'Enseignement n'est sans doute plus au niveau de nos besoins modernes, la manière d'instruire enlève peut-être le cachet d'originalité que l'élève possède parfois aux débuts de ses études, mais il est incontestable qu'elle lui donne les principes fondamentaux et l'aide à se débarrasser des mauvais éléments, tout en lui traçant une ligne de travail qui lui permet d'atteindre aux sommets de son art. Et voilà pourquoi les nombreuses et vigoureuses attaques dirigées depuis longtemps contre l'école des Beaux-Arts n'ont abouti à aucune modification ; le principe de l'école entre dans la théorie du « bloc », l'école des Beaux-Arts est une, il faut savoir l'accepter avec ses nombreuses qualités et ses défauts, car c'est encore là que tous nos maîtres modernes sont venus puiser la notion exacte de leur art et mettre au point leur génie.

H. G.

# SECTION D'ARCHITECTURE

## PIÈCES NÉCESSAIRES
## POUR L'INSCRIPTION A L'ÉCOLE

Pour l'inscription, qui aura lieu au bureau du secrétariat de l'Ecole, les jeunes gens (hommes ou femmes) doivent produire :

Les Français : un extrait d'acte de naissance ;

Les étrangers : une lettre d'introduction du ministre, de l'ambassadeur ou du consul général de leur nation, faisant connaître la date et le lieu de naissance.

Tous doivent être munis d'une pièce attestant qu'ils sont en état de subir les épreuves d'admission.

## ÉPREUVES D'ADMISSION

Ces épreuves, qui ont lieu deux fois par an, en octobre-novembre et en avril-mai, consistent en :

Une composition d'architecture exécutée en loge en douze heures.

Les candidats admis à la suite de cette épreuve sont seuls autorisés à subir les épreuves ci-après :

1° Dessin d'une tête ou d'un ornement d'après le plâtre, exécuté en huit heures ;

2° Modelage d'un ornement en bas-relief d'après un plâtre, exécuté en huit heures ;

3° Exercices de calcul faits en loge, dont un de calcul logarithmique ;

4° Examens d'arithmétique, d'algèbre et de géométrie élémentaire ;

5° Epure de géométrie descriptive appliquée à une projection d'architecture, faite en loge et en huit heures ;

6° Examen de géométrie descriptive ;

7° Epreuve d'histoire, qui consiste en un examen oral et une composition écrite.

---

Pour chaque session, l'inscription se fait dans les huit jours qui précèdent la première épreuve.

# SECTION D'ARCHITECTURE

## PROGRAMMES D'ADMISSION

### ÉPREUVES SCIENTIFIQUES

## ARITHMÉTIQUE

Numération ; définitions, règles et preuves de l'addition, de la soustraction, de la multiplication et de la division des nombres entiers et des nombres décimaux. — Un produit n'est pas altéré quand on intervertit l'ordre des facteurs. — Caractères de divisibilité d'un nombre par 2, 4... 5, 25... par 9 et par 3. — Preuve par 9 de la multiplication. — Nombres premiers. — Décomposition d'un nombre en facteurs premiers. — Plus grand commun diviseur et plus petit multiple commun à plusieurs nombres.

FRACTIONS. — Définition des fractions. — *Simplification des fractions :* réduction au même dénominateur, au plus petit dénominateur commun. — *Addition* et *soustraction* des fractions. — *Multiplication :* définition du produit d'un entier ou d'une fraction par un nombre fractionnaire. — *Division :* définition du quotient d'un entier ou d'une fraction par un nombre fractionnaire. — *Approximations :* quotient approché de deux nombres entiers ou décimaux à moins de 0.1, 0.01, 0.001., par *excès* ou par *défaut*. — Réduction d'une fraction ordinaire en fraction décimale.

CARRÉ ET RACINE CARRÉE. — Définition. — Règle et preuve de l'extraction de la racine carrée des nombres entiers et décimaux à moins d'une unité, de 0.1, 0.01, etc., par *excès* ou par *défaut*.

# SYSTÈME MÉTRIQUE

1° MESURES DE LONGUEUR. — *Mètre*. Multiples et sous-multiples.

2° MESURES DE SURFACE. — *Mètre carré*, Multiples et sous-multiples. — *Are*. Multiples et sous-multiples.

3° MESURES DE VOLUME. — *Mètre cube*. Multiples et sous-multiples. — *Litre*. Multiples et sous-multiples. — *Stère*. Multiple et sous-multiple.

4° MESURES DE POIDS. — *Gramme*. Multiples et sous-multiples.

5° MESURES MONÉTAIRES. — Monnaies d'or, d'argent et de bronze. — Exercices numériques sur les différentes parties du système métrique.


# RAPPORTS ET PROPORTIONS

Définitions. — Théorèmes élémentaires sur les rapports. — Règles de trois directes ou inverses, simples ou composées. — Intérêts simples. — Escompte. — Partages en parties proportionnelles. — Moyenne arithmétique entre plusieurs quantités.

NOTA. — On n'exigera des candidats que l'énoncé et l'application pratique des règles de l'arithmétique ; néanmoins, pour le classement, il sera tenu compte de leurs connaissances théoriques.

# ALGÈBRE

Notions générales. — *Addition* et *soustraction* des monômes entiers. — *Multiplication* et *division* des monômes entiers. —*Monômes fractionnaires*. — Leur réduction à leur plus simple expression. — Réduction au même dénominateur d'une série de monômes fractionnaires. — *Addition, soustraction, multiplication* et *division* des monômes fractionnaires.

Polynômes. — Polynômes ordonnés par rapport aux puissances croissantes ou décroissantes d'une lettre. — *Addition* et *soustraction* des polynômes; réduction des termes semblables. — *Multiplication* d'un polynôme par un monôme, d'un polynôme par un autre polynôme. — *Division* d'un polynôme par un monôme. Cas les plus simples de la division d'un polynôme par un autre polynôme. — Division par $x$-$a$ ; quotient. — Applications. — *Fractions algébriques ;* leur calcul.

Équations. — Équations numériques. — Équations littérales. — Résolution d'une équation du premier degré à une inconnue. — Résolution d'un système d'équations du premier degré comprenant autant d'équations que d'inconnues. — Inégalités du premier degré. — Équations du second degré à une inconnue ; discussion ; relations entre les coefficients et les racines. — Applications.

## PROGRESSIONS ET LOGARITHMES

Progressions arithmétiques. — Progressions géométriques. — Logarithmes. — Définition. — Énoncé des propriétés générales. — Usage des tables.

Nota. — La composition écrite comprendra, obligatoirement, une épreuve de calcul logarithmique. (Les tables à cinq décimales suffiront.)

———

# GÉOMÉTRIE ÉLÉMENTAIRE

## GÉOMÉTRIE PLANE

DÉFINITIONS. — Ligne droite et plan. — Lignes brisées. — Lignes courbes. — Angles. — Théorèmes sur les angles. — Perpendiculaires et obliques. — Triangles. — Cas d'égalité. — Triangles isocèles, équilatéraux, rectangles. — Parallèles. — Somme des angles d'un triangle et d'un polygone. — Parallélogramme. — Rectangle. — Carré. — Trapèze. — Losange. — Circonférence du cercle. — Arcs et cordes. — Tangentes. — Sécantes. — Intersection et contact de deux cercles. — Mesure des angles. — Évaluation en degrés, minutes et secondes. — Construction des angles et des triangles. — Circonférence passant par trois points donnés. — Tangentes communes à deux cercles. — Segment capable d'un angle donné.

SIMILITUDE. — Lignes proportionnelles. — Triangles semblables. — Propriétés des bissectrices dans un triangle. — Polygones semblables. — Théorèmes relatifs à la perpendiculaire abaissée du sommet de l'angle droit sur l'hypoténuse et au carré de l'hypoténuse. — Expression du carré du côté d'un triangle opposé à un angle aigu ou obtus. — Théorèmes relatifs aux sécantes et aux tangentes menées par un même point à un cercle. — Division des droites en parties égales ou proportionnelles. — Moyenne proportionnelle. — Applications. — Polygones réguliers ; cercles inscrits et circonscrits. — Rapport des périmètres de deux polygones réguliers semblables. — Rapport de la circonférence au diamètre. — Aires du rectangle, du parallélogramme, du triangle, du trapèze, d'un polygone quelconque, du cercle, d'un secteur, d'un segment de cercle. — Rapport des aires des polygones semblables.

# GÉOMÉTRIE DANS L'ESPACE

Déterminations du plan. — Droites perpendiculaires ou obliques à un plan. — Droites parallèles. — Plans et droites parallèles. — Plans parallèles. — Angles dièdres. — Théorèmes sur les dièdres. — Plans perpendiculaires. — Angles trièdres. — Théorèmes sur les trièdres. — Polyèdres. — Parallélipipèdes. — Cube. — Surface et volume du parallélipipède, du prisme, de la pyramide, du tronc de pyramide à bases parallèles, d'un polyèdre quelconque. — Similitude des prismes et pyramides. — Rapport de leurs surfaces et de leurs volumes. — Cylindres. — Cônes. — Tronc de cône à bases parallèles. — Surfaces et volumes. — Sphère. — Section de la sphère par un plan. — Pôles d'un cercle. — Détermination du rayon d'une sphère. — Plans tangents. — Surface engendrée par la rotation d'une ligne brisée régulière autour d'un axe tracé dans son plan et passant par son centre. — Aires de la zone, de la sphère. — Volume de la sphère, du secteur sphérique, du segment sphérique.

Nota. — Les examens porteront sur les définitions, les théorèmes et les problèmes d'application relatifs à toutes les parties de ce programme.

# GÉOMÉTRIE DESCRIPTIVE.

### LIGNES DROITES ET PLANS

Différents systèmes de projections ; défigurations dues aux projections ; figures planes projetées en vraie grandeur ou projetées en ligne droite. — Des deux plans rectangulaires de projection. — Représentation du point ; représentation de la ligne droite ; traces d'une droite. — Projections de deux droites qui se coupent et de deux droites parallèles. — Théorème relatif à la projection, en vraie grandeur, d'un angle droit ; réciproques. — Changements de plans de projection et rotations, relativement aux points et aux droites. — Applications diverses, notamment à la recherche de la distance d'un point à une droite et à la recherche de la plus courte distance de deux droites.

Détermination et représentation du plan. — Un plan étant défini, trouver une droite et un point du plan. — Réciproquement, connaissant une droite ou un point, reconnaître si cette droite ou ce point appartient au plan. — Droites remarquables d'un plan : horizontales, lignes de front, lignes de plus grande pente, traces. — Plan défini par ses traces ; cas particuliers. — Les projections d'une droite perpendiculaire à un plan sont respectivement perpendiculaires aux traces de même nom du plan. — Réciproque. — Changements de plans de projection et rotations, relativement aux plans. — Rabattement d'un plan et problème inverse. — Rabattre un plan et entraîner dans son mouvement une figure déterminée, liée invariablement à lui ; problème inverse. — Applications.

Mener par un point une droite perpendiculaire à un plan ou un plan perpendiculaire à une droite. — Cas particuliers. — Projection des courbes planes et en particulier de la circonférence du cercle. — Intersection de deux plans ; cas particuliers. — Intersection d'une droite et d'un plan ; cas particuliers.

Angle de deux droites. — Angle de deux plans. — Angle d'une droite et d'un plan. — Distance d'un point à une droite, d'un point à un plan. — Perpendiculaire commune à deux droites. — Représentation des polyèdres simples. — Sections planes des prismes, des pyramides ; développements. — Applications du programme ci-dessus aux questions d'ombres à 45°.

# ARCHITECTURE

## ÉPREUVES D'ADMISSION

## HISTOIRE GÉNÉRALE

### HISTOIRE ANCIENNE

*Orient.*

1. Enumération des principaux Etats orientaux ; leur situation géographique.
2. L'Egypte : notions très sommaires sur son histoire; monuments de Thèbes et Memphis.
3. Les Hébreux : notions très sommaires sur leur histoire.

*Grèce.*

4. Situation géographique de la Grèce.
5. Guerre de Troie. — Homère.
6. Guerres médiques. — Siècle de Périclès.
7. Principaux écrivains et artistes.
8. Notions sommaires sur la mythologie grecque.
9. Alexandre.

*Rome.*

10. Situation géographique de l'Italie.
11. Rome et les Gaulois.
12. Les guerres puniques.
13. César et Auguste.
14. Les Antonins.
15. Principaux écrivains romains.
16. Constantin ; le christianisme dans l'Empire romain.
17. Les invasions barbares.

## HISTOIRE MODERNE

18. Conquête de la Gaule par César.
19. Conquête de la Gaule par les Francs; Clovis.
20. Justinien. — Mahomet.
21. Charlemagne.
22. Les Croisades. — Saint Louis.
23. Charles V et du Guesclin. — Charles VI et Jeanne Darc.
24. La découverte du Nouveau Monde.
25. La Renaissance en Europe (principaux écrivains et artistes).
26. La Réforme.
27. François I$^{er}$ et Charles-Quint.
28. Henri IV.
29. La guerre de Trente ans; Richelieu.
30. Louis XIV.
31. Le siècle de Louis XIV (principaux écrivains et artistes).
32. Louis XV.
33. Pierre le Grand ; Frédéric II ; Catherine II.
34. Les grands écrivains du xviii$^e$ siècle.
35. La guerre de l'Indépendance des États-Unis.

# SECTION D'ARCHITECTURE

## ADMISSION — ÉPREUVES

## COMPOSITION D'ARCHITECTURE

### EXPOSÉ PRATIQUE

L'épreuve d'architecture est la première et la plus importante partie de l'examen, car elle est éliminatoire, son coefficient étant fort élevé : 15, il s'en suit que les concurrents doivent diriger tous leurs efforts vers cette composition.

La composition et le rendu de cette partie de l'examen, suivant l'avis des professeurs de l'école, devront être aussi simples que possible. Cette composition se rapportant à l'étude des cinq ordres d'architecture ; le candidat devra savoir mettre un ordre en proportions ; avoir quelques notions de composition ; savoir composer un plan et faire une coupe ; c'est en résumé un petit projet d'architecture renfermant l'étude d'un ordre avec frontons, portes et fenêtres. Pour le rendre, l'aquarelle, à moins de connaissances spéciales, ne devra pas être employée, tout au contraire, un lavis simple, avec un tracé correct des ombres, contribuera à élever la moyenne de la note s'il est bien exécuté.

Le plan devra être facilement lisible, et ne pas renfermer de points inutiles, la coupe, d'habitude fort négligée, devra attirer toute l'attention du candidat, surtout les coupes situées sur les entablements et sur les frontons, qui peuvent montrer aux examinateurs les études faites précédemment par l'élève.

La composition d'architecture doit être effectuée en douze heures à partir du moment de la donnée du programme, le rendu du concours a lieu habituellement entre 9 heures et 10 heures du soir, les loges n'étant éclairées que par des bougies, les dernières heures du concours ne devront pas compter comme très productives en travail. Les candidats sont appelés en loge par ordre de tirage au sort, les soixante-treize premiers élèves font leur composition deux par deux dans chaque loge, les autres prennent place sur des tables disposées dans les anciens ateliers de peinture, situés à proximité de la bibliothèque.

Le maximum pour cette épreuve est 20, le minimum 7. D'après les constatations faites aux derniers examens, la note moyenne atteinte pour les différents projets est 8, les notes supérieures ne s'écartent que très rarement de 9 à 14.

L'Exposition des projets d'admission (sans aucune élimination) a lieu le lendemain ou le surlendemain du jour qui suit le concours, de dix heures du matin à midi ; aucune rectification ou correction n'est autorisée. Le résultat de cette épreuve est connu le soir même de l'exposition, par une affiche apposée dans la salle d'Ingres, tableau d'architecture. Les candidats reçus y sont placés par ordre alphabétique et non par ordre de mérite, les candidats ne figurant pas sur cette liste sont éliminés, et par conséquent ne peuvent subir les autres épreuve de l'examen. L'emploi d'aucun ouvrage n'est autorisé pour ce concours, l'usage d'un document quelconque amènerait la mise hors concours du candidat, par le jury d'admission.

*Suivent différents programmes donnés précédemment à ce concours.*


# PROGRAMMES

Observations générales a tous les programmes :

1° *Toute esquisse négligée, incomplète ou au crayon seulement est un cas de mise hors de concours.*

2° *L'inobservation des prescriptions du programme, ou le défaut de concordance entre les dessins sont des cas de mise hors de concours.*

## UN PORTIQUE-MUSÉE DANS UN PARC

Cet édifice, d'ordre ionique, placé sur une colline et entouré de bosquets, abriterait principalement dix statues et serait disposé de manière à former point de vue pour un palais. A cet effet, il pourrait avoir pour soubassement des grottes, des rampes, des escaliers.

Sa plus grande dimension n'excédera pas 25 mètres.

On fera le plan et la coupe à l'échelle de $0^m,005$ pour mètre, l'élévation au double.

## UN CORPS DE GARDE DE SAPEURS-POMPIERS

Ce petit édifice d'utilité et de sûreté publique serait isolé de toutes parts et situé sur une place.

Il se composerait d'un porche, de la salle ou corps de garde pouvant contenir huit ou dix hommes, d'une pièce pour un sergent et de chambre de sûreté.

Dans une petite cour se trouveront, comme dépendances, des remises pour deux pompes et deux tonneaux à incendie, une fontaine avec réservoir et des latrines.

La plus grande dimension n'excedera pas 20 mètres.

On fera le plan et la coupe à l'échelle de $0^m,005$ pour mètre, l'élévation au double.

## LA FAÇADE D'UNE MAIRIE DE PETITE VILLE

Cette façade, dont la dimension en largeur n'excédera pas 15 mètres, exprimera, dans son milieu, un vestibule, et au-dessus une salle principale ; des pièces accessoires seront supposées de chaque côté ; un beffroi couronnera le tout.

On fera pour les esquisses le plan et la façade à une échelle de $0^m,01$ pour mètre.

## UN PAVILLON D'ANGLE EN ROTONDE

Ce pavillon, appartenant à un édifice public, tel qu'une Faculté, serait élevé *à l'angle de deux rues* : tel est le cas, à la Bibliothèque nationale, de l'angle des rues de Richelieu et des Petits-Champs.

Comme dans cet exemple, on supposera que l'édifice comporte sur chaque rue un *soubassement, un rez-de-chaussée, et un premier étage* PLUS IMPORTANT, dont l'entablement recevra la toiture.

Le pavillon en rotonde aura sa façade circulaire sur au moins sa demi-circonférence. Il n'excédera sur aucune des deux rues l'alignement des façades rectilignes auxquelles il doit se raccorder par les divers éléments de son architecture, ordres, fenêtres, bandeaux ou entablements, etc. Les deux rues forment entre elles un angle droit.

*Le diamètre extérieur de la rotonde n'excédera pas 10 mètres. Son intérieur sera occupé à chaque étage par une salle circulaire, communiquant à des séries de salles sur chacune des deux rues et éclairée par une ou trois fenêtres.*

La toiture peut être conique ou en forme de coupole.

Les dessins à présenter sont :

1° *Un plan,* au premier étage, comprenant la rotonde et *l'amorce des deux bâtiments parallèles aux rues,* et, si la composition le comporte, le départ des dégagements (galeries et corridors ou portiques) desservant cet ensemble autour d'une cour intérieure.

Ce plan, nettement tracé et *poché,* sera à l'échelle de $0^m,005$ pour mètre.

2° Une élévation, projetée parallèlement à l'une des deux rues, comprenant :

La première travée de la façade sur la rue ;

La façade de la rotonde ;

Le profil (si la saillie de la rotonde le laisse voir) du bâtiment sur l'autre rue.

Cette façade sera à l'échelle de $0^m,01$ pour mètre.

3° La coupe de la rotonde, suivant son diamètre diagonal.

Il suffira que cette coupe comprenne la moitié de ladite rotonde, depuis son axe central jusqu'au dehors. Elle présentera donc en tous cas le profil entier du mur de façade.

Cette coupe sera comme la façade à l'échelle de $0^m,01$ pour mètre ; elle sera présentée sur un même dessin, horizontalement en regard de la façade.

*Les parties en coupe seront teintées visiblement.*


OBSERVATION GÉNÉRALE. — L'indication de l'appareil dans les dessins et le tracé des ombres ne peuvent être exigés ; mais le jury en *tiendra compte dans l'attribution des points :*

Du tracé de l'appareil en façade et en coupe ;
Du tracé des ombres à 45 degrés.
Les dessins non lavés doivent être tracés à l'encre.

## UN ENTRE-COLONNEMENT DE PORTIQUE

Cet entre-colonnement serait d'ordre corinthien.

On établira les proportions convenables à l'écartement des colonnes, ainsi que le rapport proportionnel de la hauteur totale de ces colonnes avec l'entablement, composé de ses trois parties : architrave, frise et corniche.

On fera un entre-colonnement et deux colonnes entières, en plan et en élévation, sur une échelle de $0^m,02$ pour mètre. Les colonnes auront, au-dessus des bases, 1 mètre de diamètre.

On fera, de plus, à l'échelle de $0^m,10$ pour mètre, et bien arrêté au trait à l'encre, le détail du chapiteau, en donnant, comme les Grecs, au tailloir la sixième partie de la hauteur.

## LA FAÇADE DU PAVILLON MILIEU DE L'HOTEL D'UN MINISTÈRE DE LA GUERRE

Cette façade se compose d'un rez-de-chaussée et d'un premier étage accessoire formant attique. Ce deuxième étage pourra être compris dans la hauteur des voussures d'une grande salle que l'on supposera au premier, ou être un étage accessoire.

La largeur du pavillon n'excédera pas 15 mètres. On fera le plan du mur de face, avec arrachement du vestibule d'entrée, et l'élévation, avec arrachement des bâtiments attenants, à une échelle de $0^m,008$ pour mètre.

## LE PAVILLON D'ENTRÉE PRINCIPALE D'UNE COUR D'HONNEUR

On suppose que DE CHAQUE CÔTÉ d'une cour d'honneur, dans un ÉDIFICE IMPORTANT, sont disposés des bâtiments où se font *les entrées de service ; ces bâtiments sont reliés l'un à l'autre par un portique*, au milieu duquel s'élève un pavillon central des entrées d'apparat.

Cette entrée monumentale n'a donc besoin *ni de concierge, ni de toutes autres dépendances,* qui se trouvent dans les bâtiments latéraux.

L'objet du concours est cette entrée principale, avec amorce des portiques latéraux, d'après les conditions ci-après :

LE PAVILLON MILIEU S'ÉLÈVERA PLUS HAUT QUE LES PORTIQUES CONTIGUS ; cette plus grande élévation ne résultera pas seulement d'additions au-dessus d'un entablement commun ; L'ENTABLEMENT DES PORTIQUES DEVRA ÊTRE PLUS BAS QUE CELUI DU PAVILLON.

Le pavillon d'entrée comprendra UNE LARGE PORTE, et un vestibule ou passage *voûté* de la voie publique à la cour d'honneur ; il donnera d'autre part accès aux *portiques dont le sol pourra être un peu plus élevé.* En façade, il comportera une inscription et sera étudié dans un caractère monumental.

Les portiques seront également voûtés. Ils pourront être traités en arcades ou en plates-bandes, et couverts par des toitures inclinées ou par des terrasses. Il sera prévu des grilles, pour qu'on ne puisse pas s'introduire dans la cour par les portiques.

Sauf ces prescriptions, toute liberté d'étude est laissée aux concurrents.

La plus grande largeur en façade du pavillon central n'excédera pas 12 mètres.

On fera :

Un plan, *poché en noir*, comprenant le pavillon milieu, et l'amorce des portiques jusqu'à concurrence de 25 mètres de longueur totale ;

L'élévation de ce même ensemble ;

Une coupe sur le pavillon milieu, perpendiculaire à la façade . . . . . . . . . . . . . . . . . . . . . . . . . en regard l'une de l'autre.

Une coupe sur le portique, également perpendiculaire à la façade, et regardant le pavillon milieu.

Ces divers dessins aux échelles suivantes :

Le plan à 0$^m$,004 pour mètre ;

La façade et les coupes à 0$^m$,008 pour mètre.

Il sera tenu compte pour l'attribution des points :

Du tracé de l'appareil dans la façade et les coupes ;

Du tracé des ombres.

# UN PORTIQUE POUR DESCENDRE A COUVERT

Ce portique serait construit en avant de la façade et attenant au vestibule d'un théâtre. On le disposerait de manière que le défilé des voitures ne puisse nuire ni à l'entrée ni à la sortie du public.

Le portique, d'ordre ionique, à plates-bandes ou à arcades, aurait 30 mètres de longueur et sa saillie ne dépasserait 8 mètres en avant de la façade où il serait adossé.

La hauteur, depuis le sol jusqu'au-dessous du plafond ou de l'intrados de la voûte, serait au maximum de 9 mètres.

On fera :

1º Le plan avec arrachement du vestibule et la coupe à l'échelle de $0^m,004$ pour mètre ;

2º L'élévation au double ;

3º Un détail ombré de la base de colonne à l'échelle de $0^m10$.

# UN PORTIQUE DANS UN JARDIN PUBLIC

Ce portique serait construit sur le bord d'une terrasse haute de 4 mètres au-dessus du sol du jardin. Elevé de quelques marches seulement sur la terrasse même, il serait mis, par des escaliers, en communication avec le sol inférieur. Il serait disposé pour servir d'abri contre les intempéries ou contre le soleil et présenterait des bancs et des exèdres pour le repos, la conversation et la lecture. Un ou deux petits bureaux pour la location ou la vente de livres et de journaux feraient partie de cette composition, dont la décoration serait complétée par des statues et des vases. La longueur totale du portique n'excédera pas 40 mètres.

On fera un plan, une coupe et une élévation générale du côté du jardin, présentant le mur de terrasse, les escaliers et le portique à l'échelle de $0^m,005$ pour mètre, plus l'élévation, au trait seulement, d'une travée du portique, du côté opposé à la façade générale, à l'échelle de $0^m,02$ pour mètre.

Les dessins, non lavés, devront être passés au trait à l'encre.

La concordance entre le plan, la coupe et l'élévation est particulièrement recommandée aux concurrents.

# UN PAVILLON ENTRE UNE GRILLE D'HONNEUR ET UN PORTIQUE

On suppose que la cour d'honneur d'un grand édifice (tel que Ministère, Préfecture, etc.) *ouvre sur une place par une grille d'honneur. A chaque extrémité* de cette grille, il y a un pavillon en pierre, lequel *sert de point de départ à un portique monumental.*

C'est l'étude de ce pavillon qui est l'objet du concours.

Sa composition est absolument simple : c'est celle d'un pavillon de passage, par conséquent *une seule salle, ouverte sur ses quatre faces.* La *façade latérale qui est opposée à la grille ouvre sous le portique,* que le pavillon peut dominer en silhouette.

*Ce pavillon sera voûté en maçonnerie apparente; chacune de ses façades sera percée d'une baie et décorée d'une façon monumentale. Il sera couvert en ardoises, le comble* en charpente devant être pratiqué *au-dessus* des voûtes.

Toute liberté est laissée aux concurrents quant à la combinaison de la voûte, à la forme du comble et à la composition architecturale des motifs de façade.

*Le portique serait voûté. Le pavillon et le portique sont clos par des grilles du côté extérieur.*

## TERRAIN

La plus grande dimension du pavillon, y compris toutes saillies d'architecture, n'excédera *pas 10 mètres.*

On fera l'échelle de 0^m,01 pour mètre :

*Le plan,* y compris *une travée* du portique ;

*L'élévation,* y compris également *une travee* du portique ;

*La coupe longitudinale,* c'est-à-dire perpendiculaire à la façade.

Nota. — *L'élévation et la coupe seront en regard l'une de l'autre.*

Facultatif. { En outre, il sera tenu compte :
*De l'indication de l'appareil dans la façade et la coupe;*
*De l'indication de la construction dans la coupe;*
*Du tracé des ombres;*
*D'une coupe transversale du portique à* 0^m,01.

On devra observer que :

1° Tout dessin non lavé devra être tracé à l'encre;

2° Il ne sera toléré ni calques, ni décalques, ni poncés, même lavés.


## UN PAVILLON DE LECTURE DANS UN PARC


Ce petit édifice, destiné à ceux qui désirent se délasser de la promenade par quelques moments de lecture, serait élevé dans un des bosquets les plus retirés d'un jardin public.

Il contiendra un vestibule ouvert en portique, un salon de lecture ou bibliothèque, plusieurs cabinets particuliers pour ceux qui voudraient étudier ou copier, une garde-robe et un petit escalier montant de l'entresol au-dessus à une pièce de dépôt et au balcon ou galerie de la bibliothèque.

La plus grande dimension du bâtiment n'excédera pas 20 mètres.

On fera le plan et la coupe à une échelle de $0^m,004$ pour mètre et l'élévation au double.


## UN EXÈDRE JOINT A UNE SALLE DE BILLARD


On appelle exèdre une construction disposée pour la conversation, garnie de sièges et ouverte de manière qu'on puisse, du lieu où l'on converse, jouir en même temps de la vue de l'extérieur.

L'ensemble proposé d'un exèdre et d'une salle de billard serait une dépendance d'un château de plaisance, au cours duquel il se rattacherait par une communication couverte.

La grandeur d'un billard est communément de $3^m,30$ sur 2 mètres, la largeur de l'espace nécessaire à l'entour pour la circulation d'au moins $1^m,60$.

La plus grande dimension de l'exèdre et de la salle de billard n'excédera pas 15 mètres, non compris les degrés et empattements qui pourront en dépendre.

On rendra compte par arrachement et en dehors de la dimension susdite de la galerie de communication dans une longueur de 4 à 5 mètres.

On fera un plan, une coupe et une élévation sur une échelle de $0^m,01$ pour mètre.

# L'ENTRÉE D'UN HOPITAL D'ENFANTS

Cette entrée se compose d'un vestibule ouvrant sur la voie publique : les voitures amenant les malades doivent y entrer ; par conséquent, ce vestibule sera ouvert à l'opposé sur une cour où les voitures iront tourner pour ressortir par une autre issue.

Ce vestibule donnera accès sur les côtés, d'une part à un *logement de concierge*, et d'autre part à une *salle d'attente qui précéderait la salle de visite*.

On observera pour cette composition les conditions suivantes :

La grande porte d'accès des voitures est accompagnée de chaque côté par des *portes secondaires pour les piétons ;*

*Le vestibule est voûté ;*

*Il se raccorde avec un portique en bordure de la cour intérieure, parallèlement à la façade.*

Les dimensions à observer sont, au maximum :

De la rue à la cour, y compris le portique et toutes les saillies d'architecture : *12 mètres ;*

Largeur du vestibule dans œuvre, parallèlement à la façade : *8 mètres.*

Les parties latérales (loge de concierge et salle d'attente) seront données en amorce seulement.

On fera :

1° Le plan à $0^m,01$ pour mètre ;

2° Moitié de la coupe parallèle à la façade à $0^m,02$ pour mètre ;

3° Perpendiculairement à la façade, la coupe depuis l'axe du vestibule et celle du portique (cette coupe sera horizontalement en regard de la précédente), à $0^m,02$ pour mètre ;

4° La façade sur la rue à $0^m,02$ pour mètre.

Tous ces dessins seront tracés avec soin ; les plans seront pochés, les façades seront rendues et les ombres y seront correctement tracées.


# UN PAVILLON DE RETRAITE POUR UN SAVANT

Ce pavillon, qu'on suppose devoir être construit dans le parc d'une propriété royale et qui formerait un des points de vue du château, aurait pour soubassement une terrasse élevée.

Il se composerait, au rez-de-chaussée, d'un vestibule, d'un escalier, d'une salle à manger et d'un salon ; la cuisine et ses dépendances sont supposées dans le soubassement.

Au premier étage seraient un cabinet de travail, une chambre à coucher et un cabinet de toilette.

Au-dessus serait une loge ou belvédère favorablement disposé pour les observations astronomiques.

Toutes les pièces de ce pavillon doivent être de petite dimension et distribuées de manière à donner à l'extérieur un aspect architectural régulier.

La plus grande dimension du terrain est fixée à 12 mètres ; le soubassement pourra s'étendre au-delà de cette mesure.

On fera le plan du rez-de-chaussée, celui du premier étage et la coupe à une échelle de 0$^{m}$,005 pour mètre, l'élévation sera au double.

## LE SERVICE DE RÉCEPTION D'UN
## HOTEL DE VILLE

Le service dépendant d'un hôtel de ville supposé élevé, dans un chef-lieu de département important, comprendrait au rez-de-chaussée :

Un vestibule donnant accès à un logement de concierge, à des vestiaires et à des galeries desservant les autres parties du rez-de-chaussée, dont on ne rendra pas compte ; un grand escalier ;

Au premier étage :

Une large galerie mettant en communication les services de cet étage et sur laquelle donnerait l'arrivée de l'escalier ; une salle des fêtes s'ouvrant sur cette galerie, accompagnée de salons secondaires qu'on n'aura pas à indiquer.

Le rez-de-chaussée serait élevé sur un soubassement contenant des services accessoires.

Au-dessus de la salle des fêtes se trouverait un étage de comble, disposé pour recevoir des archives.

Le vestibule serait voûté en maçonnerie de pierre de taille ou mixte ; le mode de structure de ces voûtes est laissé au choix des concurrents.

Le grand escalier serait construit tout en pierre ou bien avec limon en fer recouvert de stuc, semelles en pierre ou en marbre, à volonté.

La galerie du premier étage et la salle des fêtes seront voûtées ou plafonnées avec voussures ; l'ossature des voûtes, du plafond et des voussures sera exclusivement métallique.

Le sol du vestibule et de la galerie du premier étage pourra être recouvert d'un dallage en pierre, d'un carrelage céramique ou de mosaïque. La salle des fêtes sera parquetée.

Le comble sera construit en fer.

Le soubassement pourra être voûté ou recouvert d'un plancher de fer à volonté.

La plus grande dimension de la salle des fêtes ne dépassera pas 35 mètres.

On donnera le plan du rez-de-chaussée (vestibule et dépendances directes, escalier avec arrachements des parties voisines), celui du premier étage (escalier, galerie et salle des fêtes avec arrachements des parties voisines), à l'échelle de $0^m,005$ pour mètre.

A l'échelle de $0^m,02$ pour mètre, et se rapportant seulement aux travées comprises dans la largeur de l'escalier : les plans des fondations, du soubassement, du rez-de-chaussée, du premier étage, de l'étage de comble, de la toiture, avec l'indication de l'appareil et du dallage, la projection des voûtes et des planchers, la façade, la coupe transversale, la coupe longitudinale.

Des détails de maçonnerie, $0^m,05$ pour mètre, de serrurerie, de couverture à $0^m,10$ pour mètre.

Les épures de stabilité des voûtes, et un mémoire résumant les calculs relatifs à la détermination des sections des pièces principales de la construction.

Pour les fondations, on supposera que le terrain résistant composé de sable fin légèrement argileux se trouve à 9 mètres en contrebas du sol.


## UN PORTIQUE ISOLÉ

Cet édifice serait érigé dans les jardins d'une villa et destiné à recevoir, en partie, une collection de sculptures antiques ; situé à l'extrémité des jardins et dans l'axe du bâtiment d'habitation, il en formerait le point de vue principal. Il serait d'ordre ionique.

La plus grande dimension n'excédera pas 30 mètres.

On fera le plan à l'échelle de $0^m,0025$ pour mètre et l'élévation au double.

Plus la base, le chapiteau et l'entablement de l'ordre ionique, grec ou romain à volonté, sur une échelle de $0^m,03$ pour mètre.

Le plan sera poché ; l'élévation et les détails seront entièrement arrêtés au trait à l'encre.

# UN CASINO

On entend par casino un pavillon ordinairement situé dans les jardins d'une villa ou maison de plaisance.

Le casino proposé n'aurait qu'un rez-de-chaussée, composé d'une loge ouverte formant vestibule, d'une salle principale ou petit musée, d'un petit salon et d'un cabinet d'étude.

Des exèdres, des bosquets, des fontaines accompagnant ce petit édifice seront indiqués seulement par arrachement. Le casino n'excédera pas 20 mètres dans sa plus grande dimension.

On fera le plan et la coupe à l'échelle de 0$^m$,005 pour mètre et l'élévation au double.

# TROIS PORTES DANS UN MUR OCTOGONAL

Un édifice octogonal a 18 mètres entre deux faces extérieures opposées. Il existe une porte dans chacun des axes, par conséquent huit en tout. La décoration des portes ainsi que les emmarchements font saillie sur le mur octogone.

L'exercice proposé comprend l'étude et la projection de trois de ces huit portes, semblables entre elles, dont l'une dans l'axe principal, une dans l'axe diagonal de droite ou de gauche, et une dans l'axe transversal à la suite.

Chacune de ces portes aura 2 mètres d'ouverture ; elle sera rectangulaire et accompagnée de deux colonnes engagées ou dégagées et d'un entablement couronné au gré de chaque concurrent.

Devant chaque porte, il y aura quelques marches, entre lesquelles le pied de l'édifice comportera un socle ; au-dessus du couronnement, sera un bandeau avec ou sans frise, lequel terminera la partie de l'édifice dont il sera rendu compte en esquisse.

On fera :

1° Le plan de l'une des portes ;

2° L'élévation prenant la face principale et la face diagonale de l'octogone avec la face latérale de la porte de côté ;

3° La coupe de la porte.

A l'échelle de 0$^m$,02 pour mètre.

Ces dessins, s'ils ne sont pas lavés, seront tracés à l'encre.

En outre, il sera tenu compte, s'il y a lieu, et dans
une proportion que le jury déterminera :

Du tracé correct des ombres ;

Du tracé de l'appareil ;                           *Facultatif.*

De l'étude des vantaux supposés en menuiserie ;

Enfin, des détails choisis avec intelligence et présentés avec intérêt.

Nota. — Il ne peut être produit d'esquisse en tout ou en partie sur
papier à calquer ;

L'esquisse ne peut être rendue sur simple décalque ou sur ponce,
même étant lavée.


## UNE GROTTE

Cette grotte, destinée à l'ornementation du jardin d'un château,
serait située à l'extrémité de l'allée principale et formerait un point de
vue pour l'habitation.

Elle serait pratiquée sous une terrasse de 8 mètres de hauteur et
contiendrait principalement une salle qui serait disposée de la manière
la plus convenable pour y prendre le frais.

Des colonnes, des statues, des eaux jaillissantes, etc., pourraient
orner l'intérieur et l'extérieur de cette grotte.

La plus grande dimension du plan n'excédera pas 20 mètres.

On fera le plan à l'échelle de $0^m,005$ pour mètre, l'élévation et la
coupe au double.


## UNE JUSTICE DE PAIX

Une justice de paix est un tribunal composé d'un juge et de deux
assesseurs, où se plaident, se jugent et se concilient les affaires de peu
d'importance. La justice de paix demandée aurait sa façade principale
sur une place publique de petite ville ; elle serait comprise dans un
bâtiment isolé de toutes parts et composée d'un vestibule ou salle
d'attente près de laquelle serait un petit logement de concierge, un
prétoire ou salle du tribunal, d'une salle pour les conseils de famille,
d'un cabinet pour le juge, d'une salle des témoins, d'un cabinet pour
le greffier, d'une salle des huissiers, d'un secrétariat et d'un vestiaire.

Le caractère de cet édifice doit être d'une grande simplicité. La plus grande étendue du bâtiment n'excédera pas 25 mètres.

On fera le plan et la coupe à l'échelle de $0^m,004$ pour mètre et l'élévation au double.

Les dessins doivent être entièrement au trait à l'encre et les plans pochés.

## UN CHAUFFOIR AVEC UN PORTIQUE

Cet établissement serait considéré comme une dépendance d'un grand centre de commerce. Ce serait, pour les négociants, un lieu de réunion d'où ils pourraient suivre et surveiller les opérations de détail, en même temps qu'ils y traiteraient des affaires relatives à leur commerce.

Le chauffoir et le portique auraient cette même destination, l'un pour l'hiver, l'autre pour l'été; l'un et l'autre seraient garnis de bancs convenablement disposés pour la conversation.

Les accessoires nécessaires de ce monument seraient une buvette et des cabinets d'aisances.

La plus grande étendue n'excédera pas 20 mètres; pour le plan, échelle de 0,005.

Coupe et élévation au double.

## UNE ÉCOLE PRIMAIRE

Cet édifice serait construit sur un terrain isolé de trois côtés; le côté de l'entrée serait sur la place publique d'une petite ville, les deux autres côtés sur deux rues aboutissant à cette place.

Il comprendra :

Une salle d'école ou classe pour cent élèves, d'au moins 100 mètres de superficie;

Un préau couvert, un préau découvert, des latrines;

Un dépôt de livres et un dépôt de paniers;

Un escalier conduisant au premier étage, où serait un petit logement pour le maître et sa famille.

La largeur du terrain en façade, sur la place, n'excédera pas 20 mètres; sa profondeur est indéterminée.

On fera le plan à l'échelle de $0^m,005$ pour mètre, l'élévation et sa coupe au double.

Les dessins doivent être bien arrêtés au trait à l'encre, ou lavés, et les plans pochés.

# UN PORTAIL D'ÉGLISE

Cette construction, façade principale d'une église paroissiale, sera composée d'un vestibule ou porche, ouvert à droite et à gauche par des portes de dégagement de deux chapelles, l'une servant de baptistère et l'autre aux cérémonies nuptiales.

Ces chapelles seront ouvertes sur les nefs ou bas-côtés parallèles à la grande nef de l'église.

Dans les plans, on produira le vestibule, les deux chapelles et un simple arrachement des nefs.

La largeur totale comprenant les chapelles aura 30 mètres.

On fera le plan et la coupe sur une échelle. de 0$^m$,005 pour mètre et l'élévation au double.

# UN CORPS DE GARDE

Ce petit édifice, destiné à recevoir un poste de surveillance et de sûreté, serait isolé de toutes parts et situé sur une promenade publique.

Il se composera d'un portique ou porche pour mettre le factionnaire à couvert, de la salle ou corps de garde, garni de lits de camp, d'une chambre d'officier et de deux violons, l'un pour les hommes, l'autre pour les femmes.

La façade principale devant concourir à l'embellissement de la promenade devra, soit en conservant le caractère de fermeté convenable à un poste militaire, offrir plus de richesse et d'élégance que n'en comportent ordinairement ces sortes d'édifices.

La plus grande dimension des constructions n'excédera pas 13 mètres.

On fera le plan sur une échelle de 0$^m$,005 pour mètre, l'élévation et la coupe au double.

# UNE PORTE DANS LA FAÇADE D'UN PALAIS

Cette porte mesurerait 1<sup>m</sup>,75 de largeur ; on y accéderait par trois marches.

Ornée d'un chambranle à crossettes, elle serait flanquée de deux colonnes d'ordre dorique romain portant entablement et surmontées d'un fronton.

Les colonnes, détachées du mur de la façade, auraient 0<sup>m</sup>,50 de diamètre à la base. On fera l'élévation et la coupe à l'échelle de 0<sup>m</sup>,04 pour mètre.

On fera, de plus, le détail et le plan du chapiteau à une échelle double.

Ces dessins seront passés au trait ou lavés, et non au crayon seulement.

# UNE LAITERIE

Cet établissement, situé sous les ombrages d'une promenade publique, contribuerait à son embellissement, autant par sa disposition que par sa décoration.

Il serait composé d'une salle commune et de cabinets ouverts sur une galerie ou portique servant d'enceinte à un parterre de fleurs, rafraîchi par les eaux d'un petit bassin et de quelques jets d'eau.

A l'entrée de la salle commune et du portique seraient disposés le comptoir, centre du service, et les degrés pour descendre à une salle basse où serait le dépôt des crèmes et des laitages.

La plus grande étendue de terrain serait de 25 mètres.

On fera le plan et la coupe à l'échelle de 0<sup>m</sup>,004 pour mètre et l'élévation au double. Ces dessins seront passés au trait ou lavés, et non au crayon seulement. On fera, de plus, un détail au dixième du chapiteau de l'ordre adopté.

## UNE PISCINE DANS UN ÉTABLISSEMENT THERMAL

Cette piscine, isolée au centre de l'établissement, sera composée d'un grand bassin entouré de portiques. Dans le mur d'adossement de ce portique on pratiquera des renfoncements ou cases pour le rangement des vêtements des baigneurs. Des degrés serviront à descendre dans le bassin, où ils pourront être en partie submergés.

Deux cabinets attenant au vestibule d'introduction seront réservés à l'usage des surveillants ou gens de service.

La plus grande dimension des constructions sera de 30 mètres.

On fera le plan sur une échelle de $0^m,004$ par mètre, l'élévation au double.


## UNE DES FENÊTRES D'UN GRAND PALAIS

Cette fenêtre faisant partie de la façade principale du palais appartiendrait au premier étage et s'élèverait au-dessus d'un stylobate reposant lui-même sur un large bandeau couronnant le rez-de-chaussée.

Elle se composerait d'un chambranle rectangulaire avec crossettes, d'une frise ornée de sculpture, d'une corniche, d'un fronton et de deux consoles avec contre-chambranles.

Le bandeau ou corniche du rez-de-chaussée aurait une frise sculptée avec astragale au-dessous. La largeur de la baie est de $1^m,40$.

On fera l'élévation et la coupe de la fenêtre et du bandeau au trait à l'encre et non lavé, sur une échelle de $0^m,06$ pour mètre.


## UNE MAISON DE CULTIVATEUR

Cette maison, placée au centre d'une ferme (*dont on ne rendra pas compte dans l'esquisse*), sera composée, au rez-de-chaussée, d'une salle commune, d'une cuisine avec four pour la cuisson du pain, d'une vinée ou pièce du pressoir, d'un petit atelier ou serre pour les instruments aratoires.

Un escalier facile conduira au premier étage, qui consistera en deux chambres à feu et deux dortoirs pour les enfants. Au-dessus on pratiquera un séchoir pour la conservation des semences et un petit belvédère servant d'observatoire.

La plus grande dimension du bâtiment n'excédera pas 20 mètres.

On fera trois plans : celui du rez-de-chaussée et ceux des étages supérieurs à l'échelle de 0$^m$,004 pour mètre, et l'élévation et la coupe au double. Les dessins doivent être bien arrêtés au trait à l'encre, avec teinte rose dans la coupe, et les trois plans pochés.


## UNE SALLE DE VENTE


Cette salle, située sur une place publique, serait destinée à la vente des objets mobiliers ; elle aura au moins 8 mètres dans sa plus petite dimension et sera éclairée par des jours latéraux.

Un vestibule et deux ou trois petites pièces pour les huissiers et pour enfermer les objets précieux formeront les dépendances de cette salle, qui sera en outre accompagnée de vastes portiques pour le dépôt des gros meubles et pour l'étalage des marchands revendeurs.

La plus grande dimension du terrain n'excédera pas 30 mètres.

On fera un plan et une coupe à une échelle de 0$^m$,004 pour mètre ; l'élévation sera au double.


## LA COUPE DU PORTIQUE ET LA FAÇADE DE RETOUR D'ANGLE DE LA COUR DE L'HOTEL D'UN MINISTÈRE.


Cette partie de l'édifice serait élevée d'un rez-de-chaussée, d'un premier étage et d'un second étage formant attique fermé.

On fera, pour le plan, le portique avec arrachement du vestibule et deux travées et demie du portique en retour.

L'axe de la troisième travée en retour sera distant de 16 mètres du mur du fond du portique adossé au vestibule.

L'échelle des deux dessins demandés sera de 0$^m$,008 pour mètre.

*N. B.* — Les esquisses qui ne seront pas lavées devront au moins être mises au trait à l'encre.

**UN TEMPLE PÉRIPTÈRE**

# UN TEMPLE PÉRIPTÈRE

Ce temple ne doit être qu'une imitation des temples ronds qu'on voit à Rome et à Tivoli. Il sera composé d'un portique de douze colonnes et d'une *cella*, ou sanctuaire, surmontée d'une coupole.

On substituera à l'ordonnance corinthienne des temples anciens un ordre dorique romain de proportion élégante, ainsi que l'a fait Bramante au petit temple de San-Pietro in Montorio, à Rome.

Le temple aura 10 mètres de diamètre, y compris les colonnes du portique.

On fera le plan et la coupe à une échelle de $0^m,01$ pour mètre.

Tous les dessins doivent être au trait à l'encre et profilés purement.

# UNE ÉTUDE DE L'ORDRE DORIQUE GREC

Des trois ordres grecs, l'ordre dorique est le plus élastique. Il se prête avec une facilité merveilleuse à toutes les transformations, à toutes les nuances de style, et parcourt à lui seul presque toute l'échelle des proportions.

Toutefois, la présente étude ne s'étendra pas jusqu'aux monuments postérieurs au siècle d'Alexandre.

Le sujet du programme est une application des trois principaux modes en usage chez les Grecs, savoir : mode hexamétrique, mode heptamétrique, mode octométrique.

On fera donc un entre-colonnement et deux colonnes modulés suivant les principes divers de chacun de ces trois modes, en indiquant en marge, à l'encre rouge, la division en modules.

L'échelle du module sera de $0^m,02$.

# UNE PORTE D'HOTEL

Cette porte, donnant entrée à la cour d'une habitation princière, se composera d'une arcade décorée de deux colonnes couronnées de leur entablement et surmontées d'un fronton.

Les colonnes seront d'ordre corinthien et cannelées. Elles peuvent être isolées ou engagées.

Le chapiteau sera simplifié selon le principe des Grecs pour les petites colonnes, c'est-à-dire qu'il n'aura qu'un rang de feuilles au lieu de deux et sera divisé en cinq parties sur sa hauteur au lieu de six.

La largeur d'axe en axe des colonnes sera de 5 mètres.

On fera l'élévation, le plan et la coupe sur une échelle de $0^m,03$ pour mètre.

Plus le chapiteau au sixième de l'exécution.

Les dessins seront au trait à l'encre et non lavés.


## UN BATIMENT D'OCTROI

Ce bâtiment, situé à l'entrée d'une ville importante, se composerait, au rez-de-chaussée, d'un porche ou vestibule, d'un bureau ou caisse du receveur, d'un corps de garde pour les commis de l'octroi, d'un ou deux petits dépôts et d'un escalier pour accéder à l'étage supérieur, où seraient deux logements de commis.

Au-dessous du bâtiment seraient des caves bien éclairées ; derrière, une cour destinée à recevoir et à compter le bétail et dans laquelle se trouveraient un puits avec auges d'abreuvoir, des latrines et un magasin ou fourrière.

Le terrain occupé par les constructions et la cour n'excédera pas 30 mètres dans sa plus grande dimension.

On fera le plan du rez-de-chaussée et la coupe à l'échelle de $0^m,004$ pour mètre, l'élévation au double.


## UNE SALLE A MANGER D'ÉTÉ

Cette salle serait située au milieu d'un parc ; elle s'élèverait au-dessus d'un soubassement formant terrasse. Dans ce soubassement seraient une office et ses dépendances.

La salle peut être seule ou accompagnée de telles annexes qu'on jugerait propres à augmenter l'agrément et la commodité. La terrasse, à laquelle on parviendrait par des rampes ou par des escaliers, pourrait être ornée de fontaines ou de statues.

La plus grande dimension de la salle n'excédera pas 8 mètres.

On fera un plan au niveau du sol inférieur du soubassement et un plan général au niveau de la salle à l'échelle de $0^m,005$ pour mètre, une coupe au trait à l'encre et une élévation générale au double.

# UNE CHAPELLE POUR UN HOSPICE D'ORPHELINS

Cette chapelle, placée à l'extrémité de la cour principale de l'établissement et isolée en partie, se rattachera aux bâtiments, soit par des portiques, soit par des salles qui y donneraient accès, sans cependant en masquer les fenêtres. Elle se composera d'un porche, d'une nef avec ou sans bas-côtés, d'un sanctuaire avec un seul autel et une petite sacristie.

On pratiquera, au niveau du premier étage des bâtiments environnants, une ou plusieurs tribunes propres à recevoir une partie des orphelins et des personnes de l'administration, et conséquemment l'autel sera disposé de manière à être en vue de ces tribunes.

La plus grande dimension de cet édifice n'excédera pas 45 mètres.

On fera le plan de la chapelle, avec arrachement des constructions qui doivent s'y rattacher, sur une échelle de $0^m,003$ pour mètre, la coupe à la même échelle et l'élévation au double.


# L'EMPLOI DE QUATRE FUTS DE COLONNES

Ces fûts de colonnes sont destinés à composer un petit monument, pour recevoir, sous un couronnement, une statue pédestre.

Les fûts de ces colonnes ont $0^m,45$ de diamètre, la hauteur, compris l'astragale supérieure, est $3^m,30$.

La composition de ce monument sera présentée sous deux aspects et rédigée :

1° Dans un style simple et tel qu'une ordonnance toscane ou dorique ;

2° Avec base, chapiteau, entablement et soubassement d'une ordonnance riche ou corinthienne.

On fera pour chaque composition le plan et la coupe sur une échelle de $0^m,01$, l'élévation au double.

# UNE SALLE POUR DES COURS DE CHIMIE ET DE PHYSIQUE DANS UN LYCÉE

Cette salle occuperait le milieu d'une des faces de la cour principale et se rattacherait aux autres parties des bâtiments par des portiques qui y communiqueraient ou par des salles destinées à d'autres services.

Elle aurait pour entrée un vestibule par lequel on communiquerait aux gradins destinés aux élèves et à un laboratoire pour la préparation des expériences.

La salle sera disposée de manière à ce que les élèves puissent bien voir et bien entendre le professeur, et elle sera éclairée par des jours directs.

La plus grande dimension du terrain occupé par la salle et les annexes n'excédera pas 25 mètres.

On fera pour les esquisses le plan et la coupe à une échelle de $0^m,004$ pour mètre et l'élévation sur cour au double.

# DES ENTRE-COLONNEMENTS DE L'ORDRE DORIQUE ET DE L'ORDRE CORINTHIEN

Dans les dessins de ces deux ordres, on établira les rapports proportionnels des entre-colonnements convenables à chacun d'eux, ainsi que ceux de la hauteur des colonnes avec l'entablement; cet ensemble sera figuré et dessiné correctement en plan et en élévation; il sera de deux entre-colonnements. Des colonnes seront cannelées.

Le diamètre des colonnes pour ces dessins sera de $0^m02$.

On fera donc pour l'ordre dorique, ainsi que pour l'ordre corinthien, un plan et une élévation sur une échelle de $0^m,02$ pour grand module ou diamètre des colonnes.

On fera en outre, pour les deux ordres, le détail de la base du chapiteau et de l'entablement à l'échelle de $0^m08$, représentant le module ou diamètre des colonnes.

Les dessins seront au trait à l'encre et les plans pochés en teinte claire.

## L'ENTRÉE D'UN JARDIN PUBLIC

Cette entrée serait composée de deux petits pavillons et d'une galerie intermédiaire ou portique largement ouvert sur le jardin.

Au milieu de ce portique une large baie formera pour les voitures un passage indépendant de la circulation des piétons.

Les pavillons contiendront, d'une part, un corps de garde et le logement d'un inspecteur du jardin ; de l'autre, le logement du portier et de sa famille ; au rez-de-chaussée seront les pièces destinées au service ; à l'entresol, les logements.

L'ensemble de la façade, pavillons et portique, aura 25 mètres.

On fera le plan et la coupe à l'échelle de $0^m,004$ pour mètre et l'élévation au double.

On fera, de plus, le détail d'une partie de la façade, corniche, chapiteau, etc., à l'échelle de $0^m,04$ pour mètre.

## UN TRIBUNAL DE PREMIÈRE INSTANCE

Cet édifice serait érigé dans un chef-lieu de département.

Il comprendrait :

Une salle d'audience d'environ 120 mètres de superficie, précédée d'une salle d'attente, dite des pas-perdus, et d'un porche ou portique ;

Une salle de conseil, en communication directe avec la salle d'audience ;

Une salle et un cabinet pour les archives et pour le greffe ;

Plusieurs pièces, chambres ou cabinets pour le président, le juge d'instruction, le procureur de la République, les avoués, les avocats, les huissiers et les témoins ; une ou deux pièces pour le concierge.

*La destination de chaque pièce sera écrite sur le plan.*

La façade principale donnerait sur une place publique, les façades latérales sur des rues, et la façade postérieure sur une cour communiquant à une prison.

Le terrain occupé par l'édifice n'excédera pas 40 mètres dans sa plus grande dimension. On fera le plan et la coupe sur une échelle de $0^m,003$ pour mètre et l'élévation au double, et un détail de chapiteau à $0^m,006$ pour mètre.

# SECTION D'ARCHITECTURE

## ADMISSION. — ÉPREUVES

### 1° DESSIN

### 2° MODELAGE

## DESSIN ORNEMENTAL

### EXPOSÉ PRATIQUE

L'épreuve de dessin demandée aux aspirants à l'école des Beaux-Arts consiste à reproduire un ornement d'après le plâtre ; nous avons représenté ci-après quatre modèles qui, tour à tour, peuvent être proposés au concours ; ce sont des fragments d'architecture empruntés au cours de seconde classe de l'école. L'examen de dessin a lieu en huit heures dans les amphithéâtres de l'école où les candidats sont appelés par ordre d'inscription. L'élève ne devra pas s'attacher à rendre l'effet, surtout s'il commence le dessin ; il devra au contraire étudier la mise en place générale de son modèle, indiquant d'abord les grandes masses, pour trouver ensuite les détails ; en un mot, il exécutera son dessin soit au conté, soit à la mine de plomb, sans s'occuper des autres procédés employés par les divers candidats. Que les candidats qui emploieront le crayon mine de plomb ou le conté ne croient pas que l'emploi de ces procédés leur fasse attribuer une note inférieure ; au contraire, nous avons remarqué que souvent les dessins rendus aux traits figuraient au nombre des bonnes notes obtenues.

Plus tard, lorsque le candidat aura terminé son examen d'admission, des cours spéciaux, connus sous le nom de Cours d'enseignement simultané des trois arts, où professe M. Joseph Blanc, et Cours de dessin ornemental, où professe M. d'Espouy, apprendront aux élèves à dessiner suivant les règles de l'école, quoique la personnalité soit assez respectée dans ces deux cours.

Pour nous résumer, nous engageons les candidats à rendre leur dessin simplement, sans chercher à appeler l'attention, car un dessin qui domine et qui a l'air de s'imposer est beaucoup plus sujet à la critique qu'un dessin simple, où les examinateurs pourront reconnaître que le candidat a d'abord cherché la mise en place exacte, avant le brio de l'exécution. Lorsque le candidat pourra réunir ces deux qualités artistiques, il ne devra pas manquer de le faire, mais c'est là une très grande exception.

*(Ci-contre différents modèles donnes précédemment à ce concours.)*

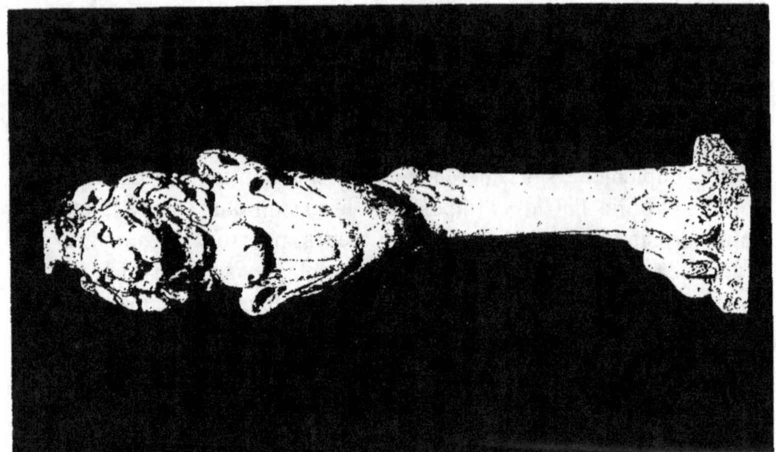

HAUTEUR TOTALE 0ᵐ80

HAUTEUR TOTALE 0ᵐ51

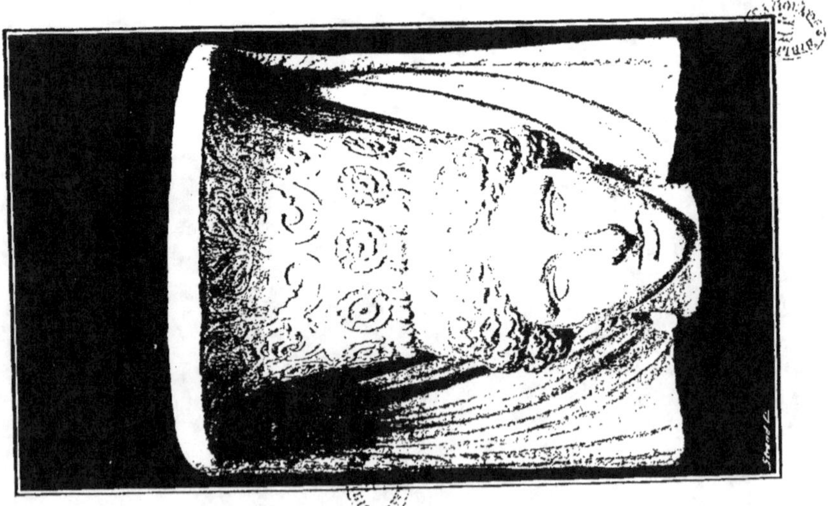

MODÈLES DE DESSIN. — GRIFFON, CARIATIDE

*a*

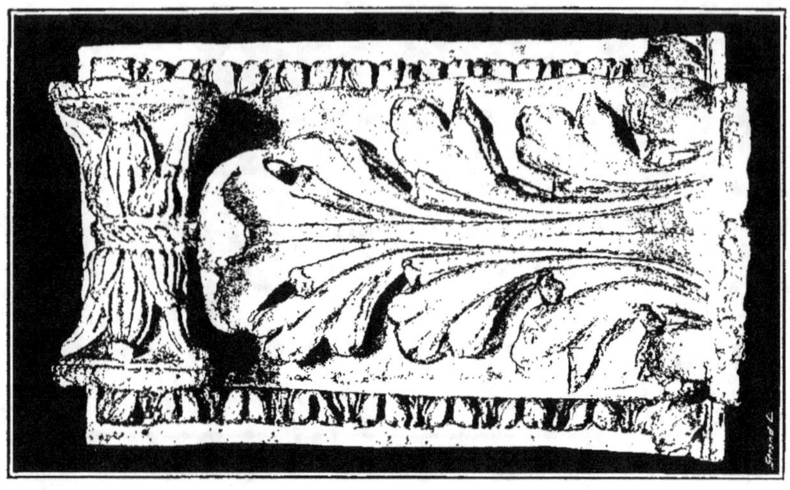

Hauteur totale 0ᵐ80

Hauteur totale 0ᵐ67

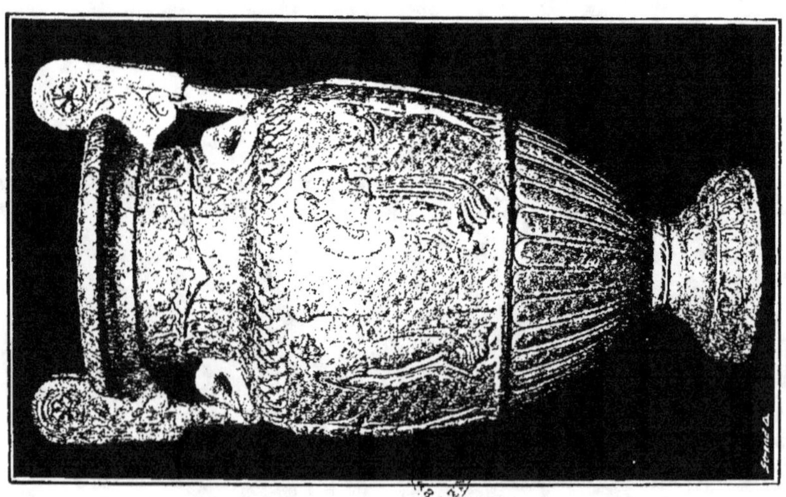

## MODÈLES DE DESSIN. — MODILLON, VASE

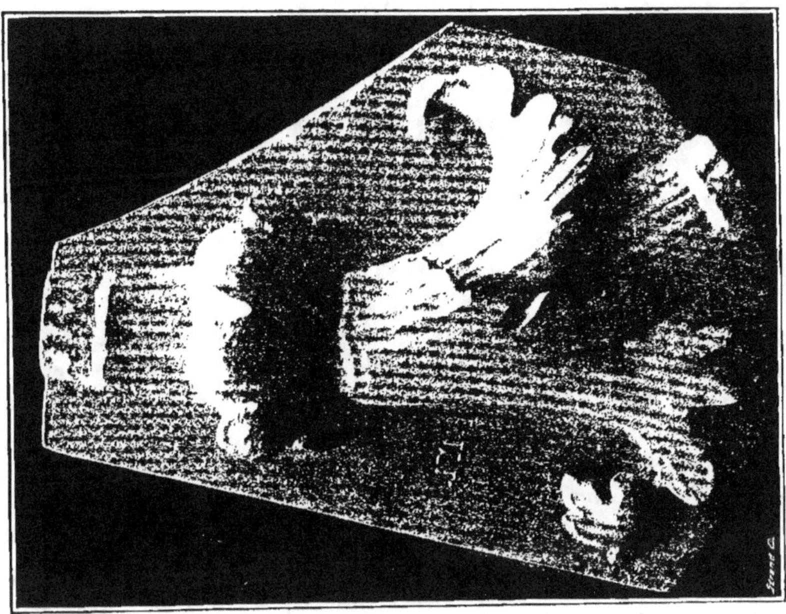

HAUTEUR TOTALE $0^m25$

HAUTEUR TOTALE $0^m43$

## MODÈLES DE MODELAGE

# MODELAGE

## EXPOSÉ PRATIQUE

L'examen de modelage est une des épreuves pour laquelle en
général les candidats ne font pas assez d'études préparatoires, et
laissent trop de côté les cours de sculpture, soit ceux de l'école des
Arts décoratifs, ceux des écoles municipales de dessin, qui sont
gratuits, ou les cours payants des différents professeurs de sculpture.
Les candidats peuvent encore recevoir des notions de modelage à
l'école même des Beaux-Arts, au cours de l'enseignement simultané
des trois arts, où les élèves non admis peuvent être reçus sur la
présentation d'un professeur connu. Il serait, en effet, très utile aux
candidats d'arriver au jour de l'examen avec des notions exactes de
sculpture, le coefficient étant assez élevé (5), pour égaler celui de
l'examen de mathématiques. Le jury demande aux concurrents de
bien posséder le maniement de la terre, afin de pouvoir indiquer une
ornementation ou copier un document avec style et exactitude. Les
sujets donnés au concours ne sont que des sujets d'ornementation
se rapportant à l'architecture : frise, chapiteau, acanthe, etc.

L'emploi de la terre, ainsi que celui de la pastyline, est autorisé
sans aucune préférence de la part des examinateurs. L'épreuve de
modelage a lieu en loge, pendant une durée de huit heures ; le jugement est rendu le lendemain, en même temps que celui des épreuves
de dessin ; ces deux épreuves sont exposées ensemble le matin même
du jugement. Le résultat des notes n'est pas officiellement connu, sauf
pour les candidats mis hors concours, car cette partie de l'examen est
éliminatoire ; mais les notes entraînant cette élimination ne sont que
très rarement attribuées.

Le maximum pour cette épreuve est 20, le minimum 4.

Les notes les plus souvent atteintes varient entre 5 et 9 et ne
dépassent que très rarement cette moyenne.

*(Ci-contre différents modèles donnés précédemment à ce concours.)*

# SECTION D'ARCHITECTURE

## ADMISSION. — ÉPREUVES

## 3° EXERCICES DE CALCUL

## 4° EXAMENS D'ALGÈBRE, D'ARITHMÉTIQUE ET DE GÉOMÉTRIE ÉLÉMENTAIRE

### ARITHMÉTIQUE ET ALGÈBRE

*(Voir les programmes pages 7 et suivantes.)*

### ÉPREUVE ÉCRITE

#### EXPOSÉ PRATIQUE

L'épreuve écrite d'algèbre et d'arithmétique a lieu en même temps que l'épreuve de géométrie ; une heure est accordée pour résoudre chaque question, soit un ensemble consécutif de trois heures pour l'algèbre ou l'arithmétique et la géométrie.

Les épreuves de mathématiques peuvent être considérées comme les parties les plus sérieuses et les moins faciles de l'examen ; elles entrent en ligne de compte pour 75 0/0 dans le nombre des concurrents refusés ; dire qu'il y ait là une grande égalité, en comparant l'examen des architectes aux autres examens d'admission de l'école des Beaux-Arts, nous ne pourrions le faire, car véritablement l'épreuve de mathématiques élimine trop de concurrents foncièrement artistes qui, ayant souvent de grandes facilités de composition, n'ont pas reçu l'instruction première suffisante pour être au niveau de la partie scientifique de l'examen.

Notre opinion serait donc de ne pas rendre cette partie de l'examen éliminatoire, ou tout au moins d'en abaisser le coefficient, qui est fort élevé, et ces désirs sont très explicables, étant donné les cours scientifiques fonctionnant à l'école même, qui exigent que chaque élève ait obtenu des mentions avant de passer de 2$^{\text{me}}$ en 1$^{\text{re}}$ classe.

C'est donc sur cette partie scientifique que le concurrent devra apporter toute son attention ; il devra non seulement étudier et savoir tout le programme, mais étudier bien au delà.

Pour appuyer mon opinion, je constaterai que de nombreux bacheliers ès sciences sont refusés, non pas que je croie à la valeur de ce diplôme, mais pour établir un point de comparaison.

Les examinateurs ont pour habitude d'exiger la remise de tous les calculs, afin de se rendre compte de la marche suivie par le candidat pour arriver à la solution, et pour reconnaître si ce dernier n'a pas copié sur un de ses camarades, cet écart au règlement lui étant rendu très facilement contrôlable par la remise d'un plan de la salle de l'examen indiquant les places occupées par les candidats.

Aucune note manuscrite, aucun manuel n'est permis, seule une table de logarithmes à 5 décimales est autorisée.

*(Suivent différentes questions posées précédemment à ce concours.)*

## QUESTIONS

Résoudre le système des deux équations suivantes :

$$(2m^2 - 6m)x - 4m = 9 + (5m - 15)x - my$$

$$2m(m - 1)x + my + 9 = y + 9m - \frac{2m - 2}{5m - 2} + (6m - 6)x$$

Mettre tous les calculs.

Résoudre, par rapport à $x$, $y$, $z$, le système des trois équations :

$$x - y + z - 7 = 0$$
$$8x + 13y + 11z - 27 = m(3 - 5y - 3z)$$
$$3x + 8y + 3 - 7 = m(23 - 5y - 2)$$

Mettre tous les calculs.

———

Résoudre le système des deux équations :

$$\frac{3x}{5} - \frac{5y}{4} = 0 \qquad \frac{4y}{6} - \frac{2x}{5} = -2$$

———

Étant donné le logarithme de $2 = 0,30103$
et le logarithme de $3 = 0,47712,$

Trouver le logarithme de $72^2$ et celui de $\sqrt{\dfrac{5184}{27}}$

5184 étant le carré de 72.

———

Trouver arithmétiquement la moyenne proportionnelle de deux nombres 9 et 25 et géométriquement la moyenne proportionnelle entre deux lignes dont l'une serait le double de l'autre.

Démontrer cette dernière partie.

Démontrer que la moyenne proportionnelle serait la moitié de la diagonale du carré dont la plus grande de ces lignes serait le côté.

———

Résoudre le système :

$$\frac{1}{x} - \frac{1}{y} = \frac{m}{xy} \qquad \frac{y}{x} - \frac{x}{y} = -\frac{n}{xy}$$

La solution littérale étant obtenue, on fera :

$$m = 3 \text{ et } n = 6$$

———

Résoudre le système d'équations :

$$\frac{a^2xy}{bx^2} - \frac{b^2xy}{ab^2} = \frac{y}{ab} \qquad 12y - 4x = 4$$

---

Effectuer la division :

$$36x^5 + 84x^4 - 17x^3 - (a + 2b)x^2 - 11x + b - 2a$$

par

$$6x^2 + 7x - 3$$

Et déterminer $(a)$ et $(b)$, afin que la division se fasse exactement. — Mettre tous les calculs.

---

Réduire à la forme la plus simple possible l'expression :

$$\frac{x}{3x - 3} - \frac{x^2 + 3x + 2}{7x + 7} + \frac{10\,x}{6 - 6x} + \frac{7x + 14x}{(x - 1)(3x + 6)} - \frac{1}{3}$$

---

Effectuer les opérations indiquées dans l'expression :

$$\frac{(ax - 3b)^2(a^2x^2 - 9b^2)}{ax + 3b}$$

---

Effectuer les opérations et simplifier :

$$\frac{6p^2q^2}{m + n}\left[\frac{3p(m - n)}{7(r + s)} \cdot \left(\frac{4(r - s)}{21pq^2} \cdot \frac{r^2 - s^2}{4(m^2 - n^2)}\right)\right]$$

---

Démontrer que la différence et la somme des cubes de deux nombres pairs consécutifs sont toujours divisibles par 8.

---

Résoudre le système :

$$\frac{x}{a} + \frac{y}{b} = 1 \qquad \frac{x}{b} - \frac{y}{a} = 1$$

Résoudre le système :

$$\frac{1}{a-x}+\frac{1}{a+y}=\frac{3a}{(a-x)(a+y)} \qquad \frac{a-x}{a-y}=\frac{a}{b}.$$

---

Trouver les valeurs entières de $x$ qui peuvent satisfaire l'inégalité :

$$3x-\frac{1}{4}>20-\frac{2x}{3}.$$

---

Quelles sont les propriétés d'une inégalité?

---

Peut-on, sans troubler une inégalité, multiplier ou diviser tous ses termes par un même nombre positif? Qu'advient-il si l'on multiplie ou si l'on divise tous ses termes par un nombre négatif?

---

Trouver un nombre entier tel que ses $\frac{3}{5}$ diminués de 12 soient plus grands que sa moitié augmentée de 2.

---

Quels sont les nombres entiers, positifs ou négatifs, qui peuvent satisfaire aux deux inégalités suivantes :

$$5x-6>3x-14 \qquad \frac{7x+6}{2}< x+12.$$

---

Trouver un nombre tel que sa $\frac{1}{2}$, augmentée de 6, égale deux fois son $\frac{1}{4}$ augmenté de 4.

---

Trouver deux nombres tels que deux fois le premier moins le second donne 5, et que dix fois le premier moins 25 égale 15 fois le second.

---

Effectuer la division suivante :

$$x^m - a^m : x - a.$$

---

Trouver les valeurs numériques des quantités suivantes :

$$a^2 + 2ab + b^2 \text{ si } a = 4, b = 3.$$

$$a^2 + b^2 + c^2 - 2ab - 2bc + 2ac \text{ si } a = 5, b = 2, c = 3.$$

---

Trouver les valeurs numériques des quantités suivantes :

$$\pi d \left( \frac{d^2}{6} + \frac{R^2 + r^2}{2} \right) \text{ si } d = \frac{1}{4}, R = 5, r = 3.$$

---

Opérer la soustraction suivante :

$$\frac{1}{2} \left( a^2 x + \frac{1}{4} a x^2 + \frac{2}{3} x^3 \right) - \left( -\frac{3}{4} a^2 x + \frac{1}{3} a x^2 - \frac{5}{8} x^3 \right)$$

---

Simplifier l'expression suivante :

$$\frac{ax - a x^2 + x^3}{ax - a - x^2 + ax^2 - ax^3 + x^4}.$$

---

Réduire les fractions suivantes au même dénominateur et simplifier :

$$\frac{3a - 6b}{a + b} - \frac{a^2 - ab + b^2}{a - b} + \frac{2b^3 - b^2 + a^2}{a^2 - b^2}$$

---

Résoudre le système :

$$(\sqrt{x} + \sqrt{y})^2 + (\sqrt{x} - \sqrt{y})^2 = a$$
$$x^2 - y^2 = b^2.$$

après résolution, on fera $a = 8$ et $b = 16$.

---

Effectuer le produit suivant :

$$(x^5 - a\,x^4 + a^2\,x^3 - a^3\,x^2 + a^4\,x - a^5)\,(x + a).$$

---

Résoudre le système :

$$\frac{a^2}{5y} + \frac{4}{20\,x} = \frac{a}{xy}$$

$$3\,ax - a = \frac{2\,y^2 - 2\,y}{y - 1}$$

la solution littérale étant obtenue, on fera $a = 15$.

---

Simplifier l'expression :

$$\frac{4\,x^2}{(x+2)\,(4\,x-4)} - \frac{(3\,x+2)^2}{(x+2)\,(3\,x-6)} + \frac{(6\,x-4)^2}{(4\,x-4)\,(3\,x-6)}.$$

---

Résoudre le système des deux équations en $x$ et $y$.

$$\begin{cases} (m^2 - m)\,x - (m - 1)\,(2\,m - 1)\,y = 1 + m - m^2 \\ (2m - 2)\,x + (3m - 3)\,y = 9 - 2\,m \end{cases}$$

mettre tous les calculs.

---

Réduire autant que possible l'expression :

$$\frac{(x - 2\,y\,\sqrt{3})^2 + (2\,xy - x^2 - y^2)}{(2\,y\,\sqrt{3} - x) + (x - y)^2}$$

La simplification algébrique achevée, on extraira la racine de 3 avec trois décimales, l'on donnera ensuite la valeur $\frac{1000}{1732}$ à $y$ et à $x$ la valeur 2.

---

# ÉPREUVE ORALE

## EXPOSÉ PRATIQUE

Les épreuves orales d'arithmétique, d'algèbre, de géométrie et de géométrie descriptive ont lieu le même jour pour chaque candidat, c'est-à-dire que l'examinateur pose les questions successivement en commençant par l'algèbre pour finir par la géométrie descriptive ; le nombre des questions posées est habituellement de trois ; une question d'algèbre, une question de géométrie et une de géométrie descriptive ; quelquefois cependant l'examinateur ne pose pas de question de géométrie. Cet examen oral a lieu en public dans un amphithéâtre de l'école, les élèves sont appelés à cette épreuve suivant leur ordre d'inscription, et la lettre de classement général tirée au sort. L'examen oral a lieu tous les jours y compris le dimanche jusqu'à la fin de la session.

L'examinateur laisse habituellement quatre à cinq minutes au candidat pour lui donner le temps de réfléchir ; dans le cas d'un bon écrit, il est à présumer que son aide sera acquise à un concurrent timide ou embarrassé.

Cette épreuve orale d'algèbre, de géométrie et de géométrie descriptive, est la plus importante de l'examen ; la plupart des candidats déjà reçus aux épreuves d'architecture s'y voient éliminés dans la proportion de 75 0/0, le zéro étant éliminatoire et le coefficient très élevé.

*Questions posées aux examens :*

Résoudre les équations suivantes :

$$3\,x + 4\,y = 7 \qquad 12\,x\,y = 25.$$

Simplifier l'expression suivante :

$$\frac{2\,x^2 + x - 1}{6\,x^2 - 5\,x + 1} - \frac{3\,x + 1}{2\,x - 4} = \frac{1}{9\,x - 3}.$$

Diviser :

$$(a\,x^3 + p\,x^2 + c\,x + d) : (x - a).$$
$$(5\,x - 3\,x^2 + 10\,x^4 - x^5) : (3\,x^2 - 4\,x + 7\,x^3).$$

Qu'entend-on par fractions égales ?

Trouver les fractions égales à $\dfrac{6330}{373}$.

Calculer le résultat de l'expression :

$$\frac{(18\,^1/_2 - 5\,^2/_3) \times 14}{0{,}025}.$$

La rente 4 1/2 0/0 étant au cours de 92,25, quelle somme doit-on verser pour avoir 600 francs de rente ?

Trouver la valeur de l'expression :

$$\frac{24 + 0{,}39 + 4{,}015 + 0{,}30709 + 0{,}37}{10{,}431}.$$

Diviser 1 par 7,75 et prendre la moitié du quotient poussé jusqu'à moins d'un cent millième.

Multiplier $7\,\dfrac{5}{6}$ par $\left(3\,\dfrac{1}{5} + 6\,\dfrac{1}{2}\right)$.

Trouver les valeurs entières de $x$, qui peuvent satisfaire à l'inégalité :

$$3\,x - \frac{1}{4} > 20 - \frac{2}{3}\,x.$$

Prendre les 0,78 de 187 et raisonner l'opération.

------

Résoudre le système :

$$\frac{x+y}{5} = \frac{x-y}{3} \qquad \frac{x}{2} = y + 2.$$

------

Simplifier :

$$\frac{x}{y} + \frac{2\,x^2 + y^2}{x\,y} + \frac{3\,x\,y^2 - 3\,x^3}{x^2\,y} - \frac{4\,x\,y^2 - 2\,x^2\,y^2 - y^4}{x^2\,y^2}.$$

------

Mettre sous forme de fraction les expressions suivantes :

$$a^4 - a^3 + a^2 - a + 1 - \frac{2}{a+1} \cdot \ \Big\| \ \frac{4 - 2\,x + x^2}{2 + x} - 2 - x.$$

------

Résoudre le système :

$$\frac{1}{a-x} + \frac{1}{a+y} = \frac{3\,a}{(a-x)(a+y)} \qquad \frac{a+x}{a-y} = \frac{a}{b} \cdot$$

------

Démontrer que la moyenne arithmétique entre deux nombres $a$ et $b$ est toujours plus grande que leur moyenne géométrique.

------

Démontrer que la racine carrée d'un produit est égale au produit des racines carrées de ses facteurs.

Exemple : la racine carrée de $abc$.

------

Décomposer en facteurs du premier degré le trinôme

$$x^2 + 4x - 32.$$

------

Résoudre le système :

$$10\,x + 4\,y = 3 \qquad 20\,y - 5\,x = 4.$$

Résoudre le système :

$$m - \frac{a\,x}{b} = \frac{b\,y}{a} - m \qquad a + \frac{m\,x}{b} = \frac{b\,y}{m} - a.$$

---

Résoudre le système :

$$\frac{x}{a+b} - \frac{y}{a-b} = \frac{1}{a+b} \qquad \frac{x}{a+b} + \frac{y}{a-b} = \frac{1}{a-b}.$$

---

Trouver les valeurs numériques des quantités suivantes :

1° $\qquad \dfrac{\sqrt{a^2 + 2\,b^2} - \sqrt{a^2 - 2\,b^2}}{2} \qquad$ si $a = 12, \qquad b = 3$;

2° $\qquad a^2 + 2\,ab + b^2 \qquad$ si $a = 4, b = 3$.

---

Simplifier l'expression suivante :

$$\frac{156\,a^3\,b^2 - 104\,a^2\,b^3}{351\,a^2\,bx - 234\,ab^2x}.$$

---

Effectuer les opérations indiquées :

$$\left( \frac{a}{m^2} - \frac{a}{n^2} \right) \frac{m\,n}{a} \left( \frac{b}{m-n} + \frac{b}{m+n} \right).$$

---

Résoudre l'équation suivante :

$$x^4 - 25\,x^2 + 144 = 0.$$

---

Résoudre les équations :

$$
\begin{aligned}
x - 3\,y &= 1 \\
\frac{3\,x}{4} - y &= 2.
\end{aligned}
$$

---

$$
\begin{aligned}
6\,x + 5\,y &= 16 \\
5\,x - 12\,y &= -19.
\end{aligned}
$$

$$\frac{1}{x + \dfrac{1}{y - \dfrac{a}{x}}} = \frac{1}{x - \dfrac{1}{y - \dfrac{b}{x}}}$$

$$\frac{1}{y}\left( 1 - \frac{x}{1} \right) = 1.$$

Simplifier :

$$\frac{5\,x^3 + 3\,x^2 - 12\,x + 4}{3\,x^4 + x^3 - 9\,x^2 + 3\,x + 2}.$$

---

Démontrer les propriétés suivantes :

1° Tout nombre impair carré parfait diminué de 1 est divisible par 8 ;

2° La différence des carrés de deux nombres impairs est toujours divisible par 8.

---

Une vis avance de 3/4 de millimètre par tour. Combien faudra-t-il tourner de fois pour la faire avancer de 3 millimètres 1/4 ?

---

Une solive qui a $6^m,25$ de longueur sur 12 centimètres de largeur et 18 centimètres d'épaisseur vaut 11 fr. 34. Dites le prix d'un décistère de bois.

---

On a une sphère creuse en plomb de 5 centimètres de diamètre. La cavité intérieure a une capacité de 5 centimètres cubes 45. Quel est le poids de cette sphère sachant que la densité du plomb est 11,35 ?

---

L'hypothénuse d'un triangle rectangle est de $29^m,40$, l'un des côtés de l'angle droit est $23^m,60$. Calculer le périmètre et la surface de ce triangle.

---

Quelle est la longueur d'un arc de circonférence de 60°, le rayon de cette circonférence étant de $12^m,50$ ?

---

Un arc de 60°20' a 18 centimètres de long. Quelle est la circonférence du cercle auquel il appartient ?

Partager 1489 en 2 parties proportionnelles aux fractions 2/3 et 4/3.

---

Partager 5271 proportionnellement aux fractions $\dfrac{2}{5}$, $\dfrac{4}{9}$ et $\dfrac{11}{20}$.

---

Partager 4850 en parties proportionnelles aux fractions $\dfrac{7}{8}$, $\dfrac{4}{9}$ et $\dfrac{3}{4}$.

---

Montrer que le système métrique est l'application du système de numération décimale aux poids et aux mesures.

---

Dire les fractions équivalentes à 3/8 et qui aient pour numérateurs, 6, 51, 33, 39, 48.

---

Quel est le poids d'une voiture de 250 pavés carrés de 15 centimètres de côté sur 8 centimètres d'épaisseur, la densité du grès étant de 2,90 ?

---

A quel taux réel place son argent une personne qui achète des rentes 3 0/0 au cours de 60 ?

---

Combien faut-il payer pour la peinture de 6 poteaux cylindriques de $2^{m},50$ de haut sur 62 centimètres de pourtour à raison de 1 centime $^{1}/_{2}$ le décimètre carré.

---

Résoudre le système des 2 équations :

$$(\sqrt{x} + \sqrt{y})^2 + (\sqrt{x} - \sqrt{y})^2 = a \qquad x^2 - y^2 = b^2.$$

Après la résolution on fera :

$$a = 8 \qquad b = 16.$$

---

Résoudre le système des 2 équations :

$$5\,x - 3\,y = 9 \qquad 3\,x - 2\,y = 13$$

Résoudre le système :

$$5\,x - 8\,y = 2 \qquad 7\,x + 12\,y = 26.$$

Résoudre le système :

$$a\,x - b\,y = a^2 + b^2 \qquad b\,x + a\,y = a^2 - b^2.$$

Multiplier :

$$\left(-\frac{P}{2} + \sqrt{\frac{P^2}{4} - Q}\right)\left(-\frac{P}{2} - \sqrt{\frac{P^2}{4} - Q}\right).$$

Démontrer les formules suivantes par des multiplications :

$$(a + b)^2 = a^2 + 2\,a\,b + b^2 \qquad (a - b)^2 = a^2 - 2\,a\,b + b^2.$$

Mettre en facteur commun :

$$5\,a\,b - 4\,a\,c - 5\,b + 4\,c.$$

Effectuer la division suivante :

$$\frac{a^3 + 1}{a^2\,b^3} : \frac{a^3 - a + 1}{a\,b^2}.$$

Multiplier les fractions suivantes entre elles et simplifier :

$$\frac{2\,x}{a} \times \frac{8\,a\,b}{2} \times \frac{8\,a\,c}{a\,b}.$$

Qu'appelle-t-on égalité?   Donner des exemples.

---

Chasser les dénominateurs des expressions suivantes :

$$4\,(x-12)-\frac{2}{5}=17. \qquad 7\,x-\frac{21}{7}=32\,x-12. \qquad y+\frac{y}{4}=10.$$

---

Quel rayon faut-il prendre pour que la circonférence décrite ait 1 mètre de longueur?

---

Trouver la hauteur d'un trapèze qui a pour surface 325 hectares 4 ares 5 centiares, pour grande base 725 décamètres 5, la petite ayant 52 décamètres 8.

---

Quel est le capital qui, ajouté à ses intérêts à 3 0/0 pendant 11 ans, est devenu 46 fr. 55 ?

---

Trouver 3 nombres tels que leur différence, leur somme et leur produit soient proportionnels aux nombres 2, 4, 9.

---

Partager 817 mètres en trois parties proportionnelles aux arcs suivants : 13°25′, 15°20′, 19°11′.

---

Trouver deux nombres dont la somme, qui est 54, et la différence soient dans le rapport $\dfrac{9}{5}$.

---

Résoudre l'équation suivante :

$$\frac{x-5}{3}=4\left(\frac{x}{3}-2\right)-3.$$

---

On peut changer les signes de tous les termes d'une équation sans la détruire. Expliquer.

---

Résoudre les équations suivantes :

$$2\,x - \frac{7}{3}\,y = -29 \qquad \frac{x}{3} + \frac{y}{4} = 4,75.$$

$$\frac{3\,x}{4} + \frac{2\,y}{5} = 1 \qquad 2y + 3x = 22.$$

$$\frac{a}{b+y} = \frac{b}{a-x} \qquad \frac{c}{d-x} = \frac{d}{c-y}.$$

$$\frac{5\,x-2}{4-3\,y} = \frac{1}{2} \qquad \frac{3\,x+5}{y-1} = \frac{2}{3}.$$

---

Qu'appelle-t-on identité numérique ?

Donner des exemples.

---

Qu'est-ce qu'une équation littérale ?

Donner des exemples.

---

Effectuer les opérations suivantes :

$$\frac{x+y}{x-y} \times \frac{x-2}{x+2}. \qquad \frac{5ax}{6by} \times \frac{3\,(ay+y^2)}{8\,(ax+a^2y)}.$$

$$\left(\frac{2x}{a} + \frac{8ab}{2} - \frac{8ac}{ab}\right) \times \left(\frac{4x}{2} + \frac{2x}{7} + \frac{6a}{x^2}\right).$$

---

Une tour cylindrique a pour rayon $8^{m},50$. Sa surface latérale est égale à $525^{mq},5$. On demande sa hauteur.

---

Une colonne cylindrique a pour diamètre 54 centimètres, sa surface totale vaut 8 mètres carrés. Calculer sa hauteur.

---

Les rayons des cercles bases d'un tronc de cône sont de 4 mètres et 3 mètres, l'arête de 5 mètres. Quels sont la surface latérale et le volume ?

———

Quel côté donner à un bassin hexagonal régulier pour que sa surface soit de 60 mètres carrés ?

———

Quelle est, dans une circonférence de 5 mètres de rayon, la longueur d'un arc de 28°15′ ?

———

Calculer la surface d'un triangle équilatéral qui a 30 mètres de périmètre.

———

Qu'est-ce qu'un polynôme ordonné ?
Donner des exemples.

———

Qu'appelle-t-on quantités négatives ?
Donner des exemples.

———

Dans quel cas une division est-elle impossible ?
Donner des exemples.

———

Trouver le plus grand commun diviseur entre :
$$65\,a^2b^3c^4d, \quad 91\,b^2c^3d^4x \quad \text{et} \quad 52\,c^2d^4x^4y.$$

———

Trouver le plus petit commun multiple des expressions suivantes :
$$6\,(a-b) \text{ et } 9\,a^2 - 9b^2. \qquad 8ab^2c \text{ et } a^3bc^2.$$

———

Réduire au même dénominateur :
$$R \text{ et } \frac{R+r}{2Rr}.$$

———

Trouver deux nombres dont la somme soit 70 et la différence 16.

———

Lorsque la résolution d'une équation conduit à une solution négative, qu'y a-t-il à faire ?

———

Mettre en équation le problème suivant :

Un père a 45 ans, son fils en a 15, après combien d'années l'âge du père sera-t-il quadruple de celui du fils ?

———

Quel est le nombre dont la moitié plus le quart valent 67 ?

———

Partager 120 en parties proportionnelles à 2 et 3.

———

Partager le nombre 10 en parties proportionnelles à $\sqrt{2}$ et $\sqrt{3}$.

———

La différence des carrés de deux nombres entiers consécutifs est 17, trouver ces deux nombres.

———

# GÉOMÉTRIE

*(Voir le programme pages 10 et suivantes.)*

---

## ÉPREUVE ÉCRITE

### EXPOSÉ PRATIQUE

Pour l'ensemble général de cette partie de l'examen, nous prions le lecteur de bien vouloir se reporter au chapitre « Examen oral d'arithmétique et d'algèbre » ; l'examen de géométrie ayant lieu à la suite de cette épreuve. La question posée devra être résolue par la méthode la plus courte, à moins que le concurrent n'ait des connaissances plus approfondies que celles demandées au programme ; dans ce cas, il pourra chercher une solution plus savante, ce qui lui permettra d'obtenir un meilleur classement. — Si le candidat ne se trouvait pas de force à donner la solution, il pourrait énoncer tout au moins les théorèmes ou les formules se rattachant à la question, ce qui lui permettrait de se reprendre à l'oral sans avoir un zéro à l'écrit. — La note de l'examen écrit n'est pas éliminatoire, ce n'est que le résumé des deux notes : Écrit, Oral, multiplié par le coefficient, qui doit atteindre un minimum, *minimum éliminatoire.*

*Questions posées à l'épreuve écrite de géométrie.*

Sur les faces d'un cube d'arête $(2\,a)$ on construit à l'extérieur du cube des pyramides régulières de hauteur $(h)$, trouver l'expression du volume $(v)$ et de la surface $S$ du solide ainsi formé ; dans le cas particulier où $h = a = 9$ décimètres, on propose de calculer :

$1^0$ La surface $S$ à 1 centimètre carré près.

$2^0$ Le logarithme de $S$.

On donne le logarithme de $2 = 0,3010300,$

    —        logarithme de $3 = 0,4771213.$

Expliquer et mettre les calculs.

Trouver les expressions de l'aire et du volume engendrés par un hexagone régulier inscrit dans une circonférence de rayon R, en tournant autour de la tangente menée à la circonférence menée en l'un de ses sommets.

Ceci fait, calculez à un décalitre près le volume engendré, sachant que l'aire engendrée $=$ 289 m. q.

Mettre tous les calculs.

---

Étant donné une circonférence de rayon R, on demande l'expression du côté de l'octogone régulier convexe inscrit dans cette circonférence, l'expression de l'aire engendrée par chaque côté de l'octogone, lorsque cet octogone tourne autour d'un de ses côtés A B, ainsi que la somme S de ces différentes aires. Calculez S à 1 centimètre carré près, sachant que R $=$ 1 décimètre.

Mettre tous les calculs.

---

Établir l'expression du volume du tétraèdre régulier de côté $(a)$. Calculer ce volume à 1 centimètre cube près par défaut, sachant que $a = 4$ mètres. Mettre tous les calculs.

---

Dans un trapèze isocèle on donne une des bases $a$, la hauteur $h$ et un des côtés non parallèles $c$; trouver l'expression algébrique en fonction de ces données, de l'aire S du trapèze, puis du volume V engendré par le trapèze en tournant autour de la droite qui joint les milieux des côtés parallèles dans le cas où $a = 7$ mètres, $h = 8$ mètres, $c = 11$ mètres; calculez S à 1 centimètre carré près, $\dfrac{V}{\;}$ à 1 décimètre cube près. Expliquer les calculs.

---

Un cube est inscrit dans une sphère de rayon R. Quels sont les rapports de sa surface et de son volume à la surface et au volume de la sphère? Donner le calcul jusqu'au centième sachant que R $=$ 0,27°.

---

Trouver le côté d'un cube équivalent à un parallélépipède rectangle qui a $6^m,9$ de longueur, $3^m,7$ de largeur et $1^m,4$ de hauteur.

---

Démontrer que :

Si du sommet d'un angle trièdre SABC on élève sur chacune des faces ASB, BSC, CSA une perpendiculaire faisant un angle aigu avec l'arête située hors de cette face, l'angle trièdre qui a pour arêtes ces trois perpendiculaires S A', S B' S C', et l'angle trièdre proposé sont supplémentaires.

(Deux angles trièdres sont dits supplémentaires lorsque les angles plans de chacun de ces angles trièdres sont des suppléments des angles qui mesurent les angles dièdres de l'autre.)

---

On inscrit un cube dans une sphère de rayon R, chaque face du cube sert de base à une pyramide régulière dont le sommet est sur la surface de la sphère.

Du volume du cube et de celui de l'ensemble des pyramides, quel est le plus grand ? Démonstration.

---

I. Calculer : 1° la surface du cercle de 1 mètre de rayon ; 2° du cercle de 1 mètre de circonférence ; 3° le rayon du cercle de 1 mètre carré de surface.

II. Dans le premier cas, on cherchera ensuite la surface d'un triangle équilatéral inscrit dans ce cercle.

Dans le second cas, la surface d'un carré inscrit dans ce cercle.

Dans le troisième cas, la surface d'un pentagone régulier circonscrit à ce cercle.

---

Démontrer qu'étant donné deux droites non situées dans le même plan :

1° On peut mener une perpendiculaire commune à ces deux droites ;
2° On n'en peut mener qu'une ;
3° La portion de cette perpendiculaire comprise entre les deux droites est la plus courte distance de ces deux droites.

Faire la figure et mettre toutes les explications.

---

Trouver l'expression de la surface décrite par le périmètre d'un hexagone régulier de côté $c$ tournant autour d'un de ses diamètres.

Quel serait le rapport de cette surface à celle de la sphère circonscrite ?

Théorème des trois perpendiculaires.

---

L'arête d'un tétraédre régulier est $c$, quelle est l'expression de son volume ?

Cette arête est le côté d'un carré dont la diagonale est égale à $2 \times \sqrt{3}$ ; l'unité étant le mètre, quel est le volume en mètres cubes ?

---

Le volume d'un cône droit à base circulaire est de 2345 centimètres cubes, sa hauteur est de $0^m,325$ ; on coupe ce cône par un plan parallèle à la base à $0^m,065$ du sommet ; on demande l'aire de la section à 1 millimètre carré près, et le volume du cône détaché par le plan sécant.

---

Dans un parallélépipède rectangle ABCD A'B'C'D', on donne les deux côtés de la base AB $= 2^m,079$ BC $= 2^m,772$ et la diagonale AC' $= 3^m,927$ ; on demande de calculer la longueur de l'arête CC' et d'exprimer le volume du parallélépipède soit en mètres cubes, soit en centilitres. Mettre tous les calculs.

---

Lorsqu'une droite est perpendiculaire à un plan, tout plan mené par cette droite est perpendiculaire au premier.

---

Les deux lignes parallèles AB, A'B' sont égales au côté $c$ d'un triangle équilatéral inscrit dans la circonférence de centre $o'$ : $c$ est donné.

Supposant que la figure tourne autour du diamètre CC' perpendiculaire aux deux droites, on demande en fonction de $c$ : 1° la surface de la sphère engendrée ; 2° la surface de la zone engendrée par l'arc AA' ; 3° le volume de la sphère. Application numérique : on fera $c = 3^m \sqrt{3}$. On énoncera en toutes lettres les surfaces et les volumes.

---

L'hypoténuse d'un triangle est égale à $5^m,23$, sa surface vaut 8 mètres carrés ; trouver les deux autres côtés.

Si l'expression de ces côtés renferme des radicaux, on extraira, pour l'un des côtés, la racine par le procédé ordinaire, et, pour l'autre côté, on trouvera par logarithme la valeur de ces radicaux. Deux décimales dans l'un et l'autre cas.

Étant donné une demi-circonférence de rayon R, décrite sur AB comme diamètre, et un point P sur le diamètre, tel que $OP = \alpha$; par P on élève sur le diamètre AB la perpendiculaire PM qui rencontre en M la demi-circonférence, on joint AM, BM et l'on fait tourner toute la figure autour de AB.

1° Trouver l'expression algébrique :

Du volume engendré par le triangle AMB.

Du volume engendré par la partie restante.

L'expression de la surface du solide engendré par cette partie restante.

2° Dans le cas où $\alpha = \dfrac{1}{3}$ R et où $R = \dfrac{\sqrt{7}}{\sqrt{132}}$, calculer par logarithmes le volume de cette partie restante engendrée par le triangle AMB et la demi-circonférence.

Mettre tous les calculs.

---

Dans un triangle dont la base est $b$ et la hauteur $p$, inscrire un rectangle s'appuyant sur $b$ et ayant comme différence entre ses deux dimensions une longueur $d$.

---

Trouver l'expression de la surface d'un cube inscrit dans une sphère de rayon R, on fera ensuite, $R = \sqrt{\dfrac{3}{2}}$, l'unité étant le mètre.

---

# ÉPREUVE ORALE

## EXPOSÉ PRATIQUE

L'examen oral de géométrie se passant en même temps que les examens d'algèbre et de géométrie descriptive, nous prions le lecteur de se reporter au chapitre précédent « Épreuve orale d'arithmétique et algèbre ».

### *Questions posées à l'examen oral.*

Une sphère étant donnée, trouver son rayon.

---

Peut-on construire un angle trièdre ayant pour faces trois angles plans donnés, si la somme de ces angles est moindre que 4 droits, et si le plus grand est plus petit que la somme des deux autres ?

---

Démontrer que les quatre diagonales d'un parallélépipède se coupent mutuellement en parties égales.

---

Étant donné un angle polyèdre convexe, peut-on le couper par un plan qui rencontre toutes les arêtes ?

---

Connaissant le rayon d'un cercle et le côté d'un polygone régulier inscrit de $n$ côtés, trouver le segment compris entre ce côté et l'arc qu'il sous-tend. Trouvez aussi la surface S de ce polygone.

---

Démontrer qu'un prisme triangulaire quelconque a pour mesure le produit de sa base par sa hauteur.

---

Démontrer que deux pyramides de même hauteur sont entre elles comme leurs bases, et deux pyramides qui ont des bases équivalentes sont entre elles comme leur hauteur.

---

Que savez-vous sur le plan mené par deux arêtes opposées d'une pyramide ayant pour base un trapèze?

———

Que savez-vous sur deux pyramides de même hauteur ayant leurs bases situées sur le même plan, et que l'on coupe par un plan parallèle au plan des bases?

———

Pourriez-vous démontrer que deux parallélépipèdes rectangles sont entre eux comme le produit de leurs trois dimensions?

———

Que savez-vous sur deux polyèdres lorsqu'ils sont composés d'un même nombre de tétraèdres semblables chacun à chacun et semblablement disposés?

———

Qu'est-ce qu'un polyèdre?

———

Démontrer qu'en coupant toutes les faces latérales d'un prisme ou leurs prolongements par deux plans parallèles, on détermine des sections égales entre elles.

———

Construire un rectangle équivalent à un carré donné, tel que la différence de ses dimensions soit égale à une droite donnée.

———

Diviser un trapèze en deux parties proportionnelles à des nombres donnés, par une droite parallèle aux deux bases.

———

Démontrer que deux dièdres quelconques sont entre eux comme leurs angles plans.

———

Étant donné un rectangle ABCD, construire un rectangle équivalent, dont la base soit une ligne donnée EF.

———

Décrire un cercle dont l'aire soit à celle d'un cercle donné dans le rapport de $m$ à $n$.

———

Démontrer que si deux plans verticaux se coupent, leur intersection est une verticale.

———

Démontrer qu'un angle inscrit a pour mesure la moitié de l'arc compris entre ses côtés.

———

Démontrer que d'un point C, pris hors d'une droite AB dans l'espace, on peut abaisser une perpendiculaire à cette droite et on n'en peut abaisser qu'une.

———

Étant donné les projections de deux droites parallèles, trouver la distance de ces droites.

———

Démontrer que, dans tout triangle, la somme des carrés de deux côtés est égale à deux fois le carré de la médiane qui correspond au troisième côté, plus deux fois le carré de la moitié de ce même côté.

———

Trouver par une construction graphique le rayon d'une sphère donnée.

———

Diviser un triangle en trois parties proportionnelles à des nombres donnés, par des droites menées d'un même point donné dans l'intérieur du triangle.

———

Trouver une moyenne proportionnelle entre deux longueurs données.

———

Évaluer en stères une pile de bois qui a $8^m,7$ de longueur sur $6^m,26$ de largeur et $4^m,57$ de hauteur.

———

Trouver le nombre d'hectolitres d'eau que contient un bassin de forme cubique ayant pour côté $2^m,6$.

———

Trouver le côté d'un cube équivalent à un parallélépipède rectangle qui a $6^m,9$ de longueur, $3^m,7$ de largeur et $1^m,4$ de hauteur.

———

1° Qu'appelle-t-on polyèdre régulier ? — 2° Combien existe-t-il de polyèdres réguliers ? — 3° Citez-les par ordre. — 4° Dites ce que le premier, le troisième et le cinquième ont pour face. — 5° Et les autres ?

———

Trouver la surface S de l'octogone régulier inscrit dans un cercle, en fonction du rayon.

———

Trouver le côté d'un carré équivalent à un rectangle qui a pour longueur 729 mètres et pour largeur 676 mètres.

———

Démontrer que deux pyramides sont égales lorsqu'elles ont même base et deux faces contiguës égales chacune à chacune et semblablement disposées.

———

Quel rayon faut-il donner à un cercle pour que sa superficie soit de 6 mètres carrés?

———

On donne les deux côtés d'un triangle, ainsi que l'angle opposé à l'un d'eux; construire le triangle.

———

Diviser une droite donnée AB en moyenne et extrême raison (c'est-à-dire en deux parties telles que la plus grande soit moyenne proportionnelle entre la droite entière et la plus petite partie).

———

Démontrer qu'une droite étant perpendiculaire à deux droites qui passent par son pied dans un plan, elle sera perpendiculaire à toute autre droite menée par son pied dans ce plan, et par conséquent elle sera perpendiculaire au plan.

———

Dites ce que vous savez sur une progression géométrique croissante.

———

Le rayon d'un cercle est égal à $11^m,53$. Calculez à $0,001$ près le côté du triangle équilatéral inscrit.

———

Calculer les longueurs des deux parties de l'hypoténuse lorsqu'on mène la bissectrice de l'angle droit du triangle qui a pour côtés les nombres entiers consécutifs 3, 4 et 5.

———

Démontrer que, si deux plans sont perpendiculaires entre eux, toute droite perpendiculaire à l'un de ces plans sera parallèle à l'autre ou y sera contenue tout entière.

———

Trouver la surface et le volume d'un tétraèdre régulier dont l'arète vaut 2 mètres.

———

Démontrer que, si dans un angle trièdre deux angles dièdres sont inégaux, au plus grand angle dièdre est opposée la plus grande face.

———

A quoi est égale l'aire d'un triangle équilatéral circonscrit à une circonférence.

———

Connaissant le rayon d'un cercle et le côté d'un polygone régulier inscrit dans le cercle, trouver l'apothème de ce polygone.

———

Construire un rectangle équivalent à un carré donné, tel que la somme de ses dimensions soit égale à une droite donnée.

———

Dans un quadrilatère inscrit dans un cercle, les diagonales sont entre elles comme les sommes des produits des côtés qui aboutissent à leurs extrémités. — Expliquez.

———

Décrire un cercle tangent à trois droites données qui se coupent deux à deux.

———

Mener une tangente commune à deux cercles donnés.

———

Connaissant le rayon d'un cercle et le côté d'un polygone régulier inscrit, calculer le côté du polygone régulier inscrit d'un nombre double de côtés.

———

Lorsque deux droites sont parallèles, si l'une d'elles est perpendiculaire à un plan, la seconde sera perpendiculaire au même plan. Réciproque.

———

# ÉCOLE DES BEAUX-ARTS

## CONCOURS D'ADMISSION

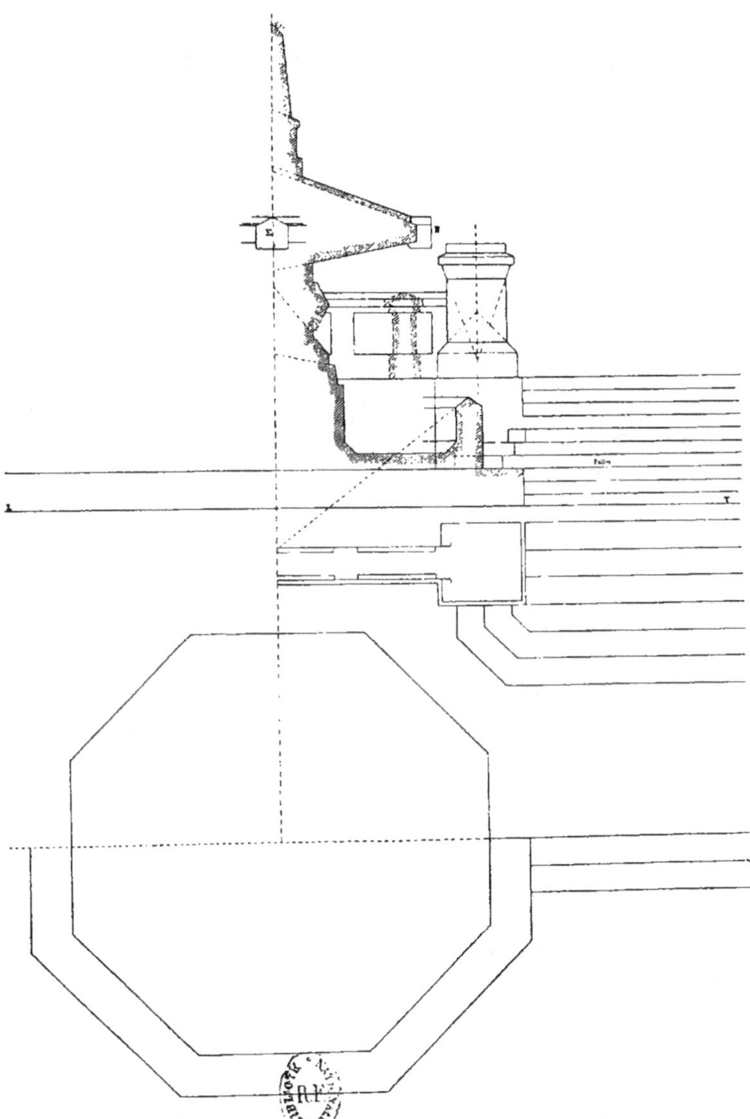

*Réduction de l'épreuve remise aux candidats à l'examen*
*du 26 Octobre 1898*

d

# GÉOMÉTRIE DESCRIPTIVE

## ÉPREUVE ÉCRITE

### EXPOSÉ PRATIQUE

L'épreuve écrite de géométrie descriptive a subi de grands changements, comparativement à celles des examens antérieurs ; cette partie scientifique est moins théorique que précédemment, elle exige surtout l'application du programme d'admission aux questions d'ombres à 45°. L'examen écrit actuel consiste en une épreuve faite en loges, durant un laps de temps de huit heures, *cette question donnée par un programme écrit et dessiné, étant toute récente nous n'avons pu en donner qu'un exemple.*

Pour les renseignements généraux sur cette partie de l'examen, nous renverrons le lecteur au chapitre « Examen écrit d'arithmétique et d'algèbre », l'épreuve de géométrie descriptive étant proposée et jugée par le même examinateur.

*Suit le dernier programme donné à l'examen.*

#### ÉPREUVES D'ADMISSION DU 26 OCTOBRE 1898

On suppose une fontaine entre deux perrons limités par des piédestaux.

La fontaine et sa vasque sont octogonales, suivant le profil hachuré ; au milieu de chacune des huit faces de la fontaine est ménagé en saillie un épannelage E en attente de sculpture.

Entre les deux piédestaux se trouve une balustrade pleine avec panneaux évidés,

L'épure à faire consiste :

1° A représenter les projections horizontale et verticale de la fon-

taine, de sa vasque, des perrons, de la balustrade et des deux piédestaux ;

2° A tracer les ombres (rayon lumineux ayant ses deux projections
à 45°) en projection horizontale seulement, y compris l'ombre portée
sur l'intérieur de la vasque ; le tracé des ombres en projection horizontale devra être complet, sans s'arrêter à la ligne de terre.

Placer l'axe au milieu de la feuille.

Nota. — Les candidats sont invités à tracer sur l'épure, soit à l'encre rouge,
soit au crayon, les lignes indiquant toutes les constructions, et à l'encre noire les
données et les résultats.

## ÉPREUVE ORALE

L'examen oral de géométrie descriptive se passant en même temps
que les examens d'algèbre et de géométrie. Nous prions le lecteur de
se reporter au chapitre précédent « Épreuve orale d'arithmétique et
d'algèbre.

### QUESTIONS POSÉES A L'EXAMEN ORAL

Trouver l'angle de deux plans dont les traces sont en ligne droite.

Trouver la plus courte distance entre deux droites quelconques par
la méthode la plus simple.

Étant donné un plan dont les traces sont en ligne droite et un
point dont les projections sont confondues, mener une perpendiculaire
du point au plan.

Mener par une droite AB un plan qui fasse avec le plan horizontal
un angle de 60°.

Qu'entend-on par plans perpendiculaires entre eux ?

Étant donné une droite quelconque et une droite parallèle à la ligne de terre, faire tourner la droite de 90° autour de la parallèle à la ligne de terre.

———————

Étant donné un plan dont les traces sont en ligne droite, trouver l'intersection de ce plan avec le deuxième bissecteur.

———————

Étant donné un plan de profil et un plan quelconque trouver l'angle des deux plans.

———————

Étant donné une droite quelconque et un point, mener par le point une droite rencontrant la première droite et la ligne de terre.

———————

Étant donné deux droites de profil, trouver si ces deux droites sont dans un même plan.

———————

Étant donné un plan dont les tracés sont en ligne droite, trouver l'intersection de ce plan avec une droite de profil.

———————

Étant donné un point dont les deux projections sont confondues, une droite qui rencontre la ligne de terre, et un axe vertical. Si l'on fait tourner de 100° le plan déterminé par la droite et le point, trouver les traces du plan après la rotation.

———————

Étant donné un axe vertical, faire tourner le plan bissecteur d'un angle de 100°.

———————

Étant donné un plan par ses traces, une droite dont les projections rencontrent la ligne de terre, trouver l'angle de la droite et du plan.

———————

Étant donné un plan dont les traces sont en ligne droite, lui mener un plan parallèle à une distance donnée.

———————

Étant donné une droite, amener cette droite par des rotations successives à être parallèle à la ligne de terre.

Étant donné une droite du deuxième bissecteur, et un point dont les deux projections sont à égale distance de la ligne de terre, menez par le point une droite qui fasse avec la première un angle de 60°.

---

Étant donné une droite par ses deux projections, mener par cette droite un plan faisant avec le plan horizontal un angle de 45°.

---

Étant donné deux plans dont les traces verticales sont parallèles, trouver l'angle de ces deux plans.

---

Étant donné une droite horizontale, un point de la ligne de terre, on rabat le plan ainsi déterminé, et l'on donne un point rabattu. Trouver les projections de ce point.

---

Étant donné deux droites quelconques, par une rotation autour d'un axe convenable peut-on ramener les deux droites à être verticales ?

---

Étant donné un plan dont les traces sont en ligne droite, on demande l'angle de ce plan avec le premier bissecteur. Pourquoi l'intersection de ces deux plans est-elle une droite de profil ?

---

Étant donné une droite dont les deux projections sont confondues, et un plan dont les traces sont en ligne droite, on demande : 1° l'intersection de la droite et du plan, 2° l'angle de la droite avec la ligne de terre.

---

Étant donné deux droites dont les projections verticales sont parallèles, trouver au moyen d'une rotation la perpendiculaire commune à ces deux droites.

---

Étant donné une droite quelconque et une droite de front, trouver la perpendiculaire commune.

---

Étant donné deux plans ayant mêmes traces verticales, et leurs traces horizontales perpendiculaires entre elles, trouver le plan bissecteur de l'angle des deux plans.

Étant donné un plan dont les traces sont en ligne droite, une droite verticale qui rencontre la trace verticale du plan, on fait tourner le plan d'un angle de 100° autour de la droite. Trouver les nouvelles traces du plan.

———

Lorsque les projections d'un point sont sur les projections d'une droite contenue dans un plan de profil, peut-on affirmer directement que le point appartient à la droite?

———

Une droite est donnée par ses projections, déterminer les points de cette ligne qui appartiennent aux plans bissecteurs des angles dièdres que forment les plans de projection :

(*a*) La droite est horizontale ;
(*b*) La droite est quelconque ;
(*c*) La droite est perpendiculaire à l'un des plans de projection ;
(*d*) La droite appartient à un plan de profil.

———

Dans quel cas une droite donnée par ses projections appartient-elle à l'un des plans bissecteurs des dièdres que forment les plans de projection ?

———

Comment reconnaît-on à l'inspection de ses projections qu'une droite est parallèle à un des plans bissecteurs ?

———

Déterminer la distance d'un point du plan vertical à une droite du plan horizontal.

———

Connaissant les projections du centre et le rayon d'un cercle situé dans un plan donné, construire les projections de ce cercle.

———

Étant donné les projections d'un point, déterminer la position qu'elles prennent lorsqu'on fait tourner le point d'un certain angle autour d'un axe donné.

———

Déterminer sur une droite donnée un point dont la distance à un plan donné soit égale à une longueur donnée.

Mener par une horizontale d'un plan donné un second plan formant avec le premier un angle donné.

———————

Construire le lieu des points d'un plan donné situés à égale distance de deux points donnés en dehors de ce plan.

———————

Connaissant la projection horizontale d'une droite, un point de cette droite et l'angle qu'elle fait avec le plan horizontal, construire sa projection verticale.

———————

Mener par une horizontale d'un plan donné un second plan formant avec le premier un angle de 90°.

———————

On donne un plan par trois points $a\,b\,c$, $a'\,b'\,c'$; chercher la ligne de plus grande pente de ce plan.

———————

Déterminer la trace verticale d'un plan, connaissant sa trace horizontale et l'angle que ce plan fait avec la ligne de terre.

———————

Trouver la plus courte distance de deux droites quelconques données par leurs projections.

———————

Trouver l'angle de deux droites non sécantes, chacune d'elles étant parallèle à l'un des plans de projections.

———————

Trouver l'angle d'un plan quelconque avec un plan de profil.

———————

Trouver les angles d'un plan avec chaque plan de projection, lorsque les traces du plan donné sont en ligne droite ; déterminer l'angle des traces de ce plan.

———————

Par un point $a\,a'$ pris dans un plan donné P et P', mener dans ce plan une droite qui coupe le plan horizontal sous un angle donné $m$.

———————

Par une droite donnée, mener un plan qui rencontre le plan horizontal sous un angle donné.

Par un point donné, $a\,a'$, mener un plan également incliné sur les deux plans de projection et tel que l'angle des traces ait une valeur donnée.

———————

Mener le plan bissecteur de chacun des dièdres d'un plan quelconque avec les plans de projection ; trouver les projections de l'intersection de ces deux plans bissecteurs.

———————

Déterminer sur un plan quelconque un point qui soit à une distance L d'un autre point $a\,a'$ du plan et à une distance L' d'un point donné $b\,b'$.

———————

On donne deux points et une droite non situés dans un même plan ; trouver le chemin minimum qui joint les deux points en rencontrant la droite.

———————

Trouver la vraie grandeur d'une droite contenue dans un plan de profil et connue :

1° par ses traces ;
2° par deux de ses points ;
3° par l'un de ses points et l'angle qu'elle fait avec un des plans de projection;
4° par l'un de ses points et la distance de cette droite à la ligne de terre.

———————

Déterminer la distance de l'un des plans bissecteurs formés par les plans de projection et d'une droite parallèle à ce plan bissecteur.

———————

Trouver le point où une droite AB rencontre un plan donné par sa ligne de plus grande pente CD relative au plan horizontal, sans recourir aux traces du plan.

———————

Mener le plan bissecteur du dièdre que forment deux plans donnés.

———————

Par une droite donnée, mener un plan qui rencontre le plan horizontal sous un angle donné.

On donne un point $o$, $o'$, mener par ce point un plan coupant les deux plans de projection sous un même angle donné.

---

Déterminer la trace verticale d'un plan, connaissant la trace horizontale et 1° l'angle $m$ qu'il fait avec le plan horizontal, ou 2° l'angle $n$ qu'il fait avec le plan vertical.

---

Trouver la distance d'un point $m$ donné sur la ligne de terre à une droite quelconque $ab$, $a'b'$.

---

Par la ligne de terre, mener un plan parallèle à une droite donnée $ab$, $a'b'$, et déterminer l'angle que ce plan fait avec le plan horizontal.

---

Construire les projections d'un point $a$ $a'$, connaissant sa distance à la ligne de terre et sa distance à l'un des plans de projection.

---

Soit un point $a$ $a'$ situé dans le plan vertical, on demande de trouver la distance de ce point à une droite du plan horizontal.

---

Soit la projection horizontale d'une droite $a$ $b$, on demande la projection verticale $a'$ $b'$, connaissant un point de cette droite et l'angle qu'elle fait avec le plan vertical.

---

Mener dans un plan donné une droite qui fasse avec l'un des plans de projection un angle de 45°.

---

On donne un point $a$ $a'$ et on demande de mener par ce point un plan parallèle à une droite donnée $c$ $d$, $c'd'$ qui fasse avec l'un des plans de projection un angle donné.

---

Déterminer les points de rencontre d'une pyramide et d'une droite données.

---

Chercher l'angle de deux plans quand l'un des plans a ses traces en ligne droite et que l'autre plan a ses traces quelconques.

Etant donné, dans un tétraèdre S A B C , le dièdre A B et les arêtes A B, B C, A C, S A, S B, construire les projections du solide en plaçant sa base A B C à volonté sur le plan horizontal.

---

Déterminer l'angle de deux plans quelconques et chercher la trace du plan bissecteur de cet angle.

---

Une droite étant donnée dans un plan de profil et un point quelconque en dehors de ce plan, on demande de trouver la distance de ce point à la ligne contenue dans le plan de profil.

---

Déterminer l'angle de deux droites quand elles sont, l'une parallèle au plan horizontal, l'autre parallèle au plan vertical.

---

Soit un point $a\,a'$ pris sur une droite donnée $c\,d$, $c'\,d'$ ; élever à cette droite une perpendiculaire qui rencontre une seconde droite donnée $e\,f$, $e'\,f'$.

---

Construire les projections d'un point, connaissant ses distances à deux points donnés sur la ligne de terre et sachant qu'il a sa projection horizontale située sur une droite donnée dans le plan horizontal.

---

On donne les projections d'une droite et celles d'un point, mener par le point une seconde droite qui rencontre la première en faisant avec elle un angle donné.

---

Etant donné une droite $c\,d$, $c'\,d'$ et deux points $aa'$, $bb'$, trouver sur la droite un point également distant des deux points donnés.

---

Déterminer la plus courte distance de deux droites dans le cas où l'une des droites est la ligne de terre. Chercher les projections de la bissectrice de cet angle.

---

Etant donné les projections d'une droite, trouver les angles que fait cette droite avec les plans de projection.

On donne les projections du centre et le rayon d'un cercle, dont le plan perpendiculaire au plan vertical est incliné sur le plan horizontal d'un angle donné $\alpha$ ; construire les projections de ce cercle.

Etant donné les traces d'un plan, déterminez la position qu'elles prennent lorsqu'on fait tourner le plan d'un certain angle autour d'un axe donné.

Déterminer l'angle de deux droites et les projections de la bissectrice de cet angle.

Etant donné les projections d'une droite, déterminer les positions qu'elles prennent lorsqu'on fait tourner la droite d'un certain angle autour d'un axe donné.

Mener par un point un plan qui fasse avec les plans de projection des angles donnés.

Etant donné les traces d'un plan et l'un des angles qu'il fait avec les plans de projection, trouver l'autre trace, l'angle donné étant égal à 45°.

Trouver l'angle de deux droites dans le cas où elles se rencontrent sur l'un des plans de projection, le plan vertical par exemple.

On donne une droite quelconque A B, A' B' et un point O ; on demande d'abaisser du point O une ligne à 45° sur la droite.

Déterminer les angles d'un triangle donné par ses projections.

Etant donné les projections d'un point, déterminer la position qu'elles prennent lorsqu'on fait tourner le point d'un certain angle autour d'un axe quelconque sans se servir d'un changement de plans.

Déterminer les traces de deux plans se rencontrant au même point de la ligne de terre ; cherchez l'angle et trouver la bissectrice de cet angle.

# GÉOMÉTRIE DESCRIPTIVE

*(Voir le programme, pages 11 et 12.)*

Nota. — *Nous donnons ici les programmes de l'ancien examen de géométrie descriptive, tel qu'il existait précédemment, cette partie de l'examen pouvant revenir à ce qu'elle était autrefois.*

## ÉPREUVE ÉCRITE

### EXPOSÉ PRATIQUE

La composition écrite de géométrie descriptive avait lieu à la suite des examens d'algèbre et de géométrie, nous prions le lecteur de se reporter aux chapitres d'arithmétique et d'algèbre pour connaître les détails généraux de l'examen.

Comme pour les précédentes épreuves, l'écrit et l'oral ne créaient qu'une seule note, mais note prédominante sur la partie algèbre et géométrie ; l'examen de géométrie descriptive étant la partie principale des épreuves scientifiques, le candidat devait apporter toute son attention dans les études préparatoires à cette partie de l'examen.

*Suivent les différents programmes :*

# PROGRAMMES

1° On donne par ses traces un plan PLP' tel que la ligne de terre fasse avec la trace horizontale LP un angle de 45° et avec la trace verticale un angle de 30°.

Trouver la droite d'intersection du plan bissecteur du dièdre que fait le plan donné avec le plan horizontal et le plan bissecteur du dièdre que fait le plan donné avec le plan vertical.

2° Ceci fait, on coupe le plan donné et les deux plans de projections par un plan perpendiculaire à la droite trouvée. Déterminer la vraie grandeur du rayon de la circonférence inscrite dans le triangle, section du trièdre formé par les deux plans de projection et le plan donné.

Expliquer et faire l'épure.

---

1° On donne un plan PLP' perpendiculaire au plan vertical et faisant avec le plan horizontal un angle de 45°, puis une droite $a\,b$, $a'\,b'$ parallèle au bissecteur et dont la projection verticale fait avec la ligne de terre un angle de 22° 30'.

On demande de mener par cette droite un plan qui fasse avec le plan PLP' un angle de 45°.

Le problème admet deux solutions.

Trouver l'angle des deux plans obtenus.

Expliquer et faire l'épure.

---

Étant donné un plan P α P', par ses deux traces et la projection horizontale $m$ d'un point M de l'espace, trouver sa projection verticale $m'$, sachant que la distance du point M de l'espace au plan P α P' est égale à une longueur donnée $l$; expliquer la solution et faire l'épure dans le cas où α P fait avec la ligne de terre un angle de 60°, α P' un angle de 45°, et où, le point M de l'espace étant dans le plan de profil qui passe par α, la distance α $m$ vaut 3 centimètres et la longueur donnée également 3 centimètres.

---

On donne la projection verticale $a'\,b'$ d'une droite A B, la projection $c$ d'un point de cette droite et l'angle que fait cette droite avec le plan vertical de projection ; trouver la projection horizontale de cette droite AB. — Nombre de solutions.

---

On donne un plan P $\alpha$ P' par ses traces et une droite $a\,b$, $a'\,b'$ de ce plan parallèle au plan vertical de projection ; on demande de mener par cette droite un plan faisant avec le plan P $\alpha$ P' un angle de 45°. Faire les constructions et les expliquer.

---

Étant donné un plan P $\alpha$ P' par ses traces qui rencontrent en $\alpha$ la ligne de terre, une ligne de plus grande pente de ce plan $a\,b$, $a'\,b'$ et un point $oo'$ situé dans le plan de profil qui contient le point $\alpha$, on demande de mener par $oo'$ une droite rencontrant $a\,b$, $a'\,b'$ et faisant avec elle un angle de 45°, puis de trouver l'angle du plan P $\alpha$ P' avec le plan déterminé par $oo'$ et $a\,b$, $a'\,b'$. Expliquer les constructions.

---

On donne un plan P $\alpha$ P' dont la trace horizontale $\alpha$ P fait un angle de 30° avec la ligne de terre ; le plan est incliné de 53° sur le plan vertical, on donne un point A dans ce plan, distant de $0^m,02$ du plan horizontal et $0^m,03$ du plan vertical. Ce point est le centre de la base d'un cône droit situé sur la face supérieure du plan et dont le rayon est de $0^m,03$. La hauteur du cône — $0^m,12$. Construire les projections de ce cône.

---

La projection d'une droite est donnée ainsi que la projection d'un de ses points et l'angle qu'elle fait avec le plan horizontal ; trouver la seconde projection et les traces. Combien de solutions ?

---

Étant donné un plan P parallèle à la ligne de terre, une droite AB dans ce plan et un point O hors du plan, on demande de trouver la distance (OH) du point au plan ;

2° De mener par O une droite rencontrant AB et telle que la distance du point de rencontre au point H soit égale à la grandeur OH.

Expliquer et faire l'épure.

---

# SECTION D'ARCHITECTURE

## ÉPREUVES — ADMISSION

## 7° ÉPREUVES D'HISTOIRE

## HISTOIRE GÉNÉRALE

*(Voir le programme, pages 13 et 14.)*

## ÉPREUVE ÉCRITE

**EXPOSÉ PRATIQUE**

La composition écrite d'histoire a lieu habituellement en loge, le temps donné pour cette épreuve est fixé à deux heures.

L'examen d'histoire est une des parties sérieuses du concours, si l'on se place au point de vue du travail à effectuer par le candidat. En effet cette épreuve comporte une composition écrite et un examen oral, mais la note résultante de ces deux examens n'est multipliée par aucun coefficient. Il serait plus normal de ne faire passer qu'une partie de l'examen, soit l'écrit, soit l'oral, comme cela se pratiquait pour les peintres et les sculpteurs, car la somme de travail dépensé ne répond pas à une note allant généralement de 7 à 12. Peut-être réagira-t-on contre cet état de choses dans les examens à venir, mais jusqu'aux derniers examens cette réglementation a été maintenue.

La composition d'histoire est obligatoire sans que pour cela aucune note ne soit éliminatoire ; le candidat devra donc faire une composition aussi simple que possible, sans cependant se servir d'un style manquant d'élégance et d'originalité. Il faut que l'élève se souvienne que ce n'est plus à l'écolier que l'on s'adresse, mais à de jeunes artistes; l'examinateur ne proposera que très rarement une question purement historique, comme les guerres Puniques ou les résultats du traité de Westphalie. Il cherchera au contraire un sujet qui pourra faire travailler l'imagination du candidat, comme celui que nous reproduisons ci-dessous et qui a été proposé dernièrement : « Supposez Louis XIV présidant à l'érection d'une statue dans le parc de Versailles; décrivez la scène, quels pouvaient être les auteurs de la statue, citez les personnages qui entouraient le roi ». Voilà les sujets proposés par M. Lemonnier, qui sait mettre ainsi son examen au niveau intellectif des candidats; mais il n'en fut pas toujours de même et je trouve parmi d'autres questions des demandes comme celles-ci :

Que savez-vous sur les Antonins? ou : Parlez de la guerre de la succession d'Espagne?

Il faut espérer que la manière de comprendre l'examen comme l'a fait M. Lemonnier sera longtemps suivie à l'école des Beaux-Arts, et cela pour le plus grand bien des élèves. Dans les sujets traités l'on citera autant que possible, les tableaux, les pièces de comédie, les romans mêmes, se rapportant au sujet proposé ; enfin aux termes du règlement, nous rappellerons qu'il est tenu compte dans les compositions de l'écriture et de l'orthographe.

*Nous conseillons aux candidats d'étudier leur examen d'histoire dans un ouvrage écrit spécialement pour eux et intitulé :* PRÉCIS DE LECTURES *sur le programme d'histoire, par A. Roblot* (1).

---

*Différentes questions proposées à l'examen écrit d'histoire :*

Exposez rapidement les caractères généraux et distinctifs de l'art chez les différents peuples de l'Orient.

Indiquez les analogies artistiques entre certains de ces peuples.

---

Racontez un fait principal pris dans la vie de saint Louis.

Décrivez deux monuments construits sous son règne.

Dites ce que vous savez sur le chroniqueur qui a raconté la vie du roi.

---

(1) Aulanier et Cⁱᵉ, édit., 13, rue Bonaparte. — Prix : 4 francs.

Supposez qu'on élève à Chicago un monument en souvenir de la guerre de l'Indépendance et de la fondation de la République des États-Unis.

On y inscrirait une date et on y placerait les statues de trois personnages français ou américains qui ont joué un rôle dans les événements.

Dites quels personnages on pourrait choisir et indiquez en quelques mots ce qu'ils ont été et ce qu'ils ont fait.

———

Lorsque l'empereur Charles-Quint vint en France, le roi François Ier lui fit visiter les tombeaux royaux de Saint-Denis.

Décrivez la scène, en indiquant quelques personnages célèbres qui pouvaient figurer dans l'entourage des souverains.

Supposez que l'on s'arrête devant les tombeaux de deux rois pris parmi les plus illustres de la famille capétienne, et qu'on rappelle en quelques mots ce qu'ils ont fait de plus grand.

Donnez la date approximative de la scène.

*(La copie peut être courte, mais doit être soignée. On rappelle que, d'après le règlement, l'examinateur doit tenir compte des qualités de rédaction.)*

———

### HISTOIRE ANCIENNE

Énumérer les principales divinités de la mythologie grecque ; indiquer leurs caractères et leurs attributs.

Faire la géographie sommaire de la région du Nil ; indiquer les grandes villes et les monuments célèbres qui y furent élevés dans l'antiquité.

### HISTOIRE MODERNE

Racontez sommairement la première croisade.

Parlez de Charlemagne ; donnez quelques indications sur les guerres et les tentatives pour restaurer la civilisation.

*(Il faut traiter une seulement des deux questions d'histoire ancienne, une seulement des deux questions d'histoire moderne.)*

Mettre la date du siècle.

### HISTOIRE ANCIENNE

Les principales divinités grecques, leurs caractères, leurs attributs.

Énumérez les grands écrivains de la littérature romaine, en indiquant leurs œuvres les plus célèbres.

### HISTOIRE MODERNE

Justinien ; indiquez les souvenirs qui se rattachent à ce nom dans l'histoire politique, artistique et législative.

Saint Louis, son caractère, son règne ; dire quelques mots du chroniqueur qui a raconté la vie du roi.

Mettre la date du siècle.

---

Donnez quelques renseignements biographiques sur les personnages suivants :

Mazarin, Condé, Colbert, Corneille, Bossuet, Pascal, Poussin, Lesueur.

On indiquera d'une façon approximative la date de leur mort ; pour les écrivains et les artistes, on fera connaître les principales œuvres, et on y ajoutera l'énumération de ces œuvres ; une courte appréciation.

Parlez de François I$^{er}$ et des personnages les plus célèbres qui furent ses contemporains.

*(Le professeur rappelle qu'on tient compte dans l'examen des qualités de rédaction.)*

---

Parlez des grands princes ou souverains européens qui, au xvi° siècle, ont protégé les lettres et les arts.

Mahomet.

---

Supposez un voyageur remontant le Nil ; décrire en quelques mots l'aspect du fleuve et du pays qu'il traversera, quelques villes et monuments de l'antiquité qu'il aura l'occasion de voir.

Il ne s'agit pas de donner l'indication de toutes les villes et de tous les monuments, mais de choisir ce qu'il y a de plus célèbre. Deux ou trois exemples suffisent.

Supposez un monument élevé à la gloire des lettres françaises au xvii<sup>e</sup> siècle; on y placera les statues des quatre plus grands écrivains du siècle et on y inscrira les noms de quelques œuvres célèbres et populaires.

Indiquez les écrivains et les œuvres qu'il faudrait choisir et donner quelques développements historiques et littéraires.

*(L'examinateur laisse aux élèves une certaine latitude, il demande surtout qu'ils se pénètrent de l'intérêt du sujet.)*

---

Histoire des préliminaires et des stipulations de la paix de Westphalie.

---

La découverte du Nouveau-Monde.

*(Sujet proposé.)*

Il s'agit d'élever un monument en souvenir de la découverte du Nouveau-Monde ; quels personnages y fera-t-on figurer ?

Lequel de tous en première ligne ?

---

Louis XIV a fait représenter en tapisseries et en tableaux les grands événements de son règne. Indiquez deux ou trois noms d'artistes qui purent être chargés de ce travail et refaites historiquement deux ou trois des scènes représentées, en donnant une date approximative.

---

Parlez du gouvernement de Louis XV, des abus et des vices du gouvernement, des réformes demandées par les philosophes et les économistes.

Quels étaient les philosophes ?

Quels étaient les économistes ?

Que savez-vous sur les grands artistes du règne de Louis XV ?

Quels monuments a-t-on construits sous son règne ?

Louis XV protégeait-il les arts et les lettres ?

---

Expliquez comment a commencé la rivalité des maisons de France et d'Angleterre, sous le règne de Louis VII, et racontez brièvement les guerres entre les rois de France et d'Angleterre sous les règnes de Philippe-Auguste et de saint Louis.

Supposez Louis XIV présidant à l'érection d'une statue dans le parc de Versailles ; décrivez la scène ; quels pouvaient être les auteurs de la statue ; citez les personnages qui entouraient le roi.

Dites les principales œuvres des artistes qui pouvaient assister à cette cérémonie.

Parlez de la fondation de l'Académie française.

Dites ce que fit Richelieu pour les arts.

Citez les œuvres de Corneille et de Descartes.

Que savez-vous du Poussin, de Le Sueur et de Claude Lorrain ?

On suppose un étranger visitant Athènes à l'époque de Périclès ; quels grands monuments verra-t-il, quels hommes très célèbres pourra-t-il rencontrer ?

Quelles poésies pourra-t-il entendre au théâtre ?

Prise de Rome par les barbares germains.

La question se compose de deux parties :

Dans la première, on indiquera en quatre ou cinq lignes les noms des barbares qui firent les invasions dans l'empire romain, la date des invasions et la chute de l'empire romain.

Dans la seconde, on traitera l'épisode de l'entrée des barbares dans Rome, en essayant d'en tracer un petit tableau.

Quels pouvaient être l'aspect, les sentiments de ces barbares ? Devant quels monuments s'arrêtaient-ils ? etc.

Ce sera, si l'on veut, le moyen de faire une suite à la description de Rome.

*(Le tout en une page ou une page et demie au plus.)*

C'est François I<sup>er</sup> qui a fait commencer le Louvre actuel ; supposez-le visitant les travaux.

On a toute liberté pour imaginer la scène, il faut seulement y placer quelques artistes qui pouvaient recevoir le roi ou l'accompagner et quelques personnages célèbres qui pouvaient former le cortège.

Date approximative à laquelle l'événement se passait.

*(La copie doit être courte, une page ou une page et demie au plus.)*

Il ne s'agit pas de citer tous les noms des personnages du temps, mais seulement quatre ou cinq parmi les plus illustres.

Donnez aussi quelques indications sommaires sur le roi et son époque.

(*L'examinateur tiendra compte de la rédaction et grand compte du soin matériel.*)

———

Exposez le gouvernement de Charles VIII et de Louis XII, et parlez des grandes découvertes à la fin du $xv^e$ siècle et au commencement du $xvi^e$.

———

Résumez très brièvement l'histoire de Louis XIII avant l'avènement de Richelieu.

Parlez de la vie de Richelieu avant qu'il arrivât au ministère et de ses projets.

———

Dites la situation de la royauté au moment où commence le gouvernement personnel de Louis XIV. Racontez la jeunesse de ce prince et dépeignez son caractère.

———

Quels sont les plus grands écrivains du siècle de Louis XIV et leurs œuvres principales ?

Indiquez les plus grands orateurs, les savants, les artistes les plus célèbres.

———

# ÉPREUVE ORALE

## EXPOSÉ PRATIQUE

L'épreuve orale d'histoire diffère beaucoup des autres parties orales de l'examen ; les candidats sont appelés trois par trois devant l'examinateur, suivant leur ordre d'inscription ; l'élève le premier appelé tire une question au sort, parmi les trente-trois grands résumés formant le programme, et tour à tour, l'examinateur interroge les trois élèves sur la question tirée, demandant à l'un la question sur laquelle son collègue n'a pas répondu, et ainsi de suite.

Cet examen a lieu publiquement dans un des amphithéâtres de l'école ; les élèves interrogés viennent se placer devant le bureau de l'examinateur ; si la première question n'a pas été suffisamment expliquée, les candidats sont presque toujours autorisés à en tirer une seconde, ou à rester avec un ou deux de leurs camarades nouvellement appelés.

Au moment de l'examen oral, l'examinateur a devant lui les compositions écrites des candidats, et il arrive quelquefois qu'il interroge l'élève sur sa copie, soit qu'il ait des doutes sur la provenance d'une trop grande perfection, soit qu'il cherche à faire rectifier une faute d'inattention. Pour cet examen oral, comme pour l'examen écrit, le candidat ne devra pas s'astreindre à ne citer que juste la réponse historique ou chronologique; il pourra joindre quelques titres d'ouvrages ou rappeler certains tableaux d'histoire, et même certaines pièces comiques ou tragiques anciennes ou modernes se rapportant à la question.

La note de l'examen oral n'est pas éliminatoire, mais pas plus que celle de l'examen écrit, elle n'est multipliée par aucun coefficient.

*Différentes questions posées à l'examen oral :*

Parlez de Dupleix, La Bourdonnais.

Dites quel était le caractère et quelle fut l'influence de Luther?
Quelles classes de la nation allemande ont embrassé la doctrine de Luther.

Dites ce que vous savez sur Marie Stuart, François II, Philippe II.

Par qui fut assassiné Henri III ?
Qui succéda à Henri III ?
Parlez de l'abjuration de Henri IV et de l'édit de Nantes.

Parlez de Bossuet, Descartes, Saint-Simon.

Citez les grands architectes du xvii$^e$ siècle.
Dites ce que vous savez sur Lemercier, François Mansard, Claude Perrault.

Quels furent les résultats du traité de Westphalie ?
En quelle année ?

---

Dites ce que vous savez sur le règne de Louis XV.
Que fit Dupleix aux Indes ?
Par qui les Indes furent-elles conquises ?
Comment les Anglais commencèrent-ils les hostilités en Amérique ?

---

Parlez de Cujas, d'Ambroise Paré.

---

Nommez les plus grands sculpteurs, les plus grands architectes du règne de François I$^{er}$.

---

Parlez des voyages de Christophe Colomb.
Qui a donné son nom à l'Amérique ?
Quelles découvertes firent les Espagnols ?

---

Parlez de la Renaissance en France.
Que fit François I$^{er}$ pour les peintres et les artistes italiens ?

---

Que savez-vous de Regnier et de Malherbe ?

---

Comment l'administration de Mazarin provoqua-t-elle la Fronde ?
Qu'est-ce que la Fronde ?

---

Quelle fut la guerre maritime qui se passa sous Louis XV ?
Que se passa-t-il au Canada ?

---

Citez les principales batailles de la période française sous Richelieu.
1° Qui a découvert le Labrador et Terre-Neuve ?
2° Pour quel peuple furent faites ces découvertes ?

---

1° Parlez de Frédéric II et de ses conquêtes.
2° Quelles sont les réformes de toute sorte qu'il fit dans l'administration intérieure ?

Dites ce que vous savez sur Aristophane.
Citez les principaux titres de ses ouvrages.

———

Parlez de la guerre de la Succession d'Espagne, de la victoire de Denain.

———

1° Dites ce qu'étaient les Arabes avant Mahomet.
2° Comment leurs tribus étaient-elles organisées ?

———

Racontez en quelques mots la vie de Mahomet et ses premières prédictions.

———

Que savez-vous sur le siècle de Périclès ?

———

Quelles étaient les limites de la Gaule ?

———

1° Dites ce que vous savez sur la régence de Louis XV.
2° Qu'a fait Fleury ?
3° Choiseul ?

———

Parlez de la Réforme.
1° Que fit Luther ?
2° Calvin ?

———

Dites ce que vous savez sur Homère.
Que renferme l'*Odyssée* ?
Parlez d'Ulysse.

———

Où était située Babylone ?
Dites ce que vous savez sur cette ville.

———

Citez les principales œuvres de Virgile.
Que signifie le mot : bucolique ?

---

Racontez la guerre de l'Indépendance des Etats-Unis.
Parlez du bailli de Suffren, La Fayette, Rochambeau.

---

Dites ce que vous savez sur Antonin le Pieux, empereur romain.

---

Quelle fut la politique de Charles I$^{er}$ ?
Que savez-vous sur Cromwel ?

---

Comment peut-on résumer l'histoire de la Pologne ?

---

Parlez de Pierre le Grand.
Vers quelle époque vivait-il ?

---

Entre quelles puissances la Pologne fut-elle partagée en 1795 ?
Quel fut le résultat du partage de la Pologne ?

---

Quelles furent les principales causes des croisades ?

---

Par qui fut prêchée la première croisade ?
N'y eut-il pas une croisade d'enfants ?

---

Dites ce que vous savez sur Vasco de Gama, Pizarre.

---

Quels furent les résultats des grandes découvertes maritimes au
xv$^e$ siècle ?

---

Nommez les artistes célèbres qui vivaient en Italie avant l'époque
de la Renaissance.

Que firent en 1772 la Prusse, l'Autriche et la Russie ?

---

Que fit Colbert pour l'agriculture et l'industrie ?
Quel canal fut construit sous son ministère ?

---

Qui succéda à Charles IX ?
Quel était le caractère du nouveau roi ?

---

Parlez de la guerre contre les Anglais pendant le règne de Charles VI.

---

Que fit Henri IV pour les lettres ?
Qu'avaient été les écrivains au seizième siècle ?
Que furent-ils au dix-septième siècle ?

---

Quel fut le successeur de Richelieu ?
Que fut Mazarin ?
Que voulut faire l'Espagne après la mort de Richelieu ?

---

Parlez de la révocation de l'édit de Nantes.
Quelles en furent les conséquences ?
Qu'entendez-vous par la « coalition d'Augsbourg » ?

---

Donnez les principaux chefs-d'œuvre de Corneille.
Quel est le principal ouvrage de Descartes ?
Quels sont les principaux ouvrages de Pascal ?

---

Que savez-vous de Fernand Cortez, Magellan ?

---

MINISTÈRE DE L'INSTRUCTION PUBLIQUE
ET DES BEAUX-ARTS

---

# ÉCOLE NATIONALE ET SPÉCIALE

DES

# BEAUX-ARTS

---

# RÈGLEMENT OFFICIEL DE L'ÉCOLE

Décisions ministérielles du 16 juin 1891, des 4 juin 1892, 30 avril
13 juin, 31 octobre, 7 décembre 1893, des 18 avril,
23 juin, 25 juin, 30 décembre 1894, 19 mars 1895, 10 juillet 1896,
3 avril, 19 mai, 17 juin 1897.

## (Édition de 1898)

---

# RÈGLEMENT OFFICIEL

DE

# L'ÉCOLE NATIONALE ET SPÉCIALE DES BEAUX-ARTS

A PARIS

----

## TITRE PREMIER

### De l'Ecole.

Art. 1ᵉʳ. — L'école nationale et spéciale des Beaux-Arts donne l'enseignement des arts du dessin, de la peinture, de la sculpture, de l'architecture, de la gravure en taille-douce, de la gravure en médailles et en pierres fines.

Elle comprend : 1° des cours se rapportant aux différentes branches de l'art; 2° l'école proprement dite, où l'on peut, à la suite d'épreuves d'admission, participer à des études pratiques, à des concours, obtenir des récompenses et des titres; 3° des ateliers, où l'on peut participer à des études pratiques et obtenir des récompenses, et dont l'accès et le fonctionnement seront l'objet d'un arrêté spécial; 4° des collections; 5° une bibliothèque.

## TITRE II

### De l'Inscription à l'Ecole.

Art. 2. — Les jeunes gens (hommes ou femmes) qui veulent profiter de l'enseignement de l'école doivent préalablement se faire inscrire au secrétariat, justifier de leur âge et de leur qualité, et, de plus, s'ils sont étrangers, se présenter avec une lettre d'introduction de l'ambassadeur, du ministre ou du consul général de leur nation.

Tous doivent être munis d'une pièce attestant qu'ils sont capables de subir les épreuves d'admission.

Art. 3. — Nul ne peut obtenir son inscription s'il a moins de quinze ans et plus de trente ans révolus.

Dès le moment où il a atteint sa trentième année, un élève ne fait plus partie de l'école. Toutefois, un concours commencé avant cette limite pourra être achevé.

Art. 4. — Une inscription spéciale pour chaque concours est obligatoire dans les huit jours qui le précèdent, sauf dans les cas indiqués par l'administration.

Art. 5. — Sont élèves de l'école, à titre temporaire ou définitif, et jouissent des avantages attachés à cette qualité, les jeunes gens (hommes ou femmes) qui ont été admis à l'école proprement dite, à la suite des épreuves déterminées par le règlement.

Les étrangers (hommes ou femmes) peuvent être admis à l'école dans les mêmes conditions que les Français lorsque les locaux le permettent.

Toutefois, lorsqu'ils sont admis à l'école proprement dite, c'est en plus du nombre fixé par le règlement pour les Français.

## TITRE III

### De l'Enseignement.

Art. 6. — L'enseignement de l'école comprend : 1° les cours ; 2° les exercices, examens et concours de l'école proprement dite ; 3° les exercices et concours des ateliers.

### Chapitre Iᵉʳ. — *Des cours.*

Art. 7. — Les cours professés à l'école sont : 1° l'histoire générale ; 2° l'anatomie ; 3° la perspective, à l'usage des peintres et des architectes ; 4° les mathématiques et la mécanique ; 5° la géométrie descriptive ; 6° la physique et la chimie, la chimie des couleurs ; 7° la stéréotomie et le levé de plans ; 8° la construction ; 9° la législation du bâtiment ; 10° la théorie de l'architecture ; 11° la littérature ; 12° l'histoire et l'archéologie ; 13° l'histoire de l'art et l'esthétique ; 14° l'histoire de l'architecture ; 15° l'histoire de l'architecture française au moyen âge et à la Renaissance ; 16° le dessin ornemental ; 17° la composition décorative ; 18° la sculpture pratique.

Le programme de ces cours est déterminé par le Conseil supérieur et approuvé par le ministre.

Art. 8. — Ces cours ont lieu aux jours et heures fixés par l'Administration, au commencement de chaque année scolaire.

Les cours oraux peuvent être suivis par les élèves de l'école proprement dite, par les élèves des ateliers et par toute personne qui, en ayant fait la demande à l'administration, aura obtenu une autorisation spéciale.

Le cours de dessin ornemental et les exercices pratiques du cours d'histoire de l'architecture sont exclusivement réservés aux élèves de la section d'architecture. Les cours de composition décorative et de sculpture pratique sont accessibles dans les conditions indiquées aux articles 67 et 70.

Art. 9. — Chaque année, des prix spéciaux, dont le nombre peut être porté jusqu'à trois pour chacun des cours : 1° d'histoire générale ; 2° de littérature ; 3° de physique et de chimie ; 4° de législation du bâtiment, peuvent être décernés, à la suite d'épreuves fixées par les professeurs, aux élèves admis à l'école proprement dite et en faisant actuellement partie, qui auront montré le plus d'aptitude.

Ces prix consistent en ouvrages d'art.


Chapitre II. — *Du jugement et des expositions des concours.*


Art. 10. — Le jury de chacune des sections de peinture, de sculpture, d'architecture, et les jurys de gravure en taille-douce, de gravure en médailles et en pierres fines, institués par le décret organique de l'école, prononcent sur les épreuves et concours, chacun exclusivement pour leur art.

En ce qui concerne les jurys mixtes ou spéciaux, le présent règlement fera connaître pour quel ordre d'épreuves et de concours et de quelle manière ces jurys seront composés.

Le directeur est président des jurys.

Les jurys de peinture, de sculpture, d'architecture, de gravure, élisent chacun un vice-président pour la durée de l'année scolaire ; les jurys mixtes élisent également un vice-président lorsqu'ils se réunissent.

L'inspecteur est secrétaire des jurys ; à ce titre, il est chargé de la rédaction des procès-verbaux des séances.

Les jugements sont précédés et suivis d'une exposition des ouvrages.


Chapitre III. — *De l'école proprement dite.*


Art. 11. — L'école proprement dite est divisé en trois sections, savoir : Peinture, Sculpture et Architecture. A la section de peinture se rattache la gravure en taille-douce ; à la section de sculpture, la gravure en médailles et en pierres fines.

Art. 12. — Nul ne peut être admis à l'école proprement dite qu'après avoir satisfait aux épreuves fixées par les articles 13 et suivants pour la peinture et la sculpture, et par les articles 36 et suivants pour l'architecture.

## CHAPITRE IV. — PREMIÈRE ET DEUXIÈME SECTIONS. — PEINTURE ET SCULPTURE.

### *Epreuves d'admission.*

ART. 13. — Chaque année, en octobre-novembre et en avril-mai, il y a une session d'examens d'admission à l'école proprement dits pour les candidats aux sections de peinture et de sculpture, inscrite dans les conditions stipulées par les articles 2 et suivants.

L'ordre dans lequel les candidats subissent chacune des épreuves est déterminé par le sort. Tout candidat qui ne répond pas à l'appel de son nom ou ne participe pas à l'une des épreuves est considéré comme renonçant au concours.

Les épreuves, pour la *section de peinture*, comprennent : une figure dessinée d'après la nature, à l'une des sessions; d'après l'antique, à l'autre session, et exécutée en douze heures.

Cette épreuve, qui est éliminatoire, est jugée par le jury de peinture, qui peut choisir 80 candidats et 40 supplémentaires au plus, et qui classe les ouvrages d'après un même maximum, 20.

Les candidats admis à la suite de ce jugement sont seuls autorisés à subir les autres épreuves, qui comprennent :

1° Un dessin d'anatomie (ostéologie), exécuté en loge en deux heures;

2° Un dessin de perspective, exécuté en quatre heures, d'après un objet en relief, avec les indications des principales lignes perspectives;

3° Un fragment de figure modelé, d'après l'antique, exécuté en neuf heures;

4° Une étude élémentaire d'architecture, exécutée en loge en six heures;

5° Un examen sur les notions générales de l'histoire, écrit ou oral, au choix du candidat.

Ces épreuves sont jugées par les professeurs spéciaux d'anatomie, de perspective, de l'enseignement simultané des trois arts et d'histoire, chacun en ce qui le concerne, et affectées de notes d'après un même maximum, 20.

A la suite de ce jugement, le classement des élèves admis par suite de l'épreuve éliminatoire est fait par l'administration, en multipliant chaque note obtenue par un coefficient variable, qui est déterminé par le Conseil supérieur.

Les épreuves, pour la *section de sculpture*, comprennent : une figure modelée d'après la nature, à l'une des sessions; d'après l'antique, à l'autre session et exécutée en douze heures.

Cette épreuve préalable, qui est éliminatoire, est jugée par le jury de sculpture, qui peut choisir 27 candidats au plus et 13 supplémentaires et qui classe les ouvrages au moyen de notes déterminées d'après un même maximum, 20.

Les candidats admis à la suite de ce jugement sont seuls autorisés à subir les autres épreuves, qui comprennent :

1° Un dessin d'anatomie (ostéologie), exécuté en loge en deux heures ;

2° Un fragment de figure dessiné d'après l'antique, exécuté en neuf heures ;

3° Une étude élémentaire d'architecture, exécutée en loge en six heures ;

4° Un examen sur les notions générales de l'histoire, écrit ou oral, au choix du candidat.

Ces épreuves sont jugées par les professeurs spéciaux d'anatomie, de l'enseignement simultané des trois arts, et d'histoire, chacun en ce qui le concerne, et affectées de notes d'après un même maximum, 20.

A la suite de ces jugements, le classement des élèves admis par suite de l'épreuve éliminatoire est fait par l'administration, en multipliant chaque note obtenue par un coefficient variable, qui est fixé par le Conseil supérieur.

Art. 14. — Les jeunes gens admis sont élèves de l'école proprement dite jusqu'à la session d'examens suivante.

A cette époque, pour continuer à faire partie de l'école proprement dite, ils doivent de nouveau subir avec succès les épreuves d'admission.

Art. 15. — Toutefois, sont et demeurent dispensés des épreuves indiquées à l'article 13, et, par conséquent, restent inscrits sur les listes de l'école proprement dite, les élèves qui, ayant été admis au concours définitif du grand prix de Rome, ont exécuté le concours ; ceux qui ont remporté une médaille dans les concours semestriels, dans les concours de composition, dans les concours de dessin et de modelage ; les élèves qui ont obtenu le titre de premier dans l'un des précédents concours d'admission, et ceux qui ont obtenu une médaille dans le concours de composition décorative dont le programme est donné par le Conseil supérieur.

Art. 16. — Sont et demeurent également dispensés des épreuves d'admission et restent inscrits sur les listes de l'école proprement dite les élèves dont le rang d'admission est compris dans une limite fixée par le Conseil supérieur à chaque session.


### Ordre des Études et Concours d'émulation.


Art. 17. — Tous les jours, deux salles, l'une pour le dessin, l'autre pour la sculpture, sont ouvertes aux élèves de l'école proprement dite.

Les études consistent : dans la *section de peinture*, en figures dessinées alternativement d'après la nature et d'après l'antique ; dans la *section de sculpture*, en figures modelées alternativement d'après la nature et d'après l'antique. Ces figures s'exécutent en douze heures.

Art. 18. — Il y a chaque trimestre, entre les élèves d'une même section de l'école proprement dite, un concours de figures d'après la nature et d'après l'antique alternativement. Ces figures sont exécutées en douze heures.

Dans ces concours, les dimensions des figures dessinées ne doivent pas excéder celles du papier Ingres ordinaire, soit 0ᵐ,63 sur 0ᵐ,48.

Les dimensions des figures modelées ne doivent pas mesurer plus de 0ᵐ,67 de hauteur, non compris la plinthe, qui n'excédera pas 0ᵐ,04.

Les récompenses pouvant être accordées à la suite de ces concours consistent en trois secondes médailles et trois mentions au plus. Les mêmes récompenses ne peuvent être cumulées dans les concours de même forme.

Art. 19. — Il est institué, chaque trimestre, entre les élèves d'une même section de l'école proprement dite, un concours de composition.

De ces quatre concours, deux comprennent une seule épreuve.

Cette épreuve consiste : pour les élèves de la *section de peinture*, dans l'exécution d'une esquisse peinte; pour les élèves de la *section de sculpture*, dans l'exécution d'une esquisse modelée alternativement en bas-relief et en ronde bosse.

L'esquisse peinte est exécutée sur une toile de six, c'est-à-dire mesurant 0ᵐ,40 sur 0ᵐ,32.

L'esquisse modelée en bas-relief mesure, dans l'œuvre des fonds, 0ᵐ,33 sur 0ᵐ,41.

L'esquisse en ronde bosse, 0ᵐ,34 de proportion, la plinthe non comprise.

Ces esquisses sont exécutées en loge en douze heures.

Un autre concours comprend deux épreuves.

La première consiste : pour les élèves de la *section de peinture*, dans l'exécution d'une esquisse dessinée; pour les élèves de la *section de sculpture*, dans l'exécution d'une esquisse modelée alternativement en bas-relief et en ronde bosse.

L'esquisse dessinée mesure 0ᵐ,23 sur 0ᵐ,19.

L'esquisse modelée en bas-relief mesure, dans l'œuvre des fonds, 0ᵐ,33 sur 0ᵐ,41; l'esquisse modelée en ronde bosse, 0ᵐ,34 de proportion, la plinthe non comprise.

Ces esquisses sont exécutées en douze heures.

Les concurrents emportent un calque ou un croquis de leur esquisse, qui est estampillée et conservée par l'administration.

Les élèves classés les dix premiers à la suite de cette première épreuve sont seuls admis à prendre part à la seconde épreuve qui se fait en loge en six jours.

L'esquisse peinte est exécutée sur une toile de huit, c'est-à-dire mesurant 0ᵐ,46 sur 0ᵐ,38.

L'esquisse modelée en bas-relief mesure 0ᵐ,55 sur 0ᵐ,69, et l'esquisse modelée en ronde bosse 0ᵐ,65 de proportion, la plinthe non comprise.

Les rendus doivent être conformes aux esquisses et aux dimensions susindiquées.

Enfin, un autre concours à deux degrés a lieu dans des conditions semblables à celles qui viennent d'être indiquées, c'est-à-dire que dix élèves sont admis à prendre part à la deuxième épreuve, qui se fait en loge, en six jours.

A chacun de ces concours peuvent être affectées, pour chaque section, trois secondes médailles et trois mentions au plus.

Ces récompenses ne peuvent pas être cumulées dans les concours de même forme.

Art. 20. — La liste d'appel pour les études et concours est formée de la manière suivante, d'après l'importance, l'ordre et la date des récompenses ou des succès obtenus : 1° les élèves qui ont été admis en loge, pourvu que le concours ait été exécuté ; 2° les élèves qui ont obtenu une première médaille dans les concours semestriels de grande figure, une seconde médaille dans les concours indiqués aux articles 18 et 19 ; 3° les élèves admis à l'école proprement dite avec le titre de premier ; 4° les élèves qui ont obtenu une médaille dans les concours de composition décorative ; 5° les élèves dont l'admission définitive est prononcée par le Conseil supérieur à chaque session ; 6° les élèves qui ont obtenu une médaille dans les concours spéciaux, pourvu qu'ils soient admis à l'école proprement dite ; 7° les élèves dont l'admission est temporaire.

*Études simultanées de dessin, de modelage et d'architecture élémentaire.*

Art. 21. — Tous les jours, des salles sont ouvertes aux élèves admis dans les sections de peinture et de sculpture de l'école proprement dite pour étudier les éléments des arts des autres sections.

Les études consistent :

Pour les *peintres :* en figures modelées alternativement d'après la nature et d'après l'antique ;

Pour les *sculpteurs :* en figures dessinées alternativement d'après la nature et d'après l'antique ;

Pour les *peintres* et les *sculpteurs :* en exercices élémentaires d'architecture.

Chacun de ces exercices, dirigé par le professeur spécial de dessin, de modelage, d'architecture, embrasse douze heures de travail. Les travaux des élèves peuvent être conservés, sur l'avis du professeur, pour être présentés au jury indiqué à l'article 23, et concourir à l'obtention de la mention de dessin, de la mention de modelage et de la mention d'architecture.

Art. 22. — Il est institué, chaque année, deux concours entre les élèves des *sections de peinture et de sculpture* qui auront obtenu.

dans les exercices indiqués à l'article précédent : les peintres, la mention de modelage et la mention d'architecture ; les sculpteurs, la mention de dessin et la mention d'architecture.

Ces concours comprennent :

1° Une figure dessinée ;

2° Une figure modelée ;

3° Une composition élémentaire d'architecture, exécutée en loge.

Chacune de ces épreuves embrasse douze heures de travail.

La figure dessinée et la figure modelée s'exécutent alternativement d'après la nature et d'après l'antique. Leurs dimensions sont celles qui sont indiquées à l'article 19.

Art. 23. — Ces concours sont jugés par un jury composé des trois professeurs des études simultanées des trois arts, du professeur de composition décorative et de dix peintres, dix sculpteurs et dix architectes, qui jugent séparément pour leur art et classent les épreuves d'après un même maximum, 20. Ces notes sont affectées de coefficients, qui sont : 1 pour l'art pratiqué plus spécialement par l'élève, et 3 pour chacun des deux autres arts.

Il peut être décerné dans chaque section une seconde médaille, deux troisièmes au plus et des mentions.

Ces récompenses peuvent être cumulées.

Les deuxièmes sont d'une valeur de 125 francs ;

Les premières troisièmes médailles, de 75 francs ;

Les secondes troisièmes médailles, de 50 francs.

Art. 24. — La liste d'appel pour ces études et concours est formée de la manière suivante : 1° les élèves récompensés dans les études simultanées, d'après l'ordre et la date de leurs récompenses ; 2° les autres élèves, dans l'ordre spécifié à l'article 20.


*Concours publics spéciaux.*


Art. 25. — Ces concours sont ouverts aux élèves de l'école proprement dite, aux élèves des ateliers de l'école et aux élèves du dehors, inscrits conformément aux dispositions des articles 2, 3 et 4 du règlement.

Art. 26. — Chaque semestre, il y a pour les peintres et les sculpteurs un concours d'anatomie comprenant deux épreuves.

La première, qui est éliminatoire, consiste à exécuter en loge un dessin d'anatomie d'après un programme proposé par le professeur spécial.

La seconde consiste à exécuter au tableau, avec des explications orales, un dessin d'anatomie d'après un programme proposé par le jury.

Le jugement est rendu par un jury mixte, composé du professeur d'anatomie et de dix peintres et dix sculpteurs tirés au sort dans les jurys en exercice.

Il peut être accordé dans chaque section deux troisièmes médailles au plus et des mentions.

Art. 27. — Chaque semestre, il y a pour les peintres et les sculpteurs un concours de perspective, comprenant un dessin de perspective d'après un programme proposé par le professeur spécial, et un examen oral.

Le jugement est rendu, sur le vu des dessins et sur le rapport du professeur spécial, par un jury mixte, composé du professeur de perspective et de dix peintres et dix sculpteurs tirés au sort dans les jurys en exercice.

Il peut être accordé dans chaque section deux troisièmes médailles au plus et des mentions.

Art. 28. — Chaque année, il y a pour les peintres et les sculpteurs un concours simultané d'esquisse dessinée et de bas-relief sur un sujet indiqué par le professeur d'histoire et d'archéologie et se rapportant aux matières traitées dans le cours pendant l'année.

Le jugement est rendu par un jury mixte, composé du professeur d'histoire et d'archéologie et de dix peintres et dix sculpteurs tirés au sort dans les jurys en exercice.

Il peut être accordé dans chaque section deux troisièmes médailles au plus et des mentions.

Art. 29. — Au commencement de chaque année scolaire, il y a un examen d'histoire et d'archéologie donnant lieu à des mentions.

Le cours embrassant trois années, les élèves qui ont obtenu trois mentions, répondant aux trois années du cours, sont exemptés de tout examen.

A la fin de cette période, des troisièmes médailles sont décernées aux élèves qui se sont distingués dans les trois examens.

Le jugement est rendu, sur le rapport du professeur d'histoire et d'archéologie, par un jury mixte, composé du professeur d'histoire et d'archéologie et de dix peintres et dix sculpteurs tirés au sort dans les jurys en exercice.

### Concours semestriels dits de grande figure.

Art. 30. — Dans le courant du mois d'octobre, il est ouvert en peinture et en sculpture un concours entre les élèves de l'école et les élèves du dehors, pourvu que ces derniers se trouvent dans les conditions d'âge indiquées par l'article 3.

Ce concours se compose de deux épreuves : la première consiste en une esquisse peinte ou modelée en bas-relief, dont le sujet est donné par le Conseil supérieur ; la seconde, en une figure peinte ou modelée d'après la nature.

Les élèves classés les dix premiers à l'épreuve de l'esquisse sont seuls admis à prendre part à la seconde épreuve.

Pour être admis au concours semestriel d'octobre, les élèves doivent avoir acquis, savoir : les *peintres*, une mention de perspective, une mention d'anatomie et une mention d'histoire et d'archéologie ; les *sculpteurs*, une mention d'anatomie et une mention d'histoire et d'archéologie.

La mention d'histoire et d'archéologie doit répondre à celle des trois divisions du cours qui a été professé dans l'année.

Sont admis de droit au concours semestriel d'octobre : 1° les élèves ayant obtenu une récompense dans les concours du grand prix de Rome, et ceux qui, ayant été admis au concours définitif pour ce prix, ont exécuté ce concours ; 2° les élèves qui ont obtenu la première médaille dans les précédents concours semestriels ou deux premières secondes médailles, l'une d'après la nature, l'autre d'après l'antique.

Le concours semestriel d'octobre peut, dans chacune des deux sections, donner lieu à trois premières médailles. A chacune de ces trois premières médailles est affecté un prix de 150 francs.

L'esquisse peinte est exécutée sur une toile de six, c'est-à-dire ayant 0$^m$,40 sur 0$^m$,32.

L'esquisse modelée en bas-relief mesure, dans l'œuvre des fonds, 0$^m$,33 sur 0$^m$,41.

La figure peinte est exécutée sur une toile de 25, c'est-à-dire de 0$^m$,81 sur 0$^m$,65.

La figure modelée mesure, dans l'œuvre des fonds, 0$^m$,82 sur 0$^m$,55.

Les concours de figure embrassent quatre jours de travail, à raison de sept heures par jour, non compris le repos du modèle.

Art. 31. — Dans le courant du mois de mars, il est ouvert un concours semblable à celui indiqué à l'article précédent ; mais les concurrents ne sont pas astreints, quant aux mentions, aux exigences déterminées par l'article 30.

Les récompenses attachées à ce concours consistent, pour chacune des deux sections, en trois premières médailles.

Art. 32. — Les concours semestriels institués par les articles 30 et 31 sont annoncés par le directeur de l'école huit jours avant leur ouverture.

*Grande médaille d'émulation.*

Art. 33. — Il est accordé en peinture et en sculpture à l'élève qui a remporté le plus de valeurs de récompense à la suite des différentes épreuves de l'année scolaire un prix qui prend le nom de grande médaille d'émulation.

L'estimation des valeurs se fait d'après le tableau inscrit au titre V du présent règlement. Toutefois les récompenses obtenues dans les concours des trois arts et de composition décorative ne comptent que pour un tiers de leur valeur.

La grande médaille d'émulation peut être cumulée.

## *Titre délivré par l'École.*

### Certificat d'études.

Art. 34. — Peuvent seuls recevoir le certificat d'études de l'école les élèves qui, après avoir été admis, ont obtenu :

Soit l'admission en loge pour le prix de Rome, pourvu que le concours ait été exécuté; soit le prix du torse ou le prix de la tête d'expression; soit le prix de peinture décorative, dit prix *Jauvin d'Attainville;* soit une médaille dans les concours d'après nature ou d'après l'antique; soit le titre de premier dans l'un des concours d'admission, pourvu qu'ils aient de plus : les peintres, une mention en anatomie, une mention en perspective, les trois mentions en histoire et archéologie et la mention des trois arts; les sculpteurs, une mention en anatomie, les trois mentions en histoire et archéologie et la mention des trois arts.

### Troisième section. — Architecture.

Art. 35. — La section d'architecture se divise en seconde et en première classe.

Le nombre des élèves dans chaque classe n'est pas limité.

## *Épreuves d'Admission.*

Art. 36. — Les concours d'admission en seconde classe ont lieu deux fois par an, en octobre-novembre et en avril-mai.

Pour pouvoir subir les épreuves d'admission les candidats doivent avoir satisfait aux conditions d'inscription prescrites par les articles 2 et suivants.

Tout candidat qui ne répond pas à l'appel de son nom ou ne participe pas à l'une des épreuves est considéré comme renonçant au concours.

L'ordre dans lequel les candidats subissent chacune des épreuves est déterminé par le sort.

Art. 37. — Les épreuves d'admission à la seconde classe d'architecture sont les suivantes :

1° Une composition d'architecture exécutée en loge en douze heures.

Elle est, après proposition d'une commission composée de deux membres de chacune des catégories du jury (Académie des Beaux-Arts; — Professeurs de l'École; — Membres permanents; — Membres temporaires) et du professeur de théorie d'architecture, jugée par le jury d'architecture en exercice, qui attribue aux candidats des notes de 0 à 20.

Ceux qui n'ont pas obtenu une note minimum fixée par le Conseil supérieur sont éliminés ;

2° Le dessin d'une tête ou d'un ornement, d'après le plâtre, exécuté en huit heures ;

3° Le modelage d'un ornement en bas-relief, d'après le plâtre, exécuté en huit heures.

Le dessin et le modelage sont, après proposition d'une commission composée des professeurs de dessin, de modelage et de dessin d'ornement, et d'un membre de chacune des catégories ci-dessus du jury d'architecture, jugé par un jury mixte, composé des professeurs de dessin, de modelage, de dessin d'ornement, et de dix peintres, dix sculpteurs et dix architectes tirés au sort dans les jurys en exercice.

Des notes de 0 à 20 sont attribuées aux candidats pour chacune de ces épreuves. Ceux qui n'ont pas obtenu une note minimum fixée par le Conseil supérieur sont éliminés ;

4° Des exercices de calculs faits en loge, dont un de calcul logarithmique, ainsi qu'un examen d'arithmétique, d'algèbre et de géométrie élémentaire ;

5° Une épure de géométrie descriptive appliquée à une projection d'architecture, faite en loge et en huit heures ; un examen de géométrie descriptive.

Ces deux épreuves sont jugées par l'examinateur de mathématiques, qui attribue aux candidats des notes de 0 à 20.

Ceux qui n'ont pas obtenu pour l'une de ces deux épreuves une note minimum fixée par le Conseil supérieur sont éliminés ;

6° Un examen oral et une composition écrite sur les notions d'histoire générale.

Cette épreuve est jugée par le professeur d'histoire générale, qui attribue aux candidats des notes de 0 à 20.

Toutes ces épreuves ont lieu conformément aux programmes arrêtés par le Ministre.

Les notes obtenues par les candidats non éliminés sont multipliées par les coefficients déterminés pour chacune des épreuves et des sessions par le Conseil supérieur.

Le relevé du nombre total des points obtenus par chaque candidat étant fait par l'administration, le Conseil fixe, pour chaque session, le nombre des candidats à admettre.

La liste des candidats admis est soumise à l'approbation du Ministre.

Les nouveaux élèves prennent place à la suite des élèves déjà inscrits dans la seconde classe, d'après leur rang d'admission.

### Seconde classe.

**Art. 38.** — Les listes d'appel sont dressées, pour les élèves déjà reçus en seconde classe, d'après le nombre de valeurs qu'ils ont obtenues dans les concours affectés à cette classe. et, pour les élèves nouvellement admis, dans l'ordre indiqué à l'article précédent.

### *Exercices affectés à la seconde classe.*

**Art. 39.** — Les exercices auxquels les élèves de seconde classe sont appelés à prendre part, sont :

1° Les concours d'architecture, divisés en exercices analytiques, d'architecture et concours de composition proprement dite;

2° Les concours sur les matières de l'enseignement scientifique;

3° Les exercices de dessin ornemental;

4° Les exercices de dessin de figure d'ornement modelé ou de figure modelée.

### *Concours d'architecture.*

**Art. 40.** — Ces concours consistent chaque année en :

1° Six concours sur les éléments analytiques ou études de composition à grande échelle sur sujets fragmentaires;

2° Six concours de composition proprement dits sur projets rendus.

Les esquisses de ces divers concours se font en loge, et chacune en une seule séance de douze heures.

Avant d'être admis au concours de composition sur projets rendus, les élèves doivent avoir obtenu deux mentions dans les concours d'éléments analytiques.

On ne peut exécuter simultanément un concours de composition sur le projet rendu et un concours d'éléments analytiques.

**Art. 41.** — Il y a chaque année pour les élèves de la seconde classe deux exercices se rapportant au cours d'histoire de l'architecture.

Ces exercices, dirigés par le professeur d'histoire de l'architecture, consistent en études de fragments d'architecture de différentes époques.

Les travaux qui y sont exécutés en six jours peuvent être conservés, sur l'avis du professeur, en vue de l'obtention de la mention nécessaire au passage à la première classe.

Ils sont soumis à l'appréciation d'un jury, composé du professeur spécial et du jury d'architecture.

*Concours sur les matières de l'enseignement scientifique.*

ART. 42. — Les concours de l'enseignement scientifique consistent :

1° Pour les mathématiques et la mécanique : en des épreuves faites en loge et en un examen sur les matières du cours.

Ce concours a lieu deux fois par an ;

2° Pour la géométrie descriptive : en un certain nombre d'épures, dont une au moins faite en loge, et en un examen sur les épures et sur les matières du cours.

Ce concours a lieu deux fois par an ;

3° Pour la stéréotomie et le levé de plans : en un certain nombre d'épures faites pendant la durée du cours ; en une épure faite en loge et en huit heures sur les données d'un problème spécial de stéréotomie et en un examen sur ces épures et sur les matières du cours ;

4° Pour la perspective : en un certain nombre de croquis et de dessins d'après nature, en des épures, dont une au moins doit être faite en loge, et en un examen sur ces exercices et sur les matières du cours.

Ce concours a lieu deux fois par an.

Les concours de mathématiques sont jugés par le professeur de mathématiques.

Chacun de ces concours de géométrie descriptive, de stéréotomie, de perspective, est jugé, sur le vu des croquis et des épures, et sur le rapport des professeurs spéciaux, par un jury mixte, composé des professeurs de géométrie descriptive, de stéréotomie, de perspective, de construction et d'un nombre égal de membres tirés au sort dans le jury d'architecture en exercice.

Les élèves déclarés revisibles à la suite du jugement du concours de stéréotomie sont seuls admis à subir un nouvel examen, au commencement de l'année scolaire ;

Immédiatement après les épreuves d'admission, les élèves qui demandent à justifier des connaissances requises en mathématiques, géométrie descriptive, stéréotomie et perspective doivent satisfaire : 1° aux épreuves écrites ou graphiques qui sont éliminatoires ; 2° à un examen oral sur les différentes matières de chacun des cours de sciences.

Les dispositions ci-dessus constituant un régime exceptionnel, les élèves qui obtiennent leurs valeurs de sciences immédiatement après les épreuves d'admission ne sont pas admis à concourir pour le prix Muller Sœhnée et le prix Jean Leclaire.

5° Pour la construction :

En des exercices en loge, pendant la durée du cours, en un premier examen oral à la suite de la partie théorique du cours, en des exercices spéciaux dans les ateliers ;

En l'exécution d'un projet de construction générale, qui dure trois mois, et qui est suivi d'un nouvel examen oral sur ce projet définitif.

Le jugement du projet de construction générale est rendu, sur le vu des dessins et sur le rapport du professeur spécial, par un jury mixte, composé des membres du jury d'architecture et des professeurs de construction, de géométrie descriptive et de stéréotomie.

Nul ne peut prendre part aux exercices de construction avant d'avoir obtenu une mention de mathématiques, une mention de géométrie descriptive et une mention de stéréotomie.

Les élèves qui ont subi avec succès l'examen oral sur la partie théorique du cours sont seuls admis à prendre part au projet de construction générale.

Toutefois, les élèves déclarés revisibles à la suite de cet examen peuvent être autorisés à subir de nouveau avant la dictée du programme du projet de construction générale, et être admis à y prendre part.

Art. 43. — Les élèves de la seconde classe participent à des exercices de dessin ornemental, qui sont dirigés par le professeur de dessin d'ornement.

Les travaux, dont les dimensions sont déterminées par lui, s'exécutent en douze heures.

Ils peuvent être conservés, sur l'avis du professeur, en vue d'obtenir la mention nécessaire au passage à la première classe.

Ces travaux sont jugés par un jury mixte, composé du professeur de dessin ornemental, de dix peintres et de dix architectes tirés au sort dans les jurys en exercice.

*Études simultanées de dessin et de modelage.*

Art. 44. — Les élèves de la seconde classe participent à des exercices de dessin et de modelage, qui consistent :

1° En dessins de figure, d'après le plâtre ;

2° En modelage d'ornement, et, exceptionnellement, de figure, d'après le plâtre.

Chacun de ces exercices, qui seront, autant que le service le permettra, en nombre égal, est dirigé par le professeur spécial de dessin ou de sculpture.

Les travaux, dont les dimensions sont déterminées par le professeur, s'exécutent en douze heures. Ils peuvent être conservés, sur l'avis du professeur spécial, pour concourir à l'obtention de la mention de dessin et de la mention de modelage exigées pour le passage à la première classe.

Ces travaux sont soumis à un jury mixte, composé de trois professeurs des études simultanées des trois arts, du professeur de composition décorative, et de dix peintres, dix sculpteurs et dix architectes tirés au sort dans les jurys en exercice.

Le jury peut accorder des troisièmes médailles et des mentions.

La liste d'appel est formée suivant l'ordre des valeurs obtenues dans la seconde classe.

*Récompenses accordées en seconde classe.*

Art. 45. — Sont affectées comme récompenses en seconde classe :

1° Dans les concours d'éléments analytiques, des secondes mentions;

2° Dans les concours de composition d'architecture sur projets rendus, des premières et des secondes mentions;

3° Dans les concours de composition d'architecture sur esquisses, des secondes mentions;

4° En mathématiques, en géométrie descriptive, en stéréotomie et en perspective, des médailles spéciales (troisièmes médailles) et des premières mentions;

5° En construction, des premières, des deuxièmes et des troisièmes médailles et des mentions;

6° En dessin d'ornement, en dessin de figure, en ornement ou figure modelés et en études d'histoire de l'architecture, des troisièmes médailles et des mentions.

Toutes ces récompenses peuvent être cumulées.

Art. 46. — Tout élève qui, dans le courant de l'année scolaire, n'a pas rendu deux projets au moins ou pris part à deux concours d'éléments analytiques, ou subi deux examens, ou rendu un projet et subi un examen, ou fait le concours de construction, est considéré comme démissionnaire; il ne peut de nouveau faire partie de l'école qu'en subissant les épreuves d'admission, à moins qu'il n'en soit dispensé par décision du Conseil supérieur.

Dans le cas d'une nouvelle admission, les degrés antérieurement acquis à l'élève lui sont conservés.

Sont exemptés définitivement de cette obligation les élèves de la seconde classe qui, ayant été admis au concours définitif du prix de Rome, ont exécuté ce concours.


*Conditions d'admission à la première classe d'architecture.*


Art. 47. — Pour passer de la seconde à la première classe, les élèves doivent avoir obtenu : 1° en architecture, six valeurs, savoir : deux valeurs dans les concours d'éléments analytiques et quatre valeurs dans les concours de composition, dont deux au moins sur projets rendus : 2° en mathématiques, en géométrie descriptive, en stéréotomie, en construction, en perspective, une médaille ou une mention ; 3° une médaille ou une mention de dessin d'ornement, de figure dessinée, d'ornement ou de figure modelés, d'études d'histoire de l'architecture.

## Première classe.

### *Concours et exercices affectés à la première classe.*

ART. 48. — Les concours ouverts aux élèves de la première classe sont : 1° des concours d'architecture; 2° un concours d'ornement et d'ajustement; 3° des concours se rapportant aux cours d'histoire de l'architecture.

ART. 49. — Les concours d'architecture consistent chaque année en : 1° six concours sur projets rendus; 2° six concours sur esquisses.

Toutes les esquisses se font en loge, et chacune d'elles est exécutée en une seule séance de douze heures.

ART. 50. — Il y a chaque année : 1° un concours Auguste Rougevin, mentionné à l'article *86 ;* 2° un concours Godebœuf, mentionné à l'article *90 ;* 3° deux concours se rapportant au cours d'histoire de l'architecture.

Ils consistent en compositions reproduisant un style d'architecture déterminé.

Le programme en est donné par le professeur d'histoire de l'architecture.

Chacun de ces concours, dont l'esquisse seule se fait en loge, dure dix jours.

### *Études simultanées de dessin et de modelage.*

ART. 51. — Les élèves de la première classe participent à des exercices de dessin et de modelage consistant : 1° en dessin de figure, d'après la nature ou d'après le plâtre ; 2° en modelage d'ornement, et, exceptionnellement, de figure d'après le plâtre.

Chacun de ces exercices, qui seront en nombre égal, autant que le service le permettra, est dirigé par le professeur spécial de dessin ou de sculpture.

Les travaux, dont les dimensions sont déterminées par le professeur, s'exécutent en douze heures.

Ils peuvent être conservés, sur l'avis du professeur spécial, pour concourir à l'obtention de la mention de figure dessinée *et de la mention de figure ou ornement modelés exigées pour le diplôme d'architecte.*

Ces travaux sont soumis à un jury mixte, composé des trois professeurs des études simultanées des trois arts, du professeur de composition décorative, et de dix peintres, dix sculpteurs et dix architectes tirés au sort dans les jurys en exercice.

Le jury peut accorder des deuxièmes médailles et des premières mentions.

### *Récompenses accordées en première classe.*

Art. 52. — Sont affectées comme récompenses en première classe :

1° Dans les concours d'architecture sur projets rendus, des premières médailles, des premières secondes médailles, des deuxièmes secondes médailles et des premières mentions. Le nombre des deuxièmes secondes médailles ne pourra excéder 5 à chaque concours ;

2° Dans les concours d'architecture sur esquisses, des premières secondes médailles, des premières et deuxièmes mentions ;

3° Dans le concours Rougevin, des premières médailles, des premières secondes médailles et des premières mentions ;

4° Dans le concours Godebœuf, des premières médailles, des premières secondes médailles et des premières mentions ;

5° Dans les concours d'histoire de l'architecture, des premières secondes médailles et des mentions ;

6° Dans les exercices des trois arts, des premières secondes médailles et des premières mentions.

Toutes ces récompenses peuvent être cumulées.

Art. 53. — Tout élève de première classe qui n'a pas rendu au moins un projet et pris part à l'un des concours spécifiés aux articles 49 et 50, dans le courant de l'année scolaire, est considéré comme renonçant à continuer ses études à l'école, sauf décision du Conseil supérieur.

Sont exemptés de cette obligation les élèves de première classe admis au concours définitif du grand prix de Rome et ayant exécuté le concours, et ceux qui ont obtenu soit le diplôme d'architecte, soit la grande médaille d'émulation, soit le prix Abel Blouet.

### *Cours d'Histoire de l'Architecture française.*

Art. 54. — Chaque année, à la suite du cours d'histoire de l'architecture française, le professeur peut décerner des médailles et mentions aux élèves admis dans la section d'architecture de l'école proprement dite qui ont montré le plus d'aptitudes et qui ont le mieux profité de son enseignement.

Ces récompenses ne sont pas exigées pour les épreuves du diplôme d'architecte ; mais l'élève qui aura obtenu l'une de ces récompenses aura le droit de demander qu'il en soit fait mention sur le diplôme délivré par l'école.

### *Grande médaille d'émulation.*

Art. 55. — Il est affecté à l'élève qui a remporté en première classe le plus de valeurs de récompenses dans les divers concours de l'année scolaire un prix qui prend le nom de grande médaille d'émulation.

La somme des valeurs s'établit d'après le tableau dressé au titre V; toutefois, les récompenses obtenues dans les exercices de dessin d'ornement, de dessin de figure, d'ornement modelé et dans les concours de composition décorative ne comptent que pour un tiers de leur valeur.

La grande médaille d'émulation peut être cumulée.

### Première et seconde classes.

*Dispositions relatives aux dimensions des châssis pouvant être employés dans les concours de la section d'architecture et aux heures de rendus.*

ART. 56. — Ne sont admis dans les concours de première et de seconde classes de la section d'architecture que des châssis de dimensions déterminées. Ces dimensions mesurées en dehors des châssis sont les suivantes :

| | |
|---|---|
| Châssis N° 1 (demi-feuille grand-aigle) ............. | $0^m,85 \times 0^m,70$ |
| — N° 2 (feuille grand-aigle)................ | $1^m,35 \times 0^m,85$ |
| — N° 3 (une feuille et demie grand-aigle) .... | $1^m,80 \times 0^m,85$ |
| — N° 4 (deux feuilles grand-aigle assemblées par les grands côtés).............. | $1^m,65 — 1^m,25$ |
| — N° 5 (deux feuilles grand-aigle assemblées par les petits côtés)............. | $2^m,35 \times 0^m,85$ |
| — N° 6 (trois feuilles grand-aigle)........... | $2^m,25 \times 1^m,25$ |

ART. 57. — Le programme de chaque concours indique les numéros des châssis qui doivent être employés. Toutefois, il peut être fait usage des châssis de plus petites dimensions.

ART. 58. — Tout projet dont un quelconque des dessins est présenté sur un châssis plus grand que les mesures résultant des prescriptions du programme n'est pas exposé et, par conséquent, ne prend pas part au concours.

ART. 59. — Tout projet qui n'est pas rendu dans les délais réglementaires, c'est-à-dire entre 10 heures et 2 heures, n'est pas exposé et, par conséquent, ne prend pas part au concours.

### *Titres délivrés par l'École.*

#### CERTIFICAT D'ÉTUDES.

ART. 60. — Peuvent seuls demander le certificat d'études de l'école les élèves de la première classe d'architecture qui ont obtenu dans cette classe soit une récompense au concours du grand prix de Rome, soit une première ou deux deuxièmes médailles, dont une au moins sur projet rendu, soit cinq valeurs de récompenses, dont trois valeurs au moins sur projets rendus.

## DIPLÔME D'ARCHITECTE

ART. 61. — Les épreuves à la suite desquelles le diplôme peut être accordé ont lieu, chaque année, à l'école des beaux-arts, en juin et en décembre. Elles sont fixées et annoncées à l'avance par l'administration de l'école.

ART. 62. — Pour être admis à ces épreuves, il faut avoir obtenu au moins dix valeurs en première classe, soit dans les concours du grand prix de Rome, soit dans les concours d'architecture de l'école, soit dans le concours Rougevin ou le concours Godebœuf, une valeur dans les concours d'histoire de l'architecture, une valeur de figure dessinée et une valeur d'ornement ou de figure modelés.

Chaque candidat doit, en outre, produire un certificat constatant qu'il a suivi d'une manière assidue, pendant une année au moins, des travaux de construction sous la direction soit d'un ingénieur de l'Etat, soit d'un architecte du gouvernement, d'une administration publique, d'une administration privée, ou qu'il a dirigé personnellement des travaux.

Le diplôme, étant la consécration des études faites à l'école des beaux-arts, peut être obtenu par le candidat, même après qu'il a dépassé la limite d'âge des études, à la condition expresse que les valeurs exigées par le règlement en vigueur au moment de son séjour à l'école aient été acquises par lui avant cette limite d'âge.

ART. 63. — Les épreuves comprennent une partie écrite, une partie graphique et une partie orale.

L'épreuve écrite consiste dans le développement de deux questions, relatives l'une à la législation du bâtiment, l'autre à la pratique des travaux ; chacune de ces questions est traitée en deux heures par les candidats, sous surveillance.

L'épreuve graphique consiste en un projet d'architecture, conçu et développé comme s'il devait être exécuté. Il comprend les plans, coupes et élévations cotés ; il embrasse tous les détails de la construction et doit être complété par un mémoire descriptif et un devis estimatif d'une partie de la construction.

L'épreuve orale consiste en un examen sur les différentes parties du projet lui-même, sur les parties théoriques et pratiques de la construction, sur l'histoire de l'architecture, sur les éléments de physique et de chimie appliqués à la construction, et enfin sur les notions essentielles de législation du bâtiment et de comptabilité.

ART. 64. — Chaque candidat fait choix d'un programme pour le projet à exécuter. Mais il est tenu de soumettre son programme, au moment des sessions, à l'approbation des membres architectes du jury chargé de juger les épreuves, qui peuvent le rejeter ou en modifier les conditions, et indiquer l'échelle à laquelle le projet devra être exécuté.

Les conditions du programme adopté ne pourront pas être modifiées par le candidat.

Aucune limite de temps n'est assignée à l'exécution des projets.

ART. 65. — Les épreuves sont jugées publiquement par un jury formé spécialement chaque année et composé de deux des professeurs d'architecture, chefs d'atelier à l'école des beaux-arts, désignés par le sort; de deux professeurs chefs d'atelier, choisis en dehors de l'école et désignés par le sort parmi ceux qui font partie du jury d'architecture à titre permanent; du professeur de théorie de l'architecture; des professeurs de construction, de physique et de chimie, et de législation du bâtiment à l'école des beaux-arts. La commission se réunit à l'école sur la convocation du directeur. Elle nomme un vice-président.

Le jury peut renvoyer un candidat à une session suivante, en demandant soit des modifications, soit des adjonctions au projet, soit enfin de nouveaux examens oraux ou écrits.

Les motifs de la revision seront notifiés au candidat.

ART. 66. — Le diplôme d'architecte est décerné de droit aux lauréats du premier grand prix de Rome.

SECTIONS DE PEINTURE, DE SCULPTURE ET D'ARCHITECTURE.

### Etudes de composition décorative.

ART. 67. — Tous les jours, une salle est ouverte aux élèves admis aux sections de peinture, de sculpture et d'architecture de l'école proprement dite pour étudier les éléments de la composition décorative.

Peuvent seuls prendre part à ces études les élèves qui auront obtenu :

Les peintres, la mention de modelage et la mention d'architecture ;

Les sculpteurs, la mention de dessin et la mention d'architecture ;

Les architectes, la mention de dessin et la mention de modelage.

Les études consistent en des exercices de composition décorative qui sont l'application des études simultanées des trois arts.

Chacun de ces exercices, dirigé par le professeur de composition décorative embrasse vingt-quatre heures de travail.

Ces travaux, exécutés en dessin ou en modelage, suivant les indications du professeur, peuvent être conservés, sur son avis, pour concourir à l'obtention de la mention des trois arts.

Ils sont jugés par un jury composé des trois professeurs des études simultanées des trois arts, du professeur de composition décorative et de dix peintres, dix sculpteurs et dix architectes tirés au sort dans les jurys en exercice.

La liste d'appel est formée suivant l'ordre et la date des récompenses obtenues.

*Concours de composition décorative dont le programme est donné par le professeur du cours.*

ART. 68. — Chaque année, il est ouvert, entre les élèves admis au cours de composition décorative qui ont obtenu la mention des trois arts, deux concours qui consistent en des compositions décoratives, dont le programme est donné par le professeur de composition décorative.

L'esquisse est faite en loge en douze heures.

Le professeur indique sous quelle forme, dessin ou modelage, le concours doit être exécuté dans le cours, et fixe l'échelle du rendu, qui a lieu dans le délai d'un mois.

Ces concours sont jugés par un jury, composé des trois professeurs de l'enseignement simultané des trois arts, du professeur de composition décorative et de dix peintres, dix sculpteurs et dix architectes tirés au sort dans les jurys en exercice.

Il peut être décerné une seconde médaille, deux troisièmes médailles au plus et des mentions.

La deuxième médaille est d'une valeur de 200 francs;

La première troisième médaille de 150 francs ;

La seconde troisième médaille de 100 francs.

Ces récompenses peuvent être cumulées.

*Concours de composition décorative dont le programme est donné par le Conseil supérieur.*

ART. 69. — Chaque année, il est ouvert, entre les élèves de l'école proprement dite, deux concours qui sont l'application des études simultanées des trois arts.

Peuvent seuls prendre part à ces concours les élèves qui ont obtenu la mention des trois arts.

Ces concours consistent en des compositions décoratives, dont le programme est donné par le Conseil supérieur.

Ils comprennent deux épreuves :

Pour la première, les concurrents exécutent, en loge, en douze heures, l'esquisse dessinée du sujet proposé.

Un premier jugement a lieu sur cette épreuve, et six élèves au plus dans chaque section sont admis à prendre part à la seconde épreuve, qui consiste dans le rendu de l'esquisse.

Ce rendu se fait en loge, en six jours, à quelques jours d'intervalle de la première épreuve.

Il est exécuté soit en dessin, soit en modelage, suivant la décision
du Conseil, qui indique l'échelle du rendu.

Il devra être conforme à l'esquisse.

Ces concours sont jugés par un jury, composé des professeurs des
études simultanées et de dix peintres, dix sculpteurs et dix architectes
tirés au sort dans les jurys en exercice.

Il peut être décerné dans chaque section une première médaille,
deux deuxièmes médailles au plus et des mentions.

Ces récompenses peuvent être cumulées. Aux premières médailles
sont joints des prix de 300 francs; aux premières deuxièmes médailles, 250 francs; aux secondes deuxièmes médailles, 200 francs.

### *Cours de sculpture pratique.*

**Art. 70.** — Un atelier mis à la disposition du professeur de sculpture pratique permet aux élèves de la section de se familiariser avec
le travail de la pierre et du marbre.

Ce cours est ouvert aux élèves de l'école proprement dite et des
ateliers.

### Travaux d'atelier.

**Art. 71.** — A la fin de l'année scolaire, les professeurs des ateliers
de peinture, de gravure en taille-douce, de sculpture, de gravure en
médailles et en pierres fines, font un choix parmi les ouvrages de
leurs élèves pendant l'année scolaire.

Les travaux, contrôlés par le professeur, sont exposés à l'école, et
des encouragements peuvent être accordés aux élèves qui ont montré
le plus d'aptitudes.

Ces encouragements sont distribués, s'il y a lieu, à la suite d'un
jugement rendu par le jury en exercice.

Ils consistent, pour chaque atelier, en trois récompenses : la première d'une valeur de 125 francs; la deuxième d'une valeur de
75 francs; la troisième d'une valeur de 50 francs.

Il peut être décerné trois mentions au plus.

Les travaux des élèves du cours de sculpture pratique seront joints,
pour l'exposition, à ceux des ateliers de sculpture dont ils font
partie.

Une récompense d'une valeur de 50 francs pourra être accordée
pour ces travaux dans chaque atelier.

**Art. 72.** — Pour la section d'architecture une somme de 816 francs,
équivalente à la valeur de ces trois récompenses, est attribuée une
seule fois, à la fin de l'année scolaire, à l'élève qui a obtenu la grande
médaille d'émulation.

N. B. — Voir, page 141, les dispositions provisoires relatives aux ateliers.

# TITRE IV

## Fondations et legs faits à l'Ecole des Beaux-Arts.

### Première et deuxième sections. — Peinture et Sculpture.

*Prix de la Tête d'expression, fondé par le comte de Caylus.*
*Prix du Torse, fondé par La Tour.*

Art. 73. — Le concours de la Tête d'expression pour les peintres et pour les sculpteurs, et le concours de la demi-figure peinte, dit du Torse, ont lieu chaque année aux mois de janvier et de février. Peuvent seuls prendre part à ces concours les élèves qui, ayant été admis au concours définitif pour le grand prix de Rome, ont exécuté le concours; les élèves ayant obtenu une première médaille (3 valeurs) ou deux premières secondes médailles dont l'une d'après la nature et l'autre d'après l'antique.

La Tête d'expression s'exécute en grandeur naturelle, sur une toile de dix pour les peintres, et en ronde bosse pour les sculpteurs. Ce concours embrasse trois séances de six heures chacune, non compris le repos du modèle.

Le Torse s'exécute sur une toile de quarante, en six séances de sept heures chacune, non compris le repos du modèle.

Dans chacun de ces concours, il peut être décerné trois premières médailles.

Le prix de la Tête d'expression, d'une valeur de 100 francs, est affecté à la première des trois médailles attribuées dans ce concours.

Le prix du Torse, d'une valeur de 300 francs, est affecté à la première des trois médailles attribuées dans ce concours.

### *Prix Huguier.*

Art. 74. — Ce prix, institué par M^{me} V^{ve} Huguier, en exécution des dernières volontés de son mari, feu le docteur Huguier, professeur d'anatomie à l'école des beaux-arts, est décerné à la suite d'un concours supérieur, qui a lieu chaque année après le concours d'anatomie déterminé par l'article 26, et qui est ouvert dans les conditions ci-après indiquées :

Peuvent seuls concourir pour le prix Huguier, les élèves admis à l'école proprement dite dans les sections de peinture et de sculpture et en faisant actuellement partie, qui ont obtenu une médaille ou une mention dans les concours d'anatomie.

Tout candidat, en se faisant inscrire, doit déposer une ou plusieurs études dessinées ou modelées sur des sujets d'anatomie librement choisis par lui, mais certifiés par son professeur.

Ce concours comporte trois épreuves :

1° Une étude dessinée ou modelée d'après nature.

Cette étude s'exécute en douze heures, dans le format prescrit à l'article 18 ;

2° Un dessin d'anatomie fait en loge.

Les candidats ont à représenter en un seul et même dessin, mais avec des crayons de couleurs différentes, l'ostéologie et la myologie d'une région du corps humain indiquée par le professeur.

Les candidats dont les études, déposées préalablement, les figures et les dessins faits en loge auront été jugés suffisants, seront seuls admis à prendre part à la troisième épreuve, qui comprendra un ou plusieurs dessins d'anatomie exécutés au tableau devant le jury, avec des explications orales.

Ce concours est jugé par un jury mixte, composé du professeur d'anatomie et de dix peintres et dix sculpteurs tirés au sort dans les jurys en exercice.

Le prix Huguier consiste en une somme de 1,000 francs.

Il a la valeur d'une troisième médaille.

### Prix Fortin d'Ivry.

ART. 75. — Le concours supérieur de perspective, institué sous le nom de prix Fortin d'Ivry, pour les peintres et les sculpteurs, a lieu chaque année, à la suite du concours de perspective déterminé par l'article 27.

Peuvent seuls concourir les élèves admis à l'école proprement dite dans les sections de peinture et de sculpture, et en faisant actuellement partie, qui ont obtenu dans le concours de perspective une médaille ou une mention.

Le concours se divise en deux épreuves successives :

La première, qui est éliminatoire, consiste :

1° En un dessin fait en loge, d'après un motif et sur un programme donné par le professeur ;

2° En un dessin de perspective exécuté d'après nature, en une séance de trois heures, dans l'enceinte de l'école et sous surveillance.

Les candidats dont les dessins ont été jugés favorablement sont seuls admis à la deuxième épreuve.

Celle-ci consiste en des dessins de perspective exécutés au tableau et en un examen que subissent les concurrents devant le jury.

Ce concours est jugé par un jury mixte, composé du professeur de perspective et de dix peintres et dix sculpteurs tirés au sort dans les jurys en exercice.

Le prix Fortin d'Ivry consiste en une somme de 660 francs. Il a la valeur d'une troisième médaille.

### *Prix Jauvin d'Attainville*

Art. 76. — Il est institué à l'école, sous la dénomination de prix Jauvin d'Attainville, du nom de leur fondateur, deux concours, l'un de peinture historique, l'autre de paysage, qui ont lieu, chaque année, pendant les mois d'août et de septembre.

1° *Prix de peinture historique.* — Le concours pour le prix de peinture historique est ouvert aux élèves admis à l'école proprement dite et en faisant actuellement partie, pourvu qu'ils aient obtenu : 1° une mention de perspective ; 2° la mention des trois arts.

Le concours de peinture historique est un concours de peinture décorative. Les sujets proposés aux concurrents seront de nature soit à être peints, soit à être exécutés en tapisserie. Ce seront des motifs de décoration pour des lieux déterminés, tels que salles, escaliers, galeries, etc. Ils pourront être rendus, selon que l'indiquera le programme du concours, en grisaille, en camaïeu ou en couleurs vraies.

Le concours de peinture historique comprend un concours d'essai et un concours définitif.

Le concours d'essai consiste en deux épreuves, savoir :

1° Une esquisse exécutée en loge, en un jour, sur une toile de six ; vingt élèves pourront être admis à la suite de cette épreuve ;

2° Une figure peinte d'après nature sur une toile de vingt-cinq.

Dix élèves au plus pourront être admis au concours définitif.

Le concours définitif a lieu en loge du 1ᵉʳ au 30 septembre ; le sujet est exécuté sur une toile, dont les dimensions sont indiquées par le programme.

Les concurrents peuvent s'entourer de tous documents dont ils jugeront avoir besoin.

2° *Prix de paysage.* — Le concours pour le paysage est ouvert à tous les artistes âgés de moins de trente ans, pourvu qu'ils aient obtenu une mention de perspective dans les concours spéciaux de l'école. Chaque concurrent, en se faisant inscrire, doit présenter des études de paysage exécutées d'après nature, avec l'attestation d'un professeur, certifiant que ces études sont bien l'ouvrage du concurrent.

Le concours de paysage se divise en concours d'essai et en concours définitif.

Le concours d'essai comprend deux épreuves :

La première consiste en une figure dessinée d'après nature et exécutée en six jours, à raison de deux heures par jour. Vingt élèves peuvent être admis à la suite de cette épreuve.

La seconde épreuve est une esquisse de paysage exécutée en loge, en un jour, sur une toile de six.

Sont exempts de la figure dessinée d'après nature :

1° Les élèves qui ont été admis en loge pour le concours du grand prix de peinture ;

2° Les élèves qui ont obtenu une médaille à l'école des beaux-arts, soit d'après nature, soit d'après l'antique ;

3° Les élèves qui ont été admis, avec le titre de premier, au concours des places de l'école des beaux-arts.

Le nombre des concurrents admis au concours définitif ne peut excéder dix.

Le concours définitif a lieu en loge, du 1ᵉʳ au 30 septembre.

Le tableau, peint sur une toile de 1ᵐ,02 sur 0ᵐ,82, comportera obligatoirement l'introduction de la figure humaine. Les concurrents pourront s'entourer de tous les documents dont ils jugeront avoir besoin.

Chacun des prix Jauvin d'Attainville est d'une valeur de 2,000 fr.


### *Dispositions communes aux deux concours*

Les sujets des concours d'essai et des concours définitifs pour les prix Jauvin d'Attainville sont donnés par le Conseil supérieur de l'école.

Le concours de *peinture historique* Jauvin d'Attainville est jugé par un jury mixte, composé de dix peintres, dix sculpteurs et dix architectes tirés au sort dans les jurys en exercice.

Le concours de *paysage* est jugé par le jury de peinture en exercice.

Les jugements sont rendus au mois d'octobre.

Le prix de peinture historique a la valeur d'une première médaille.

Il peut être accordé trois mentions.

Le prix de paysage a la valeur d'une seconde médaille.

Il peut être accordé également trois mentions.

Les tableaux qui ont obtenu les prix Jauvin d'Attainville restent la propriété de l'école.


### *Prix Lemaire.*

ART. 77. — Il est institué à l'École, sous la dénomination de prix Lemaire, du nom de son fondateur, Henri Lemaire, membre de l'Institut, professeur à l'École des Beaux-Arts, un prix d'ajustement de draperie, qui est décerné à la suite d'un concours ouvert chaque année aux élèves de la section de sculpture.

Ce concours comprend deux épreuves :

La première consiste en une esquisse, modelée alternativement en ronde bosse et en bas-relief, exécutée en loge en un jour et indiquant le mouvement et la composition des figures.

L'esquisse modelée en bas-relief mesure, dans l'œuvre de fonds, 0ᵐ,33 sur 0ᵐ,41.

L'esquisse modelée en ronde bosse mesure 0ᵐ,34 de hauteur, la plinthe non comprise.

Les concurrents emportent un croquis de leur esquisse, qui est estampillée et conservée par l'administration.

Les élèves classés les dix premiers à la première épreuve sont seuls admis à prendre part à la seconde.

La seconde épreuve consiste dans l'exécution en loge, en dix jours, de l'ajustement des draperies du sujet donné pour la première épreuve.

Le rendu modelé en bas-relief mesure $0^m,55$ sur $0^m,60$; en ronde bosse, $0^m,65$ de proportion, la plinthe non comprise.

Le sujet allégorique ou historique sera donné par le Conseil supérieur. Il comprendra deux ou trois figures au plus en bas-relief ou bien une seule figure en ronde bosse donnant toujours motif à des draperies.

A ce concours peuvent être effectuées trois premières médailles.

Le prix Lemaire, d'une valeur de 825 francs, est attribué à la première des trois médailles.

Il ne peut être cumulé.

Un prix réservé une année pourra être décerné dans les années suivantes.

### *Prix Sanzel*

ART. 78. — Il est institué à l'École, sous la dénomination de prix Sanzel, du nom de son fondateur, un prix de composition.

Ce prix est attribué à l'élève sculpteur qui obtient la première des trois secondes médailles dans le deuxième concours de composition à deux degrés exécuté en loge, indiqué à l'article 19.

Il a une valeur de 365 francs et ne peut être cumulé.

Ce prix, réservé une année, pourra être décerné dans les années suivantes.

### *Prix Fortin d'Ivry.*

ART. 79. — Il est institué à l'École, sous la dénomination de prix Fortin d'Ivry, du nom de son fondateur, un prix de composition.

Ce prix est attribué à l'élève peintre qui obtient la première des trois secondes médailles dans le deuxième concours de composition à deux degrés, exécuté en loge, indiqué à l'article 19.

Il a une valeur de 382 francs et ne peut être cumulé.

Un prix réservé une année pourra être décerné dans les années suivantes.

### *Prix Bridan.*

ART. 80. — Il est institué à l'École, sous la dénomination de prix Bridan, en exécution d'une fondation faite par M$^{me}$ V$^{ve}$ Besnier, petite-fille de Bridan (Charles-Antoine), sculpteur, membre de l'Académie royale, deux prix annuels, l'un de 600 francs, l'autre de 500 francs.

Ces prix sont décernés chaque année à la suite d'un concours consistant dans l'exécution d'une figure dessinée d'après l'antique, dans la forme spécifiée à l'article 18, et d'une figure modelée d'après l'antique.

L'épreuve de la figure modelée se confondra avec l'un des concours trimestriels de l'école.

Les élèves français admis à la section de sculpture de l'école proprement dite peuvent seuls prendre part à ce concours.

Le concours est jugé, sur le vu des deux épreuves à la fois, par le jury de sculpture, qui décerne les prix aux candidats classés les deux premiers.

Ces prix ne peuvent être cumulés.

Un prix réservé une année pourra être décerné les années suivantes.

### *Prix Duffer.*

Art. 81. — Il est institué à l'École, sous la dénomination de prix Duffer, du nom de leur fondateur, des prix en faveur d'élèves de la section de peinture.

Ces prix, au nombre de quatre, sont attribués aux élèves qui ont obtenu, pendant l'année scolaire, la plus grande somme de valeurs, soit dans les concours de Rome, soit en médailles seulement dans les concours du Torse, de la Tête d'expression, semestriels de grande figure, de figure dessinée, de composition, Jauvin d'Attainville, de perspective et d'anatomie.

Le 1er prix a une valeur de 800 fr. }
Le 2e — — de 600 — }
Le 3e — — de 500 — } 2,283 francs.
Le 4e — — de 383 — }

### *Prix Saintin.*

Art. 82. — Ce prix, institué par M. Saintin, artiste peintre, consiste en la rente d'une somme de 5,000 francs.

Il est attribué à l'élève de la section de peinture qui a obtenu le plus de médailles dans le courant de l'année scolaire.

TROISIÈME SECTION. — ARCHITECTURE.

**Seconde classe.**

### *Prix Muller-Sœhnée.*

Art. 83. — Ce prix, institué par M. Muller-Sœhnée, est attribué à l'élève architecte de la seconde classe qui a remporté le plus grand nombre de valeurs dans les différentes épreuves de l'année, comptées du 1ᵉʳ janvier au 31 décembre.

Ce prix consiste dans une somme de 539 francs.

La somme des valeurs s'établit d'après les cotes fixées au titre V, en ne tenant compte que d'une seule récompense obtenue en dessin ornemental, en ornement ou figure modelés, en dessin de figure, en composition décorative et en histoire de l'architecture.

En cas d'égalité, les valeurs obtenues en architecture l'emportent.

### *Prix Jay.*

ART. 84. — Ce prix, institué par le fils et le petit-fils de feu M. Jay, professeur de construction à l'École des Beaux-Arts, en exécution de ses dernières volontés, est attribué à l'élève de seconde classe qui a obtenu le premier rang dans le concours de construction.

Ce prix consiste en une somme de 700 francs.

### *Prix Jean Leclaire.*

ART. 85. — Par suite des dispositions testamentaires de M. Jean Leclaire, l'Académie des Beaux-Arts a institué un prix annuel en faveur de l'élève qui, en passant de la seconde classe dans la première, aura mis le moins de temps à remplir toutes les conditions imposées à cet effet par le règlement.

En cas d'égalité de temps, le prix est attribué à l'élève ayant obtenu le plus grand nombre de valeurs dans l'ordre suivant : 1° sur projets rendus d'architecture ; 2° sur esquisses d'architecture ; 3° sur concours de construction.

Ce prix consiste en une somme de 300 francs.

**Première classe.**

### *Prix Rougevin.*

ART. 86. — Ce prix, institué par Auguste Rougevin, architecte, en souvenir de son fils, feu Auguste Rougevin, élève de l'École des Beaux-Arts, consiste en deux sommes, l'une de 600 francs, l'autre de 400 francs.

Il est décerné à la suite d'un concours d'ornement et d'ajustement, qui est exécuté en loge en sept jours, et auquel les élèves de la première classe peuvent seuls prendre part.

Les prix de 600 et de 400 francs sont attachés aux deux premières récompenses, sous la réserve que chacun de ces prix ne peut être obtenu qu'une fois.

### *Prix Jean Leclaire.*

Art. 87. — Par suite des dispositions testamentaires de **M**. Jean Leclaire, l'Académie des Beaux-Arts a institué un prix annuel en faveur de l'élève de première classe qui a obtenu la grande médaille d'émulation.

Ce prix consiste en une somme de 500 francs.

### *Prix de la Société centrale des Architectes.*

Art. 88. — Ce prix, institué par la Société centrale des Architectes, et qui consiste dans la grande médaille de cette Société, est décerné annuellement à l'élève architecte de première classe ayant obtenu, pendant les trois dernières années, à compter du 15 mai, le plus grand nombre de valeurs, en médailles seulement, dans les concours sur projets rendus.

En cas d'égalité de valeurs, il est décerné plusieurs médailles.

### *Prix Abel Blouet.*

Art. 89. — Ce prix, institué par M^me V^ve Blouet, en exécution des dernières volontés de son mari, feu Abel Blouet, architecte, membre de l'Institut, professeur à l'Ecole des Beaux-Arts, consiste en une somme de 1,000 francs, attribuée, chaque année, à l'élève de première classe qui a obtenu le plus de valeurs depuis son entrée à l'École. Dans cette estimation, les valeurs acquises en seconde classe ne comptent que pour le tiers de leur total, sauf celles relatives aux concours communs entre la première et la seconde classe, qui sont évaluées comme en première classe.

### *Prix Godebœuf.*

Art. 90. — Ce prix, institué par M^me Lecou en mémoire de son frère, feu Godebœuf, architecte, a une valeur de 740 francs.

Il est décerné à la suite d'un concours, auquel les élèves de la première classe d'architecture sont seuls admis à prendre part.

Le concours, qui est jugé par le jury d'architecture en exercice, consiste en l'étude, développée comme pour l'exécution, avec détails et profils, d'une œuvre architecturale de nature spéciale, telle que serrurerie, plomberie, marbrerie, etc.

Les projets sont exécutés dans les ateliers, en quinze jours, d'après les esquisses faites en loge en douze heures.

Les récompenses consistent en premières médailles, en deuxièmes médailles et en premières mentions. Elles peuvent être cumulées.

Le prix est attribué à l'élève placé le premier dans le classement des premières médailles, parmi ceux qui ne l'ont pas encore obtenu.

**Première et seconde classes.**

### *Prix Edmond Labarre.*

Art. 91. — Ce prix, institué par M. et M^me Labarre, en souvenir de leur fils, feu Edmond Labarre, élève de l'École des Beaux-Arts, consiste en une somme de 200 francs.

Il est décerné à la suite d'un concours entre les élèves de la première et de la seconde classe.

Ce concours, qui n'a pas lieu en loge, consiste en une grande composition sur esquisse, qui doit être exécutée dans un délai de trois jours.

Le programme en est donné par une commission, composée des professeurs architectes de l'École, faisant partie du jury d'architecture.

Ce prix peut être cumulé.

### *Prix Convents-Daupeley.*

Art. 92. — Il a été institué par testament de M^me V^ve Convents, née Daupeley, en mémoire de son mari, M. Convents, architecte, cinq prix de 753 fr. 80 c. chacun, qui portent le nom de prix Convents-Daupeley.

Ces prix sont attribués chaque année par le Conseil supérieur à des élèves de la section d'architecture peu favorisés de la fortune et méritant par leur travail un encouragement.

### *Prix de reconnaissance des Architectes américains.*

Art. 93. — Ce prix, institué par les architectes américains en souvenir de l'enseignement reçu par eux à l'École, consiste en une somme de 1,470 francs.

Il est décerné annuellement à la suite d'un concours, dont le Conseil supérieur détermine chaque fois les conditions et dont il donne le sujet. Il peut être décerné cinq accessits au plus.

Le jugement sera rendu par une commission spéciale, composée des architectes membres du Conseil supérieur de l'École, auxquels seront adjoints le membres du jury d'architecture.

Le prix est réservé exclusivement aux élèves français de la section d'architecture de l'École ; il ne peut être obtenu qu'une seule fois.

Section de Peinture, de Sculpture et d'Architecture.

*Legs Armand.*

Art. 94. — Par testament, M. Alfred Armand, architecte, a légué à l'École une somme de 10,000 francs, pour faciliter à des élèves méritants et peu fortunés le volontariat d'un an ou pour un emploi analogue.

*Fondation Chenavard.*

Art. 95. — *Secours.* — Par suite des dispositions testamentaires de M$^{me}$ V$^{ve}$ Chenavard, une somme est réservée spécialement, sur les arrérages des rentes qu'elle a léguées à l'École des Beaux-Arts, pour venir en aide aux élèves peintres, sculpteurs, architectes, graveurs, admis à l'École proprement dite « Pauvres », et qui se sont rendus, par leur travail, les plus dignes de cet encouragement.

La valeur et le nombre de ces secours sont fixés par le Conseil supérieur d'après les demandes motivées faites par les élèves et présentées par leurs professeurs.

Ils sont attribués par le Conseil, sur la proposition d'une commission spéciale nommée par lui chaque année, et comprenant, pour chacune des sections de peinture, de sculpture, d'architecture, les trois professeurs chefs d'ateliers de l'Ecole et trois professeurs du dehors, et, pour la section de gravure, les deux professeurs chefs d'ateliers de l'École et deux professeurs du dehors.

Les professeurs du dehors seront choisis de préférence parmi les membres des sections correspondantes de l'Académie des Beaux-Arts, conformément aux intentions de la testatrice.

Art. 96. — Par suite des dispositions testamentaires de M$^{me}$ V$^{ve}$ Chenavard, il est institué à l'école, sous la dénomination de prix Chenavard, des prix de *peinture*, de *sculpture*, d'*architecture* et de *gravure*, décernés dans les conditions indiquées ci-après :

Art. 97. — *Prix de peinture.* — Au commencement de chaque année scolaire, les élèves admis dans la section de peinture de l'École proprement dite « Pauvres », et présentés par leur professeur comme capables d'exécuter un tableau, soumettent au Conseil supérieur des esquisses de tableau sur des sujets de leur choix.

Le Conseil, sur la proposition de la section de peinture de la commission spéciale mentionnée à l'article 95, désigne les élèves dont les esquisses sont acceptées.

Chacun de ces élèves exécute un tableau d'après son esquisse, à laquelle il peut apporter telle modification qu'il juge convenable.

Il est tenu seulement de conserver le sujet qu'il a choisi et de travailler sous la surveillance et avec les conseils de son professeur, soit à l'École pour les élèves des ateliers de l'École, soit au dehors pour les élèves des ateliers extérieurs. Les proportions des figures ne doivent pas dépasser la dimension de la nature.

Pour subvenir aux frais d'exécution de son œuvre, chaque élève reçoit une somme fixée par le Conseil supérieur, somme payée par acomptes mensuels, après constatation du travail de l'élève par son professeur et sur l'autorisation de paiement délivrée par lui.

Au milieu de l'année scolaire, les ouvrages sont rendus à l'École. Ils sont jugés, sur la proposition de la section de peinture de la commission spéciale, par le Conseil supérieur, qui fixe le nombre et la valeur des prix.

Ces prix peuvent être obtenus plusieurs fois.

Les œuvres exécutées restent la propriété de l'élève.

— Le Conseil peut, en outre, sur la demande motivée d'un professeur chef d'atelier et sur la proposition de la section de peinture de la commission spéciale, accorder un prix, dont il fixe la valeur, à un élève « Pauvre » admis à l'École proprement dite, pour l'exécution d'études peintes ou dessinées d'après l'antique ou d'après les maîtres.

ART. 98. — *Prix de sculpture.* — Au commencement de chaque année scolaire, les élèves admis dans la section de sculpture de l'École proprement dite « Pauvres », et présentés par leur professeur comme capables d'exécuter un bas-relief ou une statue, soumettent au Conseil supérieur des esquisses de bas-reliefs ou de statues sur des sujets de leur choix.

Le Conseil, sur la proposition de la section de sculpture de la commission spéciale mentionnée à l'article 93, désigne les élèves dont les esquisses sont acceptées.

Chacun de ces élèves exécute un bas-relief ou une statue d'après son esquisse, à laquelle il peut apporter telle modification qu'il juge convenable.

Il est tenu seulement de conserver le sujet qu'il a choisi et de travailler sous la surveillance et avec les conseils de son professeur, soit à l'École pour les élèves des ateliers de l'École, soit au dehors pour les élèves des ateliers extérieurs.

Les proportions des figures ne doivent pas dépasser les dimensions de la nature.

Pour subvenir aux frais d'exécution et de moulage de son œuvre, chaque élève reçoit une somme fixée par le Conseil supérieur, somme payée par acomptes mensuels, après constatation du travail de l'élève par son professeur et sur l'autorisation de paiement délivrée par lui.

Au milieu de l'année scolaire, les ouvrages sont rendus à l'École. Ils sont jugés, sur la proposition de la section de sculpture de la commission spéciale, par le Conseil supérieur, qui fixe le nombre et la valeur des prix.

Ces prix peuvent être obtenus plusieurs fois.

Les œuvres exécutées restent la propriété de l'élève.

— Le Conseil peut, en outre, sur la demande motivée d'un professeur chef d'atelier et sur la proposition de la section de sculpture de la commission spéciale, accorder un prix, dont il fixe la valeur, à un élève « Pauvre » admis à l'École proprement dite, pour l'exécution d'études modelées ou dessinées d'après l'antique ou d'après les maîtres.

Art. 99. — *Prix d'architecture.* — Au commencement de chaque année scolaire, les élèves admis dans la section d'architecture de l'École proprement dite, anciens logistes ou ayant obtenu toutes les valeurs exigées pour le diplôme « Pauvres », et présentés par leur professeur comme capables de produire ou d'exécuter une composition, soumettent au Conseil supérieur de l'École une esquisse ou un avant-projet de composition sur un programme de leur choix, ainsi que ce programme.

Le Conseil, sur la proposition de la section d'architecture de la commission spéciale mentionnée à l'article 93, désigne les élèves dont les esquisses sont acceptées.

Chacun de ces élèves exécute un projet rendu d'après son esquisse, à laquelle il peut apporter telle modification qu'il juge convenable.

Il est tenu seulement de conserver le sujet qu'il a choisi et de tra-vailler sous la surveillance et avec les conseils de son professeur, soit à l'école pour les élèves des ateliers de l'École, soit au dehors pour les élèves des ateliers extérieurs.

Les dimensions du projet rendu ne doivent pas dépasser une limite fixée par le Conseil.

Pour subvenir aux frais d'exécution de son œuvre, chaque élève reçoit une somme fixée par le Conseil supérieur, somme payée par acomptes mensuels, après constatation du travail de l'élève par son professeur et sur l'autorisation de paiement délivrée par lui.

Au milieu de l'année scolaire, les ouvrages sont rendus à l'École. Ils sont jugés, sur la proposition de la section d'architecture de la commission spéciale, par le Conseil supérieur, qui fixe le nombre et la valeur des prix.

Ces prix peuvent être obtenus plusieurs fois.

Les œuvres exécutées restent la propriété de l'élève.

— Le Conseil peut, en outre, sur la demande de leurs professeurs chefs d'atelier et sur la proposition de la section d'architecture de la commission spéciale, accorder à des élèves de l'École « Pauvres », admis en loge pour le concours du Grand Prix de Rome, des subven-tions dont il fixe le nombre et la valeur, afin de leur venir en aide pour l'exécution de ce concours.

Art. 100. — *Prix d'architecture.* — Chaque année, les profes-seurs de Théorie de l'architecture, de l'Histoire de l'architecture, de l'Histoire de l'architecture française et de Construction présentent au Conseil supérieur la liste de ceux de leurs élèves « Pauvres » admis à l'École proprement dite, auxquels ils désirent faire exécuter une étude spéciale d'après un monument.

Le Conseil, sur la proposition de la section d'architecture de la commission spéciale mentionnée à l'article 93, désigne les élèves qui sont chargés de ce travail.

Pour subvenir aux frais d'exécution, chacun des élèves désignés reçoit une somme fixée par le Conseil supérieur, somme payée par acomptes mensuels, après constatation du travail de l'élève par son professeur et sur l'autorisation de paiement délivrée par lui.

Au milieu de l'année scolaire, les ouvrages sont rendus à l'École. Ils sont jugés, sur la proposition de la commission spéciale, par le Conseil supérieur, qui fixe le nombre et la valeur des prix.

Ces prix peuvent être obtenus plusieurs fois.

Les œuvres exécutées restent la propriété de l'élève.

ART. 101. — *Prix de gravure.* — Au commencement de chaque année scolaire, les élèves admis à l'École proprement dite « Pauvres », et présentés par leur professeurs comme capables d'exécuter une gravure, soumettent au Conseil supérieur, les graveurs en taille-douce, des dessins à exécuter en gravure; les graveurs en médailles, des esquisses de médailles sur des sujets de leur choix.

Le Conseil, sur la proposition de la section de gravure de la commission spéciale mentionnée à l'article 93, désigne les élèves dont les esquisses sont acceptées.

Chacun de ces élèves exécute une gravure d'après son dessin ou son esquisse, à laquelle il peut apporter telle modification qu'il juge convenable.

Il est tenu seulement de conserver le sujet qu'il a choisi et de travailler sous la surveillance et avec les conseils de son professeur, soit à l'École pour les élèves des ateliers de l'École, soit au dehors pour les élèves des ateliers extérieurs.

Les proportions des ouvrages sont fixées par le Conseil.

Pour subvenir aux frais d'exécution de son œuvre, chaque élève reçoit une somme fixée par le Conseil supérieur, somme payée par acomptes mensuels, après constatation du travail de l'élève par son professeur et sur l'autorisation de paiement délivrée par lui.

Au milieu de l'année scolaire, les ouvrages sont rendus à l'École. Ils sont jugés, sur la proposition de la section de gravure de la commission spéciale, par le Conseil supérieur, qui fixe le nombre et la valeur des prix.

Ces prix peuvent être obtenus plusieurs fois.

Les œuvres exécutées restent la propriété de l'élève.

— Le Conseil peut, en outre, sur la demande motivée d'un professeur chef d'atelier et sur la proposition de la section de gravure de la commission spéciale, accorder un prix, dont il fixe la valeur, à un élève « Pauvre » admis à l'École proprement dite, pour l'exécution d'études dessinées ou modelées d'après l'antique ou d'après les maîtres.

Toutefois, pour les années dans lesquelles ont lieu les concours de gravure, le Conseil peut, à l'exclusion des dispositions énoncées au paragraphe précédent, sur la demande de leurs professeurs chefs d'atelier et sur la proposition de la section de gravure de la commission spéciale, accorder à des élèves de l'École « Pauvres » admis en loge pour le concours du grand prix de Rome, des subventions dont il fixe le nombre et la valeur, afin de leur venir en aide pour l'exécution de ce concours.

### Prix Saint-Agnan-Boucher.

Art. 102. — Ce prix, institué par M<sup>me</sup> V<sup>re</sup> Saint-Agnan-Boucher en exécution des volontés de son mari, M. Saint-Agnan-Boucher, architecte, est décerné la première année à un élève architecte, l'année suivante à un élève sculpteur, la troisième année à un élève peintre, et ainsi de suite.

Il est attribué : à l'élève architecte qui, ayant déjà les valeurs exigées pour les épreuves du diplôme, aura continué ses études et obtenu la plus grande somme de valeurs sur projets rendus ;

A l'élève sculpteur qui aura obtenu dans les trois dernières années la plus grande somme de valeurs dans les concours semestriels de grande figure, de la Tête d'expression, de figure modelée et de composition ;

A l'élève peintre qui aura obtenu dans les trois dernières années la plus grande somme de valeurs dans les concours semestriels de grande figure, de la Tête d'expression, du Torse, de figure dessinée et de composition.

Ce prix consiste en une somme de 1,000 francs.


# TITRE V.

## Évaluation en points ou valeurs des succès obtenus dans les concours.

### Section de Peinture et de Sculpture.

|  | Valeurs. |
|---|---|
| Art. 103. — Premier second grand prix de Rome . . . | 4 |
| Deuxième second grand prix de Rome. . . . . . . . . | 3 1/2 |
| Mention au concours du grand prix. . . . . . . . . . | 2 1/2 |
| Admission en loge, pourvu que le concours ait été exécuté. | 2 |
| *Nota.* — Ces deux valeurs pour l'admission s'ajoutent aux précédentes. | |
| Première première médaille . . . . . . . . . . . . . | 3 |
| Seconde première médaille. . . . . . . . . . . . . . | 2 1/2 |
| Troisième première médaille. . . . . . . . . . . . . | 2 1/4 |
| Première seconde médaille. . . . . . . . . . . . . . | 2 |
| Seconde seconde médaille. . . . . . . . . . . . . . | 1 1/2 |
| Troisième seconde médaille . . . . . . . . . . . . . | 1 1/4 |
| Troisième médaille. . . . . . . . . . . . . . . . . | 1 |
| Mention { Concours de Peinture historique. . . . . . | 1 |
| { — de Paysage. . . . . . . . . . . . | 1/2 |
| Mention . . . . . . . . . . . . . . . . . . . . . . | 1/2 |
| Exercices de composition décorative . . . . . . . . . | 1/2 |

## SECTION D'ARCHITECTURE.

### Seconde classe.

Valeurs.

ART. 104. — En seconde classe, les récompenses sont estimées comme il suit :

| | |
|---|---|
| Premier second grand prix de Rome | 4 |
| Deuxième second grand prix. | 3 1/2 |
| Mention au concours du grand prix. | 2 1/2 |
| Admission en loge, pourvu que le concours ait été exécuté. | 2 |

*Nota.* — Ces deux valeurs pour l'admission s'ajoutent aux précédentes.

### *Concours scientifiques.*

Mathématiques. — Géométrie descriptive. — Stéréotomie. — Perspective.

| | |
|---|---|
| Troisième médaille | 3 |
| Mention | 2 |

### *Construction.*

| | |
|---|---|
| Première médaille | 5 |
| Deuxième médaille | 4 |
| Troisième médaille | 3 |
| Mention | 2 |

### *Concours d'architecture.*

Éléments analytiques. — Projets rendus. — Esquisses.

| | |
|---|---|
| Première mention | 2 |
| Deuxième mention | 1 |

### *Prix de reconnaissance des Architectes américains.*

| | |
|---|---|
| Prix. | 3 |
| Accessits | 2 |

### *Exercices et études.*

Histoire de l'architecture. — Ornement dessiné. — Figure dessinée. — Ornement ou figures modelés. — Composition décorative.

Valeurs.

Troisième médaille . . . . . . . . . . . . . . . . . . . .  1  1/2
Mention . . . . . . . . . . . . . . . . . . . . . . . . . :  1

### Concours de composition décorative.

Première médaille . . . . . . . . . . . . . . . . . . . .  3
Deuxième médaille . . . . . . . . . . . . . . . . . . . .  2
Mention . . . . . . . . . . . . . . . . . . . . . . . . .  1

### Première classe.

Premier second grand prix de Rome . . . . . . . . . .  4
Deuxième second grand prix . . . . . . . . . . . . . .  3  1/2
Mention au concours du grand prix . . . . . . . . . .  2  1/2
Admission en loge, pourvu que le concours ait été exécuté.  2

*Nota.* — Ces deux valeurs pour l'admission s'ajoutent aux précédentes.

### Concours d'architecture.

Projets rendus. — Esquisses. — Histoire de l'architecture.
Première médaille . . . . . . . . . . . . . . . . . . . .  3
Première seconde médaille . . . . . . . . . . . . . . .  2
Deuxième seconde médaille . . . . . . . . . . . . . . .  1  1/2
Première mention . . . . . . . . . . . . . . . . . . . .  1
Deuxième mention . . . . . . . . . . . . . . . . . . . .     1/2

### Prix de reconnaissance des Architectes américains.

Prix . . . . . . . . . . . . . . . . . . . . . . . . . . .  3
Accessits . . . . . . . . . . . . . . . . . . . . . . . .  2

### Exercices et études.

Ornement dessiné. — Figure dessinée. — Ornement ou
figure modelés. — Composition décorative.
Deuxième médaille . . . . . . . . . . . . . . . . . . . .  2
Troisième médaille . . . . . . . . . . . . . . . . . . . .  1  1/2
Première mention . . . . . . . . . . . . . . . . . . . .  1
Mention . . . . . . . . . . . . . . . . . . . . . . . . .  1

### Concours de composition décorative.

Première médaille . . . . . . . . . . . . . . . . . . . .  3
Deuxième médaille . . . . . . . . . . . . . . . . . . . .  2
Mention . . . . . . . . . . . . . . . . . . . . . . . . .  1

## TITRE VI.

### Collections et bibliothèque.

Art. 105. — Les collections de l'École des Beaux-Arts comprennent :

1° Un musée de plâtres moulés sur les chefs-d'œuvre de l'antiquité, du moyen âge et de la Renaissance ;

2° Un musée de copies exécutées d'après les œuvres des grands maîtres ;

3° Les ouvrages qui ont obtenu le grand prix de Rome ;

4° Les ouvrages ayant obtenu la première médaille dans les concours semestriels, la première seconde médaille dans les concours de figure ou de composition, une troisième médaille dans les concours publics spéciaux ; une première médaille sur projet rendu ; une première seconde médaille sur esquisse ou dans les concours d'histoire de l'architecture ; une médaille spéciale dans les concours de l'enseignement scientifique, et enfin les ouvrages ayant obtenu un prix dans les concours de l'École proprement dite.

5° Une réunion de pièces diverses et de dessins devant servir à la démonstration dans les cours d'anatomie, de géométrie descriptive, de stéréotomie, de physique, de chimie et de construction ;

6° Des objets d'art donnés ou légués à l'École.

Ces collections, ouvertes pour l'étude pendant la semaine aux élèves de l'École proprement dite et des ateliers, ainsi qu'aux personnes ayant obtenu de l'administration une autorisation spéciale, sont publiques le dimanche de midi à quatre heures.

Les demandes de cartes d'études doivent être adressées au directeur.

La bibliothèque est ouverte aux élèves, aux jours et heures fixés par l'administration.

Les personnes étrangères à l'École sont admises à travailler à la bibliothèque, sans permission spéciale, la première fois qu'elles s'y présentent. Si elles veulent continuer à la fréquenter, elles devront obtenir une carte d'étude.


## TITRE VII.

### Distribution des récompenses et vacances.

Art. 106. — La distribution des récompenses a lieu tous les ans, au commencement de la nouvelle année scolaire.

Art. 107. — Il y a vacances à l'École du 1er août au 15 octobre.

Pendant les vacances, deux salles peuvent être mises à la disposition des élèves qui désirent continuer à étudier.

Il est donné, pendant ce temps, des projets à rendre aux élèves architectes de la seconde et de la première classe.

## DISPOSITIONS RELATIVES AUX ATELIERS DE L'ÉCOLE
## DES BEAUX-ARTS.

ART. 1ᵉʳ. — Les ateliers actuellement existant à l'École des Beaux-Arts seront régis par les dispositions suivantes, jusqu'à ce qu'il ait été définitivement statué à leur sujet.

ART. 2. — Les ateliers se divisent de la manière suivante : trois ateliers de peinture ; trois ateliers de sculpture ; trois ateliers d'architecture ; un atelier de gravure en taille-douce ; un atelier de gravure en médailles et en pierres fines.

ART. 3. — Les ateliers sont ouverts : 1° aux élèves de l'École proprement dite, qui choisissent, suivant l'ordre et la date de leur rang d'admission, celui des ateliers de leur section dans lequel ils désirent étudier ; 2° aux jeunes gens qui, bien que n'étant pas admis à l'École proprement dite, sont agréés par le professeur.

Les professeurs sont seuls juges des aptitudes des jeunes gens qu'ils agréent.

Le nombre des élèves à admettre à chaque atelier est déterminé par l'administration d'accord avec le professeur chef d'atelier.

ART. 4. — L'inscription des élèves dans les ateliers doit être renouvelée au commencement de chaque année scolaire. L'inscription se fait soit directement, soit par lettre. Si, dans le premier mois, un élève ne s'est pas fait réinscrire, il est considéré comme démissionnaire.

Le professeur pourra désigner au directeur les élèves dont les aptitudes ne sont pas suffisantes pour qu'ils soient maintenus dans l'atelier, ou contre lesquels il aurait d'autres motifs d'exclusion.

Leur radiation est prononcée par le directeur, qui la notifie aux élèves. Ces élèves peuvent être admis dans un autre atelier, avec l'agrément du professeur de cet atelier, celui du professeur de l'atelier qu'ils quittent et avec l'assentiment du directeur.

Sous les conditions édictées à l'article 3 du présent arrêté, tout élève a la faculté de changer d'atelier.

ART. 5. — Une fois inscrit dans un atelier, l'élève doit y être assidu. Les cas d'absence doivent toujours être justifiés de la part de l'élève auprès de son professeur.

ART. 6. — Les professeurs chefs d'atelier sont autorisés à faire connaître au directeur, qui les signale au Ministre, ceux de leurs élèves qu'ils jugent dignes d'être soutenus dans leurs études.

ART. 7. — Tous les jours, les ateliers de l'École seront ouverts aux jeunes gens mentionnés à l'article 3 qui précède.

# EXTRAIT DE LA LOI SUR LE RECRUTEMENT DE L'ARMÉE
## DU 15 JUILLET 1889.

DISPOSITIONS APPLICABLES AUX ÉLÈVES DE L'ÉCOLE DES BEAUX-ARTS.

La loi militaire du *15 juillet 1889* contient les dispositions suivantes, applicables aux élèves de l'*École nationale des Beaux-Arts :*

« ART. 23. — En temps de paix, après un an de présence sous les drapeaux, sont envoyés en congé dans leurs foyers, sur leur demande, jusqu'à la date de leur passage dans la réserve :

. . . . . . . . . . . . . . . . . . . . . . . . . . . . . . . .

« 2° Les jeunes gens qui ont obtenu ou qui poursuivent leurs études en vue d'obtenir, soit l'un des prix de Rome, soit un prix ou médaille d'État dans les concours annuels de l'École nationale des Beaux-Arts.

« Ces jeunes gens seront rappelés pendant quatre semaines dans l'année qui précédera leur passage dans la réserve de l'armée active. Ils suivront ensuite le sort de la classe à laquelle ils appartiennent.

. . . . . . . . . . . . . . . . . . . . . . . . . . . . . . . .

« ART. 24. — Ceux qui n'auraient pas obtenu avant l'âge de vingt-six ans [une des récompenses spécifiées aux articles 3 et 4 du règlement d'administration publique du 23 novembre 1889, rendu en application de la loi]..., ceux qui ne poursuivraient pas régulièrement les études en vue desquelles la dispense a été accordée, seront tenus d'accomplir les deux années de service dont ils avaient été dispensés. »

# EXTRAIT DU DÉCRET DU 23 NOVEMBRE 1889

PORTANT RÈGLEMENT D'ADMINISTRATION PUBLIQUE POUR L'EXÉCUTION
DE L'ARTICLE 23
DE LA LOI DU 15 JUILLET 1889 SUR LE RECRUTEMENT DE L'ARMÉE.

CHAPITRE I<sup>er</sup>. — *Des dispenses résultant de l'obtention*
*de certains diplômes, titres, prix et récompenses.*

Art. 3. — Les prix de Rome pour la peinture, la sculpture, l'architecture..... (concours annuels), la gravure en taille-douce (concours biennaux). et la gravure en médailles et en pierres fines (concours triennaux), qui donnent lieu à la dispense de service militaire prévue par l'article 23 de la loi du 15 juillet 1889, sont au nombre de trois par spécialité; ce nombre peut être porté à quatre lorsque le premier grand prix n'a pas été décerné au concours précédent. Les intéressés justifient de leur qualité de lauréats par un certificat du Ministre des Beaux-Arts.

Art. 4. — La nature des concours et le nombre maximum des médailles qui peuvent être décernées annuellement aux élèves de l'École nationale des Beaux-Arts de Paris, et qui donnent lieu à la dispense de service militaire prévue par l'article 23 de la loi du 15 juillet 1889, sont déterminés ainsi qu'il suit :

1° *Section de peinture et de gravure en taille-douce.* — Concours de figure dessinée d'après l'antique et d'après la nature (quatre médailles); concours de composition (quatre médailles); concours dits de grande médaille (deux médailles); concours de la tête d'expression (une médaille); concours du torse (une médaille); concours Jauvin d'Attainville, de peinture historique ou de paysage (chacun une médaille); concours de composition décorative (deux médailles); grande médaille d'émulation (une médaille).

2° *Section de sculpture et de gravure en médailles et en pierres fines.* — Concours de figure modelée d'après l'antique et d'après la nature (quatre médailles); concours de composition (quatre médailles); concours dits de grande médaille (deux médailles); concours de la tête d'expression (une médaille); concours Lemaire (une médaille); concours de composition décorative (deux médailles); grande médaille d'émulation (une médaille).

3° *Section d'architecture.* — 1re classe. — Concours d'architecture (vingt-quatre médailles); concours d'ornement et d'ajustement (deux médailles); concours Godebœuf (deux médailles); concours de composition décorative (deux médailles); grande médaille d'émulation (une médaille). — 2e classe. — Concours de construction (trois médailles).

Les intéressés justifient de leur qualité de lauréats par un certificat du directeur de l'École des Beaux-Arts, visé par le Ministre, et mentionnant la récompense obtenue.

Chapitre IV. — *Des dispenses résultant des études artistiques.*

Art. 22. — Les jeunes gens qui poursuivent leurs études en vue d'obtenir l'un des prix de Rome définis à l'article 3 du présent décret doivent présenter un certificat constatant qu'ils sont élèves de l'École nationale des Beaux-Arts de Paris, .....et qu'ils en suivent régulièrement les cours. Ce certificat, délivré par le directeur de l'École .....est visé par le Ministre des Beaux-Arts (*Modèle G*).

Art. 23. — Les jeunes gens qui poursuivent leurs études en vue d'obtenir une des récompenses de l'École nationale des Beaux-Arts de Paris, telles qu'elles sont définies à l'article 4 du présent décret, doivent présenter un certificat attestant qu'ils sont élèves de l'École et qu'ils participent régulièrement aux concours de cet établissement. Ce certificat, délivré par le directeur de l'École, est visé par le Ministre des Beaux-Arts (*Modèle G*).

### Chapitre VII. — *Dispositions générales.*

Art. 35. — Les pièces justificatives que les jeunes gens doivent produire à l'appui de leurs demandes (*Modèle A*), par application des dispositions des articles 8, 12 à 25, 29 et 33 du présent décret, sont présentées : 1° au conseil de revision ; 2° au commandant du bureau de recrutement, avant l'incorporation, si ces pièces n'ont été délivrées qu'après la comparution de l'intéressé. La dispense est prononcée, dans le premier cas, par le conseil de revision, et, dans le second cas, par l'autorité militaire, sur le vu desdites pièces justificatives.

# L'ENSEIGNEMENT
## A L'ÉCOLE NATIONALE ET SPÉCIALE DES BEAUX-ARTS

---

## SECTION D'ARCHITECTURE

---

## DEUXIÈME CLASSE

---

## ENSEIGNEMENT ARCHITECTURAL

---

# ÉCOLE NATIONALE ET SPÉCIALE DES BEAUX-ARTS

## DEUXIÈME CLASSE

## ENSEIGNEMENT ARCHITECTURAL

### EXPOSÉ PRATIQUE

Tous les élèves ayant été reçus à l'examen d'admission, prennent un rang dans la seconde classe de l'école, suivant leur numéro de classement à cet examen.

Un fait important, qui doit suivre l'élève dans toute sa carrière d'architecte vient se placer à l'entrée en seconde classe, c'est le choix d'un atelier et d'un professeur; Il nous serait difficile de renseigner les élèves sur le choix d'un atelier, tous les styles et tous les caractères d'architecture étant représentés dans les ateliers existants, il leur suffira de rechercher quel est le chef d'atelier qui concorde le plus avec leurs idées personnelles, afin de ne pas s'instruire contrairement à leurs principes ou à leurs goûts. Mais où nous pourrons renseigner les élèves, c'est dans le choix de l'atelier en dehors de l'école, ou atelier libre, et dans le choix de l'atelier intérieur, car il existe deux sortes d'atelier: les ateliers fondés par les professeurs eux-mêmes, et qui sont en quelque sorte des cours où chaque élève paie une certaine somme, et les ateliers intérieurs où les professeurs enseignants sont nommés, après étude de leurs travaux antérieurs, par le Ministre de l'instruction publique, sur la proposition du conseil supérieur de l'école. Ces ateliers sont gratuits, mais en dehors de ces avantages de gratuité, les ateliers de l'école doivent être préférés à notre avis pour les commodités de travail, le rapprochement des cours, de la bibliothèque, et des collections.

Il ne faudrait pas comparer ces deux sortes d'ateliers, à des écoles payantes et à des écoles gratuites, et supposer que dans les premiers, la société est plus choisie, et dans les seconds le monde plus mêlé.

Il n'en est rien, il y a une équivalence *absolue* entre les élèves des ateliers extérieurs et les élèves des ateliers intérieurs, ce n'est donc que le goût propre de l'élève qui doit le guider dans son choix.

L'inscription dans les ateliers intérieurs a lieu après acceptation de l'élève par le professeur, chef d'atelier ; cette acceptation n'est qu'une simple formalité, les nouveaux élèves étant toujours agréés par les professeurs, à moins de manque de place dans les ateliers. Une fois acceptés dans un atelier, les élèves ne peuvent en être renvoyés que pour faute grave. Dans ce cas, leur radiation est prononcée par le directeur sur la demande des professeurs. Les élèves ainsi exclus ne peuvent être admis dans un autre atelier qu'avec l'agrément du professeur de cet atelier, celui du professeur de l'atelier qu'ils quittent et avec l'assentiment du directeur. Les mêmes formalités doivent être remplies dans le cas où l'élève désirerait changer d'atelier. Ce règlement n'est en vigueur que pour les ateliers intérieurs.

Une fois la décision prise par l'élève d'entrer dans un atelier intérieur ou extérieur, ou de rester élève libre sans atelier, les élèves de seconde classe sont appelés à prendre part aux concours suivants qui constituent l'enseignement des Beaux-Arts :

1° *Les concours d'architecture divisés en exercices analytiques, d'architecture et concours de composition proprement dite.*

2° *Les concours sur les matières de l'enseignement scientifique.*

3° *Les concours de dessin ornemental.*

4° *Les exercices de dessin de figure, d'ornement modelé ou de figure modelée.*

L'enseignement se compose de deux parties principales, l'enseignement architectural et l'enseignement scientifique, nous donnons ci-dessous le tableau de l'enseignement architectural, l'enseignement scientifique est reporté en tête du chapitre spécial, page 201.

## ENSEIGNEMENT ARCHITECTURAL (1)

1° *Six concours sur éléments analytiques.*

2° *Six concours de composition ou projets rendus.*

3° *Deux exercices se rapportant aux cours d'histoire de l'architecture.*

---

(1) Voir article 76 du Règlement, Prix Jean Leclair.

Ces deux derniers concours, projets rendus et histoire de l'architecture, ne peuvent être effectués par les élèves que lorsqu'ils ont obtenu au moins deux mentions sur éléments analytiques.

## DESSIN ORNEMENTAL

Les élèves de seconde classe participent à des concours de dessin et de modelage, ces concours se composent d'ornements et de figures d'après le plâtre.

Pour passer de seconde classe en première classe les élèves doivent justifier de l'obtention de:

## ENSEIGNEMENT ARCHITECTURAL

*Deux valeurs* éléments analytiques.
*Quatre valeurs* dans les concours de composition (*dont deux au moins en projets rendus.*)

## DESSIN ORNEMENTAL

*Une mention* dessin d'ornement ou de figure dessinée.
*Une mention* d'ornement ou de figure modelée.
*Une mention* d'histoire de l'architecture.

Des dispositions spéciales ont été prises par le conseil supérieur en vue d'exclure de l'école les élèves qui ne suivraient pas d'une façon assidue les cours de l'école.

Ces dispositions sont d'après l'article 45 du règlement de l'école, que: Tout élève qui dans le courant de l'année scolaire n'aurait pas rendu deux projets de composition ou pris part à deux concours d'éléments analytiques, ou rendu un projet de composition ou d'analytiques et subi un examen scientifique, ou fait le concours de construction, est considéré comme démissionnaire, et par ce fait rayé des contrôles de l'école. L'élève ne peut dorénavant faire partie de l'école qu'en subissant à nouveau les épreuves d'admission, à moins que les raisons invoquées par lui ne soient reconnues valables par le conseil supérieur de l'école, auquel cas celui-ci pourrait l'en dispenser. Sont exemptés définitivement de ces justifications annuelles de travail, les élèves de seconde classe qui ayant été admis au concours définitif du grand prix de Rome, ont exécuté ce concours sans qu'ils aient cependant besoin de figurer parmi les récompensés.

D'après les programmes que nous allons publier sur la seconde classe, on verra que cette seconde classe forme par elle-même un enseignement complet d'ordre inférieur. Elle comprend tous les programmes de la première classe, mais à un degré moindre. Ce passage de la seconde classe à la première est cependant le plus long et le plus difficile de tout l'enseignement, car il comprend tous les examens scientifiques qui retardent les élèves dans une proportion de 25 0/0. Les élèves devront donc apporter tous leurs efforts sur cette partie de l'examen, en sacrifiant même au besoin les études d'architecture pour se débarrasser des examens scientifiques, la première classe de l'école étant là avec ses vastes projets, ses concours de décoration et l'exclusion de toute partie scientifique, pour satisfaire aux ambitions artistiques.

# DEUXIÈME CLASSE

## ENSEIGNEMENT ARCHITECTURAL

### CONCOURS
### ÉLÉMENTS ANALYTIQUES
### RENDU

*(Valeurs des récompenses à ce concours.)*

ELÉMENTS ANALYTIQUES.

Première mention. — 2 valeurs.
Deuxième mention. — 1 valeur.

#### EXPOSÉ PRATIQUE

Le concours d'éléments analytiques, est le premier projet d'architecture rendu par les élèves nouvellement admis, ce projet consiste en une composition à grande échelle sur des sujets fragmentaires, chapiteau, portique ou façade, dont on demande habituellement un plan, une coupe, et un détail au quart de l'exécution. L'esquisse de ce concours a lieu en loge en une seule séance de douze heures, les esquisses négligées peuvent motiver la mise hors concours de l'élève.

Pour le rendu, tous les dessins doivent être lavés, le jury tenant compte de l'exactitude du tracé des ombres, le rendu de ce concours se fait au lavis, à l'encre de Chine, souvent rehaussé de couleurs surtout dans l'interprétation des ordres grecs. Les candidats pourront consulter pour ce concours, les ouvrages de *Stuart et Revelt*, les antiquités d'Athènes, le parallèle des ordres, par Charles Normand ; le Traité de perspective et tracé des ombres, par P. Planat.

Aucun concours de composition sur projet rendu ne pourra être exécuté par les candidats, avant qu'ils n'aient obtenu deux mentions dans les concours d'éléments analytiques ; ces concours ont lieu six fois par an.

*Suivent différents programmes donnés à ce concours.*

---

# PROGRAMMES

## L'ÉTUDE EXTÉRIEURE ET INTÉRIEURE D'UNE TRAVÉE DE MONUMENT

On suppose une salle voûtée faisant partie des grands appartements d'un palais. A la hauteur des murs verticaux intérieurs correspond au dehors la hauteur d'un ordre, et à la hauteur de la voûte correspond extérieurement une attique. Par conséquent les entablements principaux, tant à l'extérieur qu'à l'intérieur, sont au même niveau, tel est le cas des grands salons de Versailles.

Les dimensions à observer sont les suivantes :

Entr'axe des travées, 6 mètres ; hauteur étudiée en proportion ; la salle étant carrée, avec trois travées sur chaque côté ;

Hauteur de la voûte limitée par l'étude de l'attique, la voûte ne pouvant pas dépasser le dessous de la corniche de cette attique (niveau du plancher d'un étage de comble).

L'objet de ce programme est notamment de faire voir les différences profondes que comporte l'étude de l'architecture extérieure et intérieure, dans les proportions et dans le détail des profils et de l'ornementation.

On fera pour ces esquisses :

Le plan de la salle entière, à 0$^m$,0025 pour mètre ;

L'élévation extérieure d'une travée, comprenant l'ordre principal et l'attique, avec les fenêtres, à 0$^m$,01 pour mètre.

Nota. — La salle dont il s'agit est supposée au premier étage, mais il ne sera pas rendu compte du rez-de-chaussée.

Pour le rendu :

1° Le plan de la salle à 0^m,005 pour mètre ;

2° Sur un même dessin, en regard horizontalement l'une de l'autre : l'élévation extérieure et l'élévation intérieure (coupe parallèle à la façade) de la travée, ainsi que la coupe du mur de face avec amorce de la voûte : ces dessins comprennent le premier étage et l'attique à l'échelle de 0^",02 pour mètre ;

3° Sur un même dessin, en regard également, le détail au dixième d'exécution des deux entablements extérieur et intérieur de l'étage en ordre principal, soit qu'il y ait à l'intérieur des colonnes, pilastres, ou tout autre élément d'architecture.

# L'ÉTUDE DE TRAVÉES D'UN DOUBLE PORTIQUE ANNULAIRE

A l'ancienne Halle aux blés de Paris, la grande salle centrale circulaire, était entourée d'un large portique annulaire, divisé lui-même en deux largeurs par un cercle intermédiaire de colonnes. Cette double ceinture de portiques était voûtée par des voûtes d'arête (pénétrations de voûtes annulaires et de consoles) dont les retombées portaient : vers le centre du plan sur les murs de la salle centrale ; vers l'extérieur sur les murs de la façade circulaire ; et au milieu sur les chapiteaux des colonnes intermédiaires. C'est une disposition analogue qui est demandée, en observant les dispositions suivantes :

Le diamètre de la grande salle intérieure est supposé de 45 mètres, hors œuvre des murs ;

La largeur du double portique, dans œuvre des murs, ne doit pas excéder 14 mètres.

Les projets rendront compte de trois ou quatre travées ; étant bien entendu que l'objet du concours est le double portique annulaire, et non la grande salle intérieure *dont il ne devra pas être tenu compte.*

On fera pour les esquisses, à 0^m,005 pour mètre :

Le plan, la coupe (suivant un plan passant par le centre) et l'élévation de trois ou quatre travées.

Et pour le rendu :

Le même plan, vu de bas en haut, pour rendre compte des voûtes, à 0^m,02 pour mètre ;

Les mêmes coupe et élévation, à 0^m,04 pour mètre.

Enfin, un détail au dixième de la retombée des voûtes d'arête sur l'une des colonnes intermédiaires, comprenant le chapiteau, l'entablement s'il y a lieu, et la naissance des voûtes.

Les élévations et dessins seront lavés, les ombres exactement tracées.

DURÉE DU CONCOURS : 3 MOIS.

## UN PÉRISTYLE

Le mot péristyle désigne le plus souvent un avant corps constitué par des colonnes dont l'entablement est surmonté d'un fronton. Tel serait celui qui fait l'objet du programme.

Ce péristyle, formant saillie sur un bâtiment plus étendu, aura *six colonnes* en façade. Sa profondeur est indéterminée, mais on devra chercher une disposition de plan qui permette un effet monumental, et non une simple ligne de colonnes au devant d'un mur. Il y aura dès lors, des colonnes extérieures et des colonnes intérieures ; les unes et les autres peuvent être semblables entre elles comme dans les péristyles romains (Panthéon, temple d'Antonin et Faustine, etc.) ou différentes comme dans les péristyles grecs (Parthénon, Propylées, etc.).

Sur les colonnades extérieures, il sera établi des plafonds en pierre. Le choix des ordres est laissé aux concurrents, qui seront seulement tenus à garder dans leur étude définitive les ordres qu'ils auront indiqués en esquisse.

Les colonnes ont un mètre de diamètre ; aucune autre dimension n'est fixée.

On fera pour les esquisses :

Le plan à l'échelle, de $0^m,005$ pour mètre ;

La coupe, parallèle au fronton, montrant la porte de l'édifice au fond du péristyle, $0^m,01$ pour mètre ;

L'élévation à $0^m,01$ pour mètre ;

Pour le rendu :

Le plan à $0^m,01$ pour mètre.

L'élévation, la même coupe qu'en esquisse, et la coupe longitudinale, à $0^m,02$ pour mètre ;

(Ces trois dessins seront établis en regard l'un de l'autre).

Au dixième de l'exécution, les dessins nécessaires pour rendre compte des plafonds en pierre : plans, coupes en divers sens, détails ; ainsi que l'élévation et la coupe de la porte.

Il pourra être joint des croquis perspectifs.

Toute esquisse négligée entraîne la mise hors concours.

Pour le rendu, les dessins non lavés seront tracés à l'encre ; tout rendu inachevé est un cas de mise hors concours.

# L'ÉTUDE DE DEUX CHAPITEAUX CORINTHIENS

Le chapiteau corinthien complet, c'est-à-dire ayant quatre volutes sur chacune de ses quatre faces et deux rangées de feuilles d'acanthe superposées, paraît trop compliqué s'il n'est pas exécuté sur une grande échelle. Pour les petites colonnes les Anciens l'ont judicieusement simplifié. Cette modification consiste surtout dans la suppression du deuxième rang de feuilles, ce qui permet de donner plus de grandeur relative au premier rang et par contre plus d'ampleur à l'ensemble.

Les deux chapiteaux demandés doivent couronner, l'un une grande colonne, l'autre une petite ; le style en sera purement grec.

Le diamètre supérieur des grandes colonnes serait de $1^m10$. Ces colonnes auraient des cannelures à baguette sur le listel.

Le diamètre supérieur des petites colonnes serait de $0^m55$. Les cannelures auraient un listel simple.

On fera pour les esquisses, l'ensemble de chaque chapiteau à l'échelle de $0^m06$ pour mètre.

Pour le rendu, on fera pour le grand chapiteau : 1° Une section horizontale au-dessus de l'astragale ; 2° une section au-dessus du premier rang de feuilles ; 3° une section au-dessus du deuxième rang ; chacun de ces trois plans indiquera seulement la moitié du chapiteau vu renversé.

On fera de même, par moitié, une coupe verticale ; l'élévation sera complète, avec indication de la partie supérieure des cannelures et le lavis exact des ombres.

Tous ces détails seront au huitième de l'exécution, soit à l'échelle de $0^m125$ pour mètre.

Le petit chapiteau sera présenté au quart de l'exécution, en élévation exactement ombrée et lavée.

# LA PORTE COCHÈRE D'UN GRAND HOTEL

La cour d'honneur d'un grand hôtel particulier a son entrée sur la voie publique, par une porte cochère monumentale et des portes de service rejetées vers les ailes qui encadrent la cour. Cette cour n'est séparée de la voie publique que par un mur moins élevé que le motif architectural de la porte.

L'objet du concours est donc une porte ayant façade sur la voie publique et façade sur la cour d'honneur, sans adjonction de portiques, vestibules ou tout autre corps de bâtiment.

Telle est la disposition de nombreuses cours d'hôtels.

L'étude portera sur l'architecture en pierre de la porte et du mur, et aussi sur la menuiserie des vantaux.

La porte doit ouvrir dans toute sa hauteur, sans imposte fixe, quelle que soit d'ailleurs sa forme.

Dans les conditions posées par le programme, on doit se préoccuper de l'action, tendant au renversement de la construction, produite par l'ouverture des lourds vantaux de la porte.

Il faut donc, du côté de la cour, assurer la résistance nécessaire par la composition même de l'ensemble.

La porte aura 3 mètres à $3^m,20$ d'ouverture, c'est la seule dimension déterminée.

On fera pour les esquisses le plan et l'élévation de la porte, vue de la voie publique à l'échelle de $0^m,02$ pour mètre.

Pour le rendu :

Le plan de la porte avec amorce du mur de clôture à $0^m,02$ pour mètre ;

L'élévation sur la rue avec amorce du mur.
L'élévation sur la cour. . . . . . . . . . . . à $0^m,05$ pour mètre.
La coupe. . . . . . . . . . . . . . . . . . .

L'appareil sera indiqué dans les élévations et la coupe.

*Les deux élévations et la coupe seront produites en un seul dessin et horizontalement en regard l'une de l'autre.*

# UN PUITS

Bien que l'ancien procédé d'élévation de l'eau à la corde et au seau soit aujourd'hui remplacé par des moyens plus pratiques, il a donné lieu à des combinaisons si artistiques qu'on peut toujours chercher le motif d'une étude très intéressante.

On suppose que dans une grande propriété de campagne, quatre divisions de jardins ; potager, fruitier, fleuriste, parterre, sont séparées par des balustrades qui se couperaient à angle droit s'il n'y avait à leur intersection un puits commun qui fait l'objet du concours.

Ce puits est donc accessible des quatre jardins ; il est assez vaste pour comporter quatre poulies ; des dispositions étant d'ailleurs prises pour éviter le choc des seaux.

Il se composera, au dessus du sol, d'une margelle en pierre de 1 mètre à 1$^m$,10 de hauteur ; de colonnes ou piliers portant une couverture totale ou partielle en pierre, destinée à abriter les personnes et aussi les poulies et leurs chapes. Dans chacun des jardins, il y aura une auge et un socle pour les arrosoirs, vases, etc.

L'ensemble de cette petite construction étant destiné à la décoration des jardins devra être traité avec une grande élégance.

Quelle que soit la disposition du plan, sur forme carrée, polygonale circulaire, etc., l'espace occupé par les margelles et les piliers, ne devra pas excéder un carré circonscrit de 6 mètres de côté. On fera pour les esquisses : le plan, la coupe, et l'élévation à 0$^m$,01 pour mètre.

Pour le rendu :

Un plan vu de bas en haut, montrant l'intrados des voûtes ou couvertures :

Une coupe et une élévation.

Ces trois dessins à l'échelle de 0$^m$,04 pour mètre.

On pourra y joindre un détail à 0$^m$,10 d'une partie essentielle du projet.

L'élévation pourra être prise normalement aux balustrades ou sur devis diagonal.

Durée du concours : 23 jours.

## UNE FAÇADE DE MAIRIE POUR UNE PETITE VILLE

Cette façade, dont la dimension en largeur n'excèderait pas 15 mètres, exprimerait, dans son milieu, à rez-de-chaussée un vestibule, et au-dessus une salle principale. Des pièces accessoires seraient supposées de chaque côté et un beffroi avec cadran d'horloge couronnerait le tout.

On fera pour les esquisses, la façade, le plan et la coupe du mur de face avec arrachement du vestibule et des murs intérieurs, à l'échelle de 0$^m$,008 pour mètre.

Pour le rendu, on fera la façade, le plan et la coupe du mur de face, avec arrachements, à l'échelle de 0$^m$02 pour mètre.

On fera de plus, des détails de l'élévation, principalement le couronnement, au cinquième de l'exécution, et bien conformes à l'ensemble.

Tous les dessins devront être terminés, c'est-à-dire passés au trait et lavés.

N. B. Une esquisse négligée motive la mise hors de concours.

## LA COUR D'UN HOTEL DU MINISTÈRE DE LA GUERRE

Cette cour, précédée d'un vestibule, serait entourée au rez-de-chaussée et au 1$^{er}$ étage de portiques à arcades, avec colonnes engagées dans les pieds-droits. Le rez-de-chaussée serait d'ordre dorique romain, le 1$^{er}$ étage d'ordre ionique.

On s'appliquera à modifier les deux ordres demandés de manière à former un tout d'une harmonie parfaite. La corniche ionique devra couronner l'ensemble de l'édifice.

La cour comprendra sept arcades dans sa longueur. Ces arcades auront 5 mètres d'axe en axe des pieds droits.

On fera, pour les esquisses, un plan de la cour et du vestibule, ainsi qu'une coupe longitudinale à l'échelle de 0$^m$0025 pour mètre.

Pour le rendu, l'échelle du plan sera de 0$^m$005, celle de la coupe générale au double. On fera de plus l'élévation d'une travée des portiques, comprenant une arcade avec deux pieds droits entiers de chaque étage, et une coupe à l'échelle de 0ᵐ04 pour mètre. Dans cette coupe on suivra le principe des édifices romains pour la superposition des colonnes engagées, en évitant absolument toute espèce de surplomb. Les dessins seront lavés ; l'exactitude dans le tracé des ombres est indispensable.

## LA FAÇADE D'UN CASINO SUR UNE SOURCE D'EAU MINÉRALE

Ce casino, élevé dans la promenade d'un grand établissement thermal, couvrirait une source dont les qualités médicales ne permettraient l'usage qu'en boisson.

Il se composerait :

Au rez-de-chaussée; d'un vestibule, d'une salle de réunion ou buvette, d'une salle de billard, d'un escalier et de promenoirs couverts ;

Au 1ᵉʳ étage, d'une bibliothèque, d'une salle de retraite et d'étude, d'une loge ouverte sur la promenade et de terrasses ornées de fleurs.

La façade aurait 25 mètres de longueur.

On fera, pour les esquisses, le plan du mur de face, au rez-de-chaussée et au premier étage, avec arrachement des retours d'angle et des murs de refend, et la façade entière, au trait à l'encre à l'échelle de 0ᵐ01 pour mètre.

Pour le rendu, les mêmes plans seront à l'échelle de 0ᵐ015 pour mètre et la façade au double.

On fera de plus la base, le chapiteau et l'entablement de l'ordre adopté pour *la loge du premier étage*, en observant que la corniche de cet ordre doit couronner convenablement la façade tout entière.

Ces détails, au cinquième de l'exécution, devront être rigoureusement concordants avec l'ensemble de la façade.

## UNE ÉTUDE DE L'ORDRE DORIQUE GREC

Cette étude s'appliquerait au portique semi-circulaire d'un amphithéâtre pour un cours public de zoologie. Cet amphithéâtre serait construit au milieu d'un jardin des plantes, il contiendrait environ trois cents personnes et serait accompagné d'un vestibule, d'une petite bibliothèque, d'une salle de dépôts et de deux cabinets de professeur.

Les bâtiments n'excèderont pas 35 mètres dans leur plus grande dimension.

On fera, pour les esquisses, le plan à l'échelle de 0$^m$002 pour mètre et l'élévation du côté du portique au double, pour le rendu, qui aura lieu le 31 octobre, le plan sera à l'échelle de 0$^m$005 pour mètre et *l'élévation à* 0$^m$02. On fera de plus le plan et l'élévation *développés*, de deux colonnes du portique, avec leur entablement, à l'échelle de 0$^m$05 pour mètre et le détail du chapiteau au quart de l'exécution.

La concordance des différents dessins et l'exactitude du tracé des ombres sont spécialement recommandées.


# UN PORTIQUE D'ORDRE IONIQUE GREC


Ce portique, servant *d'entrée à un musée*, se composerait de quatre colonnes de face et de deux entre-colonnements sur les retours. L'ensemble serait couronné d'un fronton.

Les colonnes seraient cannelées ; elles auraient 0$^m$80 de diamètre à la base.

On fera, pour les esquisses, bien arrêtées au trait, le plan du portique à l'échelle de 0$^m$01 et l'élévation au double.

Pour le rendu, on fera le plan à l'échelle de 0$^m$02 et l'élévation au double.

On fera de plus : 1° la base, le *chapiteau d'angle* et l'entablement de l'ordre au quart ; 2° à la même échelle, la moitié du plan de chapiteau et sa face latérale ; 3° à moitié de l'exécution, le tracé de la volute et l'indication à l'encre rouge de la méthode employée pour la tracer au compas.

Tous les dessins, sauf ce dernier tracé, doivent être lavés ; les ombres devront être rigoureusement exactes.


# UN CHAPITEAU D'ORDRE IONIQUE GREC


La colonne à laquelle appartiendrait le chapiteau demandé aurait un mètre de diamètre en haut du fût. Elle serait cannelée.

On fera, pour les esquisses, le plan et la face du chapiteau à l'échelle du dixième.

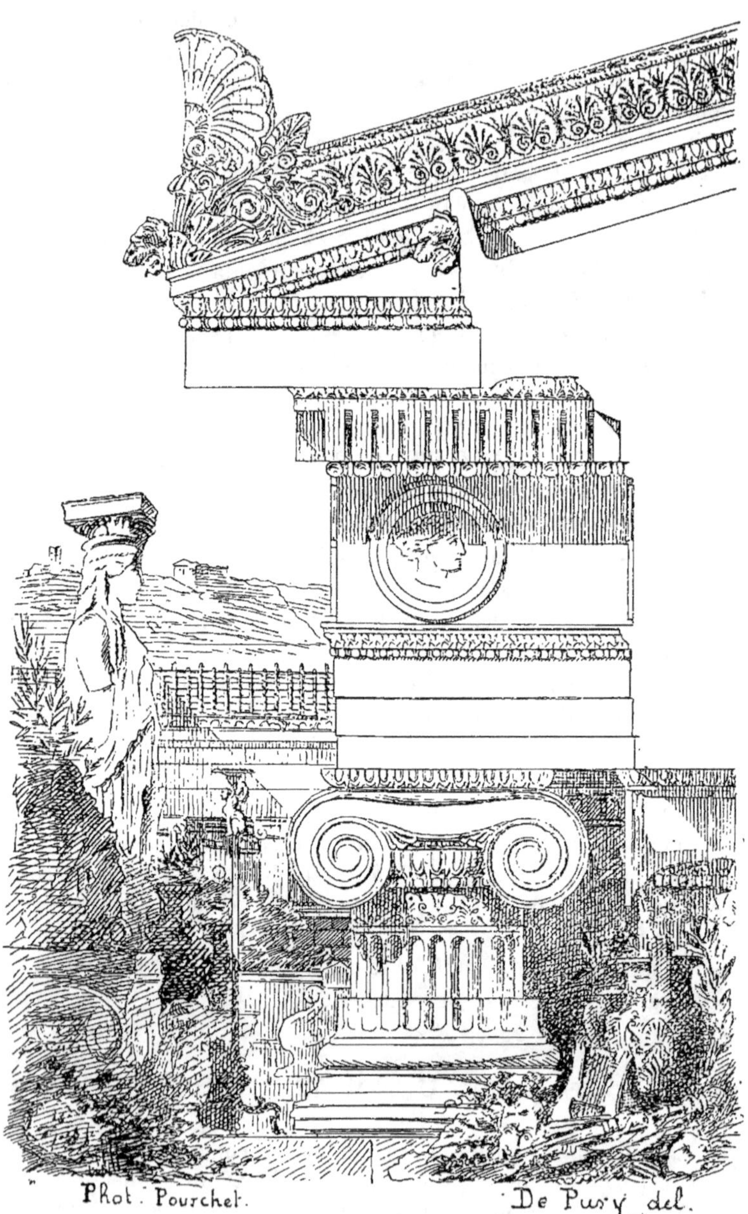



UNE ÉTUDE DE L'ORDRE IONIQUE GREC

Pour le rendu on fera la face principale du chapiteau et sa face latérale indiquant le coussinet, plus la moitié du plan et la moitié de la coupe sur l'axe, le tout au quart de l'exécution.

Tous ces dessins seront lavés et l'on tiendra compte de l'exactitude du tracé des ombres.

On fera aussi, au trait, au quart de l'exécution, le tracé de la spirale de la volute, avec indication à l'encre rouge de la méthode employée pour trouver les centres.

## LA PORTE PRINCIPALE D'UN PALAIS DU SÉNAT

Cette porte, donnant entrée à un grand vestibule, serait précédée d'un porche relié à des portiques entourant la cour d'honneur.

Elle serait en plate-bande et, comme dans les anciens temples corinthiens, elle s'élèverait, avec son couronnement, jusqu'aux architraves. (Temple de Rome et d'Auguste, à Ancyre, Panthéon de Rome, Temple de Vesta à Tivoli; etc.).

Sa décoration se composerait d'un chambranle, avec ou sans crossettes, d'une frise et d'une corniche, avec consoles (contre-chambranles à volonté), le tout orné de sculptures. On monterait cinq marches à l'entrée.

Le porche serait d'ordre corinthien et se relierait, à droite et à gauche, à des portiques du même ordre, mais dont les colonnes n'auraient de hauteur que les deux tiers de celle du porche. Le diamètre de ces dernières serait d'un mètre et elles auraient par conséquent dix mètres de haut, comme l'ensemble de la porte.

On fera, pour les esquisses, le plan du porche avec arrachement du vestibule et des portiques latéraux à l'échelle de $0^m005$ pour mètre, l'élévation et la coupe *de la porte* au double.

Pour le rendu ledit plan sera à, l'échelle de $0^m,01$ pour mètre, l'élévation et la coupe *de la porte* au vingtième de l'exécution ($0^m,05$ pour mètre).

Tous les dessins doivent être terminés, c'est-à-dire au trait et lavés.

# DEUXIÈME CLASSE

# ENSEIGNEMENT ARCHITECTURAL

## CONCOURS D'ÉMULATION

### ESQUISSE

*Valeur des récompenses à ce concours.*

Deuxième mention. — 1 valeur.

#### EXPOSÉ PRATIQUE

Les concours d'esquisses ont lieu en loge en une seule séance de douze heures. Comme donnée, ils sont en quelque sorte la répétition des programmes d'admission, mais dans un ordre supérieur. Les esquisses avec les programmes de M. Guillaume consistaient surtout dans un rendu à l'aquarelle, où le projet d'architecture n'était là que pour servir de motif principal ; aujourd'hui, le nouveau professeur de théorie, M. Guadet, a donné une toute autre forme au concours d'esquisses, il exige des concurrents une étude d'architecture avec plans et coupe, qui pourrait servir tout aussi bien — grâce au détail du programme — à l'esquisse d'un projet rendu. En cela, le professeur de théorie a très judicieusement observé que les concours d'esquisses n'étaient établis que pour préparer les élèves à l'esquisse des projets rendus.

Les esquisses se font habituellement sur une feuille demi-grand aigle, elles sont rendues sans être collées sur chassis. Il existe de nombreuses esquisses à la bibliothèque de l'école, les concurrents pourront aller consulter ces documents avant leur premier concours, de façon à étudier la manière de disposer et d'interpréter les données des sujets proposés.

*Suivent différents programmes donnés précédemment à ce concours :*

# UNE ENTRÉE DE PARC AVEC LOGEMENT DE CONCIERGE.

Cette entrée, donnant sur une grande route, pourrait être placée dans un enfoncement en demi-lune, afin de faciliter le passage des voitures.

Le bâtiment du concierge se composerait : d'un bureau pour le régisseur, d'une salle à manger, d'une cuisine, d'un escalier conduisant au premier étage où se trouveraient quatre chambres à coucher; un étage sous-combles servirait de dépendance.

Ce bâtiment pourrait être, au choix des concurrents, soit isolé d'un côté de l'entrée, soit à cheval sur cette même entrée.

Toutefois, l'ensemble devra présenter un aspect pittoresque et servira d'ornement pour le parc.

La porte cochère, qui n'aura pas moins de 2 m. 75 d'ouverture, sera accompagnée d'une petite porte pour les piétons; elle sera fermée par une grille ouvrante, dont on indiquera les dispositions sur les dessins.

On fera la façade à 0 m. 02 pour mètre, le plan et la coupe, à 0 m. 01 pour mètre.

# UN THÉATRE.

Ce théâtre, destiné au drame et à la comédie, aurait sa façade principale sur une place et serait limité par deux rues latérales et une rue postérieure. La largeur du terrain entre les deux rues latérales est de 40 mètres. Sa profondeur n'est pas fixée.

Il peut, si la composition s'y prête, être entouré de portiques avec petits étalages, comme l'Odéon.

Tout théâtre comprend : 1° la partie du public, ou de la salle ; 2° la partie des artistes, ou de la scène, chacune avec ses dépendances.

### PARTIE PUBLIQUE.

Vestibules et portiques d'attente, bureaux de recette et de location, contrôle, grand escalier, escaliers secondaires; vestiaires, cabinets d'aisances, cabinet médical, etc. ;

La salle de spectacle, aussi spacieuse que le permettra l'emplacement ;

Le foyer du public, glacier, fumoir.

Il est nécessaire de prévoir l'accès facile à toutes les places, mais surtout l'évacuation aussi rapide que possible de tout le public.


PARTIE DE LA SCÈNE.


La scène avec ses dessus et ses dessous ; entrée et dépôt de décors.

La scène doit être profonde, mais surtout elle a besoin de largeur.

Au niveau de la scène : foyer des artistes, salle des travestissements, cabinets du directeur et du régisseur ; et le plus qu'on pourra des dépendances ci-après :

*En divers étages :*

Loges d'artistes ;

Foyers des figurants, des figurantes, de l'orchestre, etc. ;

Magasins de meubles, accessoires, objets divers et costumes ;

Ateliers des tapissiers, des costumiers, des coiffeurs, etc. ;

Secrétariat et caisse ;

Postes de police et de pompiers ;

Concierge de la scène.

Les communications entre toutes ces parties doivent être promptes et faciles, comme pour la salle, l'évacuation doit pouvoir être aussi rapide que possible.

On fera les plans du rez-de-chaussée et du premier étage, façade et coupe, à 0 m. 002 pour mètre.


# UN HOTEL.


Sur un terrain compris entre deux murs mitoyens distants de 80 mètres, et parallèles l'un à l'autre, on projette d'établir un hôtel dont le corps de bâtiment principal se trouvera ainsi entre cour et jardin.

L'hôtel proprement dit comprendra à rez-de-chaussée :

Un grand appartement de réception, composé de :

Vestibule ; — Antichambre ; — Deux ou trois salons ; — Salle à manger ; — Cabinet de travail et réception ; — Salon de jeux, — billard ; — Bibliothèque, — galerie de collection, ainsi que le grand escalier, des escaliers secondaires, ascenseur, etc.

Au premier étage, un grand appartement d'habitation, complété en deuxième étage par des petits appartements secondaires et pièces de service.

On trouvera, dans des communs, d'une part :

Les services de l'intendance :

Cuisine et dépendances ; — Salle des gens ; — Offices ; — Dépôts et pièces de service ; — Bureau de l'intendant ; — Logements de domestiques.

D'autre part, les services des écuries et remises, selleries, greniers, logements des cochers et palefreniers.

Logements de portier et de piqueur.

On fera un plan du rez-de-chaussée, avec amorce seulement du jardin, la façade et la coupe à 0 m. 002 pour mètre.

Une esquisse incomplète, ou au crayon seulement, est un cas de mise hors de concours.


# UN ÉTABLISSEMENT FINANCIER.


Cet établissement est projeté sur un terrain rectangulaire accessible par deux rues parallèles, et limité de chaque côté par un mur mitoyen ; les façades sur rues ont 60 mètres ; la profondeur du terrain est de 90 mètres.

### DISPOSITION GÉNÉRALE.

Sur la rue principale, on devra trouver les services financiers proprement dits : caisses, salles de guichets, de souscriptions, etc. La rue postérieure donnera accès aux services des bureaux où le public peut avoir affaire ; dans les étages seront les bureaux purement administratifs, ainsi que les salles de Commissions, Conseils, la Direction, etc., etc.

Les dépôts de valeurs, titres, etc., seront dans des sous-sols profonds et voûtés.

Un bâtiment spécial contiendra les archives et dossiers.

On trouvera, en conséquence, au *rez-de-chaussée* :

1° Entrée et salle d'attente ;

Deux salles de guichets ou caisses, claires et spacieuses ; la partie des employés devant pouvoir communiquer facilement avec les bureaux et les sous-sols ;

Accès des escaliers conduisant aux services du premier étage — ascenseurs ;

Quelques bureaux comme dépendances directes des caisses ;

2° Un bâtiment, complétement isolé, pour les archives : construction incombustible et très résistante ;

3° Les bureaux administratifs, accessibles au public, ayant accès comme il a été dit par la rue postérieure, et reliés au service des caisses.

Ils comprendront deux divisions principales, composées chacune de trois bureaux (chaque bureau : un chef, un sous-chef, douze employés) ;

4° Concierges, télégraphe, téléphone, cabinets d'aisances, etc., etc.

Le premier étage comprendrait les bureaux de la Direction, Sous-Direction, Secrétariat ; salle du Conseil et des réunions d'actionnaires, bureaux de correspondance et de contentieux.

Dans les étages supérieurs, le surplus des bureaux.

On fera le plan du rez-de-chaussée, la coupe et la façade à l'échelle de 0 m. 002 pour mètre.

La désignation générale des services sera inscrite sur les plans, et non en légende.


## LE MAGASIN DES DÉCORS ET ACCESSOIRES D'UN THÉATRE.


Les théâtres importants ont besoin d'un grand emplacement (qui peut être hors la ville ou dans un faubourg), pour conserver les décors ainsi que les accessoires tels que meubles, costumes, armures, etc., qui ne servent pas aux représentations en cours.

Les décors consistent en châssis et en toiles roulées autour d'une perche en bois.

A ces dépôts sont ordinairement joints des ateliers pour la confection ou la réparation des décors et du matériel.

On doit faire en sorte qu'un incendie se déclarant en un point ne puisse pas du moins se propager aux autres parties de l'ensemble.

Entre les divers services, il n'est pas besoin de communications couvertes.

## EMPLACEMENT

Le terrain dont on dispose, et dont la plus grande dimension n'excédera pas 150 mètres, est accessible d'un côté par une large voie publique ; les trois autres côtés sont limités par des murs de clôture.

Les constructions ne devront pas approcher plus près que 10 mètres des murs mitoyens.

Une seule grande porte desservira l'ensemble pour l'entrée et la sortie des voitures.

## PROGRAMME

1° A l'entrée, un pavillon de concierge et un pavillon de régie ;

2° Les magasins de décors au nombre de trois.

Chaque magasin de décors se compose d'une voie longitudinale, où les chariots de transport entrent par une extrémité, s'arrêtent pour charger ou décharger, et ressortent par l'autre extrémité.

De chaque côté de cette voie sont les cases à décors (châssis) ouvertes sur le devant, fermées des trois autres côtés, larges de 3 à 4 mètres, profondes de 4 mètres au moins. Les châssis s'y rangent debout, avec assez d'intervalle pour qu'on puisse les *feuilleter*. Les cases ont environ 10 mètres de hauteur. Au-dessus des cases, des *soupentes* reçoivent les toiles roulées.

Il faut que le chariot, très long, puisse tourner après sa sortie du magasin pour revenir soit par la même voie, soit par un chemin différent ;

3° Les ateliers de décors : un grand et deux plus petits.

Ces ateliers sont très vastes, éclairés du haut. Les toiles à peindre sont étalées sur le sol, les décorateurs peignent debout, en circulant sur les toiles.

Le plus grand atelier serait réservé aux toiles de fond,

Joignant ces ateliers, seraient de petits ateliers pour la préparation des études et maquettes, recueils de documents, des vestiaires et lavabos, etc. ;

4° Les magasins des accessoires, comprenant :

Une cour ouverte, pour les chargements, déchargements, emballages, etc. ;

Des ateliers en plusieurs étages, pour menuisiers, tapissiers, cartonniers, peintres, etc.

Des magasins en plusieurs étages pour les mobiliers accessoires ;

5° Près des magasins de décors, un hangar pour les travaux de grosse menuiserie, confection ou modification des châssis.

On fera le plan, poché à l'encre, et une coupe générale, à l'échelle de 0 m. 0015 pour mètre.

La destination de chaque bâtiment sera écrite dans les plans, et non en légende.

## UNE MATERNITÉ

Souvent *une Maternité* est annexée à un Hôpital général ; en ce cas, bien qu'elle ait une autonomie absolue au point de vue médical, elle profite de la contiguité de l'hôpital pour tout ce qui concerne les services administratifs et généraux. Tel serait le cas de la *Maternité*, objet du présent programme ; il ne sera donc prévu ni cuisines, lingeries, buanderies, etc., ni administration générale, pavillons d'internes, pharmacie, etc., tous ces services faisant partie de l'Hôpital général.

SITUATION. — On suppose que l'hôpital est isolé entre quatre rues ; au fond de ce terrain général rectangulaire est une partie disponible, bordée par conséquent en trois sens par des rues, et contiguë par un quatriéme côté au surplus de l'hôpital. Ce terrain disponible est forcément de forme allongée ; il a 180 mètres, dans le sens de la contiguité avec l'hôpital, et 80 mètres dans le sens transversal.

Le terrain est sensiblement de niveau.

### PROGRAMME

1° Un *bâtiment d'entrée* ayant accès sur la voie publique et comprenant :

Une entrée avec descente à couvert dans un vestibule ou une cour vitrée ;

Concierge ;

Salle d'attente, salle de visite, bureau d'admission ;

Vestiaire de dépôt des habillements.

2° Réunie ou non au précédent, mais également accessible de la voie publique :

Une *consultation* comprenant :

Salle d'attente ;

Cabinet du médecin consultant, cabinet du chirurgien ;

Salle de petites opérations ;

Petite pharmacie, accessible de la salle d'attente ;

Deux ou trois cabines de bains.

3° Le groupe des pavillons *des femmes enceintes*, divisé en deux sections, pour les femmes mariées et les filles :

Chacune comprenant 80 femmes, en dortoirs de 20 lits ; ces dortoirs au premier et au deuxième étage, avec leurs dépendances ; l'étage du rez-de-chaussée disposé en réfectoire et ouvroir ;

A chaque pavillon joindre quelques chambres d'isolement.

4° Les services *d'accouchement* :

Les accouchements se font dans des salles spéciales ; ce service sera également en double. Chaque pavillon d'accouchement comprendra :

Quatre chambres d'attente ;

Une salle d'accouchement avec deux lits ;

Bains et dépendances diverses ;

Logements de sages-femmes et surveillantes : cabinet pour l'interne.

5° Les services des *femmes en couches* :

Chacune des deux sections comprenant 60 femmes avec leur enfant, par dortoirs de 15 à 20 ;

Chambres d'isolement assez nombreuses ;

Logements de surveillantes, femmes de service, etc.

6° Une *nourricerie*, pour 30 nourrices, chacune ayant son lit et deux berceaux en dortoirs pour dix au plus ; réfectoire et salle de travail ou de réunion. — Dépendances ;

7° Un service général de *bains ;*

8° Le service des *morts*, comprenant :

Entrée spéciale, cour des convois ; salle d'attente des familles ;

Salle de dépôt de six mortes ; salle de dépôt de six enfants ;

Salle d'autopsie et dépendances ;

Petite chapelle des morts.

On rendra compte, en amorce, des communications entre la *Maternité* et l'*Hôpital*.

On fera à l'échelle de 0 m. 002 pour mètre, le plan et une élévation prise dans le sens le plus intéressant d'après chaque disposition.

Les plans doivent être *pochés*, et la destination des bâtiments inscrite dans les plans (et non en légende).

# UNE ÉCOLE DE CHIMIE

Cette école, située dans un faubourg d'une ville industrielle, reçoit des élèves *externes*. Elle occupe un îlot limité par quatre rues ; le terrain est sensiblement de niveau.

L'école comprendra :

Un pavillon pour le concierge, l'économat et la comptabilité ;

Un pavillon pour le secrétariat et le cabinet du directeur ; chacun de ces pavillons comportant quelques logements d'employés secondaires ;

Les bâtiments d'enseignement, qui se composeront de deux parties pouvant être ouvertes séparément, mais formant cependant un même ensemble ;

1° L'ENSEIGNEMENT THÉORIQUE comprenant :

Une grande salle de cours pour 200 élèves ;

Deux salles plus petites pour 50 auditeurs.

Chacune de ces salles avec un large emplacement pour le professeur, tableau et hotte ; accompagnée d'un cabinet de professeur, d'une pièce pour le préparateur, et d'un laboratoire très clair et aéré pour la préparation du cours avec ses dépendances ;

Bibliothèque, salles de collections diverses (au premier étage s'il y a lieu).

2° L'ENSEIGNEMENT PRATIQUE comprenant :

Un grand laboratoire d'enseignement, divisé en plusieurs sections, très clair et aéré, avec vestiaires, lavabos, et autres dépendances.

A ce laboratoire doivent être annexés :

Cabinet du chef des travaux pratiques ;

Diverses pièces pour préparateurs, surveillants, etc. ;

Une grande verrerie ;

Un grand dépôt de matières premières et produits chimiques ;

Une pièce pour les expériences de fusion à très hautes températures ; — une photographie.

Enfin il se complètera par une cour où les élèves feront des manipulations en plein air, sous des abris vitrés ;

Deux laboratoires de recherches scientifiques ;

Six laboratoires personnels pour les savants attachés à l'Ecole.

La plus grande dimension de terrain n'excédera pas 120 mètres.

On fera le plan du rez-de-chaussée, l'élévation et la coupe à 0 m. 0015 pour mètre.

# UN HOTEL MEUBLÉ A PARIS

Cet hôtel meublé, situé près d'une gare, sera projeté sur un terrain compris entre deux voies publiques (un boulevard et une rue) parallèles l'une à l'autre, et dans l'autre sens deux murs mitoyens perpendiculaires à ces voies. Les dimensions de ce terrain sont : 70 mètres d'un mur mitoyen à l'autre ; 40 mètres de l'alignement sur le boulevard à l'alignement sur la rue.

Dans cet emplacement, on doit disposer le plus grand nombre possible de chambres dans les étages.

L'hôtel comprendra :

AU REZ-DE-CHAUSSÉE :

1° *Les parties publiques de l'hôtel :*
Vestibule, bureau, concierge ;
Salle de dépôt des bagages ;
Escalier, ascenseur, monte-bagages ;
Les salles communes de l'hôtel, salons d'attente et de lecture, salles à manger par tables séparées, salle de table d'hôte, café, fumoir, chacune avec ses dépendances ;
Téléphone, courrier, etc. ;

2° *Les services*, avec entrée sur la rue postérieure :
Cuisines complètes ou accès des cuisines si elles sont en sous-sol ;
Réception des marchandises, de la blanchisserie, etc. ;
Pièces diverses de service.

Cet ensemble assez important des services doit, autant que possible, être desservi par une cour spéciale ou par deux cours, si la composition l'exige.

DANS LES ÉTAGES :

Des chambres en aussi grand nombre que possible pour les voyageurs.

Les chambres seront disposées avant tout sur les façades, il pourra s'en trouver aussi sur cour, à condition que ce soit une cour assez spacieuse.

Des pièces de service : salles de bains, water-closet, lingerie, pièces aux chaussures, chambres de serviteurs, etc.

Il est nécessaire *d'avoir de petites cours de service* avec des balcons pour brosser les habits et les chaussures, secouer les tapis, etc.

L'ÉTAGE DES COMBLES serait réservé à l'habitation des employés et domestiques.

On fera à l'échelle de 0.0025 pour mètre :

Le plan du rez-de-chaussée ;

La moitié du plan d'un étage de voyageurs ;

La coupe perpendiculaire aux deux rues ;

La façade principale.

## UN CHATEAU

L'appellation de *château* s'applique dans le langage moderne à l'habitation de campagne non seulement riche et confortable, mais encore imposante par sa situation, ses abords et l'importance sérieuse de sa masse architecturale. Un château comporte un parc étendu, des terres de rapport, des avenues, fossés, etc. Mais c'est la partie de l'habitation qui fait seule l'objet du concours.

Ce château se composerait de :

1° Un bâtiment pour l'habitation des maîtres et invités ;

2° Un service des communs ;

3° Un service de la vénerie et basse-cour.

*Bâtiment principal*. — Ce bâtiment, composé d'un grand rez-de-chaussée et d'un premier étage moins important, comprendra : vestibules, salons, salle à manger, bibliothèque, salle de billard ; — cinq chambres à coucher principales ; des chambres d'invités ; — cabinets de toilette, lavabos, bains et hydrothérapie.

On devra y trouver une *galerie* de réunion.

*Communs*. — Cuisine et dépendances, fruitier, offices, celliers, etc. — Ecuries pour six chevaux, remises pour quatre voitures, sellerie.

Bureaux et logements du régisseur et du personnel ; lingerie, buanderie, etc.

*Vénerie*. — Chenils pour meute et chiens d'arrêt ; oisellerie ; dépendances. — Manutention et conserve du gibier ; glacière. — Vacherie et basse-cour. — Logements de piqueurs, gardes et personnel.

La plus grande dimension du bâtiment principal ne dépassera pas 60 mètres. Les autres dimensions ne sont pas déterminées.

On fera le plan à rez-de-chaussée de tous les bâtiments, ainsi que l'élévation et la coupe du bâtiment principal, à 0 m. 0015 pour mètre.

## UN PETIT HOSPICE DE MÉNAGE

Sur un côté exposé au midi, près d'une ville, on doit disposer un hospice pour trente *ménages* ainsi que les veufs ou veuves qui, après

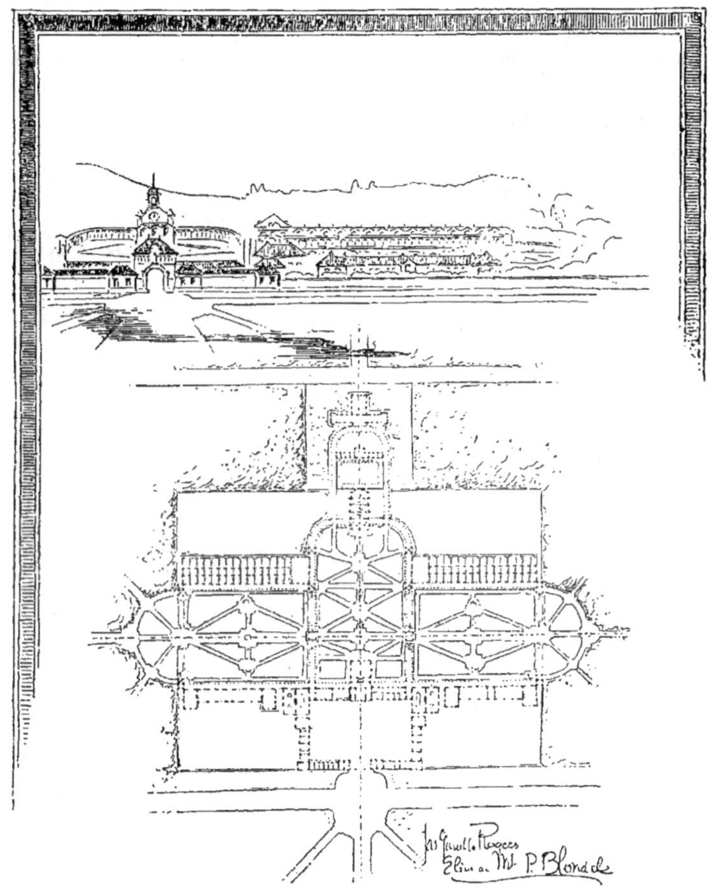

PROJET DE M. ROGERS (Extrait de la *Construction Moderne*.)

avoir été hospitalisés comme *ménages* achèvent leur vie dans l'hospice.

L'établissement comprendra :

1° Les services administratifs ;

2° Les services généraux ;
3° Les quartiers hospitaliers ;
4° Une communauté.

*Les services administratifs* se composent de :
Pavillon de concierge et pavillon de régie ; — Bureaux de la direction et de l'économat ; — Service médical et pharmacie ; — Deux appartements et quelques logements.

*Les services généraux*, placés à portée des quartiers hospitaliers, comprennent :
Cuisine et dépendances ; — Lingerie et vestiaire ; Service des bains.

*Les quartiers hospitaliers* sont au nombre de trois ;

1° Les ménages, soit trente petits logements de deux pièces servant l'une de chambre à coucher, l'autre de salle à manger.
Une salle de travail et de lecture et une salle de conversation, en commun.

2° Les quartiers des veufs et des veuves comprenant *chacun* :
Un réfectoire ;
Deux ou trois dortoirs pour ensemble vingt lits (par quartier) ;
Une salle de réunion ; deux salles de travail.

3° Une infirmerie de dix à douze lits, avec chambres spéciales pour les contagieux.

La *communauté* comprend, avec un petit cloître, des cellules pour huit sœurs et une supérieure.

La composition doit comprendre une *chapelle*.

Dans les jardins seraient diverses dépendances telles que écurie et remise, basse-cour, buanderie, etc,

La plus grande dimension de l'espace affecté aux bâtiments, non compris ceux des dépendances réparties dans les jardins, n'excèdera pas 200 mètres.

Les jardins seront exprimés seulement en amorce.

On fera le plan à 0 m. 001 pour mètre ; moitié de l'élévation à 0 m. 002 pour mètre.


## UN MUSÉE D'ANTIQUITÉS

Ce musée comprendra trois divisions :
1° Les sculptures et fragments divers, ou moulages ;
2° Les menus objets tels que vases, médailles, armes, etc. ;
3° Les objets volumineux et susceptibles d'être exposés en plein air.

A ces trois divisions du programme correspondront trois groupes d'emplacements :

Les salles du rez-de-chaussée ;

Le premier étage ;

Un musée-jardin.

Le rez-de-chaussée se composera de diverses salles ou galeries et d'une salle principale montant de fonds.

Le jardin, disposé avant tout pour l'exposition des objets du musée, comprendra en divers points des portiques ou pavillons ouverts.

Il aura accès par le bâtiment, et aussi par des entrées directes, le terrain étant un îlot isolé.

La plus grande dimension de ce terrain n'excédera pas 120 mètres.

On fera le plan, la façade et la coupe à 0 m. 0015 pour mètre.


## UN GROUPE SCOLAIRE


Elevé dans une commune importante des environs de Paris, ce groupe scolaire comprendra :

Une école de garçons ;

Une école de filles ;

Une école maternelle.

Les *écoles de garçons et de filles* comprendront *chacune*, en un rez-de-chaussée et un premier étage, et accessoirement un deuxième étage au besoin :

Concierge, cantine, vestiaire ; préau couvert avec lavabo; préau découvert ; latrines ; salle de travail manuel (garçons) ; six classes pour chacune cinquante élèves ; salle de couture (filles) ; salle de dessin graphique ou d'après estampes ; salle de dessin d'après la bosse ; une salle de magasin des collections, modèles et fournitures scolaires ; appartement du directeur ou de la directrice.

L'*école maternelle* comprendra ;

Au rez-de-chaussée :

Concierge, cantine, vestiaire ; — Quatre classes ; — Préau couvert avec lavabos ; — Préau découvert ; — latrines.

Au premier étage, appartement de la directrice.

Cet ensemble sera composé sur un terrain rectangulaire à l'angle de deux voies publiques, et limitrophe des deux autres côtés avec des propriétés particulières.

L'une des rues est dirigée *nord-sud*, l'autre *est-ouest*. (On marquera cette orientation dans les plans.)

Ce terrain a 100 mètres dans sa plus grande dimension.

On fera le plan du rez-de-chaussée, la façade la plus importante, et une coupe transversale de l'un des bâtiments scolaires, à l'échelle de 0 m. 02 pour mètre.

La désignation de chacune des trois écoles sera inscrite dans le plan.

## UNE STATION DE CHEMIN DE FER

Cette station, peu importante, serait ce que, dans le *Traité des chemins de fer*, M. Goschler désigne sous le nom de *station de passage*, desservie seulement par les trains omnibus, mixtes et de marchandises.

Elle se composerait d'un bureau pour la distribution des billets et l'enregistrement des bagages, d'une salle d'attente divisée en deux compartiments, d'une galerie couverte, d'un logement pour le chef de station et de cabinets d'aisances avec urinoirs.

La station serait située entre la rive du chemin de fer, à deux mètres au-dessus des rails, et la pente d'un coteau qui serait franchie par des escaliers et des rampes.

La plus grande dimension du terrain serait de 16 mètres.

On fera le plan et la coupe, *à l'encre*, sur une échelle de $0^m,005$ par mètre et l'élévation du côté de la voie, *lavée*, avec indication des rampes et escaliers, à $0^m,01$.

## UNE ÉCOLE PRIMAIRE DE GARÇONS

Ce petit édifice serait construit en pierre, brique et tuile sur un terrain isolé de trois côtés; le côté de l'entrée serait sur la place publique d'un village, les deux autres côtés sur deux rues aboutissant à cette place. Il pourrait être à deux étages et comprendrait :

Une classe pour 75 élèves ayant au moins 100 mètres de superficie et un cube de 400 mètres;

Un préau couvert, un préau découvert avec cabinets d'aisances;

Un dépôt de livres et un dépôt de paniers;

Enfin, un petit logement pour le maître et sa famille.

La largeur du terrain en façade, sur la place, n'excéderait pas 20 mètres; la profondeur est indéterminée.

On fera le plan et la coupe à l'échelle de 0<sup>m</sup>,005 pour mètre et la façade au double.

## UN BAPTISTÈRE

Cet édifice, destiné à renfermer les fonts baptismaux d'une église cathédrale, est supposé placé en face de son portail et entièrement isolé, suivant l'usage de la primitive église.

L'intérieur serait disposé de manière que, dans les occasions solennelles, la cérémonie du baptême puisse y être vue commodément par un certain nombre d'assistants. A cet effet, les fonts baptismaux seraient au centre et élevés de quelques degrés. Cet édifice ne contiendrait qu'un seul autel avec une petite sacristie à proximité.

Près de l'entrée de l'édifice, on ménagerait deux salles particulières, l'une pour la réunion du clergé, l'autre pour celle des enfants à baptiser et de leurs parents en attendant la cérémonie.

La plus grande dimension extérieure de ce baptistère n'excéderait pas 40 mètres.

On fera le plan, correctement dessiné, à l'échelle de 0<sup>m</sup>,0025 pour mètre, l'élévation et la coupe au double.

# DEUXIÈME CLASSE

# ENSEIGNEMENT ARCHITECTURAL

# CONCOURS D'ÉMULATION

## PROJET RENDU

*Valeur des récompenses à ce concours.*

**Première mention.** — 2 valeurs.
**Deuxième mention.** — 1 valeur.

*Voir les articles 56-57 et 58 du règlement intérieur de l'école pour les dispositions relatives aux dimensions des châssis pouvant être employés dans les concours de la section d'architecture.*

Les concours sur projets rendus se composent de deux parties, une esquisse faite en loge en une seule séance de douze heures, d'après laquelle on exécute un projet d'une durée d'un mois au moins, et de trois mois au plus, à rendre à l'atelier. Aucun élève ne peut prendre part à l'un de ces six concours annuels, s'il n'a pas obtenu précédemment, au moins deux mentions dans les concours d'éléments analytiques.

Les esquisses des projets à rendre sont conservées par l'administration de l'école qui les place en marge des projets le jour du rendu définitif ; les élèves devront donc prendre avec soin le calque de leur esquisse et suivre dans leur projet les dispositions adoptées par eux, car tout défaut de concordance entre l'esquisse et le projet est un cas de mise hors concours ; cependant, une certaine tolérance existe pour les changements dans le détail, les rigueurs de la mise hors concours n'ont lieu que pour les élèves ayant changé de « *parti* ».

Les rendus doivent être exécutés d'après le numéro de châssis indiqué sur le programme, sous peine de mise hors concours, ces rendus sont souvent agrémentés d'aquarelle, mais une grande sobriété dans les couleurs ne saurait être trop recommandée, quelquefois même, les sujets proposés ne comportent qu'un lavis à l'encre de Chine.

Des collections de photographies de projets récompensés antérieurement sont mises à la disposition des élèves dans tous les ateliers ; les élèves peuvent aussi aller consulter les originaux à la bibliothèque de l'école.

La remise des projets a lieu le jour fixé par les programmes, entre dix heures et deux heures ; des dispositions très rigoureuses ont été prises pour la juste observation de ces délais. Tout élève n'ayant pas remis son projet après deux heures, ne pourra prendre part au concours et cela sans aucune exception.

*Suivent différents programmes donnés précédemment à ce concours :*

## UN ESCALIER DE PALAIS DE PARLEMENT

On suppose que la composition générale de ce palais comporte une cour d'honneur au fond de laquelle est un corps de bâtiment principal ; au milieu de ce bâtiment est l'entrée, conduisant en face à divers services sous la salle des séances ; à droite ou à gauche une suite de vestibules, vestiaires, etc., conduit à un grand escalier, contenu dans un pavillon qui forme ainsi le milieu de la façade latérale du monument, et donne accès au premier étage à une vaste salle des Pas-Perdus formant, à ce premier étage, le fond de la cour d'honneur et l'introduction à la salle des séances. De chaque côté de la salle et de ses dépendances il existe des cours latérales.

Par suite de cette disposition, qui présente quelque analogie avec celle du Palais-Royal, le grand escalier se trouve placé dans un pavillon au milieu d'un bâtiment en bordure de la façade latérale, et en face de la salle des Pas-Perdus. Le bâtiment latéral est composé d'une galerie de circulation et de salles diverses éclairées sur la façade latérale; le pavillon de l'escalier fait saillie sur cette façade.

L'escalier est l'objet spécial du programme. Sa disposition est laissée au choix des concurrents, sous cette réserve que le parti expliqué ci-dessus ne permet pas un simple escalier droit.

La hauteur à monter, du rez-de-chaussée au premier étage, est de 7$^m$,50.

La plus grande dimension, dans œuvre de la cage d'escalier, ne dépassera pas 20 mètres.

Le projet comprend cette cage d'escalier et l'arrachement des parties contiguës, mais sans dépasser une étendue construite limitée à 30 mètres dans le sens de la façade latérale, et à 35 mètres dans le sens perpendiculaire à cette façade.

Le grand escalier monte au premier étage seulement; la cage qui le contient comprend la hauteur du premier étage et d'un étage attique correspondant à la hauteur des voûtes.

On fera pour les esquisses, au trait et à l'encre :

Le plan du rez-de-chaussée et celui du premier étage à 0$^m$,0025 pour mètre;

L'élévation du pavillon milieu de la façade latérale à 0$^m$,005 pour mètre.

La coupe perpendiculaire à cette façade à 0$^m$,005 pour mètre.

Et pour le rendu :

Les deux mêmes plans à 0$^m$,0075 pour mètre.

L'élévation et la même coupe qu'en esquisse, à 0$^m$,015 pour mètre.

Les élèves sont invités à étudier et à indiquer la construction dans la coupe.

L'exposition de chaque projet comprendra seulement deux châssis, contenant chacun en un seul dessin et en regard horizontalement l'un de l'autre :

Le premier, les deux plans.

Le second, la coupe et l'élévation.


## UN PAVILLON POUR LA BOISSON DES EAUX THERMALES

Dans la plupart des établissements thermaux, les malades doivent boire peu à la fois, mais à intervalles rapprochés, et entre leurs stations à la source la marche leur est recommandée.

Lorsque la source thermale est située dans le parc et non dans l'établissement, il faut donc un pavillon d'abri et un promenoir couvert.

C'est cet ensemble qui fait l'objet du concours.

Le pavillon sera de forme régulière; au centre jaillit la source qui alimente plusieurs robinets.

Les préposées se tiennent entre l'édicule ou fontaine motivée par la source et une table ou comptoir en marbre qui les sépare des buveurs.

Ce pavillon sera en communication immédiate avec le promenoir.

Il sera éclairé par des fenêtres et séparé du promenoir ou du parc par des croisées et des portes; en un mot, ce sera un local clos.

Le promenoir sera une large galerie également close, avec des bancs et pouvant recevoir des petites boutiques d'objets divers, librairies, etc.

Dans la partie la mieux appropriée du plan, on pratiquera des cabinets d'aisances, urinoirs et quelques dépôts.

Le pavillon et le promenoir seront voûtés avec combles construits au-dessous des voûtes.

L'établissement étant situé dans une région montagneuse, on admettra que le marbre est d'un emploi facile dans le pays.

L'édifice, destiné à des malades qui marchent avec peine, sera de plain pied avec l'extérieur.


## TERRAIN


La salle voûtée du pavillon ne dépassera pas 15 mètres dans œuvre. C'est la seule dimension fixée : les autres parties de la composition seront étudiées en proportion de cette salle principale.

On fera pour les esquisses : le plan à $0^m,0025$, la façade et la coupe, à $0^m,005$ pour mètre.

Ce dernier dessin devra, quelle que soit la composition, présenter la coupe de la salle du pavillon et celle du promenoir.

Pour le rendu, on fera :

Le plan à $0^m,0075$; l'élévation et la même coupe qu'en esquisse à $0^m,015$ pour mètre.

On pourra joindre une étude de l'édicule central en marbre à $0^m,05$ pour mètre.

Le trait des dessins rendus sera à l'encre.

# UN ÉDIFICE POUR LES FÊTES ET RÉUNIONS

Dans une ville secondaire, ne possédant pas de théâtre, salle de concerts, etc., on désire constituer un édifice qui puisse servir à la fois pour des réunions telles que conférences, distributions de prix, auditions musicales, représentations lors du passage d'artistes dramatiques, etc.

L'objet essentiel du programme est donc une salle offrant au public un parquet et des tribunes, avec une estrade pouvant servir au besoin de scène pour des représentations peu nombreuses. Entre l'estrade et la salle, il y aurait un rideau; mais le programme ne comporte ni décors proprement dits, ni machinerie.

L'édifice comprendra :

### AU REZ-DE-CHAUSSÉE :

Partie publique
- Vestibule et contrôle;
- Vestiaires;
- Cabinets d'aisances;
- Escaliers;
- La salle avec dégagements faciles.

Partie de l'estrade
- L'estrade de la salle avec entrée spéciale;
- Quelques pièces dont une plus grande pour foyer d'artistes ou réunions de bureau;
- Cabinets d'aisances, vestiaires, etc.

Une partie de ces dépendances peut être au premier étage avec escaliers spéciaux.

### AU PREMIER ÉTAGE :

Partie publique
- Un foyer avec buffet;
- Vestiaire, cabinets d'aisances.

## TERRAIN

L'édifice sera construit au fond d'une place publique, sur un terrain limité par deux rues latérales et, au fond, par un mur mitoyen.

Ce terrain a 50 mètres de largeur sur 80 de profondeur; mais le bâtiment ne l'occupe pas tout entier; il est désirable au contraire qu'il soit isolé des voies publiques par des plantations.

On fera pour les esquisses :

Le plan du rez-de-chaussée, la coupe transversale et l'élévation sur la place, à 0$^m$,0025 pour mètre.

Pour le rendu :

Le même plan et celui du premier étage à 0$^m$,0075 pour mètre.

La coupe transversale et la façade sur place à 0$^m$,015 pour mètre.

Dans le rendu aucun dessin ne peut être au crayon seulement ni inachevé ou négligé.

Les concurrents sont invités à étudier et à indiquer la construction dans la coupe.


## UNE TÊTE D'AQUEDUC


On suppose, comme à Louveciennes, que des pompes élèvent l'eau d'une rivière jusqu'à une altitude élevée, d'où cette eau se rend ensuite, sur un aqueduc en maçonnerie, jusqu'à une ville voisine.

Les colonnes montantes et le déversoir qu'elles alimentent seraient contenues dans une construction formant la *tête de l'aqueduc* ou *château d'eau* dans l'ancien sens du mot, laquelle doit être conçue en vue non seulement de l'utilité, mais aussi afin d'arrêter par une silhouette accentuée la longue ligne horizontale de l'aqueduc.

Cette construction comprendra une salle d'entrée, un escalier facile desservant toute la hauteur; dans des étages intermédiaires, quelques pièces d'habitation pour le gardien ; enfin, au sommet, le déversoir alimenté par les colonnes montantes.

Les dimensions à observer sont les suivantes :

Du niveau du sol jusqu'au niveau de l'eau coulant dans l'aqueduc, la hauteur est de 25 mètres.

Le bâtiment de la tête d'aqueduc n'excédera pas 20 mètres à sa base *y compris toutes saillies de socles, empattements, retraites, etc.*

On fera pour les esquisses : le plan du rez-de-chaussée, l'une des élévations et la coupe à l'échelle de 0$^m$,005 pour mètre;

Pour le rendu :

Les divers plans nécessaires pour rendre compte du projet à 0$^m$,04 pour mètre;

L'élévation latérale montrant deux travées de l'aqueduc et le château d'eau, à 0$^m$,01 pour mètre.

La coupe, prise dans le même sens et à la même échelle.

La façade principale, à 0^m,02 pour mètre.

L'appareil sera soigneusement étudié et indiqué dans cette façade.


## UN VESTIBULE

Ce vestibule, servant d'accès à un grand édifice public, ouvre sur sa façade principale et, à l'opposé, sur une cour intérieure. Il est praticable aux voitures et aux piétons.

Dans sa partie antérieure, il donne accès à diverses pièces destinées au concierge, à des vestiaires ou antichambres ; contre la cour intérieure, il accède à un large portique ou galerie qui conduit de chaque côté à l'escalier principal, à des escaliers secondaires et parties diverses de l'édifice.

Cette donnée peut se combiner soit avec une composition du vestibule par une série de motifs ou de travées uniformes, soit avec une composition en deux parties, la première correspondant aux pièces de service, la seconde à l'axe des galeries ou portiques d'accès aux escaliers.

Dans l'une ou l'autre hypothèse, le vestibule sera voûté.


### DIMENSIONS

Le vestibule pourra avoir au maximum **24** mètres *dans œuvre*, du mur de façade au mur sur cour ; sa largeur, parallèlement à la façade, n'est pas déterminée ; la hauteur, du sol du vestibule au parquet du premier étage, n'excédera pas **8** mètres.

On fera pour les esquisses :

Le plan et une coupe transversale (c'est-à-dire parallèle à la façade à l'échelle de 0^m,005 pour mètre.

Pour le rendu :

Le plan, à l'échelle de 0^m,01 pour mètre ;

La coupe transversale et la coupe longitudinale, à l'échelle de 0^m,02 pour mètre.

Si la composition comporte deux parties différentes pour le vestibule, la coupe transversale sera établie par moitié sur chacune de ces parties.

L'appareil sera étudié et tracé avec soin.

UN MARCHÉ DANS UNE VILLE D'ALGÉRIE

PROJET DE M. LEENHARDT (Extrait de la *Construction Moderne*.)

# UN MARCHÉ DANS UNE VILLE D'ALGÉRIE

En Algérie, en Tunisie, on fait trop souvent des marchés en tout semblables à ceux du Nord, en fer et fonte, briquetages, parois et toitures vitrées. De tels marchés sont intolérables dans les pays chauds.

Au contraire, les anciens *bazars* de l'Orient étaient conçus en vue de l'ombre et de la fraicheur, bien que construits le plus souvent d'une

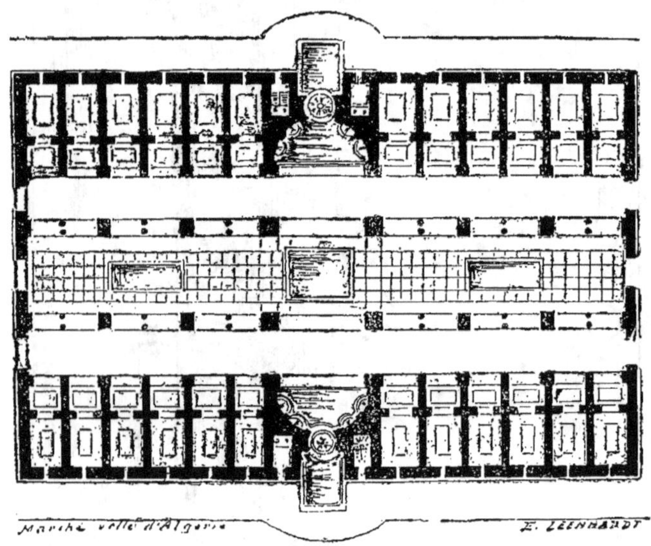


PROJET DE M. LEENHARDT

façon très légère. Il s'en trouve aussi cependant qui sont abrités par des murs épais, des voûtes chargées de remblais, des ouvertures restreintes, des circulations d'eaux courantes.

Telles sont les données dont on devra s'inspirer pour le présent programme.

Dans le marché dont il s'agit, les acheteurs devront être à l'aise et à l'ombre, soit sous des portiques faisant extérieurement le tour du marché, soit sous des rues intérieures voûtées et éclairées par des jours à la partie supérieure ; les boutiques devront, dans tous les cas, s'ouvrir largement sur les voies de circulation et s'aérer par la paroi opposée qui, suivant les cas, joindra une cour centrale, ou de petites cours ou ruelles de service et d'aération, ou enfin l'extérieur.

Ce marché serait de dimensions restreintes, et les éléments en doivent être modestes. Les petites boutiques auraient environ 3 mètres de devanture, et le terrain total n'excédera pas 60 mètres dans sa plus grande dimension.

On fera pour les esquisses :

Le plan, une coupe et l'élévation à 0$^m$,0025 pour mètre.

On fera pour le rendu :

Le plan à 0$^m$,005 pour mètre ;

L'élévation et moitié de la coupe à 0$^m$,01 pour mètre.

## UN PETIT MUSÉE MUNICIPAL

Ce musée réunirait des collections d'œuvres d'art, de fragments archéologiques, d'antiquités, d'objets historiques et de curiosité d'une ville d'importance moyenne.

Il se composera d'un rez-de-chaussée seulement et comprendra :

Un vestibule, avec vestiaire et un petit bureau.

Une salle des peintures, éclairée par le haut.

Une galerie des sculptures.

Deux petites salles, l'une pour les estampes, l'autre pour les médailles et les bronzes.

Deux salles, l'une pour les objets d'archéologie, épigraphie, l'autre pour les objets de curiosité de diverses natures.

L'édifice sera isolé de toutes parts, et est supposé situé dans un jardin ou promenade publique.

La plus grande dimension ne dépassera pas 50 mètres.

On fera pour les esquisses :

Le plan, la coupe et l'élévation à 0$^m$,0025 pour mètre.

Pour le rendu :

Le plan et la coupe à 0$^m$,005 pour mètre.

La façade à 0$^m$,01 pour mètre.

La destination des salles sera écrite dans les plans et non en légende.

## UN DISPENSAIRE POUR LES ENFANTS MALADES

Cet établissement serait destiné à l'administration des secours, des soins et des médicaments aux enfants malades d'un des arrondissements de Paris.

Il comprendrait :

1° Une grande salle-vestibule, une salle d'attente, une cuisine-réfectoire et le bureau de la directrice servant de pharmacie ;

2° Donnant sur la salle d'attente, une chambre renfermant la chaudière, deux salles de bains, une grande salle servant aux pansements et renfermant, avec la lingerie, des appareils d'irrigation pour les yeux, les oreilles, etc. ;

3° Une grande salle de douches précédée de trois pièces où se déshabillent les malades et dont une renferme la « boîte à sudation » ; le cabinet de consultations ;

4° Une cour-jardin où serait la buanderie.

A l'étage serait situé le logement de la directrice.

Le terrain, limité de deux côtés par des murs mitoyens, n'aura pas plus de 80 mètres dans sa plus grande dimension.

On fera, pour les esquisses, les deux plans, une élévation et une coupe à l'échelle de 0$^m$,0025 pour mètre.

Pour le rendu, on fera les deux plans à 0$^m$,005 pour mètre, l'élévation et la coupe au double.

La destination de chaque partie sera *complètement* indiquée sur les plans. Toute esquisse négligée sera mise hors de concours.


## LA COUR DE L'HOTEL DU MINISTÈRE DE L'INSTRUCTION PUBLIQUE ET DES BEAUX-ARTS

Cette cour, précédée d'un vestibule, serait entourée, au rez-de-chaussée et au premier étage, de portiques à arcades avec colonnes engagées dans les pieds-droits. Le rez-de-chaussée serait d'ordre dorique, le premier étage d'ordre ionique.

Bien que l'application du principe absolu exige la superposition du même ordre, il est possible, comme les architectes romains l'ont bien prouvé, d'obtenir l'unité de style en superposant deux ordres de natures diverses. On s'appliquera donc à modifier les deux ordres demandés de manière à former un tout d'une parfaite harmonie. La corniche ionique devra couronner l'ensemble de l'édifice.

La cour comprendra sept arcades dans sa longueur. Ces arcades auront 4$^m$,30 d'axe en axe des pieds-droits.

On fera, pour les esquisses, un plan de la cour et du vestibule ainsi que deux coupes, longitudinale et transversale, à l'échelle de 0$^m$,0025 pour mètre. La coupe transversale devra présenter, en face du vestibule d'entrée, un motif principal où pourront figurer des colonnes dégagées, des cariatides, un fronton, etc.

Pour le rendu, l'échelle du plan sera de 0$^m$,005, celle des deux coupes 0$^m$,01 pour mètre.

Toute esquisse négligée sera mise hors de concours.

## UNE MAISON DE CAMPAGNE DANS LES ENVIRONS DE PARIS

Cette maison, située sur un terrain en pente et à l'exposition du sud-est, la plus favorable à l'habitation, serait construite avec tous les raffinements du confort moderne ; elle comprendrait quatre étages, savoir :

1° Dans un étage de cave, en élévation sur le jardin :

Une salle de billard ; — une salle de bains ; — un calorifère avec dépôt de combustible ; — une cave à vin ; — une fosse d'aisances.

2° Au rez-de-chaussée sur l'entrée, et premier étage sur le jardin :

Un vestibule ; — un ou deux salons ; — une salle à manger ; — un cabinet de travail ayant accès du côté de l'entrée ; — une cuisine avec office et laverie ; — des corridors et dégagements nécessaires ; — un escalier conduisant aux caves et au premier étage.

3° Au premier étage :

Deux grandes chambres à coucher avec cabinets de toilette ; — deux plus petites ; — escaliers, corridors et water-closets.

Au quatrième étage, de moindre importance et pouvant être lambrissés au besoin :

Une chambre d'amis ; — quatre chambres de domestiques ; — une lingerie ; — escalier et water-closets.

Des rampes ou escaliers extérieurs pourront faire communiquer les deux sols différents.

La surface occupée par les bâtiments proprement dits n'excédera pas 200 mètres superficiels.

On fera, pour les esquisses, le plan du rez-de-chaussée et celui du premier étage à 0$^m$,005 pour mètre.

La façade d'entrée, celle sur le jardin et la coupe, à 0$^m$,005 pour mètre.

Pour le rendu, on fera les quatre plans des étages à 0$^m$,01 pour mètre.

La façade d'entrée, celle sur le jardin et la coupe, à 0$^m$,02 pour mètre.

# PROGRAMME

DU

# COURS D'HISTOIRE GÉNÉRALE
# DE L'ARCHITECTURE

## PREMIÈRE ANNÉE

### ANTIQUITÉ

Définition, origine, rôle de l'architecture.
Troglodytes, leurs travaux sur une partie du globe.
Premiers abris fabriqués, leurs divers modes de construction à l'origine de tous les peuples, leurs formes.
Monuments mégalithiques.

### AFRIQUE

#### ÉGYPTE

Constructions en bois, en pierre, en grès, en granit.
Maisons, palais, édifices publics, labyrinthe, nilomètre, enceintes de villes, de forteresses, en briques crues, cuites.
Temples sur le sol, temples creusés dans le roc, chapelles monolithes.
Hypogées, pyramides, mastabats, stèles.
Ordres, ornementation, polychromie, emploi des métaux.

### ASIE

#### PHÉNICIE

Maisons à Tyr, à Carthage, palais, enceintes de villes à Tyr, à Arade, à Carthage ; ports.

Temples, en bois à Utique, en pierre à Gozo, à Tyr, à Carthage.
Hypogées, tombeaux sur le sol ; stèles (au Louvre).
Détails d'architecture (au Louvre) ; métaux.

### TERRE SAINTE

Tabernacle du désert, détails d'architecture en métal.
Maisons de pierre à terrasses, palais et basilique en bois.
Synagogues, Temple de Salomon, aqueducs.
Hypogées, tombeaux sur le sol, sarcophages (au Louvre).
Ordres ; ornementation (au Louvre) ; métaux.

### CHALDÉE, ASSYRIE

Maisons en pierre, premiers dômes sur les édifices. Palais de Ninive,
de Khorsabad élevés sur terre-pleins.
Enceintes de villes en brique, en pierre. Portes de bronze.
Temples en pyramide, Borsippa ou tour de Babel. Observatoires.
Tombeaux en brique ; détails d'ordres ; ornementation en terre
cuite émaillée, peinture décorative, métaux sur les édifices et à l'intérieur.

### PERSE

Palais de Persépolis, de Suse, d'Ecbatane.
Murs d'enceinte des mêmes villes. Forteresses.
Autels du feu, monolithes et représentés sur les bas-reliefs.
Tombeaux taillés dans le roc à Persépolis, à Naksch-i-Roustan.
Ordres à Persépolis, à Istakht, à Suse ; décoration sculptée, peinte.

### INDE, INDO-CHINE

Maisons en bois, en pisé, voûtées.
Édifices publics, palais et murs de la ville de Palibothra construits
en bois.
Monuments taillés dans le roc, imitant les constructions de bois et
ne remontant qu'aux vi⁰ et vii⁰ siècles de J.-C.
Pagodes dans les deux contrées. Tumulus, Topes.

# DEUXIÈME ANNÉE

## EUROPE

### PÉLASGES

Construction en pierre polygone, en Asie, en Grèce, en Italie.
Maisons, monuments civils, à Mycènes, en Acarnanie, etc.
Murs militaires, acropoles, citadelles dans les mêmes contrées.
Culte des chênes, Hiérons découverts en Asie, en Italie.
Tombeaux en tumulus, à Tantalis, au cap Circée, etc.

### GRÈCE

*Époque héroïque.* — Descriptions de palais par Homère, palais
d'Ulysse à Ithaque, d'Agamemnon à Mycènes, de Priam à Troie, de
Ménélas à Sparte.

Stades décrits par Homère, par Virgile; stade d'Olympie.

Trésors d'Atrée à Mycènes, de Minyas à Orchomènes.

Temples en bois à Delphes, à Mycènes, en Tauride ; en pierre ; tu
mulus de la Troade et sur le continent grec. Ornementation.

*Grèce historique.* — Maisons de bois.

Maisons d'Athènes en pierre, grandes habitations, palais, agora,
portiques, prytanées, tribunaux, musées, bibliothèques, etc.

*Grèce historique.* — Stades, théâtres, odéons, monuments choré-
giques.

Murs de villes en brique crue, cuite, en pierre ; ports du Pirée, etc.

Temples de bois, de brique, de pierre, de marbre, de bronze. Stèles.
Tombeaux. Mausolées.

Ordres divers, ornementation sculptée, peinte.

### TYRRHÉNIENS

Atrium toscan. Monuments publics.
Construction de pierres cubiques, Roma quadrata, Sutrium.
Temples divisés en trois chapelles.
Temple d'Alba Fucentis de forme grecque.
Hypogées à Clusium, à Tarquinie, à Vulci, à Volterra, etc.

Tumulus et tombeaux isolés à Norchia, à Castel-d'Asso, etc.

Ordres à Vulci, à Castel-d'Asso, à Alba Fucentis.

Ornementation sculptée, peinte, à Tarquinie, à Vulci, à Clusium, à Volterra, etc.

### ROME

Maisons rondes du Latium, de Romulus, du peuple et des riches (plan antique de Rome).

Palais des empereurs au Palatin, de Dioclétien à Spalatro.

Édifices publics analogues à ceux des Grecs, plus les thermes, l'amphithéâtre, la naumachie, les châteaux d'eau.

Murs de villes, portes, trophées, arcs de triomphe, castra stativa, ports.

Temples imités de ceux des Grecs et modifiés dans le style romain.

Hypogées, pyramides, mausolées, cippes, stèles.

Ordres gréco-romains, composites.

Ornementation sculptée, peinte. Emploi des métaux.

# TROISIÈME ANNÉE

## TEMPS MODERNES

### ARCHITECTURE MODERNE

Architecture des chrétiens, des Arabes, des peuples de l'Extrême-Orient, de ceux du Nouveau-Monde.

L'architecture chrétienne comprend les styles latin, byzantin, roman, gothique et de la renaissance.

1° *Style latin.* — Catacombes, premières églises, premiers baptistères.

Basiliques à une, trois ou cinq nefs; parvis, porche, transepts, absides.

Façades ornées de sculptures, de mosaïques ; arcs en plein cintre.

Maisons des affranchis construites par les censives.

Établissements hospitaliers dans toute la chrétienté.

Palais imités de ceux de l'école païenne ; celui des ducs de Spolète.

Tombeaux en forme de ciborium, sarcophages sculptés, détails préparant un *style* nouveau. Mobilier.

2° *Style byzantin.* — Créé en Orient, adopte la coupole en principe, modifie le plan des églises ; celle de Sainte-Sophie devient type.

Maisons et monuments dans la Syrie centrale ; palais des empereurs.

Justinien améliore l'architecture militaire ; les façades d'église, surmontées de coupoles, sont carrées d'abord, ensuite se couronnent de courbes ou de pignons. A l'intérieur les pendentifs portent les coupoles que décorent la mosaïque et la peinture. L'arc en plein cintre est seul admis dans l'ensemble. Mobilier en harmonie avec les temples.

Tombeaux en forme d'édicules, sarcophages ornés.

Détails d'architecture et ornementation d'un style nouveau.

La Russie conserve en partie le style byzantin.

3° *Style roman, lombard, saxon.* — Dérivé des précédents, a comme eux l'arc en plein cintre ; se développe au xi° siècle. On en reconnaît les germes en Syrie.

Maisons à Metz, à Cluny ; châteaux féodaux.

Fontaines, marchés, premiers hôtels de ville, hôpitaux.

Travaux militaires développant les inventions précédentes.

Églises sur le plan latin, colonnes liées aux piliers, absides nombreuses, voûtes remplaçant les plafonds, nervures, en distribuant la poussée.

Contreforts aux façades ; baies ornées de colonnes, de statues, etc.

Chapiteaux variés, peinture décorative, polychromie.

4° *Style ogival*, dit *gothique.* — Succède au xii° siècle au style roman et s'aide de ses inventions pour créer une architecture nouvelle, par l'emploi de l'arc aigu dans tout l'ensemble.

Maisons de bois, de brique, de pierre, châteaux féodaux, marchés, fontaines, hôtels de ville, palais de justice, bourses, etc.

Églises où se développent la hardiesse et la science, puis l'expression de l'idée chrétienne. Ce style répandu dans toute la chrétienté.

Décoration en statues, bas-reliefs, peinture, vitrerie peinte.

Moulures de forme nouvelle et ornées des produits de la flore.

Cryptes funèbres, tombeaux sur le sol, sarcophages, châsses.

Mobilier général en harmonie avec le nouveau style.

5° *Renaissance*. — Retour en Italie, au xv° siècle, à l'architecture des Romains, par une imitation d'abord libre qu'épurent les architectes du xvi° siècle. Elle suit en France la même voie, puis Philibert Delorme, Pierre Lescot, Bullant, etc., la conduisent au style classique ; elle se transmet aux xvii° et xviii° siècles et se répand dans toute la chrétienté occidentale et jusqu'en Amérique.

La renaissance produit des maisons particulières, des châteaux, des monuments publics, des fontaines, des halles, des hôtels de ville, des églises, des tombeaux et une riche ornementation.

Une révolution complète s'opère alors dans l'architecture militaire. San-Micheli, San-Gallo, etc., et plus tard Vauban, y apportent des dispositions nouvelles motivées par l'emploi de l'artillerie. Les Mansard, Lemuet, Lemercier, Perrault, Christophe Wren, produisent des hôtels, des édifices civils et religieux qui se voient à Paris, à Londres et dans d'autres villes, et sont dignes de prendre place dans l'histoire de l'architecture du xvii° siècle ; il en est de même des nombreuses productions des artistes habiles qui, durant le xviii° siècle, ont aussi contribué à enrichir l'Europe de remarquables édifices.


## ARCHITECTURE MONASTIQUE

Les sociétés religieuses nées en Orient ont créé les Laures et les Cœnobia, premiers monastères ; la chrétienté en posséda successivement de tous les styles. Parfois le symbolisme présida à leur construction : celui de Souillac était circulaire pour rappeler l'éternité ; à Centula, il s'élevait sur un triangle en l'honneur de la trinité ; le couvent des Minimes de Vincennes était un décagone. La forme quadrangulaire prévalut. Dans ces enceintes souvent fortifiées étaient les cloîtres, les salles capitulaires, les écoles, les dortoirs, les infirmeries, les réfectoires, les maisons d'abbés, d'étrangers, de pèlerins, les ateliers d'industrie et d'art, constructions disposées pour la vie en commun ; des églises et des chapelles s'y élevaient. Les détails d'architecture et de décoration se conformaient à la marche de l'art.


## ARCHITECTURE ARABE

Cette architecture, répandue en Asie, en Afrique et en Espagne, est d'origine byzantine modifiée par l'imagination orientale ; elle se caractérise par l'emploi de l'arc aigu.

Maisons en terrasses, puis surmontées de dômes dans l'Asie centrale ; palais à Kachan, du Trône à Téhéran, des Miroirs à Ispahan ; palais au Caire, à l'Alhambra de Grenade, à Séville, à la Cuba et à la Ziza de Palerme, etc.

Médrécehs, collèges, caravansérails, bains, fontaines, ponts, à Ispahan, à Téhéran, etc.

Murs et portes de villes au Caire, à Alexandrie, forteresse de l'Alhambra.

Mosquées surmontées de coupoles bulbeuses et décorées de terre cuite émaillée, à Ispahan, à Téhéran, au Caire, à Cordoue.

Chapiteaux de forme cubique.

Tombeaux surmontés de coupoles, au Caire, à Koum, etc.

Toutes les contrées de l'Orient qui ont adopté la religion de Mahomet possèdent des édifices d'architecture arabe : Turquie, Perse, Inde, etc.


### CHINE

Maisons, villas, palais, édifices publics construits en bambou et en bois ; toits aux pointes recourbées en l'air, murs de pisé, de brique, de pierre servant d'enveloppe sans supporter.

Ponts, en bois, en pierre, quais, aqueducs, tours de porcelaine.

Temples ou pagodes en brique, en pierre, précédés d'animaux chimériques sculptés, de pilônes en bois peint.

Constructions militaires hautes et crénelées, comme au moyen âge.

Absence des ordres et de la voûte, décoration de peinture, de dorure.

Les éléments de cette architecture puisés dans la tente tartare.


### MEXIQUE ET PÉROU

Civilisation du viiᵉ siècle après J.-C.

Maisons sur terrasses et sans toits (peinture).

Palais à Uxmal, à Labnah, enrichis d'ornements sculptés.

Lieux d'assemblées populaires disposés en gradins de pierre.

Forteresse de forme circulaire, à Newark, à Paint-Creek, etc.

Téocallis, temples élevés au sommet de pyramides à degrés à Uxmal, à Téhucahan, à Papantla, etc.

Tombeaux en tumulus, en pyramides.

Absences des ordres, profils barbares, ornements en méandres, bas-reliefs.

# SECTION D'ARCHITECTURE

## DEUXIÈME CLASSE

## COURS D'ARCHÉOLOGIE

*Valeur des récompenses accordées à ce concours.*

Troisième médaille. — 1 1/2 valeur.
Mention. — 1 valeur.

### EXPOSÉ PRATIQUE

Pour cet examen, il n'est donné aucun programme ; au moment du concours les élèves demandent ou soumettent au professeur un sujet à relever. Dans le cas où le sujet soumis ne rentrerait pas dans les données du cours, le professeur se réserve le droit d'imposer un sujet aux élèves. Ce concours a lieu en six jours et la mention qui résulte de l'examen du jury est nécessaire au passage en première classe.

Parmi les sujets choisis par le professeur se trouvent de nombreux fragments du musée du Trocadéro, des vitraux de Saint-Denis et des sujets empruntés au musée de Cluny ou au musée Carnavalet. Parmi les sujets proposés par les élèves se trouvent la cathédrale de Chartres et d'autres monuments situés sur des points encore plus éloignés de Paris. Les rendus de ce concours sont des plus intéressants au point de vue du pittoresque, les élèves ayant toute liberté pour rendre leurs sujets. On ne saurait trop féliciter le professeur actuel d'avoir complètement réformé l'ancien examen d'histoire de l'architecture, car cette nouvelle manière de comprendre ce concours apprend aux élèves à relever des documents d'après nature, et leur donne le goût des rendus artistiques.

Ce concours a lieu deux fois par an.

# SECTION D'ARCHITECTURE

## DEUXIEME CLASSE

### DESSIN

*Valeur des récompenses accordées à ce concours.*

Troisième médaille. — 1 1/2 valeur.
Mention. — 1 valeur.

#### EXPOSÉ PRATIQUE

L'examen de dessin se compose de deux parties différentes, ayant chacune un professeur spécial. La première partie consiste à reproduire un ornement d'après le plâtre ; au conté, à la sauce, ou au crayon mine de plomb, suivant le genre de l'élève, et qui est équivalent comme travail aux modèles que nous reproduisons dans la partie consacrée à l'admission. La deuxième partie consiste en la reproduction d'une figure d'après l'antique (*le Discobole*, *l'Apollon*, *l'Enfant au chevreau*, etc.), ou d'une figure d'après nature ; chacun de ces deux exercices doit être exécuté en six séances de deux heures, pendant lesquelles le professeur fait habituellement deux corrections ; les dessins pour le jugement définitif sont gardés après avis du professeur spécial, et les mentions qui résultent de ces deux exercices sont nécessaires au passage en première classe.

# SECTION D'ARCHITECTURE

## DEUXIÈME CLASSE

### MODELAGE

*Valeur des récompenses accordées à ce concours.*

Troisième médaille. — 1 1/2 valeur.
Mention. — 1 valeur.

#### EXPOSÉ PRATIQUE

L'exercice de modelage consiste en la reproduction, à la même échelle, ou à une échelle différente, d'un modèle en plâtre d'un degré très légèrement supérieur à ceux de l'admission ; ainsi la palmette que nous reproduisons à la planche 6, sert simultanément à l'examen d'admission et à l'obtention de la mention pour le passage en première classe. L'examen de modelage a lieu en douze heures, réparties en six séances de deux heures, pendant lesquelles deux corrections sont données par le professeur spécial — principalement le mardi et le vendredi. Après avis du professeur, les travaux peuvent être conservés pour l'obtention de la mention nécessaire au changement de classe ; chaque élève peut présenter un ou plusieurs spécimens de ses œuvres à chaque jugement.

# L'ENSEIGNEMENT

## A L'ÉCOLE NATIONALE ET SPÉCIALE DES BEAUX-ARTS

## SECTION D'ARCHITECTURE

## DEUXIÈME CLASSE

## ENSEIGNEMENT SCIENTIFIQUE

# ÉCOLE NATIONALE ET SPÉCIALE DES BEAUX-ARTS

## DEUXIÈME CLASSE

## ENSEIGNEMENT SCIENTIFIQUE

### EXPOSÉ PRATIQUE

L'enseignement scientifique est la partie la plus importante de la seconde classe de l'école des Beaux-Arts, comme nous le disions plus haut, elle retarde le passage des élèves en première classe dans une proportion de 25 0/0 ; les jeunes architectes ne sauraient donc assez apporter de préparation pour tous ses examens, premièrement pour le changement de classe et, secondement, parce que ces études scientifiques sont les seules faites à l'école des Beaux-Arts jusqu'au diplôme, ce sont donc les principes appris au cours de stéréotomie et au cours de construction en seconde classe qui serviront à passer l'examen du diplôme, la première classe n'ayant aucun cours particulier d'enseignement scientifique.

L'enseignement scientifique se compose annuellement de :

1° *Deux examens de géométrie descriptive ;*
2° *Deux examens de mathématiques et de mécanique oral et écrit ;*
3° *Un examen de stéréotomie et de levée de plans ;*
4° *Deux examens de perspective ;*
5° *Un examen de construction.*

Pour leur passage en première classe, les élèves devront justifier d'au moins une mention dans chacun des examens ci-dessus.

# SECTION D'ARCHITECTURE

# COURS

## DE GÉOMÉTRIE DESCRIPTIVE

(UNE ANNÉE. — 40 LEÇONS)

## PREMIÈRE PARTIE

### LIGNE DROITE ET PLAN

NOTA. — Presque toutes les questions indiquées dans cette première partie figurant déjà au programme d'admission, le Professeur se contentera d'en faire une revision et ne traitera, en détail, que celles qui sont nouvelles.

### 1. — GÉNÉRALITÉS SUR LES PROJECTIONS

Objet de la géométrie descriptive. — Différents systèmes de projections. — Défigurations dues aux projections. — Définitions.

*Projection orthogonale d'un angle droit.* — Lorsqu'un angle droit a l'un de ses côtés parallèle au plan de projection, il se projette orthogonalement sur ce plan en vraie grandeur. — Réciproques de ce théorème. (Démonstrations exigées.)

Insuffisance d'une seule projection. — Projections horizontales ou projections verticales, cotées. — Double projection sur un sol et sur un mur. — Épure, ligne de terre, etc. — Coordonnées d'un point : largeur, profondeur, hauteur. — Les quatre dièdres.

Représentation de la ligne droite ; positions particulières, position générale. — Traces d'une droite. — Droites parallèles entre elles. — Droites concourantes. — Droites orthogonales. — Application à la recherche de la plus courte distance de deux droites quand l'une d'elles est verticale ou de bout.

Reconnaître si deux droites de profil sont parallèles ou non ; si elles sont dans un même plan de profil, trouver leur point d'intersection. — Sur une droite quelconque, prendre un point dont la hauteur soit à la profondeur dans un rapport donné $\frac{m}{n}$. — Trouver le point d'une droite située sur le plan bissecteur de l'un des quatre dièdres.

*Déplacements* : Généralités ; déplacement du spectateur ou *change-ment de plan de projection* ; déplacement de l'objet ou *rotation*. — Changement de mur, pour un point, pour une droite et pour une figure quelconque. — Déplacement de niveau d'un point, d'une droite, d'une figure quelconque (c'est-à-dire rotation autour d'un axe vertical). — Déplacement de front d'un point, d'une droite, d'une figure quel-conque (c'est-à-dire rotation autour d'un axe de bout).

Par deux déplacements successifs (rotation ou changement de plan combinés à volonté), amener une droite quelconque à être d'abord parallèle à l'un des plans de projection et, ensuite, perpendiculaire à l'autre. — Application à la recherche de la plus courte distance de deux droites.

*Représentation et déplacements du plan.* — Génération du plan : directrices, génératrices. — Prendre une droite et prendre un point sur un plan déterminé projectivement. — Droites remarquables d'un plan : horizontales, frontales ; traces ; lignes de plus grande pente et lignes de plus grande inclinaison. — Plans dans des positions parti-culières ; plan horizontal, plan de front, plan vertical, plan de bout, plan quelconque. — Changement de mur pour un plan. — Rotation d'un plan autour d'un axe vertical ou de bout.

*Usage des rotations ou des changements de plan.* — Amener un plan à être perpendiculaire au mur, c'est-à-dire à être *défini par sa ligne de plus grande pente* : 1° par changement de mur ; 2° par rota-tion autour d'un axe vertical. — Un plan est perpendiculaire au mur : l'amener, par rotation, à être parallèle au sol (c'est le problème du *rabattement*). — Un plan est perpendiculaire au sol, le rabattre sur le mur. — Rabattement horizontal ou *mise de niveau* d'un plan quel conque, c'est-à-dire changement de mur suivi d'une rotation. — Pro-blème inverse du rabattement. — Rabattement vertical ou *mise de front* d'un plan quelconque.

Rabattre un plan quelconque et entraîner dans le mouvement un point (ou une figure) lié invariablement à lui.

Par deux déplacements successifs (changement de mur ou rotation, combinés comme on le voudra), amener un polyèdre quelconque, par exemple, une pyramide triangulaire quelconque, à avoir une de ses faces parallèle à l'un des plans de projection. — Problème inverse conduisant à la représentation la plus générale d'une figure.

Par un changement de mur, amener deux droites quelconques à avoir leurs projections verticales parallèles. — Même problème résolu par une rotation.

*Positions relatives des droites et des plans. — Théorème.* — Lorsqu'une droite est perpendiculaire sur un plan, ses projections dans le système orthogonal sont respectivement perpendiculaires aux traces de même nom du plan. — Théorèmes réciproques (démonstrations exigées). — Exception pour une droite de profil, vérifier la perpendicularité dans ce cas.

Abaisser d'un point une perpendiculaire sur un plan, défini soit par ses traces, soit par trois points, soit par deux droites parallèles ; pied et longueur de cette perpendiculaire.

Droite parallèle à un plan ; reconnaître le parallélisme. — Plans parallèles ; théorème sur le parallélisme des traces et théorème réciproque.

Par un déplacement de niveau, amener un plan P, défini par ses traces ou par trois points, à être parallèle à une droite donnée D.

Par un déplacement de front, amener un plan P, défini par ses traces ou par trois points, à être perpendiculaire à un autre plan Q.

Par un déplacement de front ou de niveau (à volonté), amener une droite D à être perpendiculaire (en direction dans l'espace) à une autre droite G.

*Circonférence.* — Courbes planes, courbes gauches. — Tangente, normale. Point d'inflexion et point de rebroussement. — La projection d'une circonférence sur un plan est une ellipse ; axes de cette ellipse ; diamètres conjugués.

Principaux tracés de l'ellipse et particulièrement le tracé dit : *par la bande de papier ;* normale. — Connaissant deux diamètres conjugués d'une ellipse, déterminer ses axes **(1)**.

---

(1) Ces tracés, empruntés au cours de mathématiques, seront donnés sans démonstration.

Représentation de la circonférence dans les cas simples où son plan est vertical ou de bout. Représentation de la circonférence dans le cas général :

On donne un plan P défini par ses traces et un point *oo'* dans ce plan. Représenter une circonférence de centre *oo'*, de rayon R, située dans ce plan. Déterminer, par des constructions aussi réduites que possible, soit les axes de l'ellipse, qui en est la projection horizontale, soit ceux de la projection verticale.

Même problème : le plan est défini par trois points et la circonférence doit passer par ces trois points.

## II. — Intersections de plans, de droites et de plans, de circonférences

Expliquer la *méthode générale* à employer pour trouver :

1° L'intersection de deux surfaces S et S' quelconques ;

2° L'intersection d'une surface S et d'une courbe C quelconques. — Application : 1° à l'intersection de deux plans définis par leurs traces ; 2° à l'intersection d'une droite quelconque et d'un plan défini par ses traces.

Intersection de deux plans définis par leurs traces horizontales sur un même sol et par leurs traces verticales sur deux murs différents. Application à deux plans définis, chacun, par leurs lignes de plus grande pente. — Remarque sur l'intersection de deux plans dont l'un est vertical et dont l'autre est de bout.

Méthode générale pour trouver l'intersection d'une circonférence et d'un plan. — *Théorème* : si deux circonférences se coupent, elles appartiennent à une même sphère (démonstration exigée). — Application : intersection d'un plan quelconque (défini pas ses traces ou par sa ligne de plus grande pente) et d'une circonférence dont le plan est vertical ou de bout.

Intersection d'une circonférence définie par trois points et d'un plan quelconque (défini par ses traces ou par sa ligne de plus grande pente).

Solution, dans l'espace, du problème suivant : Par un point *mm'*, mener une droite qui en rencontre deux autres D et C non situées dans un même plan : exécuter l'épure soit dans le cas où les droites sont définies par leurs deux projections, soit dans le cas où l'on donne seulement les projections horizontales du point et des droites et les

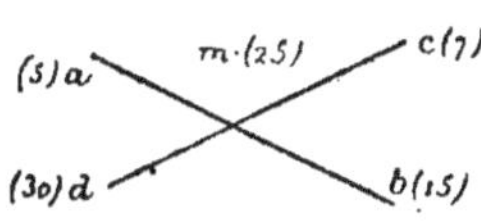

cotes de hauteur nécessaires pour en définir la position dans l'espace.

Solution, dans l'espace, du problème suivant : Parallèlement à une direction donnée A, mener une droite qui en rencontre deux autres, D et C, non situées dans un même plan. — Exécuter l'épure dans des conditions analogues à celles du paragraphe précédent.

### III. — Représentation de solides

NOTA. — Ces problèmes ne seront pas tous traités au cours. — Les élèves devront en chercher eux-mêmes la solution graphique.

Un solide (une pyramide, par exemple) étant représenté dans la position la plus simple qu'il puisse occuper, l'amener par trois déplacements à occuper la position la plus générale.

On donne trois points $aa'$–$bb'$–$cc'$ : représenter une pyramide qui aurait le triangle ABC pour base et une hauteur $h$ sachant que le pied de cette hauteur tombe en un point connu du plan du triangle, par exemple au croisement des médianes ou des bissectrices.

On donne une pyramide dont la base sur le sol est un quadrilatère *quelconque*, *abcd*. Le sommet, coté, est S. — Couper cette pyramide par un plan tel que la section soit un parallélogramme. — Il y a une infinité de plans, tous parallèles entre eux et répondant à la question ; trouver celui pour

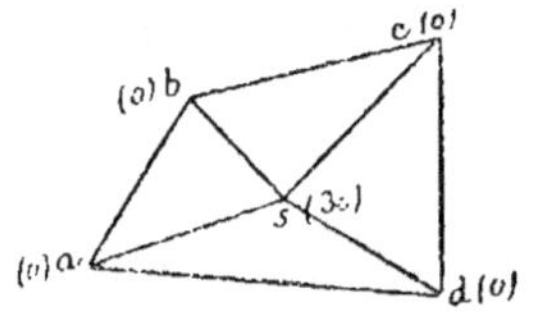

lequel le côté du parallélogramme situé dans la face *sab* aurait une longueur donnée *l*.

On connaît le triangle *abc*, suivant lequel le sol coupe les trois arêtes d'un cube de côté connu, *l*. — Déterminer la projection horizontale de ce cube.

On donne deux droites quelconques, A et B, non situées dans un même plan ; construire et représenter un cube ayant une de ses arêtes dirigée suivant la droite A et le plan d'une de ses faces contenant la droite B. (Données analogues à celle de l'avant-dernière figure.)

### IV. — Sphère. — Cône et cylindre de révolution

Définitions de la surface conique, de la surface cylindrique et de la surface sphérique. — Directrices et génératrices. — Plan tangent, normale. — Cône et cylindre de révolution ; propriétés de leurs plans tangents et de leurs normales.

14

Cône et cylindre de révolution considérés comme *lieux géométriques* de droites ou comme *enveloppes* de plans satisfaisant à certaines conditions relativement aux problèmes sur les angles et sur les distances. — Solution, dans l'espace, des problèmes sur les plans tangents à la sphère, au cône et au cylindre.

Intersection de deux cônes de révolution qui ont le même sommet, ou de deux cylindres qui ont la même direction (cette intersection se compose de lignes droites). — Solution dans l'espace ; emploi d'une sphère. — Conditions pour que deux cônes de révolution aient des plans tangents communs (ils doivent être circonscrits à une même sphère, ou avoir même sommet ou être homothétiques) ; solution de la question dans l'espace ; épure dans le cas où l'un des cônes a son axe vertical ou de bout.

### V. — Problèmes sur les angles

Angles de deux droites définies soit par leurs deux projections, soit par une seule de leurs projections (mais alors cotée). — *Application :* Mener par un point une droite qui en rencontre une autre sous un angle donné.

Tracer, dans un plan P, une droite faisant un angle $\alpha$ avec une autre droite MN, située hors de ce plan. — Expliquer la solution dans l'espace et faire l'épure sur les données suivantes :

Le plan P est défini par sa ligne de plus grande pente. La droite MN est définie par sa projection horizontale $mn$ et par l'angle $\gamma$ qu'elle fait avec le sol.

Par le point de rencontre S, de deux droites A et B, tracer une droite qui fasse un angle $\alpha$ avec la droite A et un angle $\beta$ avec la droite B : expliquer la solution dans l'espace et faire l'application suivante :

La droite A est de front et la droite B est de niveau, ou bien encore : la droite A est verticale, la droite B est de niveau, ou bien encore : les droites A et B sont toutes deux de niveau.

Angle d'une droite et d'un plan. — Angles d'une droite avec les plans de projection.

Par un point $mm'$, mener une droite qui fasse des angles donnés $\alpha$ et $\beta$, avec les plans de projection. — Emploi de deux cônes. — Discussion (exigée).

Par un point M, pris dans un plan P, mener dans ce plan une droite MN qui fasse, avec un autre plan Q, un angle donné : solution dans l'espace ; épure, dans le cas où le plan P est quelconque et où le plan Q est vertical ou de bout.

Angle de deux plans : solution dans l'espace ; faire l'épure : 1° dans le cas où la droite d'intersection est de front ; 2° dans le cas où les plans sont quelconques et définis par leurs traces.

Problème inverse : par une droite d'un plan, mener un autre plan qui fasse avec le premier un angle donné.

Angle de deux plans dans les deux cas suivants : 1° ils sont définis, chacun, par leur ligne de plus grande pente ; 2° ils sont définis par leur intersection (cotée) $ab$ et par un point de chacun d'eux $m$ et $n$ (cotés).

Par une droite donnée AB située hors d'un plan P, faire passer un autre plan Q, qui fasse avec le premier un angle donné $\alpha$ : solution dans l'espace ; emploi d'un cône auxiliaire. — Exécuter l'épure dans le cas où la droite est quelconque et où le plan donné est de bout.

Trouver les angles d'un plan avec les plans de projection.

Problème inverse : par un point $mm'$, mener un plan qui fasse des angles donnés $\alpha$ et $\beta$ avec les plans de projection. — Discussion (exigée).

## VI. — RÉSOLUTION DES ANGLES TRIÈDRES

Définitions. — Angles faces, angles dièdres, arêtes : trièdres supplémentaires ; trièdre défini projectivement ; recherche de ses faces et de ses dièdres.

Résoudre un trièdre connaissant :

Les trois faces $a$, $b$, $c$ ;

Les trois dièdres A, B, C ;

Deux faces $a$ et $b$ et le dièdre compris C ;

Deux dièdres A et B et la face comprise $c$ ;

Deux faces $a$ et $b$ et le dièdre A, opposé à l'une d'elles ;

Deux dièdres A et B et la face $a$, opposée à l'un d'eux.

## VII. — PROBLÈMES SUR LES DISTANCES

Distance d'un point à une droite : donner les trois solutions : 1° en prenant un mur parallèle à la droite ; 2° en abaissant du point un plan perpendiculaire sur la droite et en définissant ce plan par une frontale et par une horizontale ; 3° en rabattant le plan de la droite et du point.

Distance d'un point à un plan défini par ses traces ou défini par trois points.

Trouver la plus courte distance de deux droites, par application de la méthode générale, que l'on exposera au préalable.

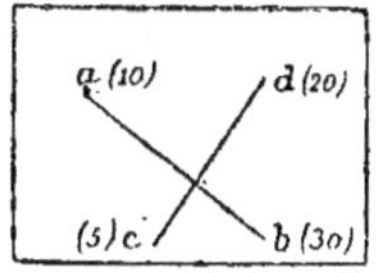

Trouver la plus courte distance de deux droites données par leurs projections horizontales cotées ; appliquer la méthode générale.

## VIII. — Problèmes divers

Par un point *m* situé dans le plan horizontal, faire passer une droite qui soit à une distance α d'un point A et à une distance β d'un autre point B. Données : A est sur le sol, B est à une hauteur cotée $h = 15$. Expliquer d'abord la solution dans l'espace.

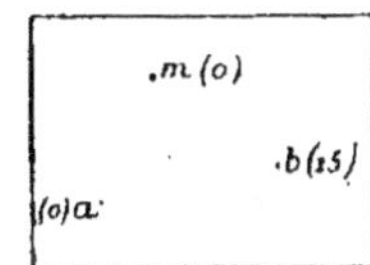

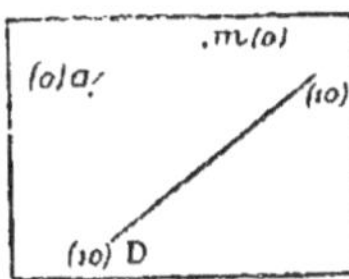

Par un point *m* pris sur le sol, faire passer une droite qui soit à une distance donnée (α) d'un point A situé sur le sol et à une distance donnée (δ) d'une droite donnée D horizontale, de cote connue. Expliquer d'abord la solution dans l'espace.

Par un point *m* pris sur le sol, faire passer une droite qui soit à des distances données d'une droite D (horizontale) et d'une autre droite donnée E (verticale), c'est-à-dire projetée tout entière en un point E. Expliquer d'abord la solution dans l'espace.

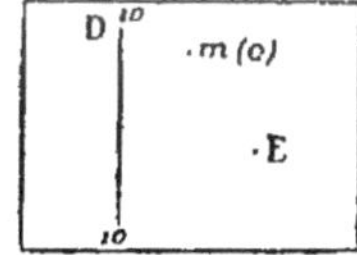

## IX. — Polyèdres réguliers

Définition des polyèdres réguliers convexes. Il ne peut exister que cinq polyèdres réguliers convexes ;

Représenter un tétraèdre régulier reposant par sa base sur un plan quelconque, un côté coïncidant avec une droite donnée de ce plan.

Représenter un octaèdre régulier reposant par une de ses faces sur le plan horizontal ou reposant sur un plan quelconque.

Représenter un cube ayant une diagonale verticale et orienté de telle sorte que l'une de ses arêtes fasse un angle donné avec le mur.

Représenter un cube, sachant : 1° que sa diagonale est une droite quelconque, et 2° que l'une de ses arêtes fait un angle $\alpha$ avec le plan horizontal.

Représenter un icosaèdre régulier, connaissant sa diagonale verticale.

Représenter un dodécaèdre régulier reposant par une de ses faces sur le plan horizontal.

# DEUXIÈME PARTIE

## PLANS COTÉS. — CONES. — CYLINDRES

### I. — PROJECTIONS PAR PLANS COTÉS

Conventions : échelles.

Ligne droite : équidistance ; graduation, intervalle, pente.

(a) Graduer une droite joignant deux points cotés. — (b) Trouver la cote d'un point pris sur une table graduée. — (c) Placer sur une droite graduée un point de cote donnée.

Plan : échelle de pente.

On donne trois points cotés $a$, $b$, $c$ : déterminer l'échelle de pente du plan passant par ces trois points. Reconnaître si deux droites se coupent et graduer leur plan. Intersection de deux plans ; intersection d'une droite et d'un plan.

On donne un plan par son échelle de pente et un point coté hors du plan ; abaisser de ce point une normale sur le plan et graduer cette droite. Trouver son pied et sa longueur.

Trouver l'angle de deux plans définis chacun par leur échelle de pente.

Par une droite joignant deux points cotés, faire passer un plan ayant une pente donnée, et trouver son intersection avec un autre plan défini par son échelle de pente.

Trouver la plus courte distance de deux droites graduées, en projections cotées.

### II. — COURBES ET SURFACES : GÉNÉRALITÉS

*Généralités sur les courbes.*

Courbes planes, courbes gauches. — Tangente et plans tangents, normales et plan normal. — Plan osculateur. — Projections diverses d'une courbe gauche : projection avec point d'inflexion ; avec point de rebroussement. (Démonstration facultative.)

### Généralités sur les surfaces.

(*a*) Surfaces engendrées par le mouvement d'une ligne. Exemples divers. — Directrices ; génératrices. — Surfaces réglées. — Existence et propriétés du plan tangent. — Normale.

(*b*) Surfaces engendrées par le mouvement d'une autre surface : surface enveloppe et surfaces enveloppées. Caractéristiques. *Théorème* (démonstration non exigée) : l'enveloppe est tangente à ses enveloppées tout le long des caractéristiques. — Surfaces circonscrites. — Donner des exemples de surfaces enveloppes.

### Représentation des surfaces.

Contour apparent perspectif ou projectif ; séparatrice de vision. — Généralisation aux ombres (soit au flambeau soit au soleil) : séparatrice d'ombres. — Ombres portées.

Théorèmes sur les contours apparents : *Théorème 1.* — Le contour apparent d'une surface est l'enveloppe des projections des courbes tracées sur cette surface. Exceptions. — *Théorème 2* (des surfaces enveloppes). Lorsque deux surfaces sont circonscrites l'une à l'autre, leurs contours apparents sont tangents.

Nota. — La démonstration des théorèmes ne sera pas exigée, mais les élèves devront faire au tableau les croquis voulus pour les bien mettre en évidence.


### III. — Cônes et cylindres ; pyramides et prismes

*Définitions et généralités.* — Propriétés du plan tangent au cône et au cylindre.

Solution dans l'espace des problèmes suivants : mener à un cône, ou à un cylindre, un plan tangent : 1° par un point pris sur la surface ; 2° par un point extérieur (problème de l'ombre au flambeau et du contour apparent perspectif) ; 3° parallèlement à une direction donnée (problème de l'ombre au soleil et du contour apparent projectif). Contours apparents d'un cône ou d'un cylindre.

## (a) *Épures sur les plans tangents.*

Prendre un point sur la surface d'un cône et mener le plan tangent en ce point. — Le cône sera défini de la manière suivante : sa directrice est une circonférence tracée dans un plan debout ; son sommet est un point quelconque SS'. On ne devra pas tracer d'ellipse, et le point à prendre sur la surface du cône sera donné par sa projection horizontale $m$. On devra d'abord chercher sa projection verticale $m'$ et, ensuite, déterminer le plan tangent. Contour apparent horizontal de la surface.

Prendre un point sur la surface d'un cylindre et mener le plan tangent en ce point. Le cylindre sera défini comme suit : sa directrice est une circonférence tracée dans un plan vertical ; ses génératrices ont une direction connue $\Delta\Delta'$. — On ne devra pas tracer d'ellipse. Le point sera donné par sa projection verticale $m'$ ; on devra chercher sa projection horizontale $m$ et, ensuite, déterminer le plan tangent. — Contour apparent vertical de la surface.

Même cône que ci-dessus : déterminer ses ombres au flambeau (un point $ff'$ sera le flambeau) ou ses ombres au soleil (RR' sera la direction des rayons lumineux).

Même cylindre que ci-dessus ; déterminer ses ombres au flambeau ou ses ombres au soleil.

Comment trouve-t-on la normale commune à deux cônes, ou à deux cylindres, ou à un cône et un cylindre ? — *Épure :* Mener la normale commune à deux cônes définis comme suit : le premier est de révolution, son axe est de bout ; le second est aussi de révolution, mais son axe est quelconque. On ne devra pas avoir à tracer d'autres courbes que des circonférences.

On donne un cône de révolution dont l'axe est dirigé d'une manière quelconque. On connaît son sommet SS' et l'angle générateur $\alpha$.

Par un point extérieur au cône, $mm'$, semer une droite qui soit tangente au cône et qui s'appuie sur une droite donnée DD'.


## (b) *Intersection des cônes et des cylindres. — Généralités.*

Indiquer la méthode générale à employer pour trouver l'intersection de deux surfaces quelconques S et S' pour déterminer la tangente en un point quelconque de l'intersection (méthode des plans tangents, méthode des normales). — Comment applique-t-on la méthode générale quand les surfaces sont du genre cône, cylindre, pyramide ou prisme? Que nomme-t-on plan auxiliaire limite et point limite d'intersection? Tangente en ce point? Quel est le sens des mots *arrachement* ou *pénétration*? Peut-on reconnaître *a priori* le genre d'intersection (arrachement, pénétration, rencontre avec un ou deux points doubles)?

Dans quel cas deux surfaces du second degré se coupent-elles suivant deux courbes planes ou suivant une courbe qui, tout en étant gauche, se projette suivant une conique? Exemple à l'appui ; les emprunter aux ombres ou à l'architecture.

## (c) *Épures*.

Nota. — Pour toutes les épures qui vont suivre, on fera soigneusement le numérotage méthodique des plans auxiliaires et des points de l'intersection qu'ils servent à déterminer. Pour tracer la courbe d'intersection, on fera l'application de la méthode dite *des deux mobiles* et on l'expliquera.

On donne deux cônes dont les sommets sont S et T : leurs bases sont des cercles sur le plan horizontal. — On connaît les hauteurs $h$ et $h'$ des sommets. — Chercher leur intersection. — Point courant. — Tangente. — Reconnaître s'il y a pénétration ou arrachement. — Tracer la courbe.

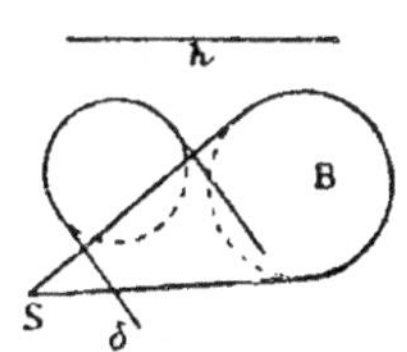

Mêmes bases pour les cônes. Mêmes points S et T ; même hauteur $h$, pour le sommet S. — Trouver la hauteur $h'$, qu'il faut donner au sommet T, pour que l'intersection présente un point double. Chercher un point courant, la tangente.... etc. Tracer la courbe.

On donne un cylindre oblique dont la base est un cercle tracé sur le plan horizontal ; δ est la direction de ses génératrices ; dans l'espace, elles font un angle de 45° avec le sol. — Trouver son intersection avec un cône ayant pour base le cercle B, et son sommet en S, à la hauteur $h$. — Trouver un point courant. — Tangente ; tracer la courbe.

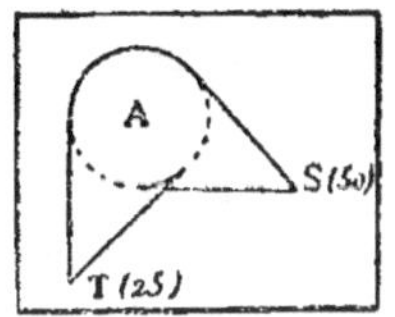

Un cercle A, dans le plan horizontal, est pris pour *base commune* de deux cônes. S (coté 50) est le sommet du premier ; T (coté 25) est le sommet du second. — Trouver l'intersection. De quelle nature est-elle ?

(d) *Branches infinies des intersections de cônes et de cylindres.*

Expliquer de quelle manière un point courant de l'intersection peut, le plus souvent, s'éloigner à l'infini. — 1$^{re}$ manière : par parallélisme des génératrices (elle donne lieu aux branches infinies de 1$^{re}$ espèce). — 2$^e$ manière : par l'éloignement à l'infini de toute une génératrice (elle donne lieu aux branches infinies de 2$^e$ espèce). — De quelle espèce sont les branches infinies des intersections de deux cônes, ou de deux cylindres quand ces derniers sont à directrices fermées ?

Comment trouve-t-on les branches infinies de l'intersection de deux cônes et les asymptotes (si elles existent) ? Que nomme-t-on branches hyperboliques ou branches paraboliques ? Et comment en reconnaît-on l'existence ? Branches infinies de l'intersection d'un cône et d'un cylindre. — *Nota.* Pour toute cette question, des croquis perspectifs seront demandés, plutôt que des épures.

(e) Sections planes des cônes et des cylindres.

Nota. — On assimilera un plan à un cône ou à un cylindre dont la directrice serait une ligne droite ; cette assimilation permet de faire rentrer les problèmes de sections planes dans ceux traités ci-dessus.

Méthodes à suivre pour exécuter simplement les épures :

1° Méthode dite *des projections obliques ;* 2° méthode par changement de plan vertical (le plan sécant étant rendu de bout). Développements des cônes et des cylindres. Transformée d'une courbe.

*Théorème : Les angles et les longueurs se conservent dans le développement.*

Tangente à la transformée d'une courbe. Sous-tangente. — Point d'inflexion de la transformée d'une courbe plane tracée sur la surface d'un cône ou d'un cylindre. — Point d'inflexion des transformées des bases, en supposant ces dernières tracées sur les plans de projection.

*Épures.*

On donne un cône oblique à base circulaire sur le plan horizontal :

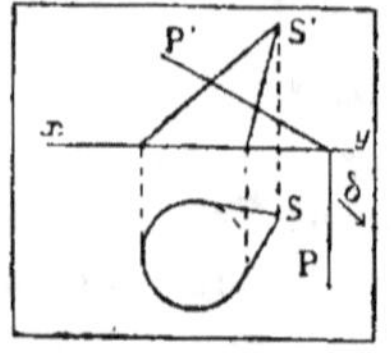

SS' est son sommet. — Le couper par un plan de bout PP'. — Trouver un point courant de la section et la tangente en ce point. — Développer le cône et trouver sur le développement la position du point précédent ainsi que la tangente en ce point à la transformée de la section, et le point d'inflexion de cette transformée. — Trouver deux diamètres conjugués de l'ellipse d'intersection en projection horizontale.

On donne un cylindre oblique à base circulaire sur le plan horizontal. Le couper par un plan de bout PP'. — Trouver un point courant ainsi que sa tangente. — Développer le cylindre, trouver le point précédent sur le développement ainsi que la tangente à la transformée. — Déterminer deux diamètres conjugués de l'ellipse d'intersection, en projection horizontale.

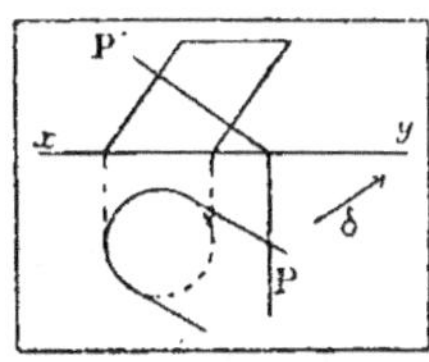

Même cône ou cylindre et même plan sécant qu'aux numéros précédents. — Trouver directement le point de la section pour lequel la tangente est, en plan (ou en élévation), parallèle à une direction donnée δ ou passerait par un point donné. — Achever l'intersection.

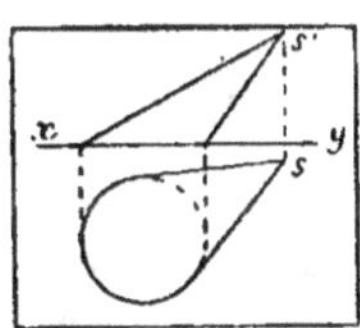

Que nomme-t-on sections *antiparallèles* dans un cône ou dans un cylindre ? Comment les trouve-t-on ?

Application : on donne un cône oblique à base circulaire sur le plan horizontal : SS' est son sommet. Trouver un plan sécant (autre qu'un plan horizontal) donnant comme section un cercle ; une fois trouvée la direction de cette section *antiparallèle à la base*, déterminer sa position de telle sorte que ce cercle ait un rayon donné.

Branches infinies dans les sections planes des cônes (du second degré). — Comment reconnaît-on que la section est une ellipse, une hyperbole ou une parabole ? Dans le cas de l'hyperbole, comment trouve-t-on les asymptotes ? Dans le cas de la parabole, quelle est la direction de l'axe ?

On donne un cône à base circulaire sur un plan horizontal. Son sommet est en S à une hauteur *h*. — On donne en PQ la trace horizontale d'un plan ; déterminer la pente de ce plan de telle sorte que la section qu'il donne dans le cône soit une hyperbole. — Trouver les asymptotes, l'axe et le sommet en projection horizontale.

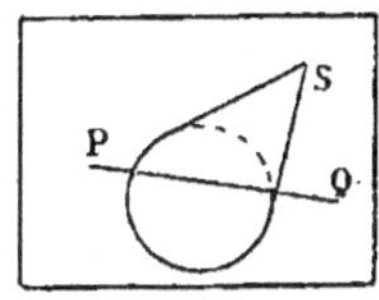

Même cône ; même trace PQ de plan ; déterminer la pente de telle sorte que la section soit une parabole ; en trouver l'axe, le sommet et le foyer.

# TROISIÈME PARTIE

## SURFACES DE RÉVOLUTION

### I. — SURFACES DE RÉVOLUTION QUELCONQUES

Définitions. — Axe et génératrices. — Méridiens et parallèles. — Plan tangent en un point ; ses propriétés. — Normale ; cône des normales et cône des tangentes méridiennes. — Contours apparents d'une surface de révolution dont l'axe est vertical.

*Épure :* Prendre un point sur une surface de révolution (un tore) et mener par ce point un plan tangent à la surface.

Mener à une surface de révolution un plan tangent parallèle à un plan défini, soit par ses traces, soit par sa ligne de plus grande pente.

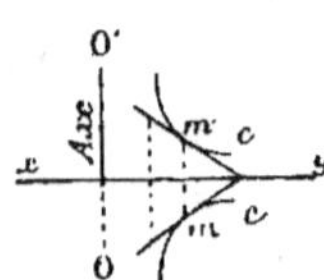

On donne une surface de révolution, à axe vertical, engendrée par la rotation d'une ligne gauche quelconque $cm$-$c'm'$ ; déterminer sa méridienne principale, la tangente en un point de cette méridienne, les contours apparents.

Mener à une surface de révolution du second degré (un ellipsoïde) un plan tangent passant par une droite donnée.

Circonscrire un cône à une surface de révolution (problème de l'ombre au flambeau) : 1° trouver le point de la séparatrice situé sur un parallèle donné (ou méthode des enveloppées coniques) ; — 2° trouver le point situé sur un méridien donné (ou méthode des enveloppées cylindriques). — Point le plus haut ; point le plus bas.

Circonscrire un cylindre à une surface de révolution (problème de l'ombre au soleil). Aux deux méthodes indiquées ci-dessus, ajouter celles des enveloppées sphériques.

Trouver l'intersection d'une surface de révolution (un tore) par un plan quelconque défini par ses traces : expliquer la méthode générale et faire l'épure. — Point quelconque de l'intersection et tangente en ce point ; point le plus haut, point le plus bas, points sur les contours apparents.

Sections planes du tore : aspects divers de l'intersection suivant la position occupée par le plan sécant. — Section par le plan bi-tangent (elle est composée de deux circonférences).

Intersection de deux surfaces de révolution dont les axes se rencontrent (on prendra deux ellipsoïdes). Expliquer la méthode générale pour obtenir un point courant de l'intersection (emploi de sphères auxiliaires) et la tangente en ce point (méthode des normales). Points sur les contours apparents, etc.

Même question : application à une sphère et à un cône de révolution. La sphère est tangente au plan horizontal ; le cône a son axe situé dans le plan du méridien de front de la sphère ; de plus, la génératrice de front du cône est tangente au méridien principal de la sphère. De quelle nature est la courbe d'intersection en élévation ?

## II. — Sphère. — Cône et cylindre de révolution

Rappel (sans démonstration) du théorème de Dandelin, relatif aux sections planes d'un cône de révolution. L'axe de la section est donné par la projection de l'axe du cône sur le plan sécant. — En projection horizontale, si l'axe du cône est vertical, la section a pour foyer la projection du sommet du cône ; directrice.

Placer sur un cône de révolution une ellipse, une hyperbole ou une parabole données.

Section plane d'un cône de révolution dont l'axe est incliné sur le plan horizontal. Sections planes projetées circulairement.

Un cône de révolution est défini par son axe incliné à l'angle $\beta$ sur le plan horizontal, et par son angle générateur $\alpha$. Trouver sa base sur le plan horizontal. — Quelle sera la courbe d'intersection dans les trois cas où l'on aura : 1° $\alpha < \beta$, 2° $\alpha > \beta$, 3° $\alpha = \beta$ ?
Trouver les axes de la base, ou l'un des axes et le foyer.

On donne en $sa$-$s'a'$ l'axe d'un cône de révolution, $ss'$ est son sommet et l'on donne en outre l'angle générateur $\alpha$ : 1° prendre un point quelconque à la surface de ce cône (on se donnera *a priori* la projection horizontale $m$ du point) ; 2° mener le plan tangent en ce point. On ne devra avoir à tracer que des circonférences.

*Même cône* : trouver son ombre propre au flambeau (*ff* sera le flambeau), ou son ombre propre au soleil (*ss'* sera la direction des rayons lumineux).

On donne en *ab-a'b'* l'axe d'un cylindre de révolution. On connaît en outre le rayon *r* de ce cylindre : 1° prendre un point quelconque à la surface de ce cylindre et mener le plan tangent en ce point (on ne devra pas tracer d'ellipse pour la première partie de la question) ; 2° trouver la base de ce cylindre sur le plan horizontal.

*Même cylindre* : trouver son ombre au flambeau ou son ombre au soleil.

*Sphère.* — Méridiens, parallèles, contours apparents. Projections stéréographiques : on nomme ainsi la perspective d'un cercle de la sphère faite en prenant pour tableau le plan d'un grand cercle et pour point de vue le pôle de ce grand cercle.

Propriétés stéréographiques : 1° la perspective stéréographique d'un cercle est un cercle ; 2° les angles se conservent (démonstrations exigées).

Application aux cartes géographiques.

Couper une sphère par un plan défini par ses traces. — Déterminer directement les axes de chacune des projections de l'intersection.

Intersection de deux sphères : déterminer directement les axes de la projection horizontale ou de la projection verticale.

Trouver l'ombre (au flambeau) d'une sphère : déterminer l'ombre propre en plan et en élévation et l'ombre portée sur le plan horizontal. — Discuter la nature de cette dernière ombre qui peut être une ellipse, une parabole ou une hyperbole.

Trouver l'ombre au soleil d'une sphère. Déterminer l'ombre propre en projection horizontale et en projection verticale et les ombres portées sur chacun des plans de projection.

Mener à une sphère un plan tangent : 1° parallèle à un plan donné ; 2° passant par une droite donnée.

Nota.— Pour toutes ces épures, adopter le tracé donnant le minimum de lignes de construction.

### III. — CADRANS SOLAIRES (1)

Notions sommaires d'astronomie : mouvement diurne : le soleil et l'écliptique. — La terre ; latitude et longitude d'un point.

Première idée sur la construction d'un cadran solaire ; cadran solaire cylindrique ou sphérique.

Connaissant la latitude d'un lieu, construire en ce lieu, sur un plan horizontal, un cadran solaire à style : 1° tracé de la méridienne par expérience ; emploi d'un faux style ; 2° tracé des lignes horaires.

Connaissant la latitude d'un lieu, construire, en ce lieu, un cadran solaire à gnomon sur un mur vertical déclinant : tracé expérimental du centre du cadran, de la sous-stylaire et de la ligne de midi ; 2° tracé géométrique des autres lignes horaires.

# QUATRIÈME CLASSE

## SURFACES RÉGLÉES ET SURFACES HÉLICOIDALES

### I. — GÉNÉRALITÉS SUR LES SURFACES RÉGLÉES

Définir une surface réglée ; montrer comment on peut l'engendrer. — Combien faut-il de conditions graphiques pour assurer le mouvement de la génératrice ? — Exemples divers. — Directrices. — Noyaux. — Cône directeur. — Plan directeur. — Surfaces cylindroïdes, surfaces conoïdes. — Hyperboloïde. — Paraboloïde.

NOTA. — Pour toutes ces questions on ne demandera que des définitions et des descriptions accompagnées de croquis.

Loi de variation du plan tangent en un point d'une surface réglée, lorsque le point se déplace sur une génératrice. — Théorème de *Chasles* ; le démontrer ; le discuter. Éléments déterminatifs : point central ; plan central ; paramètre de distribution. — Classification des surfaces réglées en *surfaces gauches* et en *surfaces développables*.

---

(1) Les cadrans solaires ne sont pas étudiés tous les ans.

Interprétation géométrique du théorème de Chasles. Le point central. Le plan central. Le paramètre de distribution. — Construire le plan tangent en un point. Méthode dite *de la sécante fixe;* méthode dite *du point de vue.*

Connaissant trois plans tangents en trois points A, B, C d'une génératrice, trouver les *éléments déterminatifs* de cette génératrice; en déduire le plan tangent en tout autre point. — *Points moyens* et *plans moyens.*

Lorsque deux surfaces gauches ont une génératrice commune et trois plans tangents communs en trois points de cette ligne, démontrer qu'elles se raccordent tout le long. — Qu'arrive-t-il si elles ont simplement la génératrice commune?

*Conséquence:* exposer la théorie des hyperboloïdes et des paraboloïdes de raccordement d'une surface gauche. Paraboloïde des normales.

Que nomme-t-on point central? Plan central? Plan asymptotique? Comment est ce dernier plan par rapport au cône ou au plan directeur? — Théorème sur le contour apparent *horizontal* des surfaces gauches *d'égale inclinaison*, c'est-à-dire dont les génératrices ont une pente constante. Le démontrer ainsi que le théorème réciproque.


## II. — Paraboloïde hyperbolique et hyperboloïde gauche

Définition du paraboloïde hyperbolique ou *plan gauche:* démontrer (descriptivement) l'existence d'un double système de génératrices. — Mettre en évidence le second plan directeur (on suppose que le premier est le sol), prendre un point sur un paraboloïde et, par ce point, mener le plan tangent.

Trouver le point de l'ombre propre d'un paraboloïde situé sur une génératrice donnée (soleil ou flambeau), et trouver, par points, le contour apparent horizontal d'un paraboloïde. — Comme application de ce problème, trouver les éléments déterminatifs d'une génératrice quelconque.

Mener à un paraboloïde un plan tangent parallèle à un plan donné.

Définition de l'hyperboloïde gauche; son double système de génératrices (démonstration par la descriptive). — Centre de la surface. — Plans asymptotiques. — Cône asymptote.

### III. — SURFACES GAUCHES QUELCONQUES. — ÉPURES

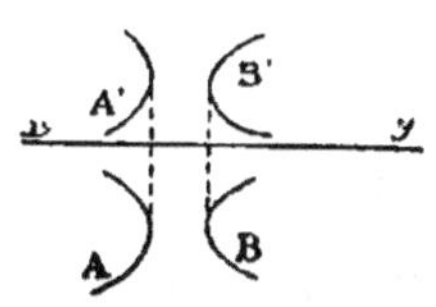

On donne une surface gauche à deux directrices A et B, et à plan directeur horizontal. Tracer une génératrice quelconque; prendre un point sur la surface; construire le plan tangent en ce point (emploi d'un paraboloïde de raccordement).

Trouver le point d'ombre propre situé sur une génératrice donnée (soleil ou flambeau).

Même surface : trouver les éléments déterminatifs d'une génératrice donnée. En déduire la solution de tout problème relatif aux plans tangents.

Un conoïde est à noyau sphérique : l'axe du conoïde est AA'. Le noyau est la sphère OO'. Le plan horizontal est le plan directeur. Résoudre, pour ce conoïde, le même problème qu'aux questions précédentes.

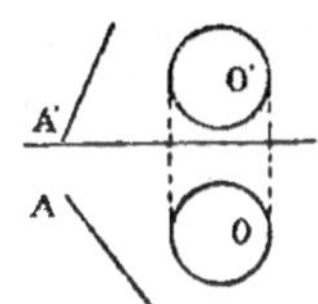

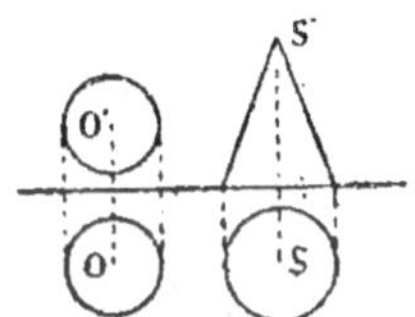

On donne une surface gauche à deux noyaux et à plan directeur horizontal. Le premier noyau est une sphère OO'; le second est un cône SS'. Résoudre pour cette surface le même problème qu'aux questions précédentes.

### IV. — HYPERBOLOÏDE DE RÉVOLUTION

Définition de la surface : double système de génération; cercle de gorge ou *collier;* contour apparent vertical et hyperbole méridienne; cône directeur et cône asymptote.

Par un point pris sur l'hyperboloïde, mener le plan tangent à la surface. — Un plan contient une génératrice, trouver le point de tangence de ce plan. Application à la recherche de l'ombre propre.

Mener à l'hyperboloïde un plan tangent parallèle à un plan donné.

Sections planes de l'hyperboloïde. Elles sont homothétiques des sections faites par les mêmes plans dans le cône asymptote. Section par un plan vertical.

Intersection d'une droite et d'un hyperboloïde, dans le cas où la droite rencontre l'axe; emploi d'un cône auxiliaire.

Même problème: la droite ne rencontre pas l'axe; par cette droite, mener un plan tangent à la surface.

### V.— HÉLICE ET SURFACES HÉLICOÏDALES.

Définition de l'hélice : pas total H, pas réduit $h$. Rayon R. Point de départ A. Sens (droite ou gauche). Projeter une hélice à axe vertical; la développer. Trouver la tangente; sous-tangente. Lieu des traces horizontales des tangentes.

Définition des cinq hélicoïdes réglés, en y comprenant l'hélicoïde développable, comme cas particulier de l'un d'eux. Duquel?
Hélicoïde gauche quelconque; définition. — Construire une génératrice; y prendre un point. — Construire le plan tangent en ce point. — Énoncer et démontrer le théorème du pôle.

Même surface : trouver un point de la courbe d'ombre propre (lumière au soleil). — Centre d'ombre; démontrer son existence et ses propriétés.

Surface de vis à filet triangulaire : définition. — Construire une génératrice et le plan tangent en un de ses points. — Position du pôle. — Section par le plan horizontal. La courbe de section est une spirale d'Archimède.

Même surface : trouver son contour apparent vertical. Application au dessin *exact*, et au dessin *simplifié*, d'une vis triangulaire employée dans l'industrie.

Définition et projection des deux hélicoïdes à plan directeur. — Représentation d'une vis à filets carrés employée dans l'industrie.

### VI. — SURFACES DÉVELOPPABLES.

Définitions diverses d'une surface développable. Arête de rebroussement : à quelle propriété est dû ce nom? Manières d'engendrer une développable : deux conditions suffisent. Exemples.

Hélicoïde développable. Définition. Développement de la partie comprise entre le cylindre de striction et un cylindre concentrique. Vis d'Archimède pour épuisements; comment on la construirait.

---

# CINQUIÈME CLASSE

## OMBRES USUELLES A 45°.

Généralités ; définitions ; ombres au flambeau, ombres au soleil.
Les trois méthodes générales pour la recherche des ombres ; les trois théorèmes généraux. — Le cube de lumière et le rayon à 45° ; ses rabattements, l'angle $\varphi$.

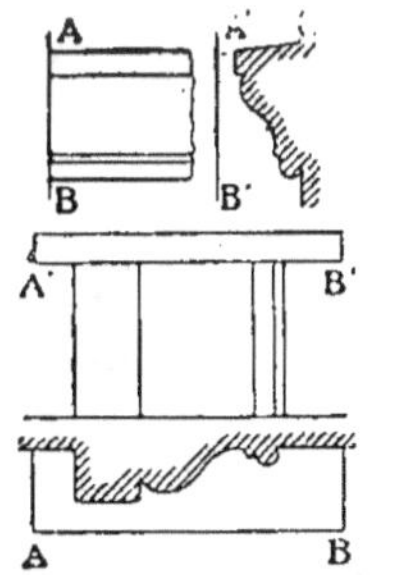

Ombre portée sur le plan vertical par un cercle de niveau : application à l'ombre portée par un cylindre vertical ou application à l'ombre portée sur le mur du fond d'une pièce carrée par une ouverture cylindrique $ab$ pratiquée dans le plafond.

Ombre portée sur le plan vertical par un cercle de profil : application à l'ombre portée par un cylindre horizontal ou application à l'ombre portée sur le mur du fond d'un portique par une arcade de profil : 1° avec l'arcade entière ; 2° en supposant l'arcade coupée.

Ressaut des ombres : Tracer directement l'ombre portée par l'arête AB, A'B' d'un mur ou d'un pilastre sur des moulures horizontales placées en arrière ou application à l'ombre portée par un larmier A B, A'B' sur des moulures verticales placées au-dessous et en arrière.

Ombres portées sur des murs fuyants ou sur des plans parallèles à la ligne de terre. Application aux ombres d'un escalier extérieur, compris entre deux petits murs d'appui inclinés à la même pente que lui (en élévation seulement).

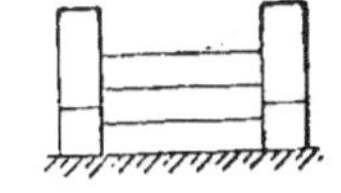

Ombres portées par une cheminée sur un toit parallèle à la ligne de terre.

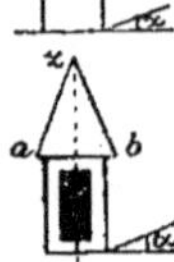

Ombres portées sur le même toit par une lucarne couronnée, en $zab$, par deux petits égouts de long pan $za$, $zb$, et une croupe $zab$, de même pente que les longs pans.

Ombre propre du cône de révolution à axe vertical et son ombre portée sur le sol et sur le mur. Discussion. Cône à 45°. Cône à l'angle φ. Cône sans ombre. Cône en entier dans l'ombre.

Même problème, traité en se servant du mur fuyant à 45°.

Ombres de la sphère : on supposera le rayon lumineux rendu de front (angle φ). On justifiera théoriquement les tracés simplifiés qui en résultent.

Même problème : le rayon lumineux est à 45°. Donner sans démonstration le tracé de l'ombre propre et des ombres portées sur les deux plans de projection :

Ombre propre du tore : en élévation A et en coupe B.

Ombre propre du tore, en plan : 1° en trouver les points principaux; 2° trouver un point quelconque en le déduisant de l'ombre de la sphère centrale. — La courbe d'ombre est une *conchoïde* d'ellipse.

Ombre dite *du tailloir* A.

Ombre des gouttes de l'ordre dorique B.

Ombre dite *du listel saillant*.

Ombre dite *de l'astragale* C.

Ombre du listel avec *congé circulaire* D.

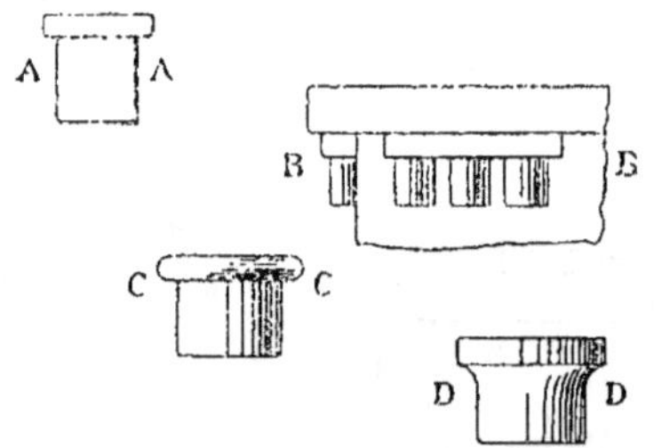

Ombre d'un cylindre de machine à vapeur, en coupe, avec piston en saillie.

Ombre dite *du pont* : application à une arcade en coupe.

Ombre dite *de l'écuelle* : en plan seulement; donner la démonstration du tracé et des simplifications.

Ombre *de l'écuelle* : en plan et en coupe; donner les tracés sans démonstration; indiquer les simplifications, tangentes, etc.

Ombres d'une *niche sphérique* : en élévation et en coupe.

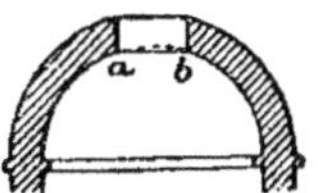

Ombres d'une *coupole* en coupe : la coupole est percée à sa partie supérieure d'une ouverture cylindrique *ab*; nature de l'ombre portée par *ab*.

Ombres portées dans une *voûte d'arêtes* : en coupe et en plan.

Ombres portées dans une *lunette cylindrique* : en coupe et en plan.

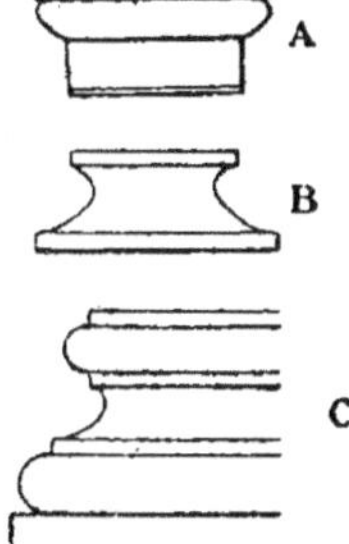

Ombres d'un *chapiteau dorique* très simple : on supprimera le talon du tailloir, les annelets de l'échine et l'astragale du fût (fig. A).

Ombres de la *scotie* (fig. B).

Ombres d'un *fronton*.

Ombres de la *base attique* (fig. C).

Nota. — Les questions d'ombres devront être traitées en donnant très peu d'explications orales. La bonne exécution du dessin est indispensable et influera sur la note. Cette remarque est, d'ailleurs, générale; toutes les épures exécutées au tableau devront être soigneusement dessinées en se conformant aux conventions ordinaires relatives aux diverses espèces de traits (trait plein, trait pointillé, trait ponctué, etc.).

# SECTION D'ARCHITECTURE

## DEUXIÈME CLASSE

## GÉOMÉTRIE DESCRIPTIVE

*Valeurs des recompenses accordées à ce concours.*

Troisième médaille. — 3 valeurs.
Mention. — 2 valeurs.

### EXPOSÉ PRATIQUE

Comme pour les différents examens scientifiques, ce concours comporte deux parties principales : un examen écrit et un examen oral ; l'examen oral se rapporte au programme que nous plaçons en tête de ce chapitre, dans lequel les questions proposées sont prises.

L'examen écrit se divise en deux parties :

1° Des épures faites pendant la durée du cours ; ces épures consistent, en des *cahiers d'épures* exécutés à l'atelier sur des questions d'application du cours ;

2° En une épure faite en loge, pendant une durée de six heures, et qui a trait habituellement aux ombres usuelles à 45°. Nous reproduisons ci-après quelques-uns des programmes proposés à ce concours.

## PROGRAMMES DES ÉPURES EN LOGE

### COUPOLE SPHERIQUE SUR PENDENTIFS EN TRUMEAUX

Le croquis ci-joint donne, en plan et en coupe, le dessin d'un solide géométrique creux représentant, dans ses masses, une coupole sphérique sur pendentifs en trumeaux, accompagnée d'une niche en cul-de-four AA' et surmontée d'un dôme cylindro-sphérique BB'.

Géométriquement parlant, la génération de ce solide est la suivante :

Une demi-sphère (dont les contours apparents sont figurés en pointillé sur le croquis) est coupée (voir le plan) par 4 plans verticaux, *m*, *m*, *n*, *g*, qui donnent comme section quatre demi-cercles. Les

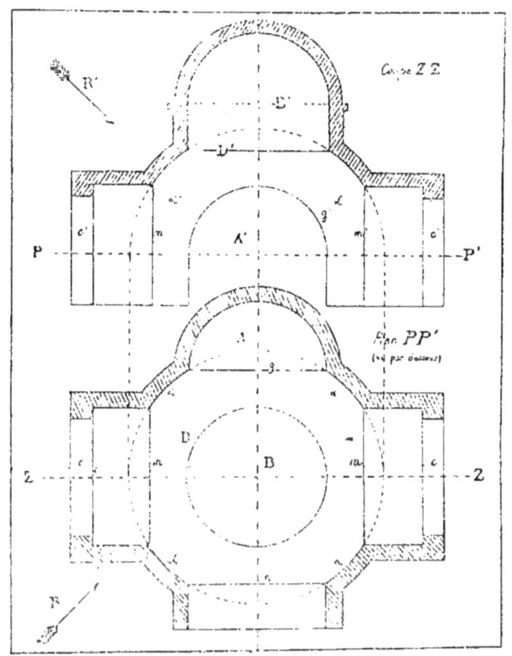


**COUPOLE SPHÉRIQUE SUR PENDENTIFS EN TRUMEAUX**

trois demi-cercles, *m*, *m* et *n* sont pris comme directrice de trois berceaux cylindriques.

Les deux berceaux *m* et *n* sont terminés à leurs extrémités par des arcs doubleaux *cc'-cc'*.

Le demi-cercle *gg*, qui est de front, sert de courbe de tête à une niche sphérique dite cul-de-four.

Pour amorcer le dôme ; la sphère est coupée (voir la coupe) par un plan horizontal D' qui détermine une demi-circonférence DD' laquelle est prise pour base d'un cylindre vertical terminé, lui aussi, par une coupole sphérique.

Les pendentifs en trumeaux sont les portions *aa'-aa'* de la demi-sphère qui sont conservés entre les quatre cercles *m*, *n*, *m* et *g*.

Cela posé, après avoir reproduit le croquis ci-contre, à plus grande échelle, on déterminera les ombres du plan et de la coupe (à 45°-RR').

Remarquer que le plan est supposé vu par-dessous et donné par une coupe horizontale faite par le plan PP' de naissance.

Une teinte rose indiquera les parties coupées.

Une teinte grise, très légère (ou des hachures), sera posée sur les parties dans l'ombre.

Nota. — Il est interdit, sous peine de mise hors concours entraînant des mesures disciplinaires, de garder par devers soi aucun document.

## UN PINACLE (Église Saint-Leu, a Paris)

A. *Mise en place.* — Le croquis ci-joint donne, à une échelle réduite de celle de l'épure à exécuter, le dessin du motif qu'il s'agit de représenter et d'ombrer.

Toute la partie supérieure est composée de surfaces de révolution, dont la génération se comprend à première vue.

Le cylindre C rencontre les plans D, D, parallèles à la ligne de terre, qui relient les deux frontons latéraux, suivant une ellipse dont on devra déterminer les axes et dessiner la partie utile.

C'est par l'intermédiaire des quatre frontons que se fait la transition entre les surfaces de révolution de la portion supérieure et le prisme à base carrée de la partie inférieure.

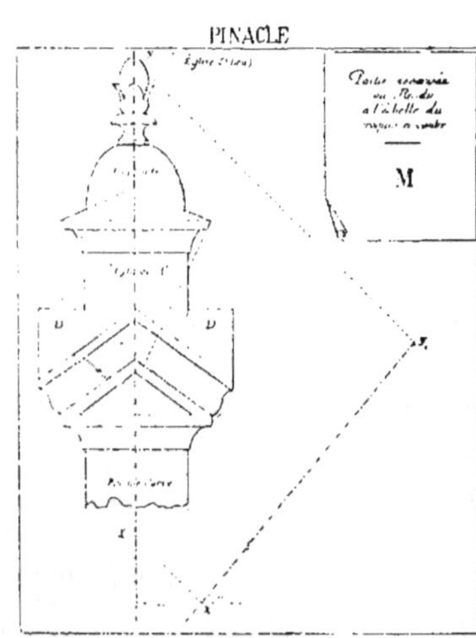


UN PINACLE

B. *Ombres.* — On cherchera les ombres (propres et autoportées) du pinacle, ainsi que les ombres portées par lui sur un toit

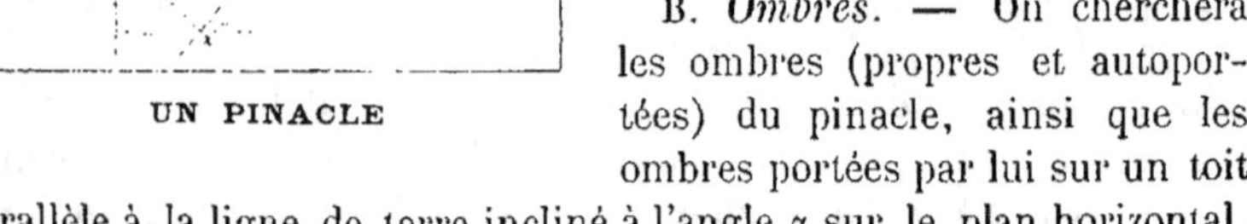

parallèle à la ligne de terre incliné à l'angle α sur le plan horizontal.

On supposera que $X_1Y_1$ est l'ombre portée sur ce toit par l'axe du pinacle.

C. *Rendu.* — Dans l'angle M de la feuille on fera, au crayon, un calque du croquis ci-joint et on y reproduira les ombres (sans constructions) trouvées sur l'épure.

Sur ce calque on fera le rendu. Le toit est supposé couvert en ardoises ; le pinacle est en pierre. On fera ce rendu à teintes plates ou à teintes fondues, à volonté.

Nota. — L'emploi des encres de couleur est recommandé pour les constructions de l'épure.

Il est interdit de garder avec soi aucun document.

## INTERSECTION DE SURFACES ET OMBRES USUELLES. — SPHÈRE ET CONE DE RÉVOLUTION

A. Données. — 1° *Axes*. Tracer le grand axe et le petit axe de la feuille de papier ; le grand axe sera la ligne de terre.

2° *Sphère*. La sphère, de 150 millimètres de diamètre, a son centre situé à 100 millimètres de chacun des plans de projection et à 45 millimètres à gauche du petit axe de la feuille ;

3° *Cône*. Le cône est de révolution. Son axe est parallèle à la ligne de terre, et cet axe est situé dans le plan du méridien de front de la sphère, à 12 millimètres au-dessous du centre de cette dernière. Le sommet est situé à 180 millimètres à gauche du centre de la sphère. Le cône est limité par un plan perpendiculaire à la ligne de terre et situé à 85 millimètres à droite du centre de la sphère. Enfin, une des deux génératrices méridiennes principales du cône est tangente à la partie inférieure de la circonférence méridienne principale de la sphère. Cela posé on demande :

B. Intersection. — 1° De chercher l'intersection du cône et de la sphère. (Employer la méthode indiquée au cours pour deux surfaces de révolution dont les axes se rencontrent. Indiquer la construction de la tangente au point courant.)

2° De représenter l'entaille faite par la sphère dans le cône. (On supposera donc la sphère enlevée.)

C. Ombres a 45° degrés. — 3° De chercher les ombres portées sur le plan horizontal par le cône ainsi entaillé et d'en déduire les ombres propres du solide ainsi que l'ombre portée dans l'entaille sphérique par la courbe d'intersection.

## REPRÉSENTATION ET INTERSECTION DE POLYÈDRES. OMBRES A 45°

1° Un premier cube A a sa diagonale verticale située à 90 millimètres en avant du plan vertical. Cette diagonale a une longueur de 160 millimètres et l'une de ses extrémités est sur le plan horizontal. Un des côtés du cube est parallèle au plan vertical.

2° On fait tourner ce solide autour de sa diagonale verticale d'un angle égal à un quart d'angle droit ; ce qui donne un second cube B égal au précédent.

On demande :

3° De chercher les intersections des deux solides et de représenter, en plan et en élévation, le solide composé qui résulte de la coexistence des deux cubes.

4° De chercher les ombres (à 45°) que ce solide porte sur les plans de projection et les ombres qui lui sont propres.

Feuille 1/4 grand aigle en six heures.

## CONE, CYLINDRE ET SPHÈRE

On tracera un cadre de 420 millimètres $\times$ 540 millimètres. Cela fait,

Données :

1° Un cône est circonscrit à une sphère de 100 millimètres de rayon, tangente au plan horizontal. La projection horizontale du centre de cette sphère est située à 160 millimètres au-dessus du petit côté inférieur du cadre et à 130 millimètres à droite du grand côté de gauche (on ne donnera pas de projection verticale de l'ensemble des solides dont il va être question).

L'axe du cône est, en projection horizontale, incliné à 45 degrés sur chacun des côtés du cadre ; il se dirige, en montant, vers le milieu de la feuille ; le sommet S est en projection horizontale situé à 280 millimètres du centre de la sphère et sa hauteur, dans l'espace, au-dessus du plan horizontal est de 270 millimètres. Ce sommet et avec lui le cône sont donc parfaitement déterminés.

On limitera le cône à la courbe suivant laquelle il est circonscrit à la sphère et, dans tout ce qui va suivre, on considérera le solide *sphéro-conique* ainsi déterminé, par la sphère et par le cône.

2° Un cylindre de révolution de 65 millimètres de rayon a son axe passant par le centre de la sphère et incliné à deux de hauteur pour trois de base sur le plan horizontal. Cet axe fait avec celui du cône un angle qui, en projection horizontale, sera compris entre 30 degrés et 45 degrés. Dans l'espace cet axe plongera du côté de l'angle inférieur de gauche de la feuille.

On demande :

1° De déterminer l'intersection du cylindre et du solide sphéro-conique ;

2° De représenter, en projection horizontale seulement, ce dernier solide entaillé par le cylindre ; le cylindre est donc supposé enlevé.

Les ellipses que comportera l'épure seront déterminées soit par leurs axes, soit par deux diamètres conjugués.

On indiquera, en rouge, la construction faite pour déterminer un point courant de l'intersection et la tangente en ce point.

On indiquera, de même, les constructions exécutées pour déterminer les points les plus importants des intersections.

*Conseils divers.* — On conseille d'opérer comme suit :

1° Chercher l'ellipse, projection du cercle de contact du cône et de la sphère, et prendre cette courbe comme base du cône, sans chercher la trace de ce dernier sur le plan horizontal ;

2° Chercher les deux ellipses projections des circonférences suivant lesquelles le cylindre recouperait la sphère supposée existant seule.

Celle du bas sera, sans doute, à conserver, en entier ; celle du haut ne sera pas dans le même cas ;

3° Chercher par les extrémités de deux décimètres conjugués, l'ellipse suivant laquelle le cylindre recouperait le plan de la base adoptée ci-dessus par le cône, et, pour la recherche de l'intersection du cône et du cylindre, prendre cette ellipse pour base du cylindre ;

4° Continuer comme à l'ordinaire, c'est-à-dire mener par le sommet du cône une parallèle au cylindre, chercher son intersection $k$ avec le plan ci-dessus, etc.

# COURS

DE

## MATHÉMATIQUES ET DE MÉCANIQUE

(ENVIRON 36 LEÇONS)

## PREMIÈRE PARTIE

### TRIGONOMÉTRIE

Définitions. — Propriétés et relations entre les lignes trigonométriques. — Résolution générale des triangles. — Calcul des triangles par les logarithmes. — Relation entre une aire plane et sa projection.

### GÉOMÉTRIE.

Courbes planes et gauches. — Tangente, — Normales.
Étude des coniques. — Tracés pratiques de ces courbes. — La projection d'un cercle est une ellipse. — Propriétés et tracés qui en résultent.
Définitions des surfaces coniques, cylindriques et de révolution. — Plan tangent à ces surfaces. — Normale. — Section plane d'un cône et d'un cylindre de révolution.
Mesure des surfaces et des volumes d'application fréquente en construction.

### GÉOMÉTRIE ANALYTIQUE

Notion d'une fonction. — Accroissement. — Définition de la dérivée. — Dérivées d'une somme, d'un produit et d'un quotient. —

Dérivée d'un polynôme entier. — Application à l'étude de la variation d'une fonction. — Maxima et minima. — Représentation graphique de la variation d'une fonction. — Équation d'une courbe. — Exemples : équations de la droite, du cercle, d'une conique (rapportée à ses axes) ; équation de l'hyperbole équilatère rapportée à ses asymptotes. — Coefficient angulaire d'une droite. — Coefficient angulaire de la tangente à une courbe. — Définition et calcul du rayon de courbure en un point d'une courbe.

Résolution approchée d'une équation numérique du troisième degré.

Fonctions primitives. — Évaluation d'une aire plane. — Rectification d'une courbe.

Coordonnées polaires. — Cercle. — Spirales.

Coordonnées cartésiennes dans l'espace. — Équation du plan.

---

# SECONDE PARTIE

---

## MÉCANIQUE

Définitions. — Forces. — Principes expérimentaux. — Composition des forces concourantes. — Composition des forces parallèles. — Couples. — Moments. — Réduction des forces appliquées à un corps solide. — Conditions générales de l'équilibre.

Éléments de statique graphique. — Applications. — Centres de gravité des lignes, des surfaces et des volumes. — Construction du centre de gravité par la statique graphique. — Théorèmes de Guldin.

Moments d'inertie des surfaces les plus simples.

Équilibre d'un corps ayant un axe fixe. — Corps appuyé par trois points : répartition des efforts.

Machines simples : leviers, balance ordinaire, poulies, treuils. — Frottements : applications. — Plan incliné. — Poussée des terres et pression de l'eau sur un mur vertical.

# ÉCOLE NATIONALE ET SPÉCIALE DES BEAUX-ARTS

## DEUXIÈME CLASSE

## MATHÉMATIQUES

*Valeurs des récompenses accordées à ce concours.*

3° Médaille. — 3 valeurs.
Mention. — 2 valeurs.

### EXPOSÉ PRATIQUE

L'examen de mathématiques a lieu deux fois par an. Cet exercice se compose d'épreuves faites en loge, d'après un programme donné par le professeur de mathématiques, et d'un examen oral sur les matières du cours. L'examen de mathémathiques est le premier que les élèves doivent chercher à passer, car la remise de ce concours, après les exercices d'éléments analytiques et de projets, retarderait leur passage en 1ʳᵉ classe, étant donné que les épreuves de mathématiques exigent une préparation qu'il est préférable de faire suivre celle de l'examen d'admission, au lieu de reprendre les matières de l'examen un an après.

Le Conseil supérieur de l'École reconnaissant le bien fondé de cette non-interruption dans les études scientifiques, a décidé très judicieusement de faire passer, immédiatement après les épreuves d'admission, les examens de mathématiques, de géométrie descriptive, de stéréotomie et de perspective, aux élèves qui en formuleraient la demande. Nous donnons en tête de ce chapitre le programme du cours dans lequel les questions orales sont choisies; ces questions sont habituellement au nombre de deux.

Pour l'examen écrit, deux questions également :

Une question de trigonométrie.

Un problème de mécanique ou un problème d'algèbre.

Nous donnons ci-dessous une question proposée au dernier examen, sans nous étendre davantage sur ces exemples, ces questions posées étant prises intégralement dans le programme du cours.

## QUESTION

On donne une demi-circonférence de centre O, de rayon R, décrite sur **AB** comme diamètre. De **A** comme centre avec **AO** pour rayon, on décrit un arc de cercle qui coupe en **C** la demi-circonférence. Soit **D** le milieu de l'arc BC; on mène les cordes **BD**, **CD**.

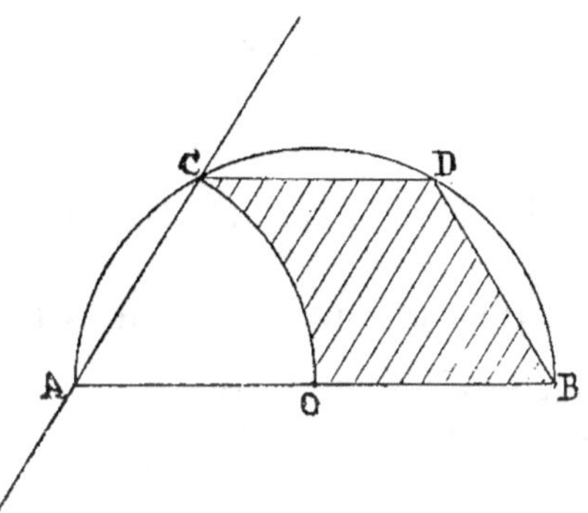

Trouver les expressions du volume V et la surface S engendrée par la figure ombrée **OCDB** en tournant autour de la droite AC. 2° Calculer R par logarithme, sachant que $V = 3^{mc} 456.700$.

# COURS DE PERSPECTIVE

## SECTIONS DE PEINTURE, DE SCULPTURE ET D'ARCHITECTURE

(28 leçons)

---

## PREMIÈRE PARTIE

### DÉFINITIONS. — CONVENTIONS. — TRACÉS ÉLÉMENTAIRES

1. — Image rétinienne. — Image perspective. — Point de vue. — Tableau. — Distinction entre la perspective linéaire et la perspective aérienne. — Choix d'un tableau plan vertical.

2. — Aperçu général relatif aux moyens de construire une image perspective.

3. — Directions et grandeurs. — Images des lignes droites vues de front.

Éloignements. — Distance principale. — Échelle de dessin d'un plan de front. — Application à la représentation perspective d'un point déterminé. — Plan et ligne d'horizon. — Hauteurs. — Plan principal de vision et verticale principale. — Distances latérales. Cas où les données de la question sont précisées à l'aide de plans, d'élévations et de coupes.

Tracé exécuté comme un dessin d'après nature, ou de pure invention, en dessinant à volonté l'image d'un premier point arbitrairement choisi, et en achevant l'image sans avoir même besoin d'indiquer matériellement la ligne d'horizon et la verticale principale réelles.

4. — Directions-images des lignes droites fuyantes. — Traces. — Points de concours, de fuite ou d'évanouissement. — Point de fuite principal. — Trace et ligne de fuite d'un plan fuyant. Grandeurs-images des lignes droites fuyantes. — Lignes dites « Cordes de l'arc, d'égales inclinaisons, ou d'égales résections ». — Points de distances. — Lignes de résections proportionnelles. — Distances réduites. — Cas où les données de la question sont précisées à l'aide de plans, d'élévations et de coupes.

Tracé exécuté sans avoir besoin d'indiquer matériellement la ligne d'horizon et la verticale principale réelles.

5. — Solutions perspectives de quelques problèmes relatifs à la division des lignes droites en parties égales proportionelles, ainsi qu'à la construction des angles dont les côtés sont fuyants.

---

# DEUXIÈME PARTIE

## APPLICATIONS USUELLES

1. Rotation d'un plan de front autour d'une droite de ce plan. Vues perspectives de figures planes horizontales, verticales ou obliques, obtenues par rotation.

2. Échelles de perspectives. Vues perspectives d'objets à trois dimensions obtenues à l'aide de plans perspectifs et d'élévations perspectives auxiliaires. — Craticulages.

3. Images réfléchies par des miroirs plans.

4. Tracés d'ombres propres et portées. — Foyer lumineux à une distance finie. — Foyer lumineux à une distance infinie.

5. — Surfaces cylindriques et mixtes. — Moulures.

6. — Lignes et surfaces courbes géométriquement définies. — Circonférence de cercle. — Surfaces de révolution. — Cylindre, cône, sphère, avec leurs ombres et leurs pénétrations.

---

# TROISIÈME PARTIE

## PERSPECTIVE INVERSE

1. — Étude des images perspectives dessinées d'après nature ou de pure invention. — Recherche de la ligne d'horizon, de la verticale principale, de la distance principale, etc.

2. — Champ visuel. — Angle optique. — Effets produits par les variations de la distance principale et des éloignements ; par le déplacement du point de vue, etc.

3. Réflexions sur l'application des tracés perspectifs au dessin artistique, à propos de quelques tableaux de maîtres et de vues photographiques.

---

# QUATRIÈME PARTIE

## GÉNÉRALISATION DES TRACÉS

1. — Tableaux plans non verticaux. — Plafonds.
2. — Tableaux brisés. — Décoration théâtrale.
3. — Tableaux à simple courbure. — Panoramas.
4. — Tableaux à double courbure. — Culs-de-four. — Coupoles.
5. — Bas-reliefs.

---

# ÉCOLE NATIONALE ET SPÉCIALE DES BEAUX-ARTS

## DEUXIÈME CLASSE

## PERSPECTIVE

*Valeur des récompenses accordées à ce concours.*

Troisième médaille. — 3 valeurs.
Mention. — 2 valeurs.

### EXPOSÉ PRATIQUE

L'examen de perspective comporte deux parties, un examen écrit et un examen oral ; pour l'examen oral, nous renvoyons les candidats au programme du cours de perspective situé en tête de ce chapitre, dans lequel les questions proposées sont prises :

L'examen écrit se divise en deux parties :

[Les élèves feront bien de consulter l'ouvrage de **M. P.** Planat : *Manuel de Perspective et Tracé des Ombres* (1).]

1° Une épure faite en loges, dont nous donnons ci-après des programmes sous ce titre : *Épure en loges;*

2° Des exercices à exécuter à l'atelier, dont nous donnons ci-après plusieurs programmes, et qui comportent habituellement trois questions :

1° Une question de tracé des ombres ;

2° — — de composition d'architecture à mettre en perspective ;

3° Un croquis d'après nature au choix du candidat.

Le concours de perspective a lieu deux fois par an. L'obtention de mention qui résulte de cet examen est nécessaire au passage en première classe.

### PROGRAMMES DES ÉPURES EN LOGES

Les concurrents mettront en perspective les fragments de ruines dont les dispositions et les dimensions se trouvent précisées par les croquis ci-joints.

---

(1) Aulanier et C<sup>ie</sup>, Éditeurs. Prix : 20 francs.

La position des objets représentés sera fixée par celle du centre C, conformément aux données suivantes :

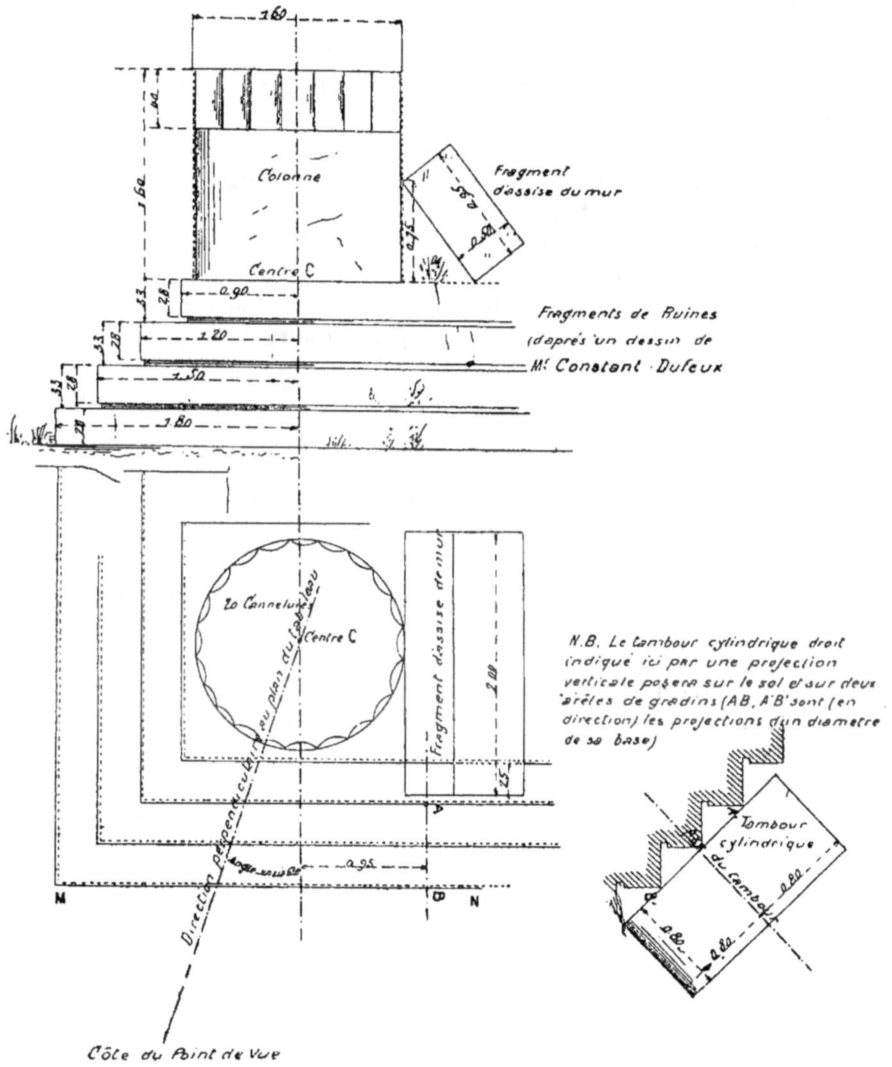



Angle variable = 15°.

Hauteur du point $c$, H = $2^m,26$.

Distance latérale du point $c$, L = $0^m,25$.

Distance du point de vue au plan de front du point $c$, $D + E = 11^m,80$.
Distance principale $D = D + E$.

On tracera les ombres propres et portées. La direction d'un rayon lumineux sera celle de la diagonale d'un cube dont une face serait verticale et l'autre parallèle à la face verticale MN.

Le soleil sera supposé à la droite du spectateur et derrière lui.

On laissera subsister sur le dessin la ligne d'horizon, le point principal, le point de distance réel ou réduit et toutes les lignes de construction utiles à faire comprendre les procédés de tracés perspectifs qui auront été employés.

On y rappellera dans un angle de la feuille les données spéciales relatives à l'angle variable et à la position du centre C.

---

Représenter sur un tableau plan vertical, avec les ombres propres et portées, le *Pinacle* dont les masses sont indiquées par le croquis ci-contre.

Sa situation relative par rapport au spectateur et au tableau sera fixée par les données suivantes :

Hauteur du point X : $H =$

Distance latérale du même point : $L =$

Distance du point de vue au plan de front contenant la verticale du point X : $D + E =$

Distance principale : $D =$

Angle que la direction horizontale AB fait avec la direction perpendiculaire au tableau : angle $\alpha =$



1° En élévation, les points S et S' sont les sommets des cônes droits dont la base commune a pour rayon OV ;

2° La pente du toit est donnée par l'inclinaison de l'hypoténuse du triangle $m$X$n$ ;

3° On limitera l'image sur une horizontale de front passant par le point A ;

4° La direction du rayon lumineux sera celle de la diagonale de cube dont la projection horizontale serait soit R, soit R', avec le soleil derrière le spectateur ;

5° On aura soin de déterminer directement les images des généra-

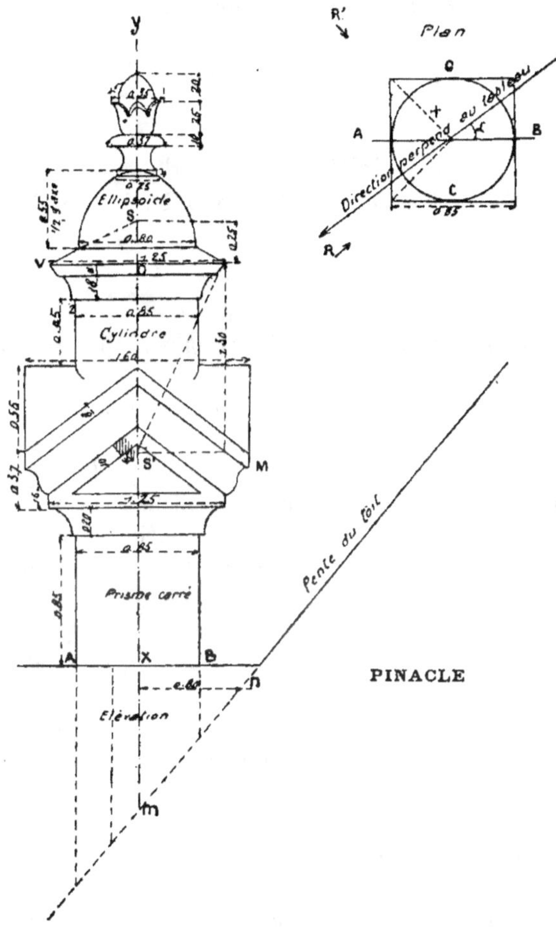


trices de contour apparent et des séparatrices d'ombre et de lumière du cylindre et des troncs de cônes ; quelques points de la séparatrice et de l'image du contour apparent de l'ellipsoïde ; l'ombre portée du pinacle sur le toit (si on en trouve le temps). Ce dernier tracé ne sera considéré comme obligatoire que pour l'ombre portée du point M =

N. B. — La surface du toit est supposée parallèle à la direction horizontale CG.

6° On indiquera par des lignes pointillées ou à l'encre de couleur les parties invisibles des intersections de surfaces, et on laissera subsister sur l'épure toutes les lignes de construction utiles à faire connaître les procédés de tracés perspectifs employés ;

7° Chaque concurrent écrira sur un angle de l'épure les données H, L, D + E et D qui lui auront été imposées.

# PROGRAMMES
## DES EXERCICES A EXÉCUTER A L'ATELIER

1° **Tracer** perspectivement les ombres propres et portées d'une souche de cheminée en maçonnerie.

Avec cette condition que la souche serait vue d'un point élevé de 1 mètre environ au-dessus de *a*.

L'échelle de dessin du plan de front de l'arête *a b* sera d'au moins 0ᵐ,05 pour mètre. Aucune des faces de la souche ne sera vue de front.

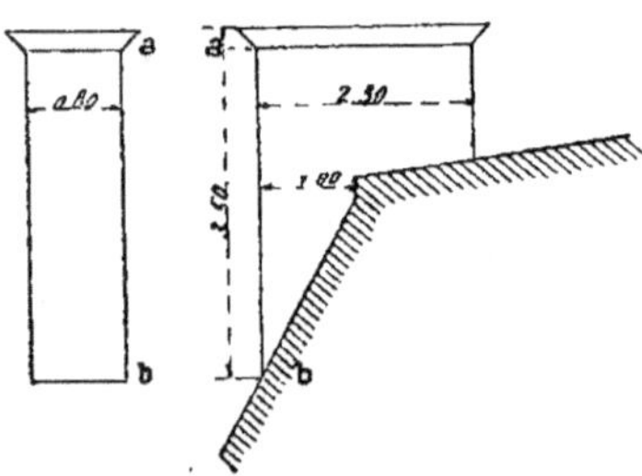

Ses dimensions seront au moins égales à celles indiquées par le croquis ci-contre.

2° Composer et dessiner perspectivement la vue d'une pile de l'arche centrale du pont monumental qui, en 1900, traversera la Seine dans l'axe de l'esplanade des Invalides.

Le cadre du dessin sera de 0ᵐ,45 sur 0ᵐ,55.

Le point de vue sera supposé sur un bateau, en aval de l'arche en question.

Les ombres seront tracées en supposant le foyer lumineux au sommet de la tour de 300 mètres du Champ-de-Mars.

**N. B.** — On admettra que ce foyer est à 300 mètres au-dessus du point de vue, et que la ligne horizontale joignant sa projection à celle du point milieu de la pile (dans l'axe du pont) sera l'hypoténuse d'un triangle rectangle dont les côtés auraient 600 et 1,400 mètres.

Par suite, le foyer lumineux serait à la droite du spectateur et derrière lui.

3° D'après nature :

Dans un cadre de 0$^m$,40 sur 0$^m$,30, dessiner à main levée et au trait la vue perspective d'un ensemble ou de détails d'architecture, et y retrouver après coup la ligne d'horizon, le point principal, la distance principale réelle ou réduite.

Ces dessins devront être remis au secrétariat au plus tard le 13 juillet, à une heure.

Les dessins reconnus copiés l'un sur l'autre entraîneront la mise hors de concours.

---

1° Les concurrents dessineront en projection un piédestal portant une statue. Ce piédestal aura environ 1$^m$,50 de base. Il pourra être sur plan carré ou sur plan circulaire. La distance du point de vue au plan de front contenant son axe sera au plus égale à dix fois la distance principale ; celle-ci ne sera pas moindre de 50 centimètres.

2° Ils composeront et dessineront, dans un cadre de 35 centimètres sur 50, la vue d'une place publique entourée d'arcades ; aucune face n'étant aperçue de front. Au centre, il y aura une fontaine monumentale.

N. B. — Toutes les données que le programme ne précise pas sont liassées au choix des concurrents, qui devront indiquer, sur les dessins eux-mêmes ou sur un calque, toutes les lignes de construction utiles à faire comprendre les procédés perspectifs qu'ils auront employés.

3° Ils exécuteront d'après nature, *à main* levée, la vue d'un ensemble ou de détails d'architecture. Ce dessin aura au moins 0$^m$,25 $\times$ 0$^m$,35. Ils y indiqueront la ligne d'horizon, le point principal et la distance réelle ou réduite.

---

Après avoir mis au net, à 0$^m$,10 pour mètre, le plan et l'élévation du petit édicule dont les dimensions et les formes sont indiquées par le croquis côté ci-joint, on en dessinera une image perspective avec cette condition que l'échelle de dessin du plan de front passant par le centre de la sphère soit de 0$^m$,15 pour mètre.

Toutes les données que le programme ne précise pas sont laissées au choix des concurrents.

Les ombres propres et portées seront tracées en supposant que la direction des rayons lumineux est parallèle à la diagonale d'un cube dont une face serait horizontale, et l'autre parallèle à AB.

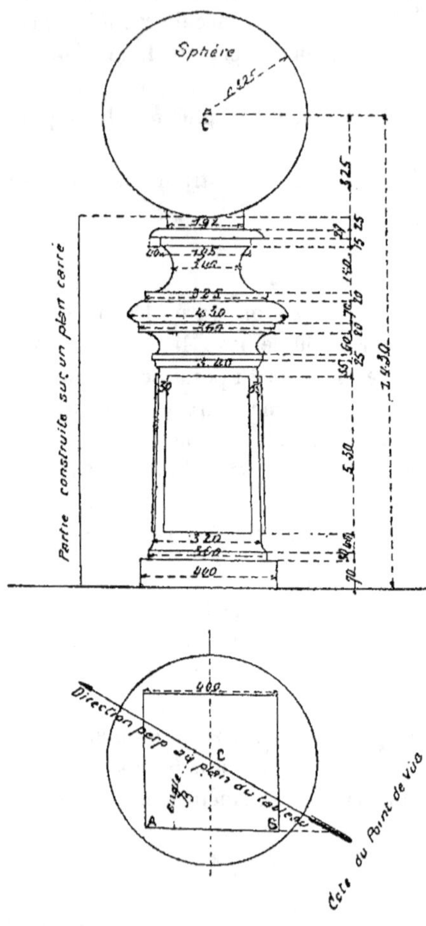


A la représentation de cet édicule, supposé placé soit sur une pelouse de jardin, soit sur une terrasse dallée, on y ajoutera, en manière de frontispice, un entourage composé d'une arcade ou d'une partie d'arcade, de fragments divers, peu nombreux mais intéressants, avec un fond au milieu duquel on apercevra des piédestaux ornés de vases ou de statues, bref tout ce que l'imagination fournira pour que le dessin présente les qualités qu'on doit attendre d'un dessin fait par un artiste consciencieux. (Je citerai, à titre d'exemple, la façon dont notre confrère, feu Bourgerel, savait grouper ces croquis de voyage.)

Ce dessin pourra être laissé au trait, à l'encre, ou lavé à l'encre de Chine, ou à la sépia seulement ; les concurrents se souviendront qu'il s'agit ici d'un exercice de perspective linéaire et qu'on leur demande tout autre chose qu'une aquarelle faite de chic.

Sur un calque, où seront reportés les contours principaux, et particulièrement ceux de l'édicule, les concurrents indiqueront la ligne d'horizon, la verticale principale, la distance réelle ou réduite, et les lignes de constructions nécessaires à faire comprendre les procédés de dessin perspectif qu'ils auront employés. Par une note écrite sur ce calque, ils feront connaître les données qu'ils auront choisies pour fixer la hauteur, la distance latérale et l'éloignement du centre C de la sphère, ainsi que l'angle (B) que la ligne AB fait avec la direction perpendiculaire au plan du tableau.

Deux dessins superposables ou visiblement copiés l'un sur l'autre entraîneront pour les deux concurrents la mise hors concours.

Le plan et l'élévation de l'édicule seront joints au dessin et au calque demandés.

D'après nature :

Dans un cadre de $0^m,37$ sur $0^m,29$, les concurrents dessineront à main levée, au trait et *au crayon*, la vue perspective d'un ensemble ou de fragments d'architecture.

On demande ici aux élèves leur dessin fait directement devant la nature, et non la reproduction, mise au net, d'un croquis. C'est pourquoi ils sont prévenus que le crayon doit seul être employé.

Tout dessin qui ne présentera pas le caractère d'une étude directe de la nature, quelque habile qu'il soit, sera mal noté, tandis qu'un dessin d'après nature, ferme, simple et consciencieux, même maladroit, sera bien noté. On rappelle aux concurrents que ce qui importe, et ce qui est utile, pour l'éducation de l'œil, c'est le temps passé à regarder la nature et à essayer de l'interpréter en lui conservant son caractère.

# COURS

DE

# STÉRÉOTOMIE ET DE LEVÉ DE PLANS

(25 LEÇONS)

---

## INTRODUCTION

Définition et objet de la stéréotomie ; sa division en coupe des pierres et charpente. — Méthode générale à suivre dans toute question de stéréotomie.

---

## PREMIÈRE PARTIE

### COUPE DES BOIS OU CHARPENTE

---

## CHAPITRE PREMIER

*Notions générales.*

Équarrissage des bois. — Projet, épures et ételons. — Établissement des bois. — Lignage et contre-lignage. — Mise sur ligne. — Piqué des bois. — Coupes et tailles. — Instruments du charpentier. — Outils.

## CHAPITRE II

*Assemblages.*

Les trois grandes catégories des assemblages. — Description des assemblages. — Assemblages spéciaux à la menuiserie et à l'ébénisterie. — Ferrures.

## CHAPITRE III

### *Pans de charpente.*

Principes généraux. — Triangulation. — Mode de travail le plus favorable. — Pans verticaux, — murs et cloisons. — Pans horizontaux, — planchers et enrayures. — Pans inclinés, — combles et fermes.

## CHAPITRE IV

### *Combles.*

Disposition des combles. — Combles à surfaces planes, — simples, pyramidaux, — brisés. — Combles à surfaces courbes, — coniques, — cylindriques, — sphériques.

## CHAPITRE V

### *Fermes.*

Fermes simples, — complètes. — Croupes, — droites et biaises. — Noues, — droites et biaises. — Nollets. — Enrayures des combles, — flèches.

## CHAPITRE VI

### *Escaliers.*

Notions générales. — Escaliers en bois. — Marches et contre-marches. — Coupe. — Tracé, — balancement, les deux méthodes. — Limon d'escalier en quartier tournant. — Escalier à la française, demi-anglais, anglais.

---

# DEUXIÈME PARTIE

## COUPE DES PIERRES

---

### CHAPITRE PREMIER

#### GÉNÉRALITÉS

*Voûtes :* définition, division en voûtes : cylindriques, de révolution, coniques ; chapitres spéciaux : voûtes tronquées, escaliers, arches biaises.

*Murs :* taille d'un prisme rectangulaire.

*Tracé des épures :* instruments, procédés.

*Taille par équarrissement :* solide capable, lit de carrière, instruments, procédés.

*Taille directe :* instruments, procédés.


## CHAPITRE II

### VOUTES CYLINDRIQUES OU EN BERCEAU

#### 1° *Voûtes cylindriques simples.*

Voûtes plates ; — plates-bandes. — Porte droite en berceau ; berceau droit continu. Porte biaise en talus. — Porte droite et biaise en tour ronde avec et sans talus, rachetant une autre voûte.

Considérations générales sur l'appareil des voûtes en berceau ; normalité des joints ; généralisation du principe.

#### 2° *Voûtes cylindriques composées.*

Voûtes plates, rencontre de galeries à voûtes plates. — Berceau coudé. — Voûtes en arc de cloître. — Voûte d'arête, rectangulaires, polygonales, à pans coupés, avec pendentifs et double arêtier. — Voûtes d'arêtes ogivales, arcs indépendants. Différentes autres époques.

#### 3° *Lunettes cylindriques.*

Droites, — biaises, — applications et exemples.


## CHAPITRE III

### VOUTES DE RÉVOLUTION

#### 1° *Voûtes de révolution simples.*

Voûtes de révolution en général. — Berceau tournant. — Voûtes sphériques, taille par l'écuelle. — Voûtes en cul-de-four. — Niche sphérique. — Voûtes elliptiques de révolution.

#### 2° *Voûtes de révolution composées.*

Lunette droite et biaise dans une voûte sphérique et, en général, dans une voûte de révolution. — Voûte sphérique sur trumeaux avec arcs doubleaux. — Voûte sphérique avec fermeret. — Dômes et coupoles. — Voûte d'arète en tour ronde.


## CHAPITRE IV

### VOUTES CONIQUES

#### 1° *Voûtes coniques simples et composées.*

Porte conique, — droite ou biaise, — dans un mur en talus. — Voûte conique rachetant un berceau cylindrique. — Voûte d'arète cylindro-conique. — Applications.


## CHAPITRE V

### TROMPES ET ARRIÈRE-VOUSSURES

Trompes cylindriques, — coniques, — de révolution. — Arrière-voussures de Marseille, — de Montpellier.


## CHAPITRE VI

### ESCALIERS

1° Disposition générale ; marches en pierre ; balancement.

2° Descentes droites et biaises, — rachetant une voûte cylindrique.

3° Escaliers sur voussures et sur corbeaux. — Vis Saint-Gille ronde et rectangulaire. — Vis à noyau plein.

4° Escalier à jour avec limon indépendant. Taille du limon. — Analogie des escaliers avec limon en pierre et en bois.


## CHAPITRE VII

### VOUTES BIAISES

#### 1° *Généralités.*

Origine récente des voûtes biaises de grandes dimensions, procédés nouveaux de tracé et de taille des voussoirs. — Justification du principe géométrique des voûtes biaises modernes.

#### 2° *Voûtes biaises anciennes.*

Rappel du tracé de la porte biaise. — Biais passé cylindrique. — Biais passé gauche. — Corne de vache.

#### 3° *Voûtes biaises modernes.*

Appareil à arceaux indépendants. — Appareil orthogonal. — Appareil héliçoïdal. — Modifications et applications diverses ; appareil orthogonal convergent. — Du biais dans les voûtes coniques, corne de vache.

---

# COURS

## DE LEVÉ DE PLANS

### (6 LEÇONS)

---

### INTRODUCTION

**Objet du levé de plans. — Division des opérations en levé de plans et nivellement.**

---

### CHAPITRE PREMIER

#### LEVÉ DES PLANS

*Division en mesures de longueurs et mesures des angles.*

#### 1° Mesures des longueurs.

Opération préliminaire du *jalonnement*. — Équerre d'arpenteur ; sa description, son usage. — Emploi des *règles*. — *Vernier*, théorie sommaire.

*Chaîne d'arpenteur.* — Description, emploi, fiches. — Modifications : décamètre en ruban d'acier, roulette en fil.

*Principes élémentaires des stadias.*

#### 2° Mesures des angles.

Moyens de visée en général. — Comparaison des *alidades* et des *lunettes*.

### A. — *Graphomètre ordinaire.*

Description, emploi. — Modification : graphomètre à lunette.

### B. — *Boussole.*

Principe : aiguille aimantée, déclinaison. — Pratique : précautions diverses. — Emploi en topographie militaire.

### C. — *Planchette.*

Principe : alidades à pinnules et à lunette. — Types divers. — Pratique : précautions diverses, avantages et inconvénients.

#### 3° Pratique du levé de plans.

Variétés des procédés suivant les instruments disponibles et les circonstances. — Cas d'un terrain en pente.

*Levé à la chaîne.*

*Levé à la chaîne et à l'équerre,* — Arpentage.

*Levé à la chaîne et au goniomètre.* — Graphomètre, pantomètre, boussole.

Méthodes du cheminement, du rayonnement, de l'intersection.

*Levé à la chaîne et à la planchette.* — Emploi des trois méthodes et spécialement du rayonnement.

*Inscription méthodique des résultats.* — Tableaux.


## CHAPITRE II

#### NIVELLEMENT

Généralités, définitions. — Verticales, plan horizontal. — Surface de niveau, courbes de niveau.

*Principes du nivellement.* — Niveau, mire, influence de la courbure de la terre et de la réfraction. — Nivellement *simple* et nivellement *composé.*

#### 1° Niveau d'eau.

Son principe, son usage. — Précautions diverses. — Principe et emploi de la mire ordinaire.

### 2° Niveau à perpendicule.

Niveau de maçon. — Niveau de charpentier. — Leur emploi dans les travaux et au besoin pour un nivellement sommaire. — Vérification et réglage. — Principe du retournement.

### 3° Niveau à bulle d'air.

*Bulle d'air*. — Principe. — Description. — Réglage.
*Niveaux à bulle d'air*.

### A. — *Niveaux-cercles de Lenoir*.

Description. — Réglage. — Usage. — Méthode du retournement et des moyennes. — Avantages et inconvénients.

### B. — *Niveaux d'Égault*.

a. *Niveau à alidades et à pinnules*. — Description. — Réglage. — Usage. — Méthode de retournement et des moyennes. — Avantages et inconvénients.

b. *Niveau à lunette*. — Son analogie avec le niveau à alidades. — Précautions spéciales dans le retournement de la lunette.

### C. — *Niveau de Brunner à bulle indépendante*.

### 4° Mires.

Rappel du principe et de l'emploi de la mire à voyant. — Mires parlantes.

### 5° Pratique du nivellement.

Précautions diverses. — Piquets. — Repères. — Distance des coups de niveau. — Inscription méthodique des résultats. — Carnet de nivellement. — Précision courante des opérations de nivellement.

### 6° Niveau de pente.

Objet. — Principe. — Description. — Usage.

### 7° Indication sur les nivellements spéciaux.

Au tachéomètre. — Au baromètre.

# CHAPITRE III

## OPÉRATIONS APPROXIMATIVES SUR LE TERRAIN

### 1° Mesure des longueurs.

Mesure des longueurs au pas, à la semelle. — Usage des stadias élémentaires. — Stadias du siège de Paris. — Usage du double décimètre.

### 2° Mesure des angles.

Procédé pour élever des perpendiculaires sur le terrain. — Mesure des angles à l'aide des trois côtés d'un triangle. — Boussole de reconnaissance : description, emploi.

### 3° Nivellement.

Emploi des niveaux de maçon et de charpentier. — Emploi des niveaux à réflecteur et à perpendicule. — Exemple de la boussole de reconnaissance avec miroir. — Niveau du colonel Gourlier. — Détermination sommaire des pentes. — Exemple de la boussole de reconnaissance avec perpendicule ; — du niveau du colonel Gourlier ; — des niveaux élémentaires à perpendicule. — Application de ces opérations diverses aux levés à vue d'un terrain ou d'un édifice.

# CHAPITRE IV

## APPLICATIONS DIVERSES

### 1° Applications à divers cas particuliers de levé ou de nivellement.

Distance à un point inaccessible. — Hauteur d'un édifice. — Distance de deux points inaccessibles. — Tracé d'un alignement au delà d'un obstacle.

### 2° Applications à la mesure des surfaces. — Arpentage.

Principes de l'arpentage. — Décomposition du terrain en triangles ou trapèzes. — Expression de diverses aires planes, usuelles. —

Méthode de Simpson pour une aire terminée par un contour irrégulier.
— Cadastre et plans cadastraux. — Parcelles, sections, communes.
-- Registre du cadastre.


### 3° Applications à la mesure des volumes. — Cubature des terrasses.

Applications aux fondations des édifices ou aux projets de voies de
communication. — Rappel de l'expression du volume d'un tronc de
prisme, d'un tronc de pyramide et d'un certain nombre de solides
usuels. — Application à la cubature des déblais de fondations et des
mouvements de terres restreints. — Méthode approximative de la
moyenne des aires de deux profils en travers consécutifs.


### 4° Applications aux projets de voies de communication.

Représentation de la bande de terrain voisine de l'axe. — Plan ;
profil en long. — Profils en travers. — Échelles usuelles. — Déblais
et remblais ; cotes rouges et cotes noires. — Indications sur le problème du mouvement des terres. — Application au tracé et à l'étude
des rues d'une ville ou des avenues d'un parc.


### 5° Applications à la représentation générale du terrain.

Notions sur les termes usités en topographie et sur les mouvements
généraux du sol. — Anciens systèmes de représentation du terrain ;
cartes à perspective ordinaire et cavalière. — Emploi des ombres, du
dessin pittoresque, etc. — Adoption successive du système des
courbes de niveau et des cotes dans les services publics.


### *Plans côtés.*

Représentation d'un point, d'une ligne, d'un plan. — Ligne de plus
grande pente et horizontale d'un plan. — Exemples des fortifications,
du plan des égouts et des eaux de la ville de Paris. — Ancien système d'un plan de comparaison supérieur, cotes et altitudes.


### *Courbes de niveau.*

Définition. — Formes et mouvements du terrain suivant la position
respective et le tracé des courbes de niveau. — Surfaces topogra-

phiques. — Problèmes élémentaires divers : tracer une route ayant une pente donnée ; tracer une pente continue entre deux points donnés ; mener par un point ou par une droite un plan tangent au sol. — Application des courbes de niveau aux plans employés dans les services publics et aux cartes-minutes de l'État-major ; cartes gravées de l'État-major ; hachures ; avantages et inconvénients. — Détails divers sur ces cartes, échelles, signes représentatifs.

# ÉCOLE NATIONALE ET SPÉCIALE DES BEAUX-ARTS

## DEUXIÈME CLASSE

## STÉRÉOTOMIE

*Valeur des récompenses accordées à ce concours*

Troisième médaille — 3 valeurs.
Mention. — 2 valeurs.

### EXPOSÉ PRATIQUE

L'examen de stéréotomie comprend une partie orale et une partie écrite.

La partie orale se résume dans les grandes questions du programme que nous reproduisons en tête de ce chapitre, ces questions sont habituellement au nombre de deux :

1° Une question d'arpentage ;

2° Une question de levé de plans.

La partie écrite comprend quatre exercices :

1° Des épures faites pendant la durée du cours, et ayant trait à l'application des questions étudiées ;

2° Une épure faite en loge pendant une durée de temps de huit heures, et dont nous reproduisons ci-après plusieurs programmes sous ce titre : *Épures en loges* ;

3° Un projet ou exercice sur la charpente ; ce projet consiste habituellement à étudier une petite construction en bois avec tous les détails de l'assemblage, et le trait en vue de la taille ; ces projets, quoique très théoriques, n'excluent pas dans leur donnée un certain caractère artistique ; nous reproduisons ci-après plusieurs programmes sous le titre : *Exercices sur la charpente* ;

4° Un projet en exercice sur la coupe des pierres comprenant l'étude de tous les détails et des appareils ; nous reproduisons ci-après plusieurs programmes sous ce titre : *Stéréotomie des pierres.*

Pour chacun de ces projets, un laps de temps d'un mois est accordé ; les élèves, à la suite de ce concours, obtiennent leur mention de stéréotomie, nécessaire au passage en première classe, ou sont déclarés révisibles, ou sont éliminés, seuls les élèves déclarés révisibles sont admis à subir un nouvel exercice au commencement de l'année scolaire, les élèves éliminés doivent recommencer à suivre le cours et à en effectuer tous les exercices.

# PROGRAMME

## ÉPURE EN LOGE

Le professeur de stéréotomie propose pour les épures à faire en loge et en huit heures :

1° L'indication en plan des voûtes cylindriques et de révolution établies suivant le plan ci-annexé, avec les arcs doubleaux voisins ;

2° L'épure au choix de la voûte d'arête en A, ou du berceau tour-

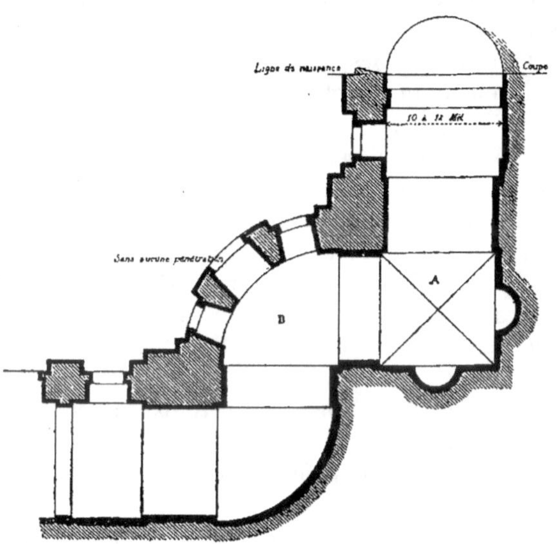


nant en B, ou encore de ces deux voûtes, avec la recherche des panneaux nécessaires à la taille pour au moins un voussoir.

Ce travail tiendra dans une feuille demi-grand-aigle ; dans le cas où les élèves établiraient les épures des deux voûtes, une deuxième feuille demi-grand-aigle serait admise.

Pour la voûte d'arête, on admettra la recherche du biveau dièdre à la rencontre des surfaces d'intrados.

La largeur de la voûte en berceau déterminant le départ de l'ensemble des voûtes aura de 10 à 12 mètres, les autres dimensions restent libres.

Le plan avec l'indication des génératrices des voûtes, sera à l'échelle de 0,005 millimètres, l'épure ou les épures à l'échelle de 0,02$^{c}$5.

# PROGRAMMES DES EXERCICES
## SUR LA CHARPENTE

---

## UN CHALET D'ÉTÉ POUR UN PEINTRE PAYSAGISTE

Un peintre paysagiste distingué, ayant obtenu une cession de terrain sur la lisière d'une forêt domaniale peuplée de beaux arbres et semée de sites pittoresques, se propose de faire élever sur ce terrain, à l'extrémité du jardin, un chalet d'été.

Les murs à l'extérieur et à l'intérieur seront en pans de bois apparents; les poteaux corniers, seuls, pourront être remplacés par des piles d'angle en maçonnerie, afin d'assurer plus particulièrement la solidité du système de construction.

Au point de vue décoratif, l'ensemble extérieurement, pourra comporter toutes les saillies ou tous les motifs imaginables, comme balcons ou encorbellements, pignons ou toitures avancées, balustrades ou lucarnes, croupes ou noues avec épis, voire même un campanile ou clocheton.

Cet ensemble devra présenter un véritable aspect pittoresque, en rapport aussi bien avec les sites des environs qu'avec les idées et les goûts de l'artiste. Les bois seront richement travaillés et même sculptés; les assemblages seront exécutés avec un très grand soin. Ces bois seront préservés de l'incendie par des enduits ignifuges. Les remplissages pourront eux-mêmes être exécutés en bois ou encore décorés par de la brique émaillée ou revêtus par de la faïence.

L'ensemble, élevé sur des caves voûtées pour l'isoler du sol, comportera dans ses dispositions principales :

1° Un rez-de-chaussée composé d'un *hall* largement ouvert, de *quelques chambres*, d'*une cuisine* avec *laverie* et de *cabinets d'aisances*. Le hall servira de salle à manger, de salon et salle de jeu. Les plafonds seront apparents à la française ou à compartiments.

2° Un premier étage desservi par un escalier en bois apparent à une ou plusieurs révolutions. Cet escalier fera motif dans le hall et aboutira, au moyen d'une grande ouverture, dans un vaste atelier. L'atelier sera largement éclairé par des baies verticales, de façon à offrir de l'intérieur des aperçus dans toutes les directions sur la forêt. La charpente du comble au-dessus de l'atelier sera apparente et en rapport avec la décoration générale du chalet. Quelques *pièces de repos*, *débarras* et *cabinets* compléteront cet étage.

Les dimensions principales de l'ensemble ne dépasseront pas 25 mètres.

Les deux plans seront donnés à l'échelle de $0^m,005$. La façade principale et une ou plusieurs coupes au double, avec l'indication des parties intéressantes de la construction en bois. De cet ensemble les élèves tireront au moins une épure concernant soit le comble, soit l'escalier, au dixième d'exécution.

Ils donneront d'autre part, également au dixième, les détails des principaux assemblages employés dans les divers pans de charpente, verticaux, horizontaux ou inclinés et prépareront le trait en vue de la taille.

Le projet avec ses détails et ses épures devra remplir au moins une feuille grand-aigle.

## UN FUNICULAIRE

Un bourg important qui, pendant la belle saison, sert de villégiature aux habitants d'une capitale, est situé sur le flanc d'un coteau accidenté, baigné par un fleuve navigable.

Divisé en partie basse et en partie haute, ce bourg est desservi, indépendamment du fleuve, par deux lignes ferrées, et pour mettre ces deux parties en communication rapide et facile, le conseil municipal décide la création d'un funiculaire suivant une ligne de plus grande pente du coteau.

Ce funiculaire sera entièrement en charpente, sauf pour l'outillage spécial destiné à permettre simultanément la montée et la descente des wagons de voyageurs.

Une distance de 200 mètres environ est supposée en plan, entre le point bas situé près du quai du fleuve et le point haut situé à proximité d'une halte de la voie ferrée supérieure. La pente peut être de $0^m,35$ par mètre.

L'ensemble du système de plan incliné, avec sa voie unique pour la montée ou la descente et sa voie double au point central de croisement, sera établi sur de hauts chevalements permettant le passage de la voie ferrée basse et, du reste, de toute autre route ou rampe accessible pour les voitures.

Au point bas le wagon s'arrêtera sous un vaste hangar abritant de grands emmarchements en charpente qui doivent lui donner accès. Sous ce hangar, au niveau du quai, une ou deux pièces pour un gardien et pour magasin.

Au point haut et au niveau du quai de la halte le wagon aboutira sous un autre hangar où sera établi le contrôle du funiculaire, au moyen d'un tourniquet.

Latéralement existeront deux pavillons, l'un pour le bureau de la halte et l'autre pour le préposé du funiculaire. Un étage supérieur, desservi par des escaliers en bois, comportera les deux logements du chef de la halte et du préposé.

Au-dessus des combles, un campanile et horloge avec cloche pour l'appel des voyageurs ou le départ des wagons.

La dimension extrême pour les constructions des points terminus sera de 15 mètres.

On fera :

Le plan général à l'échelle de $0^m,001$ pour mètre ;

Le plan détaillé de la partie supérieure et une coupe sur cette partie à $0^m,01$ pour mètre ;

Une vue latérale du funiculaire suivant la ligne de pente à $0^m,0025$ pour mètre ; le tout avec l'indication des pièces de charpente.

Les élèves tireront de cet ensemble, et se rapportant aux pans horizontaux, verticaux ou inclinés, aux escaliers, aux combles ou enrayures, aux croupes ou noues, droites ou biaises :

1° Des détails des principaux assemblages ;

2° Au moins deux épures spéciales.

Ces détails et ces épures seront à l'échelle de $0^m,10$ pour mètre en tenant compte de la réduction de l'échelle des longueurs par rapport aux largeurs et aux épaisseurs des bois.

Toutes les opérations concernant l'épure d'ensemble, sa décomposition et la préparation du trait en vue de l'exécution seront nettement indiquées.

Le projet ne comportera pas plus de deux feuilles grand-aigle.

## UN BUREAU D'OCTROI

Le professeur de stéréotomie propose les épures de charpente se rapportant à un projet d'octroi pour une petite ville dans les montagnes.

Cet octroi, construit entièrement en bois de charpente, serait situé l'entrée de la ville, du côté de la montagne, le long d'une route nationale ; il comprendrait un rez-de-chaussée et un premier étage.

Au rez-de-chaussée :

1° Un porche assez vaste pour permettre de veiller sur les approches de la ville ;

2° Une grande pièce d'octroi pour la visite des marchandises et objets ;

3° Un bureau de receveur ;

4° Un petit escalier desservant les parties supérieures.

Au premier étage :

1° Un logement pour le préposé de l'octroi ;

2° Une pièce pour un employé de veille ; puis water-closet, débarras, greniers et, si possible, un petit campanile supérieur.

Un jardin, entouré d'une forte palissade en charpente, sera attenant.

La plus grande dimension du bâtiment proprement dit ne dépassera pas 15 mètres.

On fera les deux plans principaux à l'échelle de $0^m,01$, et, s'il y avait lieu, une façade ou une coupe au double pour l'étude des pans verticaux ou horizontaux de charpente.

Ces dessins comporteront l'indication des pièces de charpente, les remplissages pouvant être établis au moyen du plâtre, de la brique, vernissée ou non, de la terre cuite, etc.

De cet ensemble, qui peut porter des parties biaises, on tirera à l'échelle de $0^m,10$ pour 1 mètre et en tenant compte de l'échelle des longueurs réduite du dixième par rapport à l'échelle des largeurs et des épaisseurs des bois :

1° Les épures des assemblages des pans verticaux ou horizontaux ;

2° Au moins deux épures principales se rapportant aux combles (croupes et noues, droites ou biaises) ou à l'escalier.

Ces épures comporteront : l'épure d'ensemble proprement dite, la décomposition de cette épure d'ensemble et la préparation du trait en vue de l'exécution sur le bois.

Ce travail devra être limité au plus à deux feuilles grand-aigle.

# PROGRAMMES DES EXERCICES
## SUR LA STÉRÉOTOMIE DES PIERRES

## UNE CHAPELLE DE LA VIERGE
## POUR UNE ÉGLISE PAROISSIALE

A certaines églises anciennes et aux différentes époques de construction, on a parfois ajouté au chevet suivant l'axe longitudinal, une chapelle principale dédiée par exemple à la Vierge.

On peut citer particulièrement les chapelles élevées dans ces conditions qui accompagnent les cathédrales ou les églises paroissiales du xviie ou du xviiie siècle.

C'est une de ces chapelles qu'il s'agit de construire, entièrement appareillée et voûtée.

Le style est laissé libre et, par conséquent, les formes générales et les voûtes à l'intérieur, ainsi que les dispositions décoratives à l'extérieur. Sous la chapelle, on supposera une crypte également voûtée à laquelle on descendra par un escalier en pierre, situé à proximité.

L'ensemble sera donc présenté de façon à permettre l'établissement d'épures intéressantes au point de vue de la stéréotomie des pierres et tirées, soit de la crypte, soit des parties hautes de la chapelle, soit encore de l'escalier ou des motifs extérieurs.

Une toiture protégera les extrados.

La plus grande dimension dans œuvre de la chapelle n'excédera pas 15 mètres.

On fera le plan, avec amorce du chœur de l'église à la jonction de la chapelle, à l'échelle de $0^m,01$ pour un mètre ; une coupe principale et une façade postérieure au double.

L'appareil sera nettement indiqué dans les dessins, et les élèves tireront de cet ensemble trois épreuves principales, dont deux au moins se rapportant à des voûtes composées ou à l'escalier.

Ces épures à l'échelle de $0^m,10$ seront poussées jusqu'au développement des panneaux nécessaires à la taille.

Le projet ne comportera pas plus de deux feuilles grand-aigle.

## L'ÉTUDE DES VOUTES D'UNE CHAPELLE DE LYCÉE

Située suivant l'axe principal de la cour d'honneur d'un grand lycée de province et établie plutôt sur un plan carré que long, cette chapelle serait entièrement voûtée et comporterait des points d'appui déterminant les divisions suivantes :

1° Un porche d'entrée ;

2° Une nef centrale ;

3° Un chœur sur un plan demi-circulaire ;

4° Deux petits bas côtés accompagnés ou non de deux petites chapelles latérales.

En avant du porche règnerait un portique décoratif, relié ou non avec le portique même de la cour d'honneur.

Dans les bâtiments entourant la cour et suivant la profondeur desquels la chapelle est élevée, existerait à proximité une petite sacristie.

Enfin au-dessus du porche on peut supposer une tribune.

La plus grande dimension dans œuvre de la chapelle, en dehors du portique, ne dépassera pas 20 mètres et les élèves dresseront à ce sujet :

1° Un plan général avec cotes principales et la projection de l'appareil des voûtes adaptées à l'échelle de $0^m,01$ pour un mètre ;

2° Quatre épures des voûtes, dont deux au moins de voûtes composées jusqu'à la recherche des panneaux en vue de la taille à l'échelle de $0^m,05$ pour un mètre ;

3° Les dessins des parties de façades ou de coupes qu'ils jugeront nécessaires pour bien faire comprendre les dispositions prises, et les appareils spéciaux, à une échelle réduite de $0^m,005$ pour 1 mètre.

L'ensemble du travail pourra se résumer dans deux feuilles grand-aigle.


## UN MONUMENT POUR LA CREMATION DES CORPS

La loi française a admis le principe de la crémation des corps.

Une grande ville de France se propose d'établir, sur un point élevé de son cimetière, un monument destiné à donner satisfaction à cette loi.

Ce monument, construit en pierre et recouvert par des voûtes appareillées à extrados apparents contiendra deux fours pour l'incinération avec de puissants conduits pour l'appel d'air et l'échappement de la fumée.

Il sera divisé en trois parties :

1° Le sous-sol, établi de façon à permettre d'obtenir une température dans les fours, de 12 à 1400 degrés par la combustion du coke et du gaz qui s'en dégage ;

2° Un rez-de-chaussée, comprenant :

Des magasins pour le combustible qu'on jettera dans le sous-sol par des trappes ; un dépôt pour les corps non reconnus des hôpitaux, avec monte-charge à proximité des fours ; quelques pièces pour l'Administration et le veilleur de nuit ;

3° Un étage supérieur, auquel on accède directement de l'extérieur par de grands emmargements et de l'intérieur par deux petits escaliers en pierre, ménagés dans les piliers des voûtes.

Cet étage supérieur comprendra :

Un porche ;

Une salle d'exposition, terminée en cul de four, où sera déposé le catafalque et où se réuniront la famille et les assistants ;

Deux salles, où seront les fours proprement dits construits en brique réfractaire. On fera pénétrer les corps dans ces fours au moyen de treuils spéciaux en fer montés sur rails.

La constatation et le degré d'avancement de l'incinération se feront du côté opposé à l'entrée des corps, à l'aide d'un œil laissant voir l'intérieur du four.

Enfin l'ensemble sera complété par un large portique qui se reliera au monument, au niveau du rez-de-chaussée, ou qui l'entourera ainsi qu'un jardin.

Le portique ouvert sur le jardin et voûté également servira de columbarium, son mur extérieur étant construit de façon à ménager des cases d'environ $0^m,40$ de hauteur sur $0^m,30$ de longueur. Dans ces cases seront déposés les vases ou récipients contenant les cendres, et des plaques de marbre avec inscriptions détermineront l'emplacement des cases.

Les familles qui désireraient honorer leurs morts par des monuments plus spéciaux auraient d'ailleurs la facilité de déposer les cendres dans des caveaux particuliers, mais en dehors du monument même et de son columbarium.

L'ensemble, dans sa plus grande dimension, n'excédera pas 50 mètres.

En dehors du système employé pour la crémation, dont on n'aura pas à se préoccuper dans le projet, sauf pour déterminer l'emplacement même des fours et les accessoires, les constructions comporteront donc l'établissement de voûtes simples ou composées, cylindriques, de révolutions ou coniques.

Pour l'établissement de ces voûtes, on pourra s'inspirer d'une des diverses époques de style et de construction qui, en France surtout jusqu'à nos jours, nous ont légué, comme patrimoine national, de si remarquables œuvres de stéréotomie des pierres. Dans ce cas, le principe même qui a présidé à la construction de ces œuvres d'une époque déterminée sera respecté.

On fera le plan général au niveau du rez-de-chaussée, le plan de l'étage supérieur et la façade principale à l'échelle de $0^m,005$ pour un mètre, et plusieurs coupes au double.

L'appareil sera nettement indiqué dans les dessins, et deux épures au moins tirées du projet donneront au vingtième de l'exécution toutes les indications et tous les rabattements ou développements nécessaires à la taille d'un ou plusieurs voussoirs.

Nota. —Un spécimen de ce genre de monument existe déjà au cimetière du Père-Lachaise, à Paris.

# COURS

## DE CONSTRUCTION

## I. — PARTIE THÉORIQUE

(20 LEÇONS)

### RÉSISTANCE DES MATÉRIAUX

### CHAPITRE PREMIER

Elasticité. — Déformation. — Pressions : extension, compression, effort tranchant, flexion. — Rappel des moments d'inertie ; moments de résistance. — Poutres droites posées sur plusieurs appuis ; moments de flexion ; flèches : calcul des dimensions inconnues. — Théorème des trois moments. — Glissement longitudinal des fibres et répartition de l'effort tranchant. — Poutres d'égale résistance. — Poutres soumises à des efforts obliques. — Pièces chargées de bout. — Poteaux. — Colonnes.

### CHAPITRE II

Systèmes articulés. — Polygones funiculaires. — Diagrammes. — Poutres à treillis. — Fermes de combles. — Fermes à la Polonceau. — Fermes à contrefiches et aiguilles pendantes. — Ceintures polygonales et ceintures circulaires.

### CHAPITRE III

Pièces courbes et arcs. — Poussée. — Calcul des pressions et des déformations dans les cas usuels. — Combles courbes ; voûtes à ossature métallique. — Fermes courbes ou polygonales sans tirants.

## CHAPITRE IV

Dilatation. — Frottement. — Action du vent sur les constructions. — Stabilité des massifs. — Répartition des pressions sur la base d'appui ; noyau central.

## CHAPITRE V

Poussée des terres et pression de l'eau. — Murs de soutènement. — Épure de stabilité avec ou sans surcharge. — Application aux fondations en général. — Murs de réservoir. — Pression de l'eau.

## CHAPITRE VI

Stabilité des voûtes, des arcs et de leurs supports. — Courbes des centres de pression. — Épure de stabilité. — Application aux voûtes en berceau, aux voûtes en arc de cloitre, aux voûtes d'arète, aux voûtes sphériques et aux voûtes sur arcs indépendants. — Plates-bandes.

# II. — PARTIE TECHNIQUE

### (30 LEÇONS)

## CHAPITRE PREMIER

### CONSTRUCTIONS EN PIERRE

Description des pierres ; leurs qualités, leurs défauts. — Classification des pierres au point de vue de leur emploi et de leur résistance. — Marbres. — Matériaux artificiels. — Chaux, ciments, pouzzolanes, mortiers, bétons, plâtres, briques, poteries, verres, bitumes, asphaltes, mastics, enduits, ciments métalliques, silicatisation, etc.

## CHAPITRE II

Fondations. — Fondations en rigole, en plateau. — Fondations sur radiers, sur voûtes renversées, sur pilotis, sur puits. — Fondations sous l'eau. — Batardeaux, épuisements. — Étanchement des sources. — Fondations à l'air comprimé. — Fondations par massifs à enfoncement progréssif. —Empattements donnés aux fondations.

## CHAPITRE III

Mise en œuvre des matériaux. — Transport, bardage, levage, montage. — Machines de levage.

Pose. — Appareil. — Constructions homogènes, mixtes ; murs, murs de face, de refend, tuyaux de cheminée intérieurs ou adossés, murs mitoyens, jambes étrières et boutisses, murs isolés. — Contreforts. — Murs de soutènement, de terrasse, murs de quai, de réservoir.

Reprise en sous-œuvre. — Chevalement. — Étayements. — Supports isolés. — Piliers. — Colonnes.

## CHAPITRE IV

Voûtes. — Historique.

Dispositions diverses des voûtes. — Voûtes homogènes ; mixtes.— Voûtes à ossature intérieure ou extérieure.

Construction des voûtes. — Pose des claveaux. — Appareil. — Cintres ordinaires. — Cintres à grande portée. — Décintrement. — Coins. — Boîtes à sable. — Vérins.

Pieds droits des voûtes, culées, contreforts, arcs-boutants.

Voûtes composées, voûtes d'arête, voûtes en arc de cloître, voûtes sphériques, niches, encorbellements, trompes, pendentifs, voûtes biaises, voûtes en descente, arrière-voussures.

Arcs. — Plates-bandes.

Voûtes de fosses. — Voûtes d'égouts.

## CHAPITRE V

Escaliers. — Dispositions diverses. — Proportions des marches. — Escaliers à limon, en vis, à noyau plein ou vide. — Escaliers sur voûtes ou sur arcs rampants. — Escaliers suspendus.

Aires. — Dallages. — Carrelages. — Vitres-dalles. — Pavage. — Asphalte, — Chaussées. — Écoulement des eaux pluviales.

Couvertures de terrasses ou de voûtes, en pierre.

## CHAPITRE VI

Description des bois de construction. — Leurs qualités, leurs défauts. — Procédés de conservation.

Mise en œuvre. — Principes généraux.

Assemblages. — Assemblages devant résister à l'extension, à la compression, à la flexion.

Ferrures spéciales aux ouvrages de charpente. — Supports isolés. — Pans de bois. — Planchers. — Solives, solives d'enchevêtrure, chevêtres, poutres, poutres armées. — Ponts et passerelles. — Échafauds ordinaires. — Échafauds permanents. — Échafauds en bascule.

## CHAPITRE VII

Combles. — Chevrons. — Pannes. — Fermes. — Dispositions diverses. — Fermes à grande ou à faible pente. — Combles brisés.

Fermes à grandes portées. — Croupes et noues. — Lucarnes. — Trémies. — Flèches et campaniles. — Effets du vent, du froid, de la neige sur les combles. — Couverture en ardoises, en tuiles de différents systèmes, en zinc, en plomb, en cuivre. — Couvertures légères en tôle, en carton bitumé, en feutre.

## CHAPITRE VIII

Escaliers en bois. — Limons français, limons à crémaillère, contre-limons. — Marches et contremarches. — Marches palières. — Bascules.

Différentes dispositions des escaliers. — Escaliers avec poteaux. — Escaliers suspendus. — Escaliers en vis, à noyau plein ou vide.

Ferrures spéciales aux escaliers.

## CHAPITRE IX

Menuiserie. — Bois du commerce, leurs dimensions. — Moyens de conservation.

Principes généraux pour la composition des ouvrages de menuiserie. — Assemblages spéciaux. — Parquets. — Lambris. — Portes. — Portes cochères. — Portes roulantes.

Châssis dormants. — Fenêtres. — Impostes.
Persiennes. — Persiennes à feuilles repliées.
Volets. — Jalousies.
Ferrures spéciales à la menuiserie.


# CHAPITRE X

### CONSTRUCTIONS MÉTALLIQUES

Description des métaux usuels. — Leurs qualités, leurs défauts.—
Procédés de conservation. — Formes et dimensions des fers du com-
merce. — Assemblages spéciaux au fer et à la fonte. — Rivets. —
Écrous. — Chaînages. — Ancres. — Supports isolés. — Colonnes
pleines ou creuses. Pans de fer. — Planchers en fer. — Solives,
solives d'enchevêtrure. — Entretoises. — Filets ou poitrails. —
Hourdis des planchers. —Poutres armées. — Poutres en tôle. —
Poutres tubulaires. — Poutres à treillis.


# CHAPITRE XI

Combles métalliques. — Combles ordinaires. — Lattes. — Che-
vrons. — Pannes ; leurs assemblages. — Combles brisés. — Fermes
à grande portée. — Fermes à la Polonceau. — Fermes à contrefiches
et à aiguilles pendantes.
Arcs métalliques : en fonte, en tôle, à treillis. — Fermes en arcs.
— Voûtes à ossature métallique. — Marquises. — Serres.
Couverture en verre. — Fers à vitrage.
Chéneaux. — Gouttières anglaises. — Gouttières ordinaires. —
Tuyaux de descente. — Protection des saillies.


# CHAPITRE XII

Châssis en fer fixes ou mobiles. — Fenêtres. — Vasistas. — Persiennes en feuilles repliées. — Fermetures de magasins.
Ascenseurs. — Monte-charges. — Monte-plats. — Grilles dor-
mantes ou ouvrantes. — Grands et petits balcons. — Appuis.
Ferrures : pentures, gonds, crapaudines, paumelles, fiches, pattes
de scellement, plates-bandes. — Crémones, espagnolettes, verrous.
Serrures ordinaires. — Serrures de sûreté, etc.

## CHAPITRE XIII

Canalisation de l'eau, distribution; évacuation des eaux ménagères.

Salles de bain. — Chauffe-bains. — Siphons. — Cabinets d'aisances. — Appareils. — Fosses fixes, fosses mobiles. — Système diviseur. — Écoulement à l'égout. — Gaz, canalisation, compteurs, becs de divers systèmes, chauffage au gaz.

Fumisterie. — Cheminées. — Ventouses. — Bouches de chaleur. — Appareils Fondet ou analogues. — Poêles. — Calorifères en maçonnerie ou en métal.

Chauffage à air chaud, à vapeur, à eau chaude. — Ventilation par appel ou par insufflation. — Conduits de chaleur. — Prises d'air. — Moyens préservatifs contre les incendies.

Sonnerie ordinaire. — Sonnerie électrique. — Paratonnerres.

# ÉCOLE NATIONALE ET SPÉCIALE DES BEAUX-ARTS

## DEUXIÈME CLASSE

# CONSTRUCTION

*Valeur des récompenses accordées à ce concours.*

Première médaille. — 5 valeurs.
Deuxième médaille. — 4 valeurs.
Troisième médaille. — 3 valeurs.
Mention. — 2 valeurs.

## EXPOSÉ PRATIQUE

L'examen de construction est le plus important de la section d'architecture; il se divise en deux parties : examen écrit et examen oral. Nous trouverons au chapitre suivant l'examen oral; quant à l'examen écrit il se divise en trois parties :

1° Exercices en loge pendant la durée du cours ;

2° Exercices spéciaux dans les ateliers ;

3° Projet de construction générale.

1° Les exercices en loge pendant la durée du cours, consistent en trois examens dont nous reproduisons ci-après un exemple, sous ce titre : *Exercices en loge.*

2° Les exercices spéciaux dans les ateliers consistent en un projet se rapportant à la coupe des bois avec les épures de résistance, et en un projet se rapportant à la coupe des pierres avec épures, et tous les détails intéressant la construction.

3° Le projet de construction générale consiste à étudier une construction dans tous ses détails, comme si le projet devait être exécuté. Le programme comporte la description de toutes les particularités de l'édifice, telles que : couverture métallique, voûte à ossature métallique, planchers en fer, etc., etc.; en outre, il est demandé des détails de maçonnerie, de charpente en bois, de charpente en fer, de menuiserie, de serrurerie, de couverture, l'indication de tous les appareils, une épure de stabilité de voûte et un mémoire résumant les calculs de résistance relatifs aux pièces principales de la construction.

La durée de ce projet est de trois mois. Nul ne peut être admis à passer l'examen de construction, s'il n'a pas obtenu précédemment une mention de mathématiques, une mention de géométrie descriptive et une mention de stéréotomie. Nous reproduisons ci-après plusieurs exemples des programmes des exercices de construction, sous ce titre : *Projets de construction générale.*

## EXERCICES EN LOGE

### *Premier Exercice.*

1° Calculer le moment d'inertie et le moment de résistance d'un profil en double T en tôle et cornières dont les dimensions sont les suivantes :

$$\text{Hauteur de l'âme} = 0^{m},70.$$
$$\text{Epaisseur} \qquad = 0 \quad 01.$$
$$\text{Largeur des ailes} = 0 \quad 22.$$
$$\text{Epaisseur} \qquad = 0 \quad 02.$$
$$4 \text{ cornières égales de } \frac{0^{m},08 \times 0^{m},08}{0^{m},01}$$

2° On veut faire un plancher dont la portée est de $4^{m}$ en se servant de madriers de sapin dont la section est un rectangle de $0^{m},22$ de haut et de $0^{m},08$ de large; la charge portée par le plancher est de 400 k. par mètre carré. On demande de trouver l'écartement à donner aux solives en prenant R = 600,000 par mètre carré.

3° On choisit pour solives de 5 mètres de portée un fer double T de $0^{m},20$ de haut pesant 22 k. par mètre de long. Ces solives étant écartées de $0^{m},70$, on demande de calculer la pression maximum supportée par la solive, sachant que le poids à supporter est de 500 k. par mètre carré et que le $\frac{I}{V}$ du fer = 0,0001557.

### *Second Exercice.*

Calcul d'une poutre en fer d'égale résistance, cette poutre posée sur 2 appuis de niveau de section en double T en tôle avec âme de hauteur constante constituée par un treillis à petite maille, d'une portée de $16^{m}$ entre points d'appui. Elle serait soumise :

1° A une charge uniforme de 2,100 k. par mètre courant ;

2° A une charge isolée de 9,500 k. appliquée à 5$^m$,50 de l'un des appuis.

Les données sont : Hauteur de l'âme    1$^m$,08.

                      Amorce    —    0  17.

                      Epaisseur  —    0  012.

$$\text{Cornières} \quad \frac{85 \times 85}{9}$$

Largeur des ailes composées de tôles de 0$^m$,009 d'épaisseur, 0$^m$,26.

Nombre des barres montantes rencontrées par une verticale, 3.

Distance des intersections supérieures et inférieures des barres de treillis, 0$^m$,80.

Largeur des barres, 0$^m$,0065. — Inclinaison, 45°.

1° Calculer l'épaisseur des ailes ;

2° La répartition des tôles sur la longueur de la poutre ;

3° L'épaisseur des barres du treillis dans la région la plus chargée ;

4° Le diamètre des rivets assemblant les barres sur l'amorce de l'âme ;

5° Le nombre de ces rivets : 3 à chaque extrémité ;

6° La flèche prise par la poutre ;

7° *Question facultative* : le nombre des rivets.


### Troisième Exercice.


Calcul d'une ferme à la Polonceau à 6 bielles.

Portée : 26$^m$.

Espacement des fermes : 4$^m$,60 d'axe en axe.

Arbalétrier et pannes en sapin.

Les pannes posées normalement à l'arbalétrier, bielle en fonte, à sections variables, section terminale circulaire, section du milieu en croix d'équerre, tirant en fer rond.

Pour le calcul de réaction sur les appuis de l'arbalétrier, on supposera que ces dernières ont été ramenées en ligne droite après la mise en charge.

Charge totale par mètre carré de toiture : 130 k.

Poids approximatif de la $\frac{1}{2}$ ferme sans les pannes : 1,260 k.

Poids propre de ces dernières pour une panne entière : 66 k.

Pente de l'arbalétrier : $\dfrac{1}{2}$, soit $\alpha = 26°,34'$.

Surélévation du tirant horizontal : $0^m,55$.

Nombre des pannes, compris faitage et sablière : 9.

*Calculer* : 1° la section des pannes en prenant $b = a \sqrt{2}$ ;

2° Celle de l'arbalétrier, en prenant $b = a \times 1,5$ ;

3° La section terminale et celle du milieu des bielles, en prenant pour

la branche en croix d'équerre l'épaisseur $e = \dfrac{h}{5}$ ;

4° La section des tirants et celle des boulons d'assemblage.

On vérifiera si la résistance de l'arbalétrier à la flexion latérale est
assurée.

On prendra pour coefficient de résistance de sécurité :

| | |
|---|---|
| Sapin, flexion et compression | $=$ 700,000 k. |
| Fer, extension | $=$ 7,000,000. |
| Fer, cisaillement | $=$ 5,000,000. |
| Fonte, compression directe | $=$ 9,000,000. |
| Fonte, coefficient d'élasticité réduit | $=$ 5,000,000,000. |
| Sapin | $=$ 300,000,000. |

Echelle du tracé de la 1/2 ferme : $0^m,02$ pour mètre.

   »     des forces pour le diagramme : $0^m,04$ par 1,000 k.

# PROJETS DE CONSTRUCTION GÉNÉRALE

## *Premier Exercice.*

*(Cet exemple de 1ᵉʳ exercice fait double emploi avec le précédent, mais nous avons cru devoir le reproduire pour montrer la connexité existant entre les questions d'année en année.)*

1° Calculer le moment d'inertie et le moment de résistance d'un profil en double T en tôle et cornières dont les dimensions sont les suivantes :

$$
\begin{array}{lll}
\text{Hauteur de l'âme} & = & 0^{m},68. \\
\text{Epaisseur} & = & 0 \quad 009. \\
\text{Largeur des ailes} & = & 0 \quad 16. \\
\text{Epaisseur des ailes} & = & 0 \quad 012. \\
\end{array}
$$

$$
4 \text{ cornières de } \dfrac{0^{m},069 \times 0^{m},065}{0^{m},009}
$$

2° Une poutre en bois de section rectangulaire, de $4^{m},20$ de portée, reçoit d'un seul côté un plancher composé de solives en bois de $3^{m},70$ de long entre appuis. La charge de ce plancher, tout compris, est de 450 k. par mètre carré. La poutre est en outre soumise à une charge isolée de 1,200 k. appliquée à $1^{m},90$ de l'un des appuis.

Calculer : 1. La dimension de la section de la poutre, en prenant la hauteur égale à deux fois la largeur $b = 2\,a$ ;

2. L'écartement des solives, dont la section serait un rectangle de $0^{m},10$ de large sur $0^{m},20$ de hauteur.

3. La flèche prise par la poutre.

On supposera que le poids propre de la portée et celui des solives sont compris dans la charge donnée. Le coefficient de résistance de sécurité à la flexion : $R = 700,005$ k. par mètre carré.

Et pour coefficient d'élasticité :
$F = 1.100\,000\,000.$

# UN CIRQUE

Cet édifice serait situé dans la promenade publique d'une ville importante.

Il comprendrait une arène de 15 mètres au moins de diamètre, entourée de gradins en amphithéâtre pour les spectateurs, avec trois catégories de places distinctes.

Un espace serait réservé à un orchestre.

A l'entrée, on trouvera un vestibule avec contrôle, des bureaux pour les billets, un dépôt de cannes et parapluies.

Les dégagements et escaliers d'accès aux gradins devront être établis de manière à séparer dès l'entrée les diverses catégories de spectateurs. Ces accès devront être assez larges et faciles pour permettre, en cas d'accident, l'évacuation rapide de la salle, à l'aide de portes de sortie spéciales à chaque catégorie de places.

Les dépendances attenant au cirque comprendront des écuries pour 30 chevaux ou autres animaux, avec sellerie, cour de pansage et grenier à fourrage au-dessus des écuries.

Entre celles-ci et le cirque, un vestibule ou salle de montage.

Quelques loges avec petit foyer pour les écuyers, un groupe semblable pour les écuyères.

La façade du cirque sera en maçonnerie, le comble en fer avec le moins de points d'appui possible.

La couverture sera métallique.

Le vestibule d'entrée sera voûté en maçonnerie.

Les murs des écuries seront également en maçonnerie, le plancher du grenier en fer, le comble en bois, la couverture en métal ou en ardoises.

Le vestibule des écuries sera couvert par une voûte en maçonnerie ou à ossature métallique.

Pour les fondations, on supposera que le terrain résistant, composé de sable et de gravier, se trouve à 2 mètres en contre-bas du sol extérieur.

La plus grande dimension du terrain ne dépassera pas 80 mètres.

On donnera : le plan général du rez-de-chaussée ; un plan du cirque au-dessus des gradins, à $0^m,005$ pour mètre, ces deux plans sur un châssis grand aigle ;

La façade générale, à $0^m,01$ pour mètre (châssis grand aigle) ;

La coupe générale sur l'axe de l'entrée à $0^m,02$ pour mètre (châssis double grand aigle);

Le plan, l'élévation et le profil d'une travée de la façade du cirque; le plan, l'élévation et la coupe transversale d'une travée des écuries, à $0^m,02$ pour mètre (ces dessins sur un châssis grand aigle);

Des détails de maçonnerie et de charpente en bois, à $0^m,05$ pour mètre; de menuiserie, de serrurerie et de couverture, à $0^m,10$ pour mètre.

L'appareil devra être indiqué dans tous les dessins.

Une épure de stabilité de voûte et un résumé sous forme de tableau des calculs ayant servi à déterminer la section des pièces principales de la construction.

## UN CASINO DE BAINS DE MER

Cet établissement serait élevé sur une terrasse ou digue, devant laquelle s'étendrait la partie de la plage destinée aux bains.

L'entrée se trouverait du côté opposé à la mer, sur une route longeant les falaises.

Cet édifice comprendrait :

*Un vestibule ; une salle principale pouvant servir de salle de concert, de théâtre ou de bal, avec une petite scène et dépendances, des galeries, un vestiaire ;*

Un café-restaurant avec terrasse extérieure ;

Des salons de jeux divers.

Ces différentes pièces se trouveraient dans un rez-de-chaussée élevé sur un soubassement.

Comme dépendances, un bureau pour l'administration, un petit appartement pour le directeur, quelques logements pour le personnel.

Une cuisine, une buanderie, un cellier, etc., seraient installés dans le soubassement.

Des escaliers mettraient la terrasse en communication avec la plage, la différence de niveau étant de 3 à 4 mètres.

Pour la construction de la partie des bâtiments située au-dessus du soubassement, on emploiera simultanément le fer et la maçonnerie, la nature de celle-ci étant laissée au choix des concurrents.

Le soubassement sera voûté en maçonnerie ou recouvert par un plancher en fer avec voûtains en briques.

Pour les salles principales, on emploiera des voûtes ou des voussures à ossature métallique.

La partie la plus importante des combles sera en fer. La nature de la couverture n'est pas déterminée.

La plus grande dimension des bâtiments ne dépassera pas 70 mètres.

On donnera : le plan général du rez-de-chaussée, la façade générale sur la mer, à $0^m,005$ pour mètre;

A l'échelle de $0^m,02$ et relativement à une travée des parties principales de l'édifice :

Les plans des fondations, du soubassement, du rez–de-chaussée, de la toiture, l'élévation et la coupe transversale ;

La coupe entière prise sur le plus grand côté de la salle de concert, à la même échelle ;

Des détails de maçonnerie à l'échelle de $0^m,05$ pour mètre, de serrurerie, de menuiserie, de couverture à $0^m,10$ ;

Les épures relatives aux voûtes et au mur de soutènement de la terrasse, à $0^m,05$ pour mètre ;

Un tableau résumant les calculs de résistance relatifs aux pièces principales de la construction.

Pour les fondations, on supposera que le bon terrain, composé de sable fin, se trouve à $1^m,50$ environ en contre–bas du sol de la plage.


# UNE SERRE MONUMENTALE


Cette serre, destinée à abriter des plantes et arbustes de grande hauteur, originaires des pays chauds, serait située sur le point culminant d'un jardin des plantes important et serait établie sur une terrasse de $1^m,50$ à 2 mètres de hauteur.

Elle comprendrait une partie centrale et deux nefs adjacentes de moindre hauteur.

En avant de cette partie centrale serait disposée l'entrée principale en forme de porche, construite en maçonnerie. On y aménagerait un logement pour un gardien.

A chaque extrémité de la serre s'élèverait un pavillon également en maçonnerie, de dimensions restreintes, qui contiendrait une entrée secondaire et quelques pièces pour des cabinets d'études, collections de plantes et de graines, dépôt de livres spéciaux.

Dans un sous-sol on disposerait les emplacements nécessaires aux appareils de chauffage et un dépôt de combustible. Ce sous-sol, dont

l'accès pourrait se faire soit par les pavillons, soit par la façade postérieure, serait voûté en maçonnerie.

Les planchers des pavillons seraient en fer, les combles en bois.
La nature de la couverture n'est pas déterminée.

Toutes les autres parties de la serre seraient en fer et vitrées sur
toutes les faces.

Sur le faîtage de la serre, on devra disposer un chemin de service
facilement accessible et commode pour la manœuvre des claies.

La plus grande dimension du terrain n'excédera pas 100 mètres,
non compris la terrasse.

On donnera : le plan général et la façade principale, à $0^m,005$ pour
mètre ;

A $0^m,02$, la coupe transversale en entier, le plan, l'élévation et la
coupe longitudinale d'une travée de la serre et d'une partie du pavillon
de l'entrée ;

Des détails des parties les plus intéressantes de la construction à
$0^m,05$ pour la maçonnerie, à $0^m,10$ pour le fer, la menuiserie, la
charpente et la couverture ;

Les épures et calculs nécessaires pour déterminer les dimensions
des éléments principaux du projet. Les plans et les coupes devront
être teintés.

## DES GALERIES DE ZOOLOGIE ET DE GÉOLOGIE

Le bâtiment affecté à ces galeries serait situé au milieu du jardin
d'un muséum d'histoire naturelle. Il se composerait d'une cour centrale ouverte, destinée à recevoir les pièces les plus encombrantes,
et de galeries disposées autour de cette cour, qui contiendraient les
pièces de dimensions restreintes.

L'entrée des galeries se trouverait sur le plus grand côté du bâtiment. Celles-ci, simples en épaisseur, pourraient comporter néanmoins
une doublure servant de communication entre les différentes salles.
Elles comprendraient un rez-de-chaussée, un premier étage et un
étage d'attique. Le $1^{er}$ étage serait plus spécialement destiné à la
géologie. Dans l'étage d'attique seraient installées une bibliothèque
et des salles d'exposition de dessins, gravures, photographies, etc.

On accéderait aux $1^{er}$ et $2^e$ étages par un ou deux escaliers principaux, auxquels on adjoindrait quelques escaliers de service.

Un sous-sol, régnant sous les galeries seulement, contiendrait les
appareils de chauffage, des dépôts d'objets non encore classés, etc.

La cour centrale serait couverte d'un double vitrage, avec dispositions permettant une aération facile.

Le sous-sol serait voûté en maçonnerie de petits matériaux, ou bien recouvert d'un plancher composé exclusivement de poutres et poutrelles en fer, recevant des voûtains en briques à grande portée.

Le rez-de-chaussée serait voûté en pierre de taille ou en maçonnerie mixte.

Le 1er étage serait plafonné avec ou sans voussures et plancher en fer.

Le comble de la cour serait en fer, ceux des galeries pourraient être mixtes, bois et fer.

La toiture serait en ardoise ou en métal.

Le sol du soubassement serait recouvert de bitume ou de ciment. Celui du rez-de-chaussée recevrait un dallage en pierre, un carrelage céramique ou de la mosaïque de marbre.

Le 1er étage et l'étage d'attique seraient parquetés.

La plus grande dimension du bâtiment ne dépassera pas 70 mètres.

On donnera : le plan d'ensemble du rez-de-chaussée, à 0m,005 pour mètre ; les plans de fondations et de soubassement, du rez-de-chaussée, du 1er étage, de l'étage d'attique et de la toiture, relatifs à trois travées (celle de l'entrée et des deux adjacentes) ; la coupe transversale en entier ; la coupe longitudinale, l'élévation extérieure, celle de la cour vitrée (ces trois derniers dessins relatifs aux travées désignées plus haut), le tout à l'échelle de 0m,02 pour mètre.

Des détails de maçonnerie à 0m,05 pour mètre ; de fer, de menuiserie et de couverture à 0m,10 pour mètre.

Les épures de stabilité des voûtes, à 0m,04 pour mètre.

Un mémoire résumant les calculs des sections des pièces principales.

# SECTION D'ARCHITECTURE

## DEUXIÈME CLASSE

## CONSTRUCTION

# EXAMEN ORAL

### EXPOSÉ PRATIQUE

L'examen oral de construction se divise en deux parties :
Examen oral sur la partie théorique du cours ;
Examen oral sur le projet définitif.

Pour le premier examen oral sur la partie théorique du cours, le professeur actuel a partagé son cours en 42 questions, résumant les grandes lignes de son enseignement. Ces 42 questions sont à leur tour divisées en 3 groupes, et dans chacun de ces groupes le candidat tire une question, à laquelle il doit répondre.

Cet examen est éliminatoire et il empêche de prendre part au projet de construction générale les élèves qui en sont éliminés.

*Nous donnons ci-dessous le tableau des questions dressé par le professeur de l'Ecole des Beaux-Arts.*

Pour le second examen oral, l'examinateur interroge sur les particularités du projet ; c'est en quelque sorte l'application pratique du cours.

## 1ᵉʳ *Groupe.*

*Expression du moment de flexion, de l'effort tranchant et de la flèche dans le cas où le rapport $\frac{M}{I}$ est constant.*

*Pièces posées sur 2 appuis de niveau.*

1. Charge isolée appliquée en un point quelconque.
2. Charge au milieu.
3. Deux charges égales et symétriques.
4. Charge uniformément répartie.

*Pièces encastrées.*

5. Une extrémité encastrée, charge à l'extrémité.
6. Même cas, charge uniformément répartie.
7. Les deux extrémités encastrées, charge au milieu.
8. Même cas, charge uniformément répartie.
9. Une extrémité encastrée, l'autre posée, charge uniformément répartie.
10. Pièce sur deux appuis, débordant d'un seul côté, charge uniformément répartie.
11. Pièce inclinée, posée sur deux appuis, charge uniformément répartie.
12. Pièce posée sur deux appuis, comprimée ou tirée et chargée normalement, section variable.
13. Pièce d'égale résistance, profil double T en tôle, méthode générale.

---

## 2ᵉ *Groupe.*

1. Lois de l'extension et de la compression, pièces courtes.
2. Pression *tangentielle* développée dans la section oblique d'un cylindre.
3. Moment d'inertie d'une surface quelconque.
4.    id.      id.      du rectangle et du carré.
5.    id.      id.      du double T et profils similaires.

6. Moment d'inertie du simple T.
7.    id.      id.    du cercle plein et évidé.
8.    id.      id.    de l'ellipse pleine et évidée.
9. Glissement longitudinal des fibres, principe général.
10. Application à un profil rectangulaire.
11.    id.      id.     double T laminé.
12.    id.    au calcul des rivets, double T en tôle.
13. Application au calcul de la section des barres d'un treillis à petites mailles.
14. Tension d'une couronne polygonale ou circulaire.
15. Systèmes articulés, poutres et fermes, décomposition des efforts, méthode directe.

---

### *3ᵉ Groupe.*

1. Expression des actions moléculaires développées par la flexion (pièces droites).
2. Flexion d'une pièce chargée debout (Hypothèse $\dfrac{M}{I}$ = constante).
3. Expression des actions moléculaires développées par la flexion (pièces courbes).

*Arcs poussant leurs appuis.*

4. Arc posé sur 2 appuis de niveau, chargé uniforme sur l'horizontale.
5. Même cas, arc chargé sur lui-même.
6.    id.    arc chargé de poids égaux et symétriques.
7. Action du vent sur un plan incliné.
8. Pression développée par la dilatation. Conséquences.
9. Stabilité d'un corps posé sur un plan, en tenant compte du frottement.
10. Répartition des pressions sur une base d'appui, section quelconque.

      11. Application à une section rectangulaire.

      12.     id.       id.     circulaire pleine et évidée.

      13. Stabilité d'un mur de soutènement et de réservoir.

      14. Stabilité d'une voûte et de ses culées.

NOTA. — Une ou plusieurs des questions tirées pourront être changées à l'égard des élèves dont les notes antérieures leur permettraient de concourir pour une médaille.

D'autre part, il est bien entendu que toutes les matières traitées au cours, contenues ou non dans les questions énumérées ci-dessus, font partie de l'examen.

# L'ENSEIGNEMENT

## A L'ÉCOLE NATIONALE ET SPÉCIALE DES BEAUX-ARTS

## SECTION D'ARCHITECTURE

### PREMIÈRE CLASSE

## ENSEIGNEMENT ARCHITECTURAL

# ECOLE NATIONALE ET SPÉCIALE DES BEAUX-ARTS

## PREMIÈRE CLASSE
## ENSEIGNEMENT ARCHITECTURAL

### EXPOSÉ PRATIQUE

L'enseignement de la première classe diffère de celui de la seconde classe, en ce qu'il ne comporte plus aucun examen scientifique; les concours de la première classe se divisent en : concours d'architecture, concours d'ajustement et d'ornement, concours se rapportant au cours de l'histoire de l'architecture, concours de dessin de figure d'après nature ou d'après le plâtre, et en concours de modelage d'ornement ou exceptionnellement de figure d'après le plâtre.

Les Concours d'architecture comprennent deux parties :

1° Concours sur esquisses (*six par an*).

2° Concours sur projets rendus (*six par an*).

Les Concours d'ajustement et d'ornement comprennent :

1° Un concours Auguste Rougevin (*un par an*).

2° Un concours Godebœuf (*un par an*).

Pour les autres concours, nous prions le lecteur de se reporter aux chapitres spéciaux — relatifs à chacun de ces concours. — Tous les élèves de première classe doivent rendre au moins un projet par an et avoir pris part à l'un des concours Godebœuf, Rougevin, ou d'histoire de l'architecture, sous peine de se voir rayer de la liste des élèves de l'école, sauf décision du conseil supérieur.

Sont exemptés de cette obligation, les élèves admis au concours définitif du prix de Rome et ayant exécuté le concours, et ceux qui ont obtenu soit le diplôme d'architecte, soit la grande médaille d'émulation ou le prix Abel Blouet (Voy. règlement, art. 54 et 55).

Pour les élèves qui ne peuvent ou ne veulent passer l'examen du diplôme, un certificat d'études de l'école est délivré aux élèves de première classe qui ont obtenu, soit une récompense au concours du prix de Rome, soit une première ou deux deuxièmes médailles, dont une au moins sur projets rendus (art. 60 du règl.)

# ÉCOLE NATIONALE ET SPÉCIALE DES BEAUX-ARTS

## SECTION D'ARCHITECTURE

### PREMIÈRE CLASSE

## ESQUISSE

*Valeur des récompenses accordées à ce Concours.*

Première seconde médaille. — 2 valeurs.
Première mention. — 1 valeur.
Deuxième mention. — 1/2 valeur.

#### EXPOSÉ PRATIQUE

Les esquisses se font en loge en une seule séance de douze heures;
il y a six concours d'esquisses par an sur des programmes donnés
par le professeur de théorie, ces programmes comportent des données
permettant de faire un rendu intéressant tant au point de vue de la
composition architecturale qu'à celui de l'aquarelle.

Nominalement, les mentions sur esquisses ne sont pas obligatoires
pour l'examen du diplôme, mais elles peuvent s'ajouter au nombre
des valeurs exigées pour cet examen; il se produit donc une grande
économie de temps pour les élèves qui peuvent avoir des valeurs sur
esquisses, car ces valeurs ne demandent que douze heures de travail,
et sont considérées au même titre que les valeurs sur projets rendus,
exigeant quelquefois de un à trois mois d'études. Nous engageons
donc les élèves à prendre part à tous les concours d'esquisses, non

seulement pour obtenir des valeurs, mais encore au point de vue de l'habitude que leur donnera cet exercice, pour l'élaboration d'un projet demandé dans un délai très court, et principalement pour les esquisses des projets rendus.

Les esquisses se rendent habituellement sur feuille demi-grand-aigle (libre sans châssis).


*Suivent différents programmes :*


# PROGRAMMES

---


## UN ATELIER DE PEINTRE

Cet atelier serait construit au fond d'un jardin assez long et peu large. Sur l'un des côtés de ce jardin, un petit portique met l'atelier en communication couverte avec l'habitation. De l'autre côté, un passage compris entre le jardin et le mur séparatif d'une propriété voisine sert d'accès aux modèles, fournisseurs, etc.

Le tout est compris entre murs mitoyens de chaque côté et au fond.

La distance entre les murs des deux côtés est de **20** mètres.

L'atelier sera disposé au rez-de-chaussée, élevé sur quelques marches par rapport au passage de service, mais de plain pied avec le jardin.

Il comprendra :

L'atelier proprement dit, pouvant s'éclairer à volonté dans plusieurs directions par des châssis de toiture, mais pourvu, en tout **cas**, d'un grand jour vertical au nord (côté du jardin);

Pièce d'entrée, et petit salon d'attente et de toilette;

Pièce de service des modèles;

Dépôt d'accessoires divers;

Lavabos, cabinets d'aisances, etc.

Pour le service des dépendances et de l'atelier lui-même, une petite cour sera ménagée entre l'atelier et la propriété voisine au fond du terrain.

On fera le plan et la coupe longitudinale (perpendiculaire à la façade et regardant le portique), à l'échelle $0^m,004$ pour mètre.

La façade principale, avec en premier plan la coupe sur le portique, le jardin et le passage de service, $0^m,008$ pour mètre.


OBSERVATION GÉNÉRALE A TOUS CES CONCOURS


Toute esquisse négligée, incomplète ou au crayon seulement, est un cas de mise hors concours.

Une perspective ne peut tenir lieu d'élévation.


# LA PORTERIE D'UN COUVENT


On suppose qu'un couvent est situé dans les montagnes, comme la Grande-Chartreuse, divers couvents des Apennins, etc. Sur une route pittoresque s'ouvre la *Porterie,* petite construction isolée formant l'entrée du couvent, et raccordée de chaque côté à des murs de clôture élevés.

La porterie se composera de :

1° Un porche ouvert, assez spacieux et profond pour servir d'abri extérieur, notamment pour les pauvres ; au fond du porche sera la porte principale du couvent, suffisante pour le passage des voitures ;

2° D'un côté, un guichet ou passage communiquant à la porterie et au couvent ; c'est ce guichet qui sert pour les accès ordinaires du couvent. Il est placé sous la surveillance du *frère portier*, dont le logement se compose d'une pièce d'entrée et d'une cellule ;

3° De l'autre côté, une *aumônerie* avec petit dépôt.

La composition comporte un petit campanile pour recevoir une cloche, ainsi que la statue ou l'image du saint auquel est dédié le couvent.

---

La plus grande dimension de cette construction n'excédera pas 20 mètres ;

On fera le plan et la coupe à $0^m,004$ pour mètre, l'élévation au double.

# UNE TRAVÉE D'UNE GALERIE DE FÊTES DANS UN PALAIS

Cette galerie aurait l'importance monumentale de la galerie François I<sup>er</sup> à Fontainebleau, ou des galeries d'Apollon au Louvre, des Glaces à Versailles, de la Banque, du Luxembourg, etc.

L'étude demandée en comprend une travée dans les conditions suivantes :

La galerie a 9 mètres de large; les travées sont espacées d'environ 7 mètres d'axe en axe (latitude de 6$^m$,50 à 7$^m$,50); les fenêtres sont en conséquence séparées par de larges trumeaux décorés. Cette galerie est voûtée ou plafonnée, la hauteur n'excédant pas 12 mètres.

Les fenêtres n'existent que sur un côté ; la face opposée aux fenêtres comprend des portes et des parties pleines. Aucune autre indication n'est donnée pour son architecture, qui doit en tout cas être riche et monumentale, et pouvoir offrir des places convenables pour des meubles, sièges, tables, consoles, adossés aux parties libres des murs.

On fera :

1° Le plan d'une travée à 0$^m$,005 ;

2° Une coupe longitudinale, faisant voir la face opposée aux fenêtres rendant compte d'une travée et de l'amorce des deux travées voisines à 0$^m$,02 par mètre.

La travée ainsi présentée pourra, au choix, être l'une de celles où se trouve une porte, ou simplement un motif de décoration.


# UN CAFÉ DANS UNE ILE

Les îles, les lacs du bois de Boulogne ou du bois de Vincennes, celles de la Seine et de la Marne, attirent de nombreux promeneurs qui s'y rendent en barque ; dans presque toutes, il existe des cafés. Un petit établissement de ce genre au bord de l'eau, et parmi de beaux arbres, peut motiver une composition élégante et pittoresque.

On supposera tout d'abord un débarcadère et des amarrages pour les bateaux ; près de là, un abri de repos pour les bateliers, qui ne doivent pas se mêler à la clientèle du café.

Le café comprend une partie close et des locaux extérieurs. A l'intérieur, on doit trouver une assez grande salle et deux ou trois plus petites ; dépendances nécessaires, telles qu'office, laverie, etc.

Extérieurement, les consommateurs doivent trouver place :

1° Sur une terrasse abritée par des portiques couverts, mais non clos ;

2° Dans un espace de plein air ;

3° Dans des salles de verdure.

Le bâtiment du café comporte un petit étage pour quelques logements et dépendances.

La partie de l'île concédée pour cet établissement (tout compris) n'excède pas 50 mètres dans sa plus grande dimension.

On fera le plan et la coupe à $0^m,002$ pour mètre, l'élévation au double.

## L'ENTRÉE D'UNE ÉCOLE MILITAIRE

Cette école militaire a son accès principal par une place d'armes.

Le motif d'entrée comprend une grande porte, reliée de chaque côté à des bâtiments élevés d'un rez-de-chaussée seulement et éclairés sur une cour intérieure. Il se compose d'un *vestibule* ou *passage voûté* entre la porte extérieure et une seconde porte sur la cour ; d'une *loge de portier-consigne* et d'un corps de garde.

En façade, on devra pratiquer une guérite en pierre de chaque côté de la porte. Le motif milieu devra être décoré de la statue équestre d'un grand homme de guerre, soit en ronde bosse, soit en bas-relief ; au sommet de la composition, le drapeau national serait dressé bien en vue.

L'architecture de cet édifice militaire sera monumentale et sérieuse ; elle doit annoncer, dès l'entrée de l'école, la gravité des études et de la discipline.

La largeur dont on disposera pour le motif central d'entrée n'excédera pas 16 mètres ; les bâtiments qui le raccordent de chaque côté dans la hauteur du rez-de-chaussée, et où peuvent être reportés le corps de garde et le portier-consigne, seront donnés en amorce seulement.

On fera le plan et la coupe à $0^m,005$ pour mètre ; la façade sur la place à $0^m,01$ pour mètre.

Toute esquisse négligée, incomplète ou au crayon seulement, est un cas de mise hors concours.

Une perspective ne peut tenir lieu de façade.

# UNE CHEMINÉE MONUMENTALE

Cette cheminée construite en pierre forme milieu de la salle du conseil dans une école des Beaux-Arts.

La hauteur de la salle entre le parquet et le plafond est de 7 mètres ; la largeur de la cheminée ne doit pas dépasser 4ᵐ,50.

Comme condition expresse, le tuyau de fumée doit être adossé au

**UNE CHEMINÉE MONUMENTALE**

PROJET DE M. UMBDENSTOCK (Extrait de la *Construction Moderne*).

mur et non engagé dans le mur; la disposition architecturale de la cheminée sera conçue en conséquence.

La cheminée sera décorée au gré des concurrents sans que rien soit prescrit à cet égard : on s'inspirera avant tout du caractère de la salle et du souvenir des grands artistes français.

On fera le plan à 0ᵐ,01 pour mètre ; l'élévation et la coupe à 0ᵐ,025 pour mètre.

# UN FOND DE COUR

Dans un hôtel de ville, la composition est supposée comporter une cour assez longue et peu large, qui sert de passage public dans le sens de sa longueur. Tel est le cas de la jolie cour du *Capitole* de Toulouse.

La cour, objet du programme, aurait 12 mètres de largeur dans œuvre ; le fond, qui est l'objet spécial de l'esquisse, forme la paroi d'un bâtiment simple en profondeur et éclairé du côté de la voie publique, et qui, par conséquent, n'a pas besoin de prendre de jour sur la cour. Cette paroi ne sera donc percée que de l'ouverture ou des ouvertures nécessaires au rez-de-chaussée pour le passage.

Dans la hauteur du premier étage et, s'il y a lieu, d'un étage attique, le mur plein recevra l'adossement d'un motif décoratif, dont l'élément principal sera la statue équestre en bas-relief d'un personnage historique. Cette statue sera, soit dans un enfoncement, soit abritée par un auvent monumental comme dans la cour de Toulouse citée plus haut. Le tout devra former une composition d'ensemble limitée aux 12 mètres de largeur de la cour.

On fera à l'échelle de $0^m,01$ pour mètre :

L'élévation du fond de la cour, limitée par les deux profils des bâtiments latéraux en coupe ;

Et à $0^m,005$ pour mètre :

Une coupe avec élévation d'une travée latérale de la cour.

# UN MONUMENT COMMÉMORATIF

Devant la façade d'un château historique, dont la volonté du donateur a fait le Palais des lettres, des sciences et des arts, on suppose un monument élevé pour perpétuer le souvenir de cette donation.

Le monument projeté ne doit pas être funéraire ; toute liberté de composition est d'ailleurs laissée aux concurrents pour cette œuvre à laquelle devront concourir l'architecture et la sculpture. On observera seulement les conditions suivantes :

Le monument est isolé et ne se rattache à aucune ligne du château ; sa composition est donc indépendante.

Sur sa face principale doit être disposée une inscription commémorative.

La statue du donateur en sera le motif essentiel ; on y placera des figures allégoriques représentant : les lettres, l'histoire, les sciences, les arts, soit isolées, soit en groupe, en ronde bosse ou bas-relief.

La composition comportera la statue de la France.

Afin de laisser plus de latitude à l'imagination des concurrents, le terrain n'est pas déterminé.

L'esquisse sera exprimée en un seul dessin, *en perspective*, dont le cadre ne dépassera pas $0^m,24 \times 0^m,30$, soit en largeur, soit en hauteur.

## UNE VOUTE EN ARC DE CLOITRE

On suppose que l'un des salons principaux d'un hôtel de ville est de forme carrée, de 12 mètres de côté. Il est voûté en arc de cloître, sans parties plafonnées ; la voûte est construite en maçonnerie — moellons ou briques — revêtue d'un enduit et de saillies décoratives en plâtre, stuc ou staf, et de peintures grisaille ou camaïeue.

La voûte est de section elliptique; sa hauteur à la clef ne doit pas dépasser 6 mètres au-dessus de la naissance. La salle est éclairée par de grandes fenêtres au-dessous de la corniche qui règne sous la voûte.

La voûte en arc de cloître se prête tout particulièrement à la grande décoration monumentale ; celle dont il s'agit devra être composée avec l'ampleur qui donne un grand caractère aux voûtes les plus admirées.

Mais une étude sérieuse de voûte ne peut être faite qu'en développement ; ce sera donc le mode d'expression du présent programme.

On fera en conséquence le développement entier de l'un des quarts de la voûte avec l'amorce des trois autres ; ce dessin rendra compte de l'entablement sous la voûte.

Il sera exprimé avec sa coloration.

Ce dessin unique sera à l'échelle de $0^m,015$ pour mètre.

## UN ESCALIER DE PALAIS

Cet escalier principal d'un grand palais n'aurait qu'un étage et mettrait directement en communication un vaste vestibule, situé au rez-de-chaussée, et une galerie d'introduction au premier étage.

La plus grande dimension de l'escalier, dans œuvre, et non compris le palier supérieur, n'excéderait pas 30 mètres.

On fera le plan de l'escalier et d'une partie du vestibule à l'échelle de $0^m,004$ et la coupe au double.

# ÉCOLE NATIONALE ET SPÉCIALE DES BEAUX-ARTS

## SECTION D'ARCHITECTURE

### PREMIÈRE CLASSE

## PROJETS RENDUS

*Valeurs des récompenses accordées à ce concours.*

Première médaille. — 3 valeurs.
Première seconde médaille. — 2 valeurs.
Deuxième seconde médaille. — 1 valeur 1/2.
Première mention. — 1 valeur.

### EXPOSÉ PRATIQUE

Il y a par an six concours sur projets rendus ; au maximum ces projets s'exécutent à l'atelier, pendant un laps de temps allant de un à trois mois, d'après un programme donné par le professeur de théorie, et sur une esquisse faite en loge en douze heures. L'esquisse dans laquelle le candidat doit développer l'ensemble de la composition doit attirer toute l'attention des élèves ; elle comporte habituellement l'esquisse d'un plan, d'une coupe et d'une façade. Ces esquisses sont mises en regard des rendus le jour du jugement, tous défauts de concordance entre l'esquisse et le projet sont des cas de mise hors concours.

Tous les genres sont employés dans le rendu des projets, mais la note dominante est le rendu à l'encre de Chine, surtout pour les projets à l'aspect classique ; les autres donnent lieu à des recherches de couleurs intéressantes.

Anciennement, aucune mesure n'était donnée pour les châssis devant supporter les rendus, aujourd'hui le professeur de théorie a fait un tableau de toutes les dimensions maxima, auxquelles les élèves doivent rigoureusement se conformer (*art. 56-57-58 du règle-*

*ment*) sous peine de mise hors concours ; toutefois les élèves peuvent faire usage de châssis de plus petites dimensions.

La remise des projets a lieu entre 10 heures et 2 heures, le jour fixé par le programme et cela très exactement, sans qu'aucun délai puisse être accordé.

*Suivent différents programmes donnés à ce concours :*

# UNE STATION D'ÉCLAIRAGE DES COTES

Les côtes sont éclairées par une série de phares d'importance diverse, assez rapprochés pour assurer le croisement des cercles décrits par leurs rayons lumineux. Ces phares sont reconnaissables à leur couleur, à la durée des éclipses, etc., et dans les parages où ils sont nombreux on est parfois forcé de les accoupler pour augmenter ainsi la variété des combinaisons. Les grands phares comportent d'ailleurs tout un ensemble de dépendances qui en font un établissement important.

---

La Station, objet du concours, est établie avec deux phares égaux et peu distants pour l'éclairage et une *sirène* — puissant instrument à vent dont le *pavillon* est tourné du côté de la mer — pour les signaux en temps de brume.

Elle comprendra :

1° Les deux phares, distants de 20 mètres environ d'axe en axe, ayant chacun à leur sommet un appareil électrique et, dans des étages : chambre de veille, embrasures pour les fusils porte-amarres, etc. Ces deux phares seront reliés par un pont-galerie formant passage couvert de l'un à l'autre sans qu'on soit obligé de redescendre à terre ;

2° Un pavillon spécial pour la sirène ;

3° Deux bâtiments peu élevés pour la manœuvre à couvert des signaux et sémaphores, avec télégraphe ;

4° Les bâtiments de service, en communication couverte entre eux et avec les précédents, lesquels comprendront :

1° Un pavillon de gardien et un pavillon d'abri pour les rondes de douaniers ;

2° Des habitations pour quatre ménages ;

3° Un bâtiment des observations météorologiques avec bureau pour les ingénieurs ou officiers en tournée ;

## UNE STATION D'ÉCLAIRAGE DES COTES

PROJET DE M. DAVIS (Extrait de la *Construction Moderne*).

4° Un bâtiment des machines (moteurs et dynamos) ;
5° Hangars et dépôts pour le combustible, les agrès, etc.
Au bas du rocher sur lequel les phares seront construits, un abri

pour une barque de sauvetage, en communication avec le plan supérieur par des escaliers ou descentes aussi protégés que possible.

La lumière des phares devra être à 60 mètres du niveau de la mer. La hauteur, du niveau de la mer au plateau supérieur, sera de 15 à 25 mètres.

Le terrain affecté à l'ensemble n'excédera pas 50 mètres en largeur (parallèlement à la ligne des axes des deux phares) et 100 mètres en longueur.

On fera pour les esquisses :

Le plan, la coupe et l'élévation vue de la mer, à 0^m,002 pour mètre.

Pour le rendu :

Le plan et la coupe à 0^m,005 pour mètre ;

L'élévation vue de la mer à 0^m,01 pour mètre.

### OBSERVATION GÉNÉRALE A TOUS CES CONCOURS

Toute esquisse ou tout dessin rendu négligé, incomplet ou au crayon seulement, sont des cas de mise hors concours.


# UN GRAND SÉMINAIRE

Les élèves des séminaires sont internes ; les professeurs ecclésiastiques sont également logés : les élèves dans des cellules où ils couchent et travaillent, les professeurs dans des chambres plus vastes. Le plus souvent chaque chambre ou cellule est chauffée par une cheminée.

L'enseignement se donne dans des classes et salles de cours analogues à celles des lycées ; il existe aussi des salles d'études en commun pour des travaux déterminés.

Les récréations ont lieu dans une cour entourée de portiques, sorte de grand cloître, qui doit donner accès aux salles principales et aux escaliers.

La composition doit assurer une surveillance facile et une aération efficace des bâtiments.

Le Séminaire, objet du programme, sera disposé pour 120 élèves et 10 professeurs ; plus un supérieur, un adjoint et un économe, tous ecclésiastiques.

Il sera supposé dans un quartier éloigné d'une grande ville, sur un terrain rectangulaire limité par deux rues perpendiculaires l'une à l'autre, et deux murs mitoyens. Ce terrain aura 200 mètres dans sa plus grande dimension, mais les bâtiments n'en occuperont qu'une partie, le surplus étant disposé en jardins conçus en vue d'exercer les élèves à la botanique et à l'arboriculture.

Les bâtiments comprendront :

1° A l'entrée, un pavillon dit *porterie* : porche et vestibule, portier et pièce d'attente ;

2° Le Séminaire proprement dit, élevé de trois étages :

*Au rez-de-chaussée :*

Vestibule, concierge, bureaux de l'économat, parloir des élèves, parloir des professeurs ;

Cloître et escaliers ;

Six classes, dont deux plus grandes pouvant recevoir tous les élèves à la fois, et destinées l'une aux cours de science, l'autre aux cours de théologie ;

Un cabinet de physique, une salle de collection d'histoire naturelle ;

La salle des exercices, où l'on enseigne aux élèves réunis la technique du culte et des cérémonies, accompagnée d'un dépôt des divers objets nécessaires ;

Le réfectoire des élèves, et la salle à manger des maîtres, avec leurs dépendances immédiates ;

Enfin, la chapelle avec une grande sacristie ;

Lavabos, cabinets d'aisances, etc.

Dans les étages supérieurs seraient la bibliothèque, quatre salles d'études et les logements des directeurs, professeurs et élèves (chambres et cellules).

3° Un petit bâtiment de communauté, comprenant :

Réfectoire et ouvroir pour six sœurs, la lingerie ;

Les cellules des religieuses ;

L'infirmerie du Séminaire — petit jardin particulier.

4° Les bâtiments de service comprenant :

Cuisine générale et dépendances ;

Cellier, bûcher, magasins divers ;

Une écurie pour deux chevaux et remise ; basse-cour ;

Logements des domestiques.

Ces divers services seront pourvus d'une entrée spéciale sur la rue latérale.

Observation importante. — La dimension à donner aux cellules, devant déterminer les entre-axes de la construction, est d'environ 3 mètres de large sur 4 mètres de profondeur.

La plus grande dimension des bâtiments du *Séminaire proprement dit* ne dépassera pas 120 mètres.

On fera pour les esquisses :

Le plan du rez-de-chaussée.
La coupe longitudinale. . . } du Séminaire proprement dit.
La façade . . . . . . . .

Ces trois dessins à 0^m,0015 pour mètre.

Pour le rendu :

Un plan du *Séminaire proprement dit*, moitié au premier étage et moitié au deuxième étage, à 0^m,004 par mètre.

L'élévation du Séminaire proprement dit, au double (0^m,008 pour mètre); la coupe à 0^m,004 pour mètre.

## UN PANTHÉON

Le *Panthéon* moderne est un monument destiné à la sépulture des grands hommes. Ni le Panthéon d'Agrippa à Rome, ni le Panthéon de Paris — ancienne église de Sainte-Geneviève — n'ont été composés en vue de cette destination.

Le monument projeté, dont l'architecture devra être imposante, ne présentera pas un caractère funéraire. Consacré à des hommes qui ont appartenu à des cultes différents, il ne peut non plus être une église : à l'extérieur comme à l'intérieur — sauf la crypte dont il sera parlé plus loin — il affirmera avant tout l'idée de la glorification triomphale.

Ce Panthéon comprendra :

Une grande salle monumentale, dont la forme est laissée au choix des concurrents, dans laquelle trouveront place des monuments commémoratifs individuels, sans uniformité, élevés au-dessus de chaque sépulture ;

Une crypte où seront ces sépultures, bien en vue ;

Un grand vestibule ou première salle pour la réception et la formation des cortèges.

Il sera précédé d'un porche ou péristyle au haut d'un perron.

La grande salle présentera une partie plus élevée pour les députations des grands corps de l'État, les orateurs, les familles.

Contrairement à ce qui a lieu au Panthéon, la crypte sera en communication directe et monumentale avec la grande salle par de larges escaliers ou perrons intérieurs. Elle pourra aussi avoir accès de l'extérieur. Elle sera accompagnée de quelques resserres d'objets divers.

Le monument, isolé, aura son entrée sur une place dans un quartier élevé de la ville. Il sera donc en situation d'être vu de tous côtés.

Les plus grandes dimensions des constructions, non compris les perrons extérieurs, seront :

80 mètres en largeur (parallèlement à la façade principale);

120 mètres en longueur.

On fera pour les esquisses :

A 0$^m$,001 pour mètre :

Le plan au niveau de la grande salle;

L'élévation et la coupe longitudinale.

Et pour le rendu :

A 0$^m$,004 pour mètre :

Le plan complet au niveau de la grande salle ;

Le plan complet de la crypte.

A 0$^m$,008 pour mètre :

L'élévation principale ;

La coupe longitudinale.

## UN MUSÉE DE ZOOLOGIE

Situé dans une ville importante sur une des voies principales, ce Musée se composera de trois grandes divisions, dont la principale sera la *Zoologie* proprement dite ; les deux autres, d'importance égale entre elles, seront : l'*Anatomie comparée* et la *Paléontologie*.

(La *Zoologie* fait voir les animaux reproduits à leur état naturel par divers procédés de conservation ; l'*Anatomie comparée* montre les squelettes et écorchés ; la *Paléontologie* réunit les vestiges d'animaux disparus.)

Dans l'ensemble que formera le Musée complet, on veut que chacun des trois groupes forme au besoin un tout distinct. Ainsi, tantôt le Musée entier sera ouvert au public qui aura accès partout et pourra passer de plain-pied, à chaque étage, des salles d'une division à celles d'une autre ; tantôt, au contraire, l'une des divisions sera seule ouverte. Chacune doit donc avoir son entrée, ses escaliers, etc.

L'édifice comprendra un soubassement assez élevé pour recevoir les salles nécessaires à la préparation des modèles — moulage, empaillage, montage, etc. — ainsi que des dépôts divers, appareils de chauffage, etc.

Au-dessus, les Musées comprendront, en un rez-de-chaussée et deux étages :

1° *Zoologie :*

Une grande salle montant de fond pour les modèles des plus grands animaux ;

Des galeries pour la classification des modèles d'animaux divers ;

A chaque étage des pièces réservées pour l'étude.

2° *Anatomie comparée et Paléontologie :*

Une salle principale ;

Galeries à chaque étage ;

Pièces d'étude, etc.

3° *Services communs :*

Outre les escaliers publics, des monte-charges relieront le soubassement aux divers étages ;

Cabinets d'aisances, gardiens, etc. ;

Dans les combles, salles de dessin, de photographie, laboratoires divers.

TERRAIN

L'édifice occupera un terrain isolé dont les dimensions n'excèderont pas 130 mètres sur 100.

L'entrée principale peut, au choix, être sur le grand ou le petit côté.

Le terrain est sensiblement de niveau.

L'édifice étant supposé entouré de promenades, il est nécessaire que la composition du plan permette des façades latérales et postérieure d'un bel aspect.

On fera pour les esquisses :

Le plan du rez-de-chaussée, la coupe et la façade principale à $0^m,0015$ pour mètre.

On fera pour le rendu :

Le plan du rez-de-chaussée à $0^m,004$ pour mètre ;

La coupe longitudinale et l'élévation principale à $0^m,008$ pour mètre.

La destination des salles sera écrite dans les plans (et non en légende).

# L'ARCHITECTURE D'UNE PLACE PUBLIQUE

Les deux places les plus monumentales de Paris — la Place de la Concorde et la Place Vendôme — sont composées sur l'axe d'une voix publique. D'autres places sont conçues avec des voies publiques latérales se croisant à l'angle ou près de l'angle de ces places ; en ce cas, chaque façade de la place peut être ou un monument unique, ou un groupe d'édifices divers.

C'est cette seconde hypothèse qui sera supposée pour la Place, objet du présent programme.

On admettra donc que la Place est entourée d'édifices présentant deux façades plus longues et deux plus courtes ; aux angles, quatre rues se prolongeant, et respectivement perpendiculaires, la relient à la circulation générale de la ville.

L'architecture peut présenter une composition uniforme comme à la Place Vendôme, ou comporter une variété plus grande, mais en formant dans tous les cas une *composition* obligatoire, d'un caractère décoratif tout en restant affectée à l'habitation.

On peut supposer au rez-de-chaussée des portiques comme à la Place de la Concorde.

Les dimensions de la Place, prises entre les alignements, auront 140 mètres sur 180 ; les rues ont de 16 à 20 mètres de largeur. La composition peut comporter des retraites des façades sur les alignements mais non des saillies.

L'édifice principal, faisant face au grand axe de la Place, est destiné à un Cercle occupant l'ilot entier. Les autres constructions sont, comme à la Place Vendôme, des hôtels ou des maisons divisées en grands appartements.

La hauteur normale des bâtiments est de 20 mètres, plus les toitures. Des motifs décoratifs peuvent s'élever au-dessus de cette hauteur.

On fera pour les esquisses :

1° Un plan général de la Place à l'échelle de $0^m,004$ pour mètre. Sur ce plan, les bâtiments seront laissés *en masse*, sauf l'indication des murs de façade, des portiques s'il y en a, et du rez-de-chaussée du Cercle jusqu'à une amorce de la cour intérieure ;

2° Une élévation et une coupe du bâtiment du Cercle, à $0^m,002$ pour mètre.

On fera pour le rendu :

1° Le même plan qu'en esquisse à 0ᵐ,0025 pour mètre ;

2° La façade du Cercle, avec coupe du bâtiment de face, à 0ᵐ,005 pour mètre ;

3° Une perspective générale de la Place (dessin demi-grand aigle).


## UNE ÉGLISE A CHARPENTE APPARENTE


Les anciennes basiliques chrétiennes et un grand nombre d'églises plus modernes ont été construites avec des charpentes apparentes. L'architecture en est toute différente de celle des églises voûtées ; elle a donné lieu à de beaux monuments non seulement dans les pays méridionaux, mais même dans le nord de la France et jusqu'en Angleterre. Il suffit de citer comme exemples les premières basiliques, la cathédrale de Montréal, celle de Messine, San-Miniato à Florence, etc.


L'église proposée sera isolée de toutes parts ; elle aura une nef principale, des bas-côtés, le chœur et des chapelles en assez grand nombre ; elle pourra comporter ou non un transept. Le chœur pourra, comme à San-Miniato, être plus élevé que la nef, et s'étendre au-dessus d'une crypte qui aurait une entrée postérieure.

On disposera deux sacristies, l'une pour le clergé et les mariages, l'autre pour le personnel secondaire ; une salle des catéchismes et diverses dépendances pourront être en soubassement, avec des entrées particulières et des communications intérieures avec l'église.

Un porche, un ou deux clochers, compléteront la composition.


### TERRAIN.


Le terrain est sensiblement de niveau ; l'église est établie sur un îlot rectangulaire, limité par une grille ; cet espace a 50 mètres de large sur 120 mètres de long. L'église ne doit pas atteindre les limites de l'enclos, non plus que tout ce qui se rattache à l'église, notamment les perrons extérieurs.

On fera pour les esquisses :

Le plan entier — la coupe transversale (parallèle à la façade) prise sur la grande nef et les bas-côtés, — la façade principale à 0<sup>m</sup>,002 pour mètre.

Les esquisses seront dessinées soigneusement à l'encre.

On fera pour le rendu :

Le plan à 0<sup>m</sup>,005 pour mètre ;

La coupe longitudinale et la façade principale, à la même échelle ;

La coupe transversale à 0<sup>m</sup>,015 pour mètre ; cette coupe prise sur la grande nef et les bas-côtés et regardant le chœur. (Si la composition comporte des transepts, leur façade sera donnée en amorce seulement dans cette coupe.)

*Facultatif.* — On pourra joindre à ces dessins un châssis demi-grand aigle afin de rendre compte des parties intéressantes de chaque composition qui ne sont pas demandées ci-dessus, telles que façade postérieure ou partie de façades latérales, travées de coupe longitudinale, etc.


# UNE ÉCOLE VÉTÉRINAIRE RÉGIONALE

Cette École, moins importante que celle d'Alfort, et analogue à celles de Lyon ou de Toulouse, recevrait 100 élèves internes.

Elle se composera de trois grandes divisions, entre lesquelles il ne peut être réalisé une symétrie que le programme ne permettrait pas, tout en exigeant de l'ordre, des communications faciles et de la surveillance :

— L'École proprement dite ;

— L'École pratique ;

— Le Casernement des élèves.

L'École proprement dite comprendra en un rez-de-chaussée et un ou deux étages :

*Au rez-de-chaussée :*

— Entrée, concierge, attente :

— Les bureaux de la Direction, du Secrétariat, de la Caisse et de l'Économat ;

Parloir des élèves ;

— Salle de réunion des professeurs ;

— Deux salles de cours et une salle de réunions générales, chacune avec dépendances ;

— Deux laboratoires, l'un pour la chimie et pharmacie, l'autre pour la physiologie, etc., avec leurs dépendances.

*Aux étages :*

— Une bibliothèque pour 20,000 volumes ;
— Deux salles de collections ;
— Salle de dessin ;
— Salle des observations microscopiques ;
— Appartements du directeur, de l'économe, logements de gens de service.

L'ÉCOLE PRATIQUE comprendra :

Quatre divisions principales : *Physiologie, Anatomie, Chirurgie, Thérapeutique.*

*Détail de chacune :*

*Physiologie.* — Un laboratoire important composé d'une salle principale et de quatre secondaires pour les expériences de vivisection, inoculations, etc. — Dépendances ;
— Des chenils, clapiers, cages pour les animaux ;
— Isolement pour les contagieux, notamment la rage ;
— Salle de conférences.

*Anatomie.* — Amphithéâtre de dissection (trois pavillons dont un principal) avec dépendances ;
— Salles de moulage et de préparation des pièces anatomiques ;
— Appareil de crémation des débris ;
— Salle de conférences.

*Chirurgie.* — Écuries, stalles, chenils, clapiers, etc., pour les animaux en traitement ;
— Isolement des contagieux ;
— Salle des opérations et dépendances ;
— Salle de conférences.

*Thérapeutique.* — Même composition, les dépôts d'animaux en traitement pouvant être communs à ces deux dernières divisions.

L'ÉCOLE PRATIQUE comporte en outre :

— Une *Maréchalerie* avec écurie ou piquetage des chevaux et bœufs, forge, etc.

— Une *Consultation* pour animaux amenés du dehors ;

(La Consultation comporte soit une cour ouverte, soit une série d'abris, et doit plutôt être annexée à l'École qu'en faire réellement partie.)

— Une *Pharmacie ;*

— Une *Cuisine* pour la préparation de la nourriture des animaux ;

— Greniers à fourrages et à grains — hangars, etc.

Tout cet ensemble doit être très aéré.

Le Casernement comprendra :

— Réfectoires, salles d'étude et chambrées pour 100 élèves ; — Infirmerie, avec isolement ; — Vestiaires, lingerie, etc. ; — Une salle de réunion des élèves, et deux salles de jeux ; — Préaux couvert et découvert ; — Cuisise et dépendances ; — Service des bains.

### TERRAIN.

Le terrain sera sensiblement de niveau. Il sera rectangulaire, isolé, et n'excédera pas 250 mètres dans sa plus grande dimension.

On fera pour les esquisses :

Le plan, la façade et la coupe à $0^m,001$ pour mètre.

Pour le rendu :

Le plan du rez-de-chaussée, la façade et la coupe à $0^m,0025$ pour mètre.

La destination des services sera inscrite dans les plans, et non en légende.

## UN HOTEL PARTICULIER

Situation et terrain. — Un boulevard de 25 mètres et une rue de 14 mètres se croisent sous un angle de 60 degrés. L'angle de ces deux voies est affecté à un bâtiment de rapport ; on dispose pour l'hôtel d'un terrain ayant accès par le boulevard et la rue d'après le plan joint au programme. Les immeubles voisins comportent des constructions élevées ; les limites indiquées pour le terrain sont les *lignes séparatives* des propriétés. Le niveau moyen sur le boulevard est de 2 mètres plus élevé que celui sur la rue.

L'entrée principale de l'hôtel sera par le boulevard ; des entrées secondaires par la rue.

La composition devra s'efforcer de masquer les murs mitoyens, surtout vers le boulevard, et de mettre l'habitation à l'abri des regards des voisins, quelles que soient les dispositions qu'ils adopteront pour leurs cours.

L'hôtel comprendra :

1° *Au rez-de-chaussée :*

— Service du portier et de l'entrée;

— Un appartement de réception aussi complet que le permettra chaque composition, tout en laissant de l'air et de l'espace au plan, et comprenant au moins : antichambre, grand et petit salons, salle à manger, office, galerie;

— Grand escalier et escaliers de service; ascenseur;

— Le service des cuisines (à rez-de-chaussée et non en sous-sol);

— Le service des écuries et remises.

Ces deux services placés de façon à ne pas incommoder les habitants de l'hôtel.

2° *Au 1ᵉʳ étage :* L'habitation des maîtres aussi large et complète que possible;

3° *Au 2ᵉ étage :* Pièces secondaires d'habitation et de service, logements et pièces de travail;

4° *Combles :* Logements du personnel, domestiques, cochers, cuisiniers, etc.

---

Observation. — Le programme évite intentionnellement de préciser; le véritable programme est, en pareil cas, de chercher le meilleur parti possible à tirer du terrain, en conservant une juste proportion entre les espaces couverts et découverts, la facilité des communications, etc.

---

On fera pour les esquisses :

Le plan complet du rez-de-chaussée à l'échelle du plan ci-joint ($0^m,002$ pour mètre);

La façade sur le boulevard et la coupe perpendiculaire à $0^m,004$ pour mètre.

Ces trois dessins bien arrêtés et à l'encre.

On fera pour le rendu :

Les plans du rez-de-chaussée et du premier étage à $0^m,005$ pour mètre;

La façade sur le boulevard et la coupe perpendiculaire à 0<sup>m</sup>,01 pour mètre.

La destination des pièces sera inscrite dans les plans et non en légende.

## UN THÉATRE

Ce théâtre, d'importance moyenne, et destiné aux représentations de comédies et de drames, sera projeté sur un terrain sensiblement de niveau, isolé, et formant un rectangle de 50 mètres sur 80 mètres.

Cet espace comprendra *rigoureusement* toutes les saillies extérieures, telles que perrons, balustrades, descentes à couvert, etc. Seules, des marquises sans points d'appui pourront excéder ces alignements.

On suppose comme donnée particulière au présent programme que, par suite de la nature du terrain, les *dessous* du Théâtre ne peuvent pas être descendus plus profondément que 3 mètres en contrebas du sol, et que, par suite, le niveau de la scène au long de la rampe *devra être au moins à 5 mètres au-dessus du niveau extérieur.* Les accès à la salle et à la scène seront disposés en conséquence.

Tout théâtre comporte deux parties distinctes : la salle et ses abords — la scène et ses dépendances, — séparées par un mur qui, sauf quelques portes de service, n'a d'autre ouverture que la grande baie du rideau. A ces deux parties correspondent les entrées du public d'une part, et les entrées de l'administration et des artistes de l'autre. L'une et l'autre doivent être disposées en vue de la sécurité en cas de sinistre, et d'une évacuation aussi rapide que possible.

---

LE THÉATRE PROPOSÉ COMPRENDRA :

1° *Partie du public :*

— La salle pour environ 1,500 personnes, avec de faciles dégagements, vestiaires à tous les étages, water-closets, etc. :

— Le foyer public — un buffet-glacier — un fumoir ;

— Cabinets du médecin, du commissaire de police, dépendances.

— Les vestibules d'accès et de contrôle nécessaires ; on devra disposer plusieurs entrées pour : 1° les places prises aux guichets, avec galeries pour faire queue; 2° les places prises d'avance; 3° les arrivées en voiture;

— Les escaliers, qui devront tous être à emmarchements droits;
— Bureaux de location, des suppléments, etc.

2° *Partie de la scène :*

— La scène, avec trois dessous et deux étages de ponts de service et le gril. Elle sera facilement accessible pour les artistes, figurants, machinistes, etc. Sur les côtés, et sauf les portes nécessaires, seront les *cheminées de contre-poids* et les *tas de décors;*
— Service facile d'entrée des décors.

Les dépendances à placer le plus immédiatement près de la scène sont :

— Le foyer des artistes;
— Le foyer des travestissements (retouches de toilettes);
— Les cabinets du directeur, du secrétaire, du régisseur;
— Les loges des principaux artistes;
— Un dépôt de décors, un dépôt d'accessoires.

Le surplus des dépendances comprendra :

— Entrée, concierge, postes de police et de pompiers;
— Bureaux administratifs (caisse et secrétariat);
— Loges d'artistes;
— Foyers de figurants et figurantes, danseurs et danseuses, des musiciens, des machinistes;
— Magasins de costumes, meubles, armes, etc., etc., bibliothèque et archives;
— Ateliers de tapissiers, tailleurs-costumiers, etc.;
— Les services de la scène, électricité, machinerie, etc.

On fera pour les esquisses :

Le plan du premier étage complet, et le plan du rez-de-chaussée depuis la façade principale jusqu'au mur du rideau;

La coupe transversale sur la salle, regardant la scène;

La façade principale.

Ces quatre dessins, *au trait à l'encre*, à $0^m,002$ pour mètre.

On fera pour le rendu :

Les plans complets du rez-de-chaussée et du premier étage à $0^m,005$ pour mètre;

Une coupe transversale (parallèle à la façade) dont moitié sur la salle, regardant le rideau, et moitié sur la scène, regardant également le rideau, à $0^m,01$ pour mètre;

La façade principale à 0,<sup>m</sup>,01 pour mètre.

La destination des pièces sera inscrite dans les plans, et non en légende. — La construction sera soigneusement étudiée et indiquée dans les coupes.

## UNE SUITE DE SALLES DE RÉCEPTION

On suppose, pour cette étude, que dans une enfilade de grandes salles on trouve successivement au premier étage d'un palais :
— Un vestibule, supposé desservi par un escalier monumental ;
— Une antichambre ;
— Un salon ;
— Une salle à manger.
Ces diverses salles se suivent et se communiquent soit en prolongement en ligne droite, soit en ligne brisée comme les grands appartements de Versailles au premier étage, si on les considère depuis le vestibule de la Chapelle jusqu'à la galerie des Glaces.

Cette enfilade fait d'ailleurs partie de bâtiments doubles en profondeur. Ces salles sont contenues dans la hauteur d'un premier étage surmonté d'une attique. Elles sont en conséquence limitées en hauteur à une même élévation des parties verticales et des voussures.

---

L'objet spécial de ce programme est l'étude des variétés d'architecture et de décoration qui naissent de la destination des salles.

Pour cela, on se conformera aux indications suivantes :
Le vestibule sera traité en architecture de pierre ;
L'antichambre empruntera surtout la marbrerie et la tapisserie ;
Le salon et la salle à manger seront traités avec tous les éléments d'une riche décoration et conformément à leur destination respective.

Les salles dont il s'agit pourront être dans un seul bâtiment ou dans les corps de bâtiment se rencontrant, dans une composition à travées égales, ou dans des pavillons et des ailes. Les esquisses devront indiquer la disposition adoptée à cet égard.

Les longueurs réunies des salles et des murs qui les séparent, mesurées en ligne droite ou développées suivant que l'enfilade sera droite ou brisée, depuis l'extrémité du vestibule jusqu'à celle de la salle à manger, n'excéderont pas 100 mètres.

La hauteur maxima des voussures ou voûtes ne dépassera pas 14 mètres; celle des plafonds, 9 mètres.

------

On fera pour les esquisses, à 0^m,0015 pour mètre :

— Le plan des quatre salles avec amorce des parties voisines;

— La coupe générale suivant l'enfilade droite ou brisée des quatre salles.

Nota. — Ces coupes seront tracées en regardant le côté des fenêtres. Pour le rendu :

— Le même plan à 0^m,005 pour mètre.

— La même coupe générale, regardant également le côté des fenêtres, à 0^m,01 pour mètre;

— Une coupe perpendiculaire à la précédente, *de l'antichambre*, à 0^m,02 pour mètre; dans cette dernière, la coupe du mur de face ainsi que le profil du comble seront entièrement exprimés, et la construction soigneusement étudiée et indiquée.

# ECOLE NATIONALE ET SPÉCIALE DES BEAUX-ARTS

## SECTION D'ARCHITECTURE

### PREMIÈRE CLASSE

## CONCOURS GODEBŒUF

*Valeur des récompenses accordées à ce concours.*

Première médaille. — 3 valeurs.
Première seconde médaille. — 2 valeurs.
Première mention. — 1 valeur.

Ce concours est avec le Rougevin celui qui réunit le plus grand nombre de concurrents ; il consiste à développer, comme pour l'exécution, une œuvre architecturale de nature spéciale, telle que serrurerie, plomberie, marbrerie, bois, bronze, etc. Ces projets sont exécutés dans les ateliers, en quinze jours, d'après les esquisses faites en loges en douze heures.

La donnée de ces programmes permettait habituellement de très beaux rendus à l'aquarelle, ce qui rendait ce concours un des plus artistiques de l'école, mais dans ces dernières années, l'aquarelle avait pris un tel développement que le nouveau professeur de théorie a cru devoir suivre à la lettre le règlement de la fondation Godebœuf. Les dessins sont donc présentés sans aucun autre fond que le papier blanc. Il est habituellement demandé une plan, une coupe, une élévation et un détail à 0 m. 10 du projet ; en un mot, les dessins doivent être rendus comme des *dessins d'exécution* ainsi que le prescrit le règlement.

En outre des nombreuses médailles attribuées à ce concours, l'élève placé premier dans le classement des premières médailles, touche une somme de 740 francs ; ce prix d'argent ne peut être obtenu qu'une seule fois.

*Suivent différents programmes donnés à ce concours.*

# PROGRAMMES

## L'ENTRÉE D'UN BOSQUET

### (étude de charpente et treillage).

L'art du *treillage* a produit en France des œuvres originales et artistiques ; on en voit reproduites dans les ouvrages d'anciens auteurs, tels que Du Cerceau et autres.

On suppose que, dans un parc comme ceux de Versailles, Marly, etc., on veuille disposer à l'entrée d'un *bosquet* un motif d'architecture en treillage.

Ce motif, essentiellement décoratif, se composera d'une grande porte centrale et de deux plus petites, et formera une sorte de vestibule donnant accès de chaque côté à des *treilles*. L'ossature sera en bois de charpente pour les poteaux et traverses de la construction ; la couverture (à jour) sera soutenue soit par des fermes légères, soit, comme aux treilles du château de Montargis, par des cintres du système de Philibert Delorme. Les panneaux et remplissages seront composés avec du treillage disposé en vue de l'effet décoratif ; quelques parties pleines, sculptées, telles que médaillons, écussons, etc., pourront tenir place dans la composition, mais on devra éviter les parties opaques trop étendues.

L'architecture des treillages se prête à toutes les combinaisons de la construction monumentale, saillies, silhouettes, voûtes, coupoles ou dômes, piliers ou ordres ; mais avec une étude toute spéciale.

Les dimensions du motif central ne dépasseront pas : 10 mètres en largeur, 6 mètres en profondeur.

On fera pour les esquisses :

Le plan à 0 m. 0075 pour mètre ;

L'élévation et la coupe à 0 m. 015 pour mètre.

Ces dessins soigneusement indiqués et à l'encre.

On fera pour le rendu :

Le plan et la coupe à 0 m. 01 pour mètre ;

L'élévation à 0 m. 025 pour mètre, y compris l'amorce des treilles latérales jusqu'à concurrence de 4 mètres de chaque côté du motif central (largeur totale du dessin, 0 m. 45) ;

Un détail au choix, à l'échelle de 0 m. 10, n'excédant pas une feuille demi-grand-aigle.

Pour les dessins rendus, on devra observer les conditions suivantes :

Aucune partie des dessins ne sera masquée par des arbres ou plantes quelconques ; les dessins rendront entièrement  compte de toute l'architecture qu'ils doivent exprimer.

Le rendu de tous ces dessins sera présenté sans aucun autre fond que le papier blanc ; en un mot, comme des *dessins d'exécution* ainsi que le prescrit la fondation de ce concours.


## UN WINDOW VITRÉ


Depuis quelques années, l'usage s'est propagé en France et surtout à Paris d'établir en saillie sur la façade des maisons de rapport, une sorte de véranda dont l'avantage est d'agrandir sur rue la pièce d'apparat, tout en lui donnant plus de gaieté à  cause des  fleurs qu'on y peut entretenir.

Cette véranda, appelée Window en Angleterre, d'où  elle nous a été  importée comme l'indique son nom, mais d'origine orientale, ne semble pas jusqu'ici avoir  toujours produit à l'extérieur de nos maisons à cinq étages, du moins au point de vue décoratif, de très heureux résultats ; elle a donné dans la  plupart  des  cas  plutôt l'idée  d'un garde-manger  ou  d'une cage d'escalier qu'à une ingénieuse dépendance du salon, ce qui est dû sans doute  à l'emploi presque exclusif du fer, dont les formes grêles s'accordent difficilement avec celles de la maçonnerie et peut-être aussi à l'uniformité des Window superposés.

L'emploi de la pierre n'étant pas impossible, c'est cet emploi, tout au moins comme encadrement, que le programme demande.

On  suppose que la façade  d'une maison  de premier ordre sur un boulevard a trois étages au-dessus du rez-de-chaussée, jusqu'à la corniche de  couronnement qui  supporte le balcon  du dernier étage et qu'à chacun de ces trois étages, serait avec la saillie autorisée de 0 m. 80 un *Window* dont la plus grande dimension  intérieure ne peut excéder 3 mètres et la hauteur des étages, du parquet du premier étage au larmier de la corniche de couronnement, 12 mètres.

On fera pour les esquisses l'élévation des trois étages à l'échelle de 0 m. 015 pour mètre.

Pour le rendu, cet ensemble sera à 0 m. 05 pour mètre avec indication en arrachement de l'architecture de  la maison ; plus un plan et une coupe à la même échelle, le tout sur une feuille grand aigle. Enfin à 0 m. 20 pour mètre, un détail d'exécution  et de construction sera sur une feuille demi-grand-aigle.

## UNE CLOTURE DE CHAPELLE (sujet de marbrerie).

Dans un grand nombre d'églises, les chapelles latérales ou rayonnantes sont séparées des bas-côtés par d'élégantes clôtures qui laissent voir l'intérieur de la chapelle, dont la porte est généralement au milieu de la clôture, sans que ce soit cependant une règle absolue.

On supposera que l'arcade de la chapelle a 5 mètres d'ouverture dans œuvre; la clôture se composera d'une porte ajourée et de parties fixes ; la porte seule sera en bois, tout le surplus doit être un travail de marbrerie étudié avec toutes les ressources que comporte l'emploi des marbres.

On fera pour les esquisses une élévation de la clôture à l'échelle de 0 m. 02 pour mètre.

Pour le rendu, on fera cette même observation à 0 m. 05 pour mètre, plus les détails et profils à 0 m. 20 pour mètre ainsi que les sections tant horizontales que verticales qui seront nécessaires.

L'ensemble des dessins rendus ne devra pas excéder une feuille grand aigle.

Les esquisses seront au trait à l'encre.

Les dessins rendus qui ne seraient pas lavés devront être au trait à l'encre.

## UNE CHAIRE A PRÊCHER

Entre deux points d'appui d'une grande nef d'église, espacés d'axe en axe de 7 mètres, on établirait une chaire à prêcher, les pieds de l'orateur seraient à 2 mètres du sol.

Le marbre, le fer, le bronze, le bois ainsi que la dorure, la peinture et la tenture pourront être mis en œuvre; néanmoins cette chaire est essentiellement une œuvre de menuiserie.

On fera pour l'esquisse, le plan, l'élévation sur la nef et la coupe à l'échelle de 0 m. 02 pour mètre.

Pour les dessins rendus, le plan et la coupe à l'échelle de 0 m.025 pour mètre, l'élévation sur la grande nef et l'élévation postérieure à l'échelle de 0 m. 05 pour mètre plus les principaux détails nécessaires à l'exécution à l'échelle de 0 m. 25 pour mètre.

**GRILLES EN FER FORGÉ pour la clôture d'un hôtel.**

Ces grilles fermeraient le passage double donnant accès aux voitures à l'entrée et à la sortie.

L'une d'elles comporterait un guichet pour le service des piétons.

Les élèves s'attacheront dans la composition et la décoration de ces grilles à trouver des combinaisons et des formes bien appropriées à la matière et au travail que nécessite la forge ou l'étampage du métal.

On supposera pour la dimension de chaque ouverture une largeur de 3 mètres.

On fera pour les esquisses l'ensemble des grilles à 0 m. 025 pour mètre, pour le rendu l'ensemble au 1/10 et un détail au 1/4.

## UNE HORLOGE ADOSSÉE

Dans une ville dont l'industrie principale est la métallurgie sous ses diverses formes, on aurait l'intention d'exécuter une œuvre qui fût un témoignage du goût et de l'habileté des artistes de la région et on a fait choix d'un motif d'horloge adossée à un pignon formant pan-coupé à la rencontre de deux grandes voies, en face d'une place, sans exclure absolument la pierre, les marbres, à l'état accessoire. C'est donc une mise en œuvre des métaux qui est proposée aux concurrents.

On devra chercher dans l'emploi des divers métaux forgés, fondus, estampés ou émaillés, les éléments principaux de la composition.

Le motif comprendra comme éléments nécessaires :

Le cadran ;

Une baie à jour laissant voir le mouvement de l'horloge ;

Les cloches ou timbres de sonnerie, au nombre de trois ;

Les lanternes à réflecteurs, éclairant le cadran pendant la nuit.

Le cadran aura 3 mètres de diamètre mesuré en dehors du cercle des minutes.

Tout le surplus de la composition est laissé au choix des concurrents sous la réserve de cette dimension.

On fera pour les esquisses une élévation d'une coupe à 0 m. 02 pour mètre. Les esquisses seront au trait à l'encre. Pour les dessins rendus, on fera avec toute la précision possible, l'élévation et la coupe de l'ensemble à 0 m. 05 pour mètre, le détail le plus important de la composition à 0 m. 20, enfin les principaux profils à moitié d'exécution. Les dessins de détails seront accompagnés des tracés nécessaires pour expliquer les assemblages et combinaisons de construction. L'emploi des divers métaux sera nettement indiqué dans les détails par les teintes nécessaires.

## UN PONT-GALERIE AU-DESSUS D'UNE RUE

Cette galerie de communication serait, ainsi que celle du palais des offices à Florence ou du palais ducal à Vienne, destinée à relier un bâtiment principal d'un musée à un bâtiment annexe construit de l'autre côté d'une rue de 12 mètres.

Elle serait pratiquée au deuxième étage, entre le bandeau qui règne avec le sol du deuxième étage et le bois de l'entablement des constructions.

La hauteur sera de 6 mètres.

Des murs de refend à l'intérieur, distants de 6 mètres d'axe en axe, offrent une résistance suffisante à la poussée des arcs du pont.

Le pont entièrement en pierres, avec pénétration pour recevoir les fenêtres du premier étage, *supportera une galerie centrale couverte et close, et deux passages extérieurs couverts, mais à air libre, qui forment loges ou portiques ouverts avec ou sans balcon ou encorbellement.*

La construction au-dessus du pont serait *un ouvrage de marbre.*

Plafonds des portiques également en marbre;

Ceux de la galerie intérieure en *métal apparent, avec remplissage en terres cuites, terres émaillées ou mosaïques.*

Les toitures seront en métal. Le sol dallé en mosaïques.

On ménagera, dans les galeries, des fenêtres ou autres ouvertures suffisantes pour l'éclairage.

En façade, on devra combiner *un motif milieu* décoré aux armes de la ville.

Quoique faisant partie du musée, cet ensemble sera un lieu de passage et non d'exposition.

Esquisse, plan, coupe et élévation à 0 m. 01.

Ensembles nécessaires :

Plans, projection de la voûte du pont et de l'étage de la galerie, moitié de la projection du plafond, moitié du dallage mosaïque à 0 m. 025. — Coupe et élévation à 0 m. 05.

Cet appareil nettement indiqué. Matériaux désignés par des teintes différentes, dans les parties de coupe.

Principaux détails à 0 m. 10 pour mètre.

# LE POINT D'APPUI MILIEU D'UN PONT SUSPENDU

Ce sujet n'a jamais été traité dans un sens monumental, il est certain cependant que, confié à des artistes, il aurait pu motiver des œuvres d'un bel aspect, d'une silhouette accentuée et des combinaisons heureuses d'architecture et de sculpture.

C'est ainsi qu'on l'aurait compris aux belles époques d'art et qu'on devrait le comprendre encore.

Les données à observer seront les suivantes :

Le point d'appui dont il s'agit, élevé au-dessus d'une pile basse en pierre qui pourra monter jusqu'à 3 mètres au-dessus du niveau des basses-eaux, sera en fonte avec emploi accessoire du fer.

Il se composerait de deux piles métalliques isolées ou reliées par le haut, placées en ligne, l'une derrière l'autre, dans le sens de l'arc de la rivière, et entretoisées en contre-bas du tablier.

Du niveau des basses eaux au tablier du pont, la hauteur aura 8 mètres. Dans cette hauteur, les piles devront être très simples ; elles comporteront plusieurs rangs de forts anneaux pour la manœuvre de la batellerie.

Du tablier jusqu'au point de contact des câbles sur les coussinets, la hauteur sera de 10 mètres ; la largeur d'axe en axe avec des câbles de 8 mètres.

On devra s'inspirer des motifs qui peuvent dans certains cas autoriser l'emploi des ponts suspendus : légèreté de l'ensemble ; réduction de la largeur des piles en travers du courant ; possibilité d'ajourer ces piles.

Mais dans ces conditions, les concurrents s'attacheront à donner à cette construction la valeur qu'elle doit acquérir entre les mains d'artistes. La situation est supposée telle qu'elle commande surtout les combinaisons de silhouettes nécessaires pour un ensemble devant être vu de loin et se détachant sur des horizons reculés.

On fera pour les esquisses l'élévation parallèle à la longueur du pont, à 0 m. 01 pour mètre.

Pour les dessins rendus, les plans aux divers niveaux et les élévations dans les deux sens, dont l'une sera par conséquent une coupe sur le tablier du pont à 0 m. 02 pour mètre, les principaux détails au dixième de l'exécution.

Les dessins rendus seront tracés à l'encre ou lavés.

Les esquisses seront au trait à l'encre. Toute esquisse négligée est un cas de mise hors de concours.

# ÉCOLE NATIONALE ET SPÉCIALE DES BEAUX-ARTS

## SECTION D'ARCHITECTURE

### PREMIÈRE CLASSE

# CONCOURS ROUGEVIN

*Valeur des récompenses accordées à ce concours.*

Première médaille. — 3 valeurs.
Première seconde médaille. — 2 valeurs.
Première mention. — 1 valeur.

Le prix Rougevin est le concours dont les rendus prêtent le plus à l'emploi de l'aquarelle, ce qui donne un cachet très artistique à ces épreuves ; c'est aussi celui qui réunit le plus grand nombre de concurrents, non seulement par les deux prix d'argent et les nombreuses récompenses qui y sont attachées, mais par l'attrait artistique des sujets à traiter. Tous les élèves devront donc à notre avis faire au moins une fois ce concours, quoique la mention qui en résulte ne soit pas nominalement exigée pour l'obtention du diplôme.

Ce concours a lieu une fois par an, il est exécuté en loge en sept jours, d'après une esquisse faite en loge, en douze heures ; l'esquisse une fois terminée, les élèves peuvent aller étudier leur composition dans les ateliers, ils ne sont tenus à travailler en loge que pour le rendu définitif.

Tous les rendus doivent reproduire très exactement la partie de l'esquisse sous peine de mise hors concours.

*Suivent différents programmes.*

# PROGRAMMES

## LA LOGE D'UN CHEF DE L'ÉTAT DANS UN GRAND THÉATRE DE MUSIQUE

Cette loge, d'apparence très somptueuse, occupera le milieu des loges de la salle, en face de la scène ; elle aura une largeur *minimum* de 4 mètres à l'intérieur et comprendra dans sa hauteur celle des premières et secondes loges ; le couronnement de cette loge de gala pourra même s'élever jusqu'au-dessus des troisièmes loges.

En résumé, il faut que cette installation soit luxueusement et amplement traitée, et que, tout en se reliant par quelques lignes aux loges voisines, elle forme un motif de grande allure ; les colonnes, les cariatides, les soffites de toute sorte, peuvent être employés concurremment avec les armes, les trophées, les tentures et les draperies.

On fera pour l'esquisse la façade de la loge à l'échelle de $0^m,02$ pour mètre.

Pour le rendu, la même façade à l'échelle de $0^m,5$ pour mètre ; dans cette façade on indiquera l'arrachement des loges de chaque étage et, s'il y a lieu, l'arrangement du couronnement de la loge avec le plafond ou la voussure de la salle.

## UNE LOGGIA A L'EXTRÉMITÉ D'UNE GALERIE

Cette galerie, de 9 mètres de largeur, située dans un palais, aboutirait à la *Loggia* demandée, qui serait richement décorée de marbres, de sculptures, dorures, etc., et s'ouvrirait sur un vaste paysage ou sur la mer. Un grand balcon saillant, en fer forgé et repoussé, permettrait de jouir de la vue dans tout son développement. Au premier étage serait une autre galerie avec balcon seulement, sans loggia.

On fera pour l'esquisse, le plan et la coupe de la loggia du rez-de-chaussée avec arrachement de la galerie et l'élévation complète du pavillon terminant ladite galerie, à l'échelle de $0^m,01$ pour mètre,

Pour le rendu on fera le plan à $0^m,01$, la façade et la coupe susdite à l'échelle de $0^m,025$.

# LE DESSIN D'UN TAPIS

Lorsqu'un tapis doit être fait à très grands frais pour une salle monumentale, l'architecte seul a qualité pour en prescrire les dispositions et les tonalités, de même qu'il le fait pour un parquet, une mosaïque, ces éléments comptant comme les parois verticales ou les plafonds dans le caractère et la décoration de la salle.

On suppose donc que, dans la grande chambre de la Cour de cassation, on veuille placer un tapis en harmonie avec l'architecture et la décoration de la Chambre.

Le tapis est destiné seulement à la partie libre de la salle, circonscrite en trois sens par le prétoire disposé en fer à cheval, et en avant par l'espace réservé aux avocats et assistants. Cette partie est rectangulaire, mais il faut observer : 1° que les grilles de calorifère ne doivent pas être couvertes ; 2° qu'il existe deux meubles A–A, pour les greffiers, lesquels sont fixes et ne peuvent être ni déplacés ni supprimés.

Toute la partie du plan ci-contre qui n'est occupée ni par les grilles de calorifère ni par les bureaux de greffiers recevra un tapis. Mais les parties étroites à la suite des grilles de chauffage, ou celles entre les bureaux de greffiers et la grille de chauffage parallèle à ces bureaux, pourront n'être que des bandes d'un ton uni.

La salle est vaste et monumentale, sa décoration est riche et puissante ; l'or joue un rôle essentiel dans sa décoration en souvenir de l'ancienne *Chambre dorée* des Parlements.

Le tapis à projeter serait du genre dit *Savonnerie*, c'est-à-dire à laine assez haute.

Tout le programme est dans ce qui précède, car toute liberté est laissée aux concurrents pour la disposition et le choix des motifs.

Ils devront cependant tenir grand compte des indications suivantes au point de vue artistique :

Les procédés d'exécution sont très compliqués, mais on peut cependant tout exécuter en tapisserie ; c'est le goût et la raison qui imposent à l'artiste des limites qui ont été souvent dépassées.

Ainsi, dans un *tapis*, tout en admettant la plus grande richesse décorative, on évitera les perspectives, les figures, les représentations de reliefs ou de creux : en un mot, tout ce qui est contradic-

PROJET DE M. NAVILLE (Extrait de la *Construction Moderne*).

toire avec la destination d'une étoffe *sur laquelle on marche.* Telle est la conception des tapis d'Orient, véritables mosaïques, d'une admirable richesse de dessin et de couleur.

Mais on devra composer un tapis français et moderne, et non un pastiche des tapis orientaux.

Les ornements, motifs, emblèmes, attributs, inscriptions ou devises, seront empruntés à la destination d'une salle de justice.

On ne se préoccupera pas des divisions du plafond, qui n'ont rien à voir avec la composition du tapis.

Les tonalités de couleur franche, étant les plus durables, doivent être préférées.

On fera pour les esquisses un dessin entier, très soigné, au trait et à l'encre, à l'échelle de $0^m,02$ pour mètre (échelle du plan ci-joint).

Pour le rendu : le dessin entier du tapis avec ses colorations, à $0^m,075$ pour mètre.

## UN TRUMEAU DANS UNE GALERIE

Dans un palais est disposée une Galerie analogue à celle de François Ier à Fontainebleau à la Galerie d'Apollon au Louvre, etc.

Les fenêtres, largement espacées, sont séparées par des panneaux décorant des trumeaux intermédiaires.

C'est l'un de ces trumeaux qui fait l'objet du concours.

Le trumeau, mesuré à l'intérieur de la Galerie et entre les ébrasements de deux fenêtres, n'excédera pas $4^m,50$ de largeur. — La hauteur depuis le parquet jusques et y compris la corniche n'excédera pas 1 mètre. Cette corniche sépare le mur vertical d'une voûte ou voussure dont il ne sera pas rendu compte.

Dans la largeur du trumeau ($4^m,50$) doivent trouver place les chambranles ou encadrements des fenêtres.

La partie inférieure du trumeau sera revêtue de belles boiseries; la partie supérieure recevra un motif principal en bas-relief, peinture, camaïeu, mosaïque ou tapisserie, avec toutes dispositions de compartiments, encadrements, figures, etc., de nature à assurer une riche décoration.

Le thème général de la composition de la Galerie serait l'attribution de chaque panneau et de son entourage à l'un des mois de l'année, dont le nom trouvera place dans la décoration, le choix étant d'ailleurs laissé aux concurrents.

Les esquisses et les rendus comprendront en un seul dessin l'amorce de deux fenêtres et le trumeau entier, corniche comprise, soit 5 à 6 mètres de large sur 8$^m$,50 environ de haut.

L'esquisse, soigneusement indiquée à l'encre, sera à l'échelle de 0$^m$,02 pour mètre.

Le rendu sera à l'échelle de 0$^m$075 pour mètre.

## UNE SALLE DES FÊTES DANS UN GRAND PALAIS

Cette salle de fêtes et de bals, analogue à celle des Cariatides où fut célébré le mariage de Henri IV avec Marguerite de Valois, au palais du Louvre, et à celle dite de Henri II au palais de Fontainebleau, aurait 30 mètres de longueur et 10 mètres de largeur. Comme les salles susdites, elle présentera à une extrémité une cheminée monumentale et à l'autre une tribune pour un orchestre de musiciens.

Terminée en voûte ou en plafond, cette salle offrirait une grande richesse de décoration par son architecture propre, par des sculptures, des peintures à fresque ou des tapisseries, des incrustations de marbres, de riches lambris, etc.

L'objet principal du concours est une coupe transversale, en regardant le côté de la tribune des musiciens.

On fera pour les esquisses le plan de la salle indiquant l'accès à la tribune, et la coupe du mur sur lequel s'ouvre celle-ci à l'échelle de 0$^m$,005 pour mètre, l'élévation au double.

## LE FOYER DE LA DANSE DANS UN GRAND THÉATRE

Il est convenable dans un théâtre important de conserver derrière la scène un espace qui puisse au besoin lui être adjoint et qui l'agrandisse en la complétant. Cette disposition existe dans un grand nombre de théâtres, en France et à l'étranger, et cet espace est ordinairement affecté à des foyers, à des magasins ou à des salles de répétition.

Ici ce serait un foyer de la danse.

Ce foyer dont le plancher incliné comme celui de la scène, mais en sens inverse, et qui est entouré de barres d'appui pour favoriser les exercices de danse, n'est pas seulement destiné au personnel chorégraphique, c'est un salon élégant, dont le directeur fait les honneurs à tous les étrangers de distinction qui viennent visiter le théâtre. C'est un lieu de rendez-vous et de passe-temps pour les abonnés qui ont le privilège des entrées sur la scène. Il doit être grand parce que tout le personnel de la danse s'y réunit, cent personnes au plus.

Il doit avoir une décoration riche qui réponde à sa destination de salon de réception.

Cette décoration peut consister en colonnes très ornées en peintures, en portraits de danseuses et noms des danseurs émérites, en lustres électriques, etc. Le fond du foyer est entièrement revêtu de glaces ; du côté de la scène, il doit être complètement ouvert, ou fermé seulement par une cloison mobile.

Les dimensions seraient 9 mètres de large sur 12 mètres de long.

On fera, pour l'esquisse, le plan et deux coupes à l'échelle de $0^m,01$ pour mètre.

Pour le rendu, on fera le plan et la coupe transversale à $0^m,01$ pour mètre, la coupe longitudinale à $0^m,04$.


## UNE RELIURE D'ART


Thème du programme : On suppose qu'un illustre architecte a laissé à sa ville natale la collection des croquis autrefois faits par lui dans divers voyages ; il a ainsi parcouru, en dessinant, les pays les plus riches en monuments artistiques d'architecture, sculpture et décorations diverses, soit antiques, soit modernes. On veut, pour cette collection de croquis de maître, une reliure artistique qui, par la composition de ses motifs, doit annoncer la nature particulière de la collection.

L'un des *plats* de la reliure, seul objet du concours, présentera donc, avec toutes combinaisons de compartiments ou de cadres que l'on adoptera, une sorte de frontispice où pourront trouver place sans confusion, soit une composition appropriée, soit un groupement de souvenirs de monuments, de fragments, des inscriptions, des figures, des ornements ; une figure de l'architecture fera obligatoirement partie de la composition. L'album qu'il s'agit de relier contenant des dessins diversement disposés, la reliure peut être en largeur ou en hauteur à volonté.

Les reliures ont d'abord tiré leur valeur et leur richesse du prix des matières employées : or, argent, pierreries, etc., puis elles sont devenues des objets d'art, et le xviᵉ siècle notamment a produit ainsi des chefs-d'œuvre. Les belles reliures artistiques sont parfois en métal ou en ivoire ; mais c'est surtout l'application de peaux sur des cartons avec motifs estampés qui a produit les plus belles reliures.

C'est ainsi que doit être comparée celle qui fait l'objet du programme.

Il s'agit donc comme composition d'un bas-relief très peu saillant obtenu par estampage.

Toutefois la composition peut, accessoirement, faire emploi de dorures, d'incrustations d'émaux, de clous en métal, de fermoirs.

Le titre étant supposé sur le dos de la reliure n'a pas à figurer sur le plat.

Le plat de la reliure à composer aura les dimensions suivantes : $0^m,38$ à $0^m,42 \times 0^m,54$ à $0^m,60$.

On fera, pour les esquisses, le dessin au trait à l'encre de cette reliure au quart de la grandeur.

Pour le rendu, ce dessin sera grandeur d'exécution.

Nota. — Il ne sera pas admis de châssis plus grand que grand-aigle.


## UNE CHAPELLE DES FONTS BAPTISMAUX

Cette chapelle, dédiée à saint Jean-Baptiste, est supposée sous le chœur d'une église, comme à la cathédrale de Sienne, et ouverte sur une rue d'un niveau inférieur à celui du parvis où se trouve l'entrée de l'église. Un ou plusieurs escaliers mettraient en communication la chapelle et l'église située sur un terrain montueux.

La chapelle, décorée de marbres, de bronzes, de mosaïques, de vitraux, etc., n'aurait pas plus de 10 mètres en plan dans sa plus grande dimension. Elle comporterait, en son centre ou sur un autre point des fonts baptismaux entourés de larges degrés comme à Saint-Marc de Venise, comme à Sienne, où ces fonts sont surmontés d'un tabernacle élevé.

On aura une idée de la richesse de cette dernière chapelle, en songeant que les fonts baptismaux sont ornés de bas-reliefs et de statues en bronze de *Donatello*, de *Della Guercia*, de *Ghiberti*, de *Pallajolo*, représentant la vie de saint Jean et que le tabernacle en marbre qui surmonte les fonts comporte aussi toute une riche architecture ornée de bas-reliefs et de statues de *Lorenzo di Pietro,* etc. On fera pour les esquisses le plan comprenant le ou les escaliers ou les arrachements des parties attenantes de l'église, à l'échelle de 0^m,005 pour mètre et la coupe au double.

## UN CHATEAU D'EAU

Ce château d'eau, comme les somptueux monuments qui répandent l'eau en si grande abondance à Rome, et qu'on appelle la Fontaine Pauline, la Fontaine de Trève, comme à Marseille pour l'arrivée des eaux de la Durance, comme à Paris la Fontaine St-Michel, celle de la rue de Grenelle, doit répondre par les riches accessoires qui peuvent l'accompagner, au type le plus élevé de ce genre d'édifices. D'un style large et monumental, les effets d'eau, la sculpture, les marbres, les mosaïques y joueraient un rôle important.

Construit sur le sommet d'une colline boisée ou à l'extrémité d'un plateau, au débouché d'un aqueduc, il marquerait, en quelque sorte, l'entrée triomphale des eaux, par un nombre d'orifices laissé au choix des concurrents. Il fera partie de la promenade publique d'une grande ville et ses eaux formeraient au pied des constructions un vaste bassin.

La façade n'excéderait pas 30 mètres de largeur et les constructions y compris le bassin, n'auraient pas plus de 25 mètres de profondeur.

On fera pour les esquisses le plan et la coupe sur une échelle de 0^m,0025 pour mètre et l'élévation bien détaillée au double.

Pour le rendu, le plan et la coupe serait à l'échelle de 0^m,003 et l'élévation au décuple, c'est-à-dire à 0^m,03 pour mètre.

## LE DESSIN D'UNE VERRIÈRE

L'art de la peinture sur le verre, ou par le verre, a produit en France de nombreux chefs-d'œuvre, depuis les vitraux légendaires des xii^e et xiii^e siècles, jusqu'aux grandes compositions décoratives de la Renaissance. Les applications ont été avant tout religieuses; l'objet du présent programme est, au contraire, l'étude d'une verrière dans une grande habitation moderne.

On suppose que, à l'extrémité d'une galerie principale d'un château, est pratiquée une baie en arcade de 4$^m$,50 de largeur sur 6$^m$,75 de hauteur. Cette baie devra être compartimentée par des meneaux ou divisions en pierre, et décorée de riches vitraux dont le thème général est :

## La glorification des Cortès.

Toutes les combinaisons de peinture sur verre, cartouches, médaillons, arabesques, bordures, attributs d'architecture, fonds unis ou damassés, figures, peuvent être employées en se rappelant seulement que la netteté est la condition première d'une composition de vitrail, comme la confusion en est le plus grave défaut.

La peinture sur verre procède tantôt par mosaïque translucide, au moyen de fragments de verre coloré dans sa masse, tantôt par la peinture, au moyen d'application de couleurs sur verre coloré ou incolore, enfin par l'emploi simultané des deux procédés.

Les plus anciens vitraux se composent de sujets dans des cartouches ou panneaux, le plus souvent circulaires, se détachant ordinairement sur un fond réticulé, encadré d'une bordure. Les plus récents, c'est-à-dire ceux des xv$^e$ et xvi$^e$ siècles, présentent une grande et riche composition picturale vue en quelque sorte à travers les compartiments de la pierre et les barres des armatures en fer, dont la composition peinte ne tient pas compte. L'architecture y joue un grand rôle. Entre ces deux époques se rencontrent toutes les variétés de combinaisons.

*On possède encore en ce genre des œuvres de très grands artistes, les uns inconnus, d'autres illustres comme Jean Cousin, Bernard Palissy.* Les plombs nécessaires au sertissage des morceaux de verre concourent, entre les mains d'un artiste habile, au bon effet de l'œuvre ; ils constituent et accusent le *trait* du dessin.

L'architecte auteur d'un carton de vitrail doit établir un dessin qui détermine avec précision, *tel qu'il sera vu en transparence*, l'aspect coloré dont il veut assurer le rendu, le verrier ayant à son tour pour fonction de réaliser ce carton en technicien.

L'objet du concours est donc un dessin coloré et rendant l'effet en transparence de la verrière projetée.

On fera pour l'esquisse, le dessin de la verrière au trait seulement, à l'échelle de 0$^m$,02 pour mètre.

Pour le rendu, ce même dessin à l'échelle de 0$^m$,08 pour mètre.

Toute esquisse négligée est un cas de mise hors concours, il en sera de même de tout dessin rendu *qui n'exprimerait pas la coloration, l'hypothèse de la simple grisaille n'étant pas admise par le présent programme.*

Renseignements. — On peut voir, à Paris, de beaux exemples de verrières, notamment dans les édifices suivants :

| | |
|---|---|
| Notre-Dame. | Saint-Gervais. |
| Sainte-Chapelle du Palais. | Saint-Eustache. |
| Saint-Séverin. | Saint-Etienne-du-Mont. |
| Saint-Merry. | Sainte-Chapelle du château de Vincennes. |

Documents à consulter entre autres :
Batissier, *Art monumental.*
Corroyer, l'*Architecture gothique.*

Ferdinand de Lasteyrie, *Histoire de la peinture sur verre. Quelques mots sur la théorie de la peinture sur verre*, avec en appendices : *La bibliographie de la peinture sur verre. La nomenclature des plus remarquables vitraux.*
Lévy et Capronnier, *Histoire de la peinture sur verre* (Belgique).
Lucien Magne, l'*œuvre des peintres verriers français.*

# SECTION D'ARCHITECTURE

## PREMIÈRE CLASSE

# HISTOIRE DE L'ARCHITECTURE

### ARCHÉOLOGIE

*Valeur des récompenses accordées à ce concours.*

Première seconde. — 2 valeurs.
Première mention. — 1 valeur.

(Voir le programme du cours en seconde classe).

### EXPOSÉ PRATIQUE

La mention du cours d'histoire de l'architecture (archéologie) est obligatoire pour le concours du diplôme. Cet examen consiste en une composition reproduisant un style d'architecture déterminé ; c'est un concours d'archéologie fait à l'aide de documents plutôt qu'un concours de composition architecturale.

Avec le concours de seconde classe, qui consiste à exécuter un relevé d'après nature, l'enseignement de l'histoire de l'architecture est bien compris, et quoiqu'une seule mention de ce cours soit obligatoire pour le diplôme, les élèves feront bien de le suivre pendant toute la durée de leurs études, ce qui leur permettra de voir plus à fond l'étude de l'archéologie, si nécessaire à connaître dans presque tous les travaux d'architecture.

*Suivent différents programmes.*

Ces programmes sont habituellement accompagnés de planches documentaires comme nous en reproduisons une en regard du programme : Tabernacle en orfèvrerie (page 341).

# PROGRAMMES

## UNE PORTE DANS L'ENCEINTE
## D'UNE VILLE·ROMAINE

Les portes de villes romaines qui subsistent encore en Italie à Pérouse et à Rome, en France à Autun et à Langres, en Allemagne à Trèves sont de véritables monuments, dont la destination est bien accusée.

La porte, percée dans le mur d'enceinte, est généralement protégée par des tours, carrées à Pérouse, circulaires à Autun et à Trèves. Tantôt la porte est simple comme celle de Janus Quadrifons à Rome ; tantôt comme à Trèves, à Langres et à Autun, la porte est double pour faciliter la circulation des chars et des cavaliers à l'entrée et à la sortie : à Autun de petites portes ou poternes pour les piétons sont ménagées à droite et à gauche des grandes portes.

Au-dessus des portes se poursuit le chemin de ronde du rempart, accessible du côté de la ville par des escaliers, et formant passage couvert.

Quelques-unes de ces portes, élevées sans doute pendant des périodes de paix ont été traitées comme des arcs de triomphe, ayant la même décoration à l'intérieur et à l'extérieur ; d'autres, au contraire, ne s'accusent extérieurement que par les ouvertures des baies et leur décor est réservé à la face intérieure ; c'est la disposition généralement adoptée pour les portes de ville, au moyen âge.

On admettra pour la porte de ville qui fait l'objet du concours que les deux faces sont traitées différemment.

Les concurrents ont toute latitude pour la disposition de la porte, simple ou double, pour le choix des matériaux, pierres de grand appareil, ou blocages reliés par des chaînes de briques et revêtus par un parement de petit appareil. Ils remarqueront seulement que pour un ouvrage de ce genre c'est la destination qui doit déterminer la disposition générale et les formes décoratives.

La plus grande dimension en largeur pour la porte simple ou double, flanquée ou non de poternes, et y compris les tours de défense ne dépassera pas 45 mètres. La hauteur du rempart ne dépassera pas 12 mètres. Toutes les autres dimensions sont indéterminées.

Les concurrents feront pour l'esquisse : les deux élévations et un plan à $0^m,005$ pour mètre ; pour le rendu, les mêmes dessins à $0^m,01$ avec indication sommaire d'une coupe sur le passage couvert surmontant la porte.

# LA DÉCORATION DU MUR DE SCÈNE
# AU THÉATRE D'ORANGE

**N. B.** — Ces divers programmes du concours de l'histoire de l'architecture, comportent une série de croquis documentaires remis au candidat au moment de l'examen ; nous ne reproduisons ces documents que pour le premier programme.

Le théâtre romain, comme le théâtre grec, comprenait trois parties : une scène rectangulaire, un orchestre demi-circulaire, des gradins concentriques formant les sièges des spectateurs.

Dans les théâtres grecs, à Athènes, à Epidaure, à Syracuse, les gradins, adossés à une colline, ne sont accessibles que par des escaliers intérieurs. Quelques théâtres romains, celui d'Herculanum, celui de Marcellus à Rome, celui d'Arles, ont été construits en plain et leurs gradins, comme ceux des amphithéâtres, s'appuient sur les voûtes rampantes : celles-ci couvraient les passages et escaliers donnant accès aux paliers (*præcinctiones*) qui divisaient les gradins en zones pour les différentes classes de spectateurs. Les passages communiquaient avec des promenoirs extérieurs. Dans les théâtres adossés qui furent construits ou agrandis à l'époque romaine, tels que ceux d'Aspende en Asie-Mineure, d'Hérode Atticus à Athènes, d'Orange de Taormine, le promenoir n'existe qu'au sommet des gradins ; ceux-ci étaient d'ailleurs abrités sous un vélum attaché par des cordages à des mâts que soutenaient des corbeaux de pierre répartis sur le périmètre extérieur de la galerie haute. Les gradins, dont la largeur et la hauteur étaient calculées pour la plus grande commodité des spectateurs, étaient séparés de l'orchestre par une enceinte circulaire (ou *podium*) dont le sous-sol formait égout pour l'écoulement des eaux.

Dans le théâtre grec, l'orchestre où les chœurs évoluaient autour de l'autel de Dionysos, comprenait outre l'hémicycle, un vaste espace rectangulaire, précédant le mur du *proscenium* et se prolongeant par des issues latérales, sous les gradins. Dans le théâtre romain l'orchestre fut réduit au profit de la scène qui s'étendit en profondeur.

Les théâtres de Grèce et de Sicile n'ont point conservé les murs de leurs scènes : il est donc difficile de savoir si la scène grecque comportait, comme la scène romaine, une décoration fixe. Aux théâtres d'Aspende, d'Æzani, de Taormine, la scène existe encore avec son grand mur percé de trois portes, ses loges et ses grandes salles latérales destinées aux réunions des mimes ou des chœurs.

La scène du théâtre d'Orange est celle qui a conservé les traces les plus apparentes d'une décoration et d'une couverture permanentes. C'est le rétablissement de mur de scène qui fait l'objet de ce concours.

Les relevés de Caristie et ceux de M. Daumet fournissent à cet égard des indications intéressantes : on distingue en effet sur les murs de nombreuses entailles déterminant, au moins approximativement, la place et les dimensions des supports, colonnes ou pilastres de marbre, dont les corniches conservées, accusant deux divisions dans la travée centrale et trois dans les travées latérales, fixent les hauteurs.

De larges entailles pratiquées, dans la partie supérieure du mur et des rainures visibles dans les murs latéraux attestent l'existence d'un comble en charpente dont la couverture rejetait les eaux à l'extérieur sur une moulure en forme de larmier.

Les élèves essayant de reconstituer cette charpente, pourront s'inspirer des combinaisons de bois par encorbellement, que semblent décrire les inscriptions grecques et qui s'accordent d'ailleurs avec la simplicité de l'architecture antique.

On fera pour l'esquisse : l'élévation et la coupe du mur de scène à 0$^m$,003 pour mètre et pour le rendu les mêmes dessins à 0$^m$,006.


## TABERNACLE EN ORFÈVRERIE ET TABLE D'AUTEL
## POUR UN RÉTABLE DU XVI$^e$ SIÈCLE

Il existe à l'église de Taverny, près Paris, un rétable offert à l'église au milieu du xvi$^e$ siècle par le connétable Anne de Montmorency.

Ce rétable de pierre, qui occupe toute la largeur du chœur, ne comportait sans doute au centre d'autre décoration qu'une fresque et il y a tout lieu de penser qu'une table d'autel portant un tabernacle en orfèvrerie y était adossée. C'est la reconstitution du tabernacle et de la table qui font l'objet du concours.

Les concurrents, tout en harmonisant leur composition avec le rétable ancien, tiendront compte de la destination du tabernacle, destiné à contenir le calice et dont la partie supérieure doit être étudiée en vertu de l'exposition du Saint-Sacrement. Ils remarqueront que la porte est généralement de dimensions restreintes et légère-

ment élevée au-dessus de la table pour laisser la place d'une nappe
d'autel.

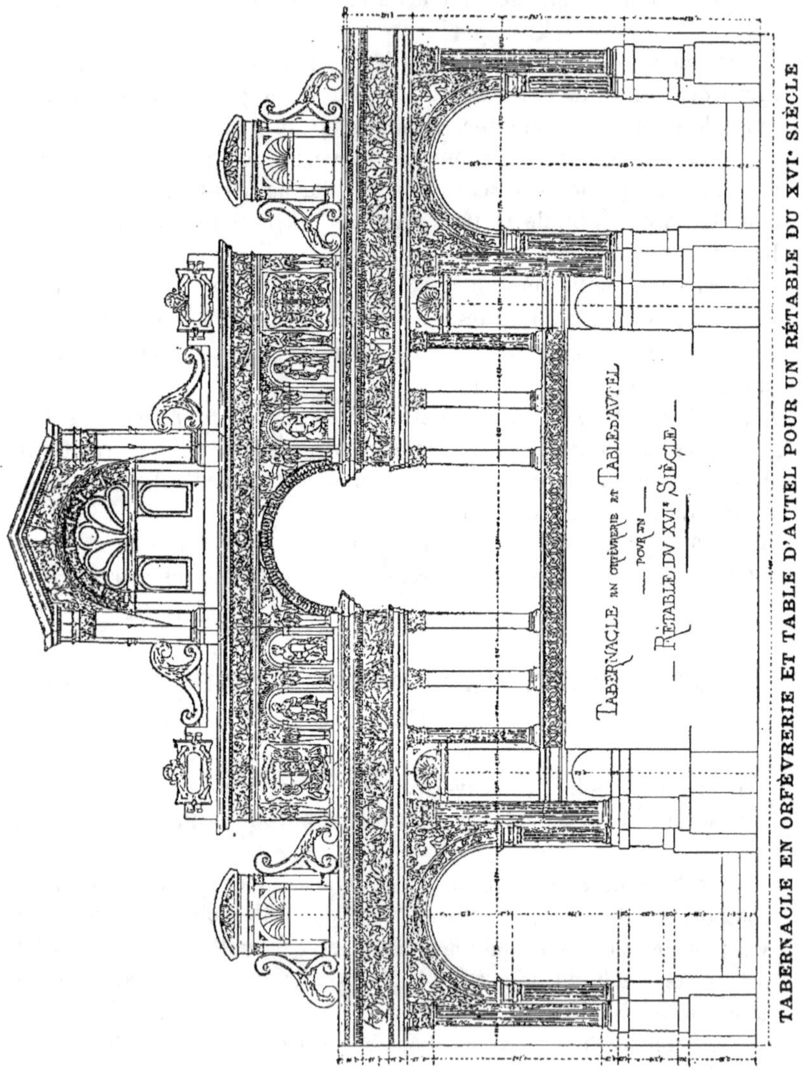





Pour la table elle-même, dont la hauteur ne dépasse guère 1 mètre
et dont la largeur utilisable est en général de 70 à 80 centimètres,
les concurrents tiendront compte des passages latéraux du rétable et

de l'ordonnance générale afin d'y subordonner leur composition en largeur.

Les marbres précieux, les pierres fines et la mosaïque pourront être employés pour la décoration de la table d'autel et du tabernacle.

Les concurrents feront pour l'esquisse : l'élévation principale et l'élévation latérale à 0$^m$,02 ; pour le rendu les mêmes dessins à 0$^m$,10 pour 1 mètre.

## UN MAITRE AUTEL DANS LA CHAPELLE
## DU CHATEAU DE VERSAILLES

Blondel, dans son *Architecture française*, publiée en 1756, critique vivement l'autel principal de la chapelle de Versailles, encastré dans une arcade feinte de l'abside, et conseille l'édification d'un maître-autel isolé au milieu du chœur, c'est ce maître-autel isolé qui est l'objet du concours.

Le plan et les coupes, tirés de l'ouvrage de Blondel et les dessins des bas-reliefs indiquent aux concurrents l'obligation d'harmoniser leur composition avec la chapelle qui fut commencée sur les plans de Hardouin Mansart en 1699 et terminée seulement en 1710.

On sait que la chapelle de Versailles comporte une nef et des bas-côtés surmontés de tribunes qui communiquaient de plain-pied avec les grands appartements du château.

L'édifice, malgré les réserves de Blondel, est peut-être celui qui caractérise le mieux l'art français à la fin du xvii$^e$ siècle et les sculptures décoratives sont très remarquables, le marbre et le bronze, qui ont été employés pour la décoration de la chapelle, seraient les matériaux choisis pour le maître-autel.

Les élèves feront pour l'esquisse : le plan, et les élévations de face et de côté à 0$^m$, 01 pour mètre ; pour le rendu, les mêmes dessins à 0$^m$,05 pour mètre.

## UN PORCHE D'ÉGLISE AU XIII$^e$ SIÈCLE

Les premières églises chrétiennes, en Orient comme en Occident, étaient précédées d'un porche où se tenaient les pénitents et les catéchumènes et dans lequel étaient placés les fonds baptismaux. Dans les anciennes basiliques de Rome ou de Ravenne, c'est un portique ouvert en avant de la nef. En France, au xi$^e$ et au xii$^e$ siècle,

PROJET DE M. BASSOMPIERRE (Extrait de la *Construction Moderne*).

notamment dans l'école Clunisienne, le porche était d'un usage constant. Tantôt il était ajouré sur trois faces, comme à Saint-Benoît-sur-Loire. Tantôt il formait, comme à Vézelay ou à Tournus une salle accessible extérieurement par une ou plusieurs portes, tantôt comme à Autun, il était largement ouvert sur la face par trois arcs correspondant aux trois nefs, mais clos latéralement.

Au XIII<sup>e</sup> siècle, le porche se réduit à un vestibule placé soit à l'entrée principale, soit en avant d'une porte latérale, c'est l'édification d'un porche latéral qui fait l'objet du concours.

Les concurrents supposeront qu'il serait adossé à une travée de bas-côtés, comme cela a lieu à l'église de Bougival ou les arrachements des murs d'un porche sont encore visibles. Ils seront libres de choisir la disposition qui leur paraîtra la mieux appropriée, que le porche soit ajouré ou non, qu'il soit couvert par une voûte ou par une charpente, ils conserveront seulement la largeur et la hauteur de la porte existante qui donne accès au bas-côté.

Les concurrents feront, pour l'esquisse, le plan : la façade et la coupe à 0<sup>m</sup>,005, pour mètre ; pour le rendu, les mêmes dessins à 0<sup>m</sup>,02 pour mètre.


## UNE FONTAINE DANS LA COUR D'UNE MOSQUÉE

Les mosquées arabes ne sont, à vrai dire, que des galeries limitées par une enceinte et entourant une cour au milieu de laquelle est une fontaine.

Ces galeries, simples ou doubles sur trois côtés de la cour, sont généralement formées par des files de colonnes ou de piliers portant sur des arcs des plafonds en charpente : sur le quatrième côté, les galeries plus nombreuses constituent le sanctuaire orienté vers la Mecque.

C'est là que viennent se prosterner les Arabes, après s'être purifiés à la fontaine par de larges ablutions.

Le sujet du concours est l'une de ces fontaines qu'on supposera placée dans la cour de la grande mosquée, à Tlemcen. Les monuments de Tlemcen datent en général du XIV<sup>e</sup> siècle et les croquis empruntés aux relevés de Duthoit permettront aux élèves de distinguer les caractères particuliers de l'architecture arabe à cette époque et dans cette région. Ils remarqueront notamment la précision des combinaisons de charpente, l'emploi très ingénieux de la brique dans la construction des arcs et des coupoles, la délicatesse des ornements géométriques.

L'édicule qui constitue la fontaine comprendra une vasque d'assez grande dimension recouverte par un abri formé de supports légers, soutenant un auvent ou une coupole.

Le marbre, le bois peint, la terre cuite émaillée ou non pourront être indifféremment employés.

Les mosquées du Caire conservent encore des fontaines d'une grande élégance qui peuvent être citées comme exemples.

La plus grande dimension en largeur ne dépassera pas 8 mètres.

Les élèves feront pour l'esquisse : le plan, l'élévation et la coupe à $0^m,01$ pour mètre ; pour le rendu, l'élévation à $0^m,05$, le plan et la coupe à $0^m,02$.

# ÉCOLE NATIONALE ET SPÉCIALE DES BEAUX-ARTS

## SECTION D'ARCHITECTURE

### PREMIÈRE CLASSE

### DESSIN

*Valeur des recompenses accordées à ce concours.*

Première et seconde médaille : 2 valeurs.
Mention : 1 valeur.

#### EXPOSÉ PRATIQUE

L'épreuve de dessin demandée aux élèves de première classe consiste en la représentation d'un dessin de figure d'après nature, ou d'après l'antique. Ce concours s'exécute en six séances de deux heures, pendant lesquelles deux corrections sont faites par le professeur spécial; les modèles proposés sont les mèmes que ceux demandés aux élèves de seconde classe; nous citerons parmi eux : le Discobole, l'Apollon, la Vénus de Médicis, l'Enfant au chevreau, etc., etc.

Les dessins résultant de ces exercices sont jugés tous les mois par un jury composé d'architectes, de peintres et de sculpteurs (voy. *Règlement*, art. 51); chaque élève peut présenter un ou plusieurs dessins après avis du professeur spécial; la mention obtenue à cet exercice est nécessaire pour l'admission au concours du diplôme d'archite te.

# ÉCOLE NATIONALE ET SPÉCIALE DES BEAUX-ARTS

## SECTION D'ARCHITECTURE

## PREMIÈRE CLASSE

## MODELAGE

*Valeur des récompenses accordées à ce concours.*

Première et seconde médaille : 2 valeurs.
Mention : 1 valeur.

### EXPOSÉ PRATIQUE

L'examen de modelage en première classe comporte des modèles spéciaux, d'un degré plus élevé que ceux donnés en seconde classe ; nous n'avons pas cru devoir reproduire ces modèles, car ils sont très connus ; nous citerons parmi eux : le rinceau à feuilles d'acanthe, le culot corinthien, des chapiteaux de l'ordre composite, et quelquefois même des figures d'après le plâtre. Ces exercices se font en six séances de deux heures pendant lesquelles le professeur donne deux corrections. Le jugement de ce concours a lieu tous les mois, en même temps que l'épreuve de dessin. Chaque élève peut présenter un ou plusieurs ouvrages, après avis du professeur spécial ; la mention que l'on doit obtenir à ce concours est nécessaire pour l'obtention du diplôme.

# PROGRAMME

DU

# COURS DE LITTÉRATURE

La Bible.

Littérature grecque. — Homère. — Hésiode. — Hymnes homériques. — Pindare et la poésie lyrique. — Hérodote. — Théâtre d'Eschyle, de Sophocle et d'Euripide. — Comédies d'Aristophane. — Platon. — Démosthène.

Littérature latine. — Commencements de la poésie latine. — Théâtre de Plaute et de Térence. — L'éloquence à Rome. — Cicéron. — Tite-Live. — Le poème *de la Nature* de Lucrèce. — Catulle. — Virgile. — Horace. — Les *Métamorphoses* d'Ovide. — La *Pharsale* de Lucain. — Tacite.

Littérature italienne. — Dante. — Pétrarque. — L'Arioste. — Le Tasse.

Théâtre de Shakespeare.

Littérature française. — La poésie épique au moyen âge. — La *Chanson de Roland*.

Les romans de chevalerie. — Les chroniqueurs : Villehardouin, Joinville, Froissart, Commines. — Le dix-septième siècle.

# L'ENSEIGNEMENT

A L'ÉCOLE NATIONALE ET SPÉCIALE DES BEAUX-ARTS

## SECTION D'ARCHITECTURE

# PRIX DIVERS

Attribués par l'Ecole des Beaux-Arts

### PRIX DES ARCHITECTES AMÉRICAINS

### PRIX EDMOND LABARRE

### PRIX-CONCOURS DE COMPOSITION DÉCORATIVE

### PRIX CHENAVARD

# ÉCOLE NATIONALE ET SPÉCIALE DES BEAUX-ARTS

## SECTION D'ARCHITECTURE

### PREMIÈRE ET DEUXIÈME CLASSE

## PRIX DES ARCHITECTES AMÉRICAINS

*Valeur des récompenses accordées pour ce concours.*

Prix. — 3 valeurs.
Accessits. — 2 valeurs.

### EXPOSÉ PRATIQUE

Ce concours est commun aux deux classes d'architecture, c'est-à-dire qu'indifféremment les élèves de première et de seconde classe peuvent y prendre part ; il n'a lieu qu'une seule fois par an, sur un programme donné par le conseil supérieur de l'école. Les élèves sont laissés libres d'exécuter ou de ne pas exécuter ce concours, mais les prix et les accessits ne peuvent pas s'ajouter au nombre des valeurs demandées, soit pour le passage en première classe, s'il s'agit d'un élève de seconde effectuant le concours, soit pour le concours du diplôme, s'il s'agit d'un élève de première classe.

Le rendu de ce prix a lieu à l'atelier d'après une esquisse faite en loge en douze heures. (Voy. *art. 93 du règlement.*)

(*Suivent différents programmes donnés à ce concours.*)


## UNE GRANDE FACTORERIE DANS L'ALASKA

Au nord-ouest de l'Amérique se trouve le vaste territoire de l'Alaska (jadis Amérique russe, cédée par la Russie pour 37 millions de francs aux États-Unis de l'Amérique du Nord en 1867).

Cette région extrèmement froide (la température peut s'y abaisser

parfois à environ 50 degrés au-dessous de zéro) est couverte en partie
de belles forêts de pins et de sapins dont les troncs débités et assem-
blés servent presque exclusivement à la construction des habitations.
Le commerce de cette région, affermé à une compagnie, se fait au
moyen de factoreries isolées et bâties le long des rivières et où les

### UNE GRANDE FACTORERIE DANS L'ALASKA

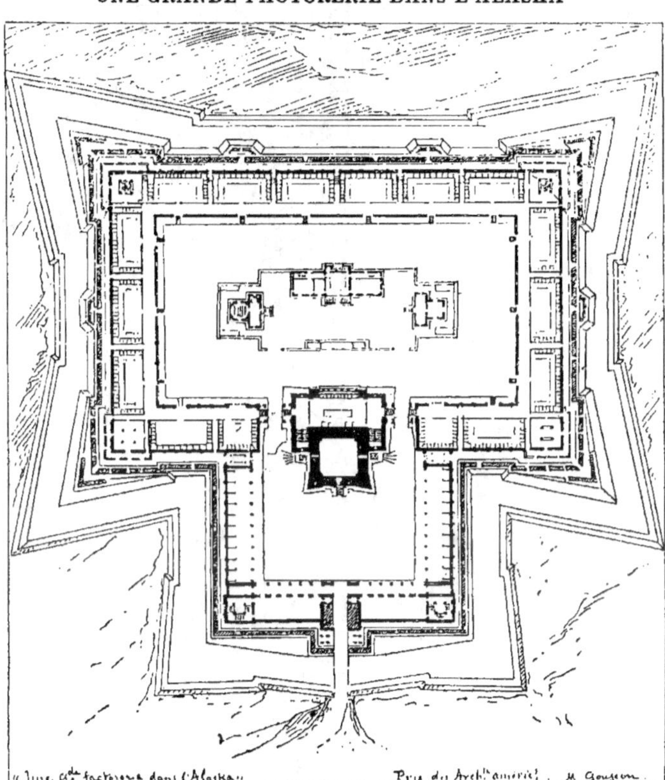


**PROJET DE M. GOUJEON** (Extrait de la *Construction moderne*).

trappeurs et chasseurs esquimaux, où les Indiens de la contrée,
viennent échanger les pelleteries contre des armes, des munitions et
des objets de fabrication diverse.

Un établissement de l'importance de celui qui fait l'objet de ce
concours et qui serait édifié sur un plateau élevé quelque peu au-
dessus de la plaine environnante doit comprendre avant tout une
enceinte fortifiée, sorte de palissade en gros pieux entourée d'un fossé

## UNE GRANDE FACTORERIE DANS L'ALASKA

PROJET DE M. GOUJEON (Extrait de la *Construction Moderne*).

et destinée à se mettre à l'abri d'un coup de main des indigènes ou des tribus errantes, et un blockhaus central surmonté, dans le même but, par une tour d'observation dominant les alentours. C'est protégés par ces deux organes de défense que se trouvent répartis dans l'enceinte les bâtiments de la factorerie; ils comprennent :

1° Une confortable maison d'habitation pour le chef de poste, sa famille et quelques amis ou employés supérieurs, avec hall, fumoir, billard, etc... Ces services peuvent s'installer en un seul rez-de-chaussée ou dans plusieurs étages ;

2° Des communs pour les trappeurs du poste, qui sont organisés en milice en cas d'alerte, avec des dortoirs pour une quarantaine d'hommes et dépôts pour leurs armes, un réfectoire, cuisine avec boulangerie, dépôts de comestibles, conserves et boissons, et remise pour les véhicules et traîneaux ;

3° Des bâtiments de commerce : magasin et hangar où, d'une part, on empile les fourrures reçues et, de l'autre, où l'on tient en réserve les armes, les munitions, les étoffes, les verroteries, etc..., qui servent au troc ;

4° Une chapelle orthodoxe russe et un petit temple protestant avec le logement du pope et celui du pasteur ;

5° Ces divers bâtiments pourront être reliés en tout ou en partie par des passages couverts ;

6° Une petite écurie pour 5 ou 6 rennes et un chenil pour les chiens de trait.

### OBSERVATIONS GÉNÉRALES

On devra se préoccuper du climat du pays : murs épais, doubles fenêtres et *surtout* portes au-dessus du sol, la neige atteignant souvent plus d'un mètre de hauteur. Beaucoup de maisons dans l'Alaska sont, dans cette éventualité, bâties sur des échafaudages. On devra donc établir les niveaux des planchers bas à environ $1^m,50$ au-dessus du sol. A cet effet, la maison d'habitation, qui peut être construite en pierre, serait élevée sur un soubassement sans ouvertures, et les autres bâtiments, qui doivent être tous en bois, sauf le soubassement du blockhaus, seraient édifiés sur des piliers ou des pieux réunis ou isolés. Quant aux toitures, elles devront avoir une pente rapide pour éviter l'amoncellement de la neige.

On placera à l'entrée de l'établissement un ou deux postes fortifiés pour les gardiens, et cette entrée aura lieu par un pont-levis.

La plus grande largeur du terrain dans l'intérieur de la palissade d'enceinte n'excédera pas 150 mètres.

On fera, pour les esquisses, le plan à l'échelle de $0^m,002$ pour mètre, la coupe à la même échelle et la façade également.

Pour le rendu, le plan à l'échelle de 0,005 pour mètre ainsi que la coupe, la façade à 0,01.

## UNE BIBLIOTHÈQUE POPULAIRE AVEC BAINS ET RESTAURANT

Depuis quelques années les Américains, soucieux des questions de confort, d'hygiène et d'éducation, ont voulu que la classe populaire profitât des progrès de la civilisation. A cet effet, dans quelques-unes de leurs villes, ils ont édifié des monuments dans lesquels sont réunis divers aménagements permettant au public de s'instruire, de se nourrir, de se livrer aux exercices du corps, de s'assainir par des lavages et des immersions. Sauf la nourriture, qui est donnée à des prix très modérés, et une légère rétribution facultative, c'est gratuitement que sont livrés au peuple et aux ouvriers les locaux dont ils peuvent disposer au bénéfice de leur instruction et de leur santé.

Il serait à désirer que de pareils établissements existassent en France et, en attendant que semblable résolution soit prise, on donne au concours, pour le prix des architectes américains, un édifice d'une telle destination élevé dans une ville manufacturière du pays.

Cet établissement, placé au milieu d'un parc ou environné de plantations, se composerait d'abord d'un très grand vestibule, sorte de salle des pas-perdus, donnant accès aux trois grandes divisions de l'édifice. Ce vestibule serait accompagné de locaux pour l'Administration et de diverses pièces de service.

Dans l'axe de ce vestibule s'ouvrirait l'entrée de la bibliothèque, devant contenir environ 20,000 volumes, placés soit dans la grande salle de lecture, soit dans quelques dépôts particuliers.

Dans les deux autres divisions, placées à droite et à gauche du vestibule, on disposera, à la volonté des concurrents, une grande piscine pour bains à la nage et des cabines de bains, au nombre de 40 à 50; puis deux ou trois salles de douches, deux bains turcs ou hammams, une salle de gymnastique et des salles d'escrimes. Des salles de restaurant, de café avec billards et divers jeux, les uns clos, les autres en plein air.

Les restaurants doivent être munis de terrasses ou de vérandas. On installera, en outre, pour ces différents services, les dépendances nécessaires : lingeries, séchoirs, cuisines, offices, laboratoires, water-closets, etc., etc.

La partie des bains et du restaurant pourrait comporter un étage ou simplement un rez-de-chaussée au choix des concurrents.

Le caractère de l'édifice sera de très grande simplicité.

Le terrain n'excédera pas 10,000 mètres de superficie non compris les plantations.

Pour les esquisses on fera le plan du rez-de-chaussée à l'échelle de 0$^m$,005 pour mètre.

La façade et la coupe à la même échelle.

Pour le rendu, le plan et la coupe à l'échelle de 0$^m$,005 pour mètre.

La façade au double.

## UN MONUMENT A LA FRATERNITÉ ARTISTIQUE

Ce monument ayant pour but de rappeler les sentiments de mutuelle gratitude des architectes français et américains, doit être composé avec ampleur de façon à être digne des deux nations qui en forment le point de départ.

Il devra comporter un temple ou édifice triomphal dédié à l'art et placé sur un soubassement très élevé, de telle sorte qu'il domine tout l'ensemble. De larges portiques seront rattachés à ce soubassement, soit directement, soit au moyen de vestibules ; ils donneront accès à de vastes escaliers couverts ou découverts qui conduiront à la plate-forme de l'édifice triomphal.

Ces portiques, ornés de bas-reliefs, de statues, etc., s'avanceront, soit rectangulairement, soit circulairement, au-devant de l'édifice, en formant ainsi comme une grande cour d'honneur.

Dans cette cour d'honneur, et à la place qui paraîtra le plus convenable, c'est-à-dire isolé ou dépendant du soubassement, sera érigé le motif spécialement affecté à la représentation de la Fraternité artistique ; à cet effet, sur un socle plus ou moins développé et accompagné de divers accessoires, s'élèvera un groupe de grande dimension représentant la France et l'Amérique unies par le génie de l'architecture.

D'autres figures symboliques pourront être placées dans l'édicule lui-même ou dans son pourtour, qui pourra comprendre des bassins et des effets d'eau

La plus grande dimension de terrain en y comprenant les portiques ne dépassera pas 150 mètres.

On fera, pour les esquisses, le plan et la coupe à l'échelle de $0^m,001$ pour mètre, la façade au double.

Pour le rendu, le plan et la coupe à l'échelle de $0^m,002$ 1/2 pour mètre, la façade à l'échelle de $0^m,01$ pour mètre.


## UN HIPPODROME


Les cirques et les amphithéâtres comptent parmi les plus intéressants édifices de l'antiquité.

L'étude des restes de ces immenses monuments permet de se rendre compte de la sollicitude avec laquelle ils étaient distribués et de l'effet que devait produire cette prodigieuse quantité de spectateurs qu'ils admettaient.

Denys d'Halicarnasse, qui visita le grand cirque de Rome peu après l'achèvement des travaux abandonnés par César, dit qu'il avait 3 stades 1/2 de longueur (778 mètres environ) et qu'il pouvait con tenir 150,000 personnes.

Enrichi par Auguste et par Tibère, il fut encore augmenté par Trajan et Constantin.

L'amphithéâtre Flavien, le Colisée de Rome, commencé sous Vespasien, était aussi conçu dans les plus vastes proportions ; son grand axe a 200 mètres de longueur, le petit axe a 167 mètres.

L'édifice proposé, sans arriver à des proportions importantes et approprié, d'ailleurs, aux usages modernes, devrait avoir l'ampleur des dispositions, les facilités d'accès et de circulation, la richesse et la variété de la décoration qui caractérisaient les monuments antiques consacrés aux plaisirs populaires. Destinés en toutes saisons à des représentations diurnes et nocturnes, à des jeux athlétiques, à des courses, à des évolutions militaires, à des exercices sportifs, à des auditions musicales exceptionnelles, amenant un grand concours de spectateurs et une figuration très nombreuse, il comprendrait à la fois un hippodrome et un cirque, servant, soit alternativement, soit simultanément. L'hippodrome, de forme allongée terminée par deux demi-cercles ; le cirque, de forme circulaire ; tous deux se réunissant par des portiques disposés à la partie supérieure des gradins et servant de promenoirs, d'où l'on jouirait encore de la vue des spectacles.

La salle du cirque pourrait s'ouvrir largement sur l'hippodrome, de manière à permettre des spectacles se développant dans les deux arènes.

L'hippodrome et le cirque seraient couverts : le premier, par un vitrage aussi étendu que possible, prenant appui seulement à l'extérieur des portiques supérieurs qui formeraient des terrasses accessibles encore aux spectateurs ou servant à placer des orchestres.

Un velum disposé sous le vitrage garantirait des rayons du soleil lorsqu'il serait nécessaire.

Des portiques inférieurs et des galeries intermédiaires donneraient, par un grand nombre de vomitoires, l'accès sur les gradins divisés en trois grandes catégories de places ; quelques loges ou tribunes richement décorées seraient disposées pour les personnages de distinction. Des substructions au-dessous des arènes recevraient les décors et les machines devant paraître pendant les représentations et faciliteraient leur manœuvre. On trouverait encore des salles en communication avec les arènes pour la préparation des cortèges, des loges pour les figurants, des écuries accessibles au public pour 200 chevaux, des magasins de matériel, quelques locaux pour l'administration et les dépendances nécessaires dans tous les établissements recevant un nombreux public.

Pour le cirque, le diamètre, à l'intérieur des portiques, aura 50 mètres. Pour l'hippodrome, l'arène aura 40 mètres de largeur sur 100 mètres de longueur.

La plus grande dimension des constructions n'excédera pas 250 mètres.

Pour l'esquisse, on fera le plan, la façade et la coupe à l'échelle de $0^m,002$ pour mètre.

Pour le rendu, le plan, la façade et la coupe seront à l'échelle de $0^m,005$ pour mètre. On fera un détail de l'entrée de l'hippodrome avec arrachement de la façade à l'échelle de $0^m,03$ pour mètre.

L'échelle de l'esquisse, $0^m,001$ 1/2.

## SECTION D'ARCHITECTURE

### PREMIÈRE ET DEUXIÈME CLASSE

# PRIX EDMOND LABARRE

Comme le prix des architectes américains, le prix Edmond Labarre est commun aux deux classes d'architecture, il consiste en un projet à exécuter à l'atelier en trois jours, d'après une esquisse faite en loge en douze heures. Ce concours est facultatif, la récompense consiste en une somme de 200 francs attribuée à l'élève classé le premier.

*(Suivent différents programmes donnés à ce concours.)*

## UNE ÉCOLE PRATIQUE DES HAUTES ÉTUDES POUR LES SCIENCES PHYSIQUES ET NATURELLES

L'école des hautes études est instituée pour un personnel moins nombreux que celui des facultés; les études y consistent surtout en travaux faits avec les conseils ou sous les indications des professeurs dans des salles de travail ou laboratoires spéciaux, sauf un ensemble de parties communes à tous les renseignements, l'esprit du programme doit être surtout la réunion dans un grand ensemble, d'un certain nombre de pavillons d'études parfaitement distincts, chacun avec ses dépendances propres et dirigés par les professeurs.

L'établissement projeté serait établi dans une grande propriété voisine de Paris.

Il comprendra comme services communs, répartis en plusieurs bâtiments.

1° Un bâtiment d'administration, concierge, secrétariat, bureaux,

**UNE ÉCOLE PRATIQUE DES HAUTES ÉTUDES POUR LES SCIENCES PHYSIQUES ET NATURELLES**

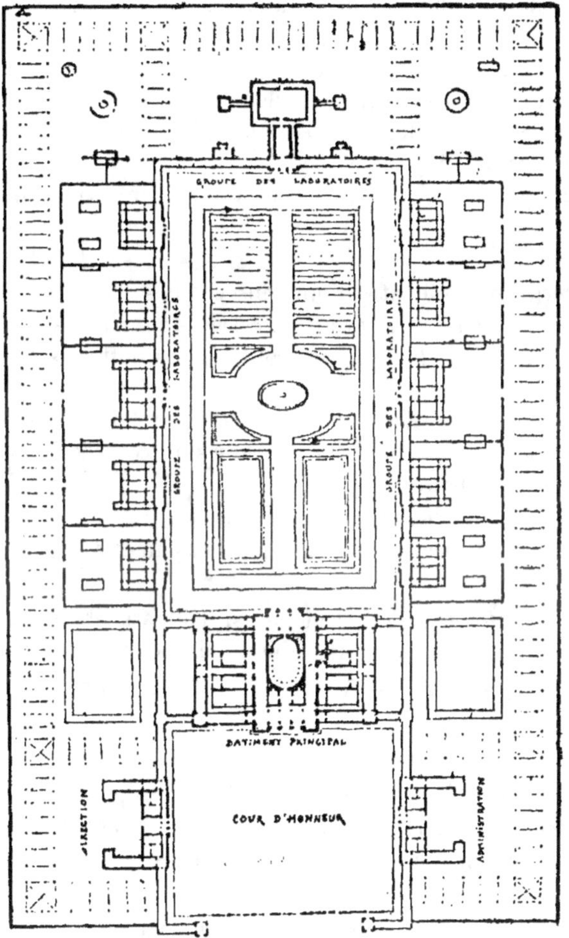


PROJET DE M. MAJOUX (Extrait de la *Construction Moderne*).

archives, écuries de 4 chevaux, remise pour 2 voitures ; quelques logements d'employés ;

2° Un bâtiment de la direction, vestiaire, salle de conseil des professeurs, cabinets et salles de commissions ; salle d'examens et dépendances ;

3° Un bâtiment principal comprenant en un ou plusieurs étages quatre salles pour les conférences et démonstrations, avec dépendances ; une grande salle principale pour les expositions et solennités ; des salles ou galeries pour la conservation des objets d'étude divisés en :

Physique ;

Chimie organique et inorganique ;

Géologie et minéralogie ; paléontologie ;

Anthropologie et anatomie de l'homme ;

Anatomie comparée ;

Zoologie subdivisée en six groupes dont un principal pour les mammifères ;

Botanique ;

Ces galeries ne forment pas un musée, mais des salles de dépôt et classement méthodique des types nécessaires aux études.

Les pavillons d'étude comprendront chacun outre les dépendances spéciales :

Un laboratoire de professeur avec cabinet ; un laboratoire des aides ; deux laboratoires des étudiants ; quelques pièces spéciales pour des expériences particulières.

Ils seront au nombre de onze ou douze.

*Physique.* — Dépendances, fonderies, machines à vapeur, bassins, tour élevée, etc.

*Chimie organique.* — Dépendances, hangars et cours pour les expériences dangereuses ou malsaines, salles d'études au microscope.

*Chimie inorganique.* — Dépendances, fonderies et creusets, hangars, cours, etc.

*Géologie.* — Dépendances, hangars et dépôts.

*Minéralogie.* — Dépendances analogues.

*Anthropologie et anatomie de l'homme.* — Dépendances, salles de dissection et de microscope ; moulage, ateliers de montage des squelettes.

*Anatomie comparée.* — Dépendances analogues.

*Physiologie.* — Dépendances, dépôts d'animaux divers, salle de vivisection et d'expériences, bassins, etc.

*Zoologie.* — Ateliers de moulage, de préparation de pièces, salles d'expériences sur les animaux. Bassins et volières, quelques enclos pour des animaux vivants. On pourra diviser la zoologie en deux pavillons.

*Botanique.* — Hangars et dépôts, étuve.

*Physiologie végétale.* — Terrain pour les expériences de culture avec serres et bassins d'expériences.

Le service des laboratoires et dépendances devra se faire par un chemin de ronde avec des entrées postérieures pour les voitures.

Le terrain consacré à cet ensemble sera isolé et rectangulaire, il aura 300 mètres sur 500 mètres.

On fera un plan à $0^m,0015$ pour mètre.

L'élévation générale et la coupe du bâtiment principal à la même échelle.

# UNE MAISON
## POUR DES ALIÉNÉS DES DEUX SEXES

Cet établissement serait situé dans les environs de Paris, à la campagne, sur un terrain en pente douce. Il est destiné à recevoir des aliénés des deux sexes payants, et doit leur offrir tout le confortable possible. Ce programme n'a donc aucune analogie avec les établissements d'assistance publique, tels que Charenton, Sainte-Anne.

1° Il comprendra :

Concierge. — Secrétariat et économat. — Lingerie. — Vestiaire. — Plusieurs magasins et dépôt de matériel. — Écuries et remises pour quelques chevaux et voitures. — Cuisine générale et dépendances. — Quelques appartements et logements.

2° La direction et les services médicaux, l'hôtel particulier du directeur médecin en chef avec dépendances telles que les écuries, remises, etc.

Bureau de la Direction, parloir, salle de consultations pour l'extérieur, service de chirurgie, d'autopsie, etc.

Pharmacie et dépendances. — Logements d'internes et aides. — Appartements de deux médecins en second.

3° Les locaux réservés aux malades.

Cette partie de l'établissement doit être disposée pour éviter toute tentative d'évasion ; elle sera entourée d'un chemin de ronde.

Dans chaque quartier, hommes et femmes, les malades sont répartis en deux grandes divisions : les *tranquilles* et les *agités*.

Détail de chaque quartier.

Les tranquilles seront logés suivant le taux de la pension, dans 20 pavillons isolés, chacun avec un petit jardin pour recevoir avec le malade, quelques domestiques ou même des parents, avec cuisine personnelle.

Deux bâtiments pouvant contenir ensemble les malades dans des chambres, avec salle à manger commune, salle de réunion, etc. Ces divers malades ont à leur disposition le parc dont il a été parlé plus loin.

Les agités au nombre de 50 sont logés dans un bâtiment avec chambres ou cellules, préau couvert, et quinconces d'arbres ou préau découvert, 8 à 10 chambres de surveillants, et des préaux cellulaires pour les furieux.

En communication directe avec le quartier des agités, un établissement hydrothérapique, avec salles de bains, cabinets, chambres de douches, etc., pour chaque sexe et une piscine commune servant alternativement aux deux sexes.

4° Un bâtiment, des grandes dépendances à l'usage des malades tranquilles, ces dépendances dont l'usage concourt au traitement des malades sont :

Un salon de lecture et de travail. Une salle de musique et de concerts, une de gymnastique, une salle d'escrime et d'exercices divers, les salles de billard et de jeux, etc., une chapelle.

5° Un parc.

Les divers bâtiments seront répartis soit dans un parc, soit autour de ce parc, mais dans tous les cas la condition à assurer tout d'abord est celle d'une surveillance facile. Le parc lui-même sera disposé de façon à ce que les malades puissent être facilement surveillés par les employés.

Le terrain ne devra pas dépasser 500 mètres dans sa plus grande dimension.

On fera un plan à $0^m,001$ pour mètre, élévation et coupe à la même échelle.


## UN LAZARET


Un lazaret ou quarantaine est une véritable prison préventive où l'on isole pendant un temps déterminé les voyageurs suspects au point de vue sanitaire.

Lorsqu'un navire suspect arrive en vue, il est dirigé vers ce lazaret et va faire relâche dans le port de la quarantaine, puis l'équipage et les passagers sont débarqués et logés au lazaret, les marchandises sont déchargées et mises au magasin, le navire désinfecté après la quarantaine, les marchandises et les personnes reprennent place sur le navire qui gagne alors, soit le port militaire, soit le port de commerce.

Pendant la quarantaine, il ne doit pas y avoir de contact entre les personnes ni les marchandises provenant de navires différents. Toutes les personnes occupées au lazaret l'habitent sans communication avec le pays.

D'après ce qui précède, il faut comme programme général d'un lazaret :

1° Un port, assez grand pour l'évolution des plus grands bateaux de guerre ou de commerce ;

2° Des hangars pour dépôt des marchandises déchargées ;

3° Des casernements *séparés* pour les équipages, soldats de marine, etc. ;

4° Des hôtels séparés pour passagers ;

5° Les services généraux et l'habitation des employés.

Ce vaste ensemble est ordinairement dans une île ou dans une presqu'île. Les communications avec la terre se font pour un seul point, au moyen d'un service de geôle.

On doit chercher à rendre le moins désagréable possible la détention imposée.

PROGRAMME PARTICULIER

Ce lazaret sera établi dans une presqu'île reliée à la terre ferme par une étroite falaise élevée, à l'extrémité de laquelle est l'entrée ; puis le terrain s'abaisse en pente assez prononcée jusqu'au port. C'est sur cet espace incliné que seront établis les services généraux près de l'entrée, puis les hôtels des passagers autour du port, les magasins et casernements.

1° Service généraux.

La geôle avec parloir grillé, réception des approvisionnements, poste, télégraphe, corps de garde.

Pavillon du commandant, pavillon de l'intendance.

Buanderie, étuves, pharmacie, économat et dépôts.

Pavillons d'habitation pour le commandant, le second, l'intendant, deux médecins, deux pharmaciens, employés divers.

2° Un hôpital de 200 lits complets avec services d'isolement.

Une caserne pour un bataillon avec logements d'officiers (garnison).

3° 10 ou 12 hôtels de passagers formant chacun une détention spéciale, ils doivent être de grandeurs diverses.

Ils comportent, un hôtel complet avec jardin, terrasses, etc. Les plus grands seront subdivisés en trois classes.

4° Les magasins, les marchandises et casernements des navires seront aussi de grandeur inégale, avec mêmes conditions d'isolement. Pavillon pour les officiers à chaque casernement, jardins, un hôtel composé de plusieurs pavillons pour les officiers généraux.

*Nota.* — Cette 4$^{me}$ partie dépendant immédiatement du port, ainsi que le port lui-même ne pourront être donnés qu'en amorce.

Le terrain depuis l'entrée jusqu'au port n'excèdera pas 500 mètres dans sa plus grande dimension.

On fera un plan à un millimètre pour mètre. Les esquisses seront rendues sur feuilles volantes et non sur châssis.


## UN JARDIN D'ACCLIMATATION

Cet établissement destiné à l'étude et à l'acclimatation de productions animales et végétales doit être en même temps un lieu d'attraction et de divertissement pour les habitants d'une capitale, c'est-à-dire qu'il contiendra dans un ensemble aussi magnifique que possible formé de parterres avec pièces d'eau et fontaines jaillissantes, d'avenues et de promenades, outre des bâtiments appropriés pour des animaux de façon que ceux-ci puissent être mis en plein air et en liberté, et pour les plantes les plus variées un bâtiment central réunissant tout ce que l'agrément des visiteurs peut rechercher : restaurant, café avec salles de billards, carterie, salle de lecture et de repos, salle de conférence, salle de concert, théâtre d'enfants, etc. Il ne paraît pas utile d'entrer dans plus de détails laissant à l'imagination des concurrents le soin d'agencer les motifs de la composition, tels que : manège, jardin d'hiver, grande serre, etc., etc.

L'important est que cette composition soit grandiose de ligne et bien pondérée pour la satisfaction des yeux à l'exemple des grandes villes d'Italie et de France, les beaux parcs de Versailles, de St-Cloud, de Vaux, etc...

Le terrain peut être supposé légèrement en pente, de façon à obtenir des terrasses et des effets de cascade.

La plus grande dimension de ce terrain ne devra pas dépasser 700 mètres et celle du bâtiment principal, 160 mètres.

On fera le plan général à l'échelle de 0^m,001 pour mètre, la coupe générale à l'échelle de 0^m,001 pour mètre ; la façade du susdit bâtiment principal à 0^m,002 pour mètre.

## UN GARDE-MEUBLE NATIONAL

Cet édifice destiné à la conservation du mobilier provenant des palais nationaux, renfermerait les tapisseries, les meubles, les tentures, les porcelaines, les carosses d'apparat, les objets d'orfèvrerie, les curiosités artistiques et même les objets d'art appartenant à l'Etat.

Ces richesses nationales réunies méritent d'être exposées au public tandis que, quantités d'autres objets seront seulement classés dans des magasins toujours soumis à la plus étroite surveillance.

Non loin des magasins on trouverait des ateliers de travail pour le raccommodage et l'entretien des collections.

On trouverait encore quelques ateliers bien éclairés et bien installés pour des artistes chargés des commandes.

Un bâtiment spécial contiendrait l'administration, savoir :

Un appartement pour le Directeur ;

Un appartement pour le sous-directeur ;

Des bureaux, des logements, pour le chef tapissier, pour le chef ébéniste et autres ;

Un appartement pour l'architecte ;

On y joindrait des remises pour les chariots, les voitures de transport ; une écurie pour 12 chevaux avec les dépendances des logements pour 2 palefreniers, d'un cocher, etc., des hommes de service.

Un poste de garde, un poste de pompiers et une concierge complèteraient cette disposition.

La dimension du terrain en superficie n'excèdera pas 50,000 mètres tout compris.

Le rendu à 0^m,002 pour mètre pour les plans et coupe, façade à 0^m,004 pour mètre.

# ÉCOLE NATIONALE ET SPÉCIALE DES BEAUX-ARTS

## SECTION D'ARCHITECTURE

### PREMIÈRE ET DEUXIÈME CLASSE

## CONCOURS DE COMPOSITION DÉCORATIVE

*Valeur des recompenses accordées à ce concours :*

Première médaille. — 3 valeurs.
Deuxième médaille. — 2 valeurs.
Mention. -- 1 valeur.

### EXPOSÉ PRATIQUE

Les concours de composition décorative se divisent en deux sortes :

1° Concours, dont le programme est donné par le professeur du cours ;

2° Concours, dont le programme est donné par le conseil supérieur.

Au premier et au second concours sont seuls admis les élèves architectes, peintres ou sculpteurs, ayant obtenu la mention des trois arts.

1° Le premier concours consiste en un projet de décoration rendu soit au dessin, soit au modelage, suivant la forme indiquée par le professeur. Ce projet a lieu en un mois d'après une esquisse exécutée en loge en douze heures ; les rendus comportent de nombreuses recherches de couleurs qui ne doivent pas faire reculer les élèves architectes, ces derniers étant presque toujours classés avant les peintres et les sculpteurs.

*Ce concours a lieu deux fois par an (voy. rég. art. 68, pour la valeur des prix en argent et pour le nombre des récompenses).*

2° Le concours donné par le conseil supérieur de l'école comporte deux parties :

*a*) Esquisse éliminatoire exécutée en loge en douze heures.

*b*) Projet rendu d'après cette esquisse.

Les élèves ayant pris part à l'esquisse subissent un premier jugement éliminatoire, qui laisse en présence six concurrents par section, pour exécuter la seconde partie du programme qui consiste dans le rendu de l'esquisse.

Le rendu a lieu en loge en six jours, il est effectué soit au dessin, soit au modelage, suivant la décision du conseil supérieur; les projets rendus doivent être en tous points conformes aux esquisses.

La mention de ces exercices n'est pas nécessaire au passage en première classe, ni pour le concours du diplôme; de même les récompenses obtenues ne peuvent pas compter au nombre des valeurs à justifier pour ces examens.

(*Voy. régl., art. 69, pour la valeur des prix en argent et le nombre des récompenses.*)


*Suivent quelques programmes donnés à ce concours :*


## LA DÉCORATION D'UNE PAROI DE CHAPELLE AVEC TOMBEAU

Appartenant à une des chapelles d'une église, la paroi à décorer se compose d'un mur de 4 mètres de longueur, dans lequel existe un renfoncement en arcade basse demi-circulaire de 3 mètres de largeur sur $2^m,50$ de hauteur.

C'est dans cette arcade que doit être placé le tombeau d'un artiste célèbre, qui excellait surtout dans la composition des sujets religieux. On le représentera assis ou couché sur un sarcophage.

Le reste du mur, plan et uni, se termine obliquement à la partie supérieure suivant la pente du toit.

La hauteur de la paroi est de 7 mètres du côté de l'église et de $5^m,50$ du côté de l'extérieur.

La décoration peut être traitée soit en peinture, sculpture, fresque ou mosaïque, soit à l'aide de ces modes d'exécution réunis.

Des emblèmes ou allégories devront rappeler le caractère du talent de l'artiste.

# LA DECORATION DU FOND
# D'UNE GRANDE
# GALERIE D'UN MINISTÈRE DE LA GUERRE

PROJET DE M. DEHAULT (Extrait de la *Construction Moderne*).

Le fond de la galerie à décorer se compose d'un mur droit de
9 mètres de longueur, percé de deux portes demi-circulaires de

2 mètres de largeur, laissant entre elles un trumeau de 3 mètres.

Une corniche dont le dessin est à 8 mètres du sol sert de départ à la voûte de section demi-elliptique. La hauteur totale de la galerie, du sol à l'intrados de la voûte, est de 11 mètres.

On exige comme motif principal un grand médaillon, de forme libre, devant contenir une figure assise ou debout de la Paix armée, associée à des emblèmes et accessoires appropriées.

La décoration peut être traitée en sculpture, peinture, fresque ou mosaïque, ou bien par ces procédés réunis.

L'architecture proprement dite ne devra jouer qu'un rôle très restreint.

On rejettera donc les motifs de grande épaisseur ou de profondeur.


## UNE ANTÉFIXE

Cette antéfixe serait destinée à couronner le fronton d'un temple ; elle devra être accompagnée à droite et à gauche de deux petites figurines de moindre hauteur que celle du motif central. Le temple où cette antéfixe doit être placée étant supposé dédié à la Victoire, les deux statuettes devront représenter deux jeunes esclaves.

On demande que l'ensemble présente un caractère éginétique.


## UNE MÉDAILLE ARTISTIQUE

Le champ de cette médaille devra comporter des figures représentant la sculpture, la peinture, l'architecture, et un motif architectural, tel qu'un autel antique, un lampadaire ou un cartouche, symbolisant l'union des arts.

Dans l'encadrement disposé en compartiments, rinceaux, cartouches, d'autres motifs à figure humaine pourraient être introduits soit par des médaillons de grands artistes, des génies ou des emblèmes et attributs appropriés au sujet.

# ÉCOLE NATIONALE ET SPÉCIALE DES BEAUX-ARTS

## SECTION D'ARCHITECTURE

### PREMIÈRE CLASSE

## PRIX CHENAVARD

#### EXPOSÉ PRATIQUE

Le concours Chenavard se divise en cinq prix spéciaux :
1° Prix sur projets rendus.
2° — dépendant du cours de théorie de l'architecture.
3° — — de l'histoire de l'architecture.
4° — — de l'histoire de l'architecture française.
5° — — de construction.

1° Pour les prix sur projets rendus, peuvent seuls y prendre part les élèves de première classe ayant obtenu toutes les valeurs exigées pour le diplôme. Ces élèves, proposés par leur professeur, comme capables de produire ou d'exécuter une composition, soumettent au conseil supérieur une esquisse ou un avant-projet sur un programme de leur choix. Le conseil désigne les élèves dont les esquisses sont acceptées et chacun de ces élèves exécute un projet rendu d'après son esquisse, à laquelle il peut apporter toutes les modifications qu'il jugera convenable tout en étant tenu de conserver le sujet qu'il a choisi (*voy. règlement, art. 99, pour les diverses subventions attribuées à ce concours*).

2°, 3°, 4°, 5° Pour le cours de théorie de l'architecture, celui de l'histoire de l'architecture, celui de l'histoire de l'architecture française, et celui de construction, les professeurs proposent une liste d'élèves auxquels ils désirent faire exécuter une étude spéciale d'après un monument et cela *sur une demande particulière*.

Les élèves proposent habituellement un sujet, ou en demandent un à leur professeur, les sujets proposés ou donnés sont très différents, on cite des relevés dans toutes les contrées intéressantes de la France. Église de la Chaise-Dieu, Saint-Paul-de-Léon, Kermaria, etc., etc. (*voy. règlement, art. 100, pour les diverses subventions accordées à ces exercices.*)

# ÉCOLE NATIONALE ET SPÉCIALE DES BEAUX-ARTS

## SECTION D'ARCHITECTURE

### PREMIÈRE CLASSE

# DIPLOME

## PARTIE ÉCRITE. — PARTIE GRAPHIQUE
## PARTIE ORALE

Le diplôme d'architecte est la consécration des études faites à l'école des Beaux-Arts par les candidats ; cet examen a lieu chaque année à l'école, aux mois de juin et de décembre ; la date de ces épreuves est fixée et annoncée longtemps à l'avance par l'administration de l'école, qui fait afficher des avis spéciaux aux tableaux d'architecture.

Pour être admis à subir les épreuves du diplôme, les candidats doivent justifier de l'obtention de dix valeurs en première classe, soit dans les concours d'architecture de l'école, soit dans les concours Rougevin ou Godebœuf ; de plus les candidats devront avoir obtenu au moins une mention au concours d'histoire de l'architecture, une valeur de figure dessinée, une valeur d'ornement ou de figure modelée. En outre de ces parties artistiques, les candidats devront produire un certificat constatant qu'ils ont suivi d'une manière assidue, pendant une année au moins, des travaux de construction sous la direction d'un ingénieur de l'État, d'un architecte du gouvernement, ou d'une administration publique ou privée. Dans le cas où un candidat aurait personnellement dirigé des travaux, la justification de cette direction tiendrait lieu de certificat. Aucune limite d'âge n'est fixée pour subir les épreuves du diplôme, mais les candidats ne pourront concourir à cet examen que s'ils justifient de l'obtention de toutes les valeurs exigées par le règlement.

Les épreuves du diplôme sont jugées publiquement, par un jury formé spécialement chaque année. Le jury est composé de : deux professeurs chefs d'atelier à l'école des Beaux-Arts, désignés par le sort, et de deux professeurs, chefs d'ateliers, en dehors de l'école, désignés aussi par le sort, et choisis parmi les membres du jury permanent de l'école. A ces quatre chefs d'atelier sont adjoints des professeurs de construction, de physique et de chimie, de législation du bâtiment, à l'école des Beaux-Arts.

Les décisions du jury sont sans appel ; il peut, soit renvoyer un candidat à une cession suivante, ou demander des modifications ou des adjonctions au projet, soit enfin, de nouveaux examens oraux ou écrits. D'après l'article 60 du règlement de l'école, le diplôme est décerné de droit aux lauréats du premier grand prix de Rome.

# ECOLE NATIONALE ET SPÉCIALE DES BEAUX-ARTS

# DIPLOME

## PREMIÈRE PARTIE

## PARTIE ÉCRITE

### EXPOSÉ PRATIQUE

PREMIÈRE QUESTION. — *Législation du Bâtiment.*

La partie écrite de l'examen du diplôme consiste dans le développement de deux questions relatives, l'une à la législation du bâtiment, l'autre à la pratique des travaux.

Chacune de ces questions est traitée en deux heures par les candidats. Nous donnons ci-dessous le programme du cours de législation du bâtiment, dans lequel est prise la première question à résoudre.

DEUXIÈME QUESTION. — *Pratique des travaux.*

Cette question consiste à raisonner et à expliquer un détail de construction en faisant ressortir ses avantages et en discutant ses inconvénients.

Parmi les questions proposées nous relevons celles-ci :

Dites ce que vous savez sur les pans de fer. — Avantages et inconvénients.

Dites ce que vous savez sur les poutres en fer. — Avantages et inconvénients.

Dites ce que vous savez sur les ciments.

Et d'autres questions ayant rapport aux fondations d'une construction, à l'emploi des différents matériaux, aux toitures, aux planchers, etc., etc.

## PARTIE GRAPHIQUE

### EXPOSÉ PRATIQUE

L'épreuve graphique du concours consiste en un projet d'architecture conçu et développé comme s'il devait être exécuté. Il comprend, les plans, coupes, élévations, tous les détails de construction, un mémoire descriptif, et un devis estimatif d'une partie de la construction.

Le choix du programme est laissé au candidat, cependant il est tenu de le soumettre à l'approbation des membres du jury chargé de juger les épreuves, qui peuvent le rejeter ou en modifier les conditions, et indiquer l'échelle à laquelle le projet devra être exécuté. Une fois le programme adopté par les membres du jury, aucune modification ne pourra y être apportée par le candidat. Le rendu de ce concours peut être fait à l'école ou en dehors de l'école, aucune limite de temps n'est assignée pour le rendu des projets.

*Suivent différents programmes.*

# UNE MATERNITÉ

*Programme de M. Legriel.*

Le principal intérêt du présent projet consiste dans un essai de
matérialisation des idées et des théories microbiennes. L'auteur a
cherché à concilier dans ce programme l'application de certaines de
ces théories, intransigeantes avec celles des principes de l'art architectural. Une maternité dans une grande ville doit être située, autant
que possible, aux confins de ses faubourgs, dans des conditions générales d'hygiène les plus propres à la salubrité.

On ne s'occupera exclusivement dans cet hôpital que de l'accouchement théorique et pratique et de ses complications possibles. Il comprendra des services généraux et des services techniques. Les premiers comporteront la direction, l'administration, les locaux réservés
aux internes, l'école des sages-femmes, les cuisines et leurs dépendances, la salle des machines, l'aumônerie, le service des morts, la
buanderie, les étuves, la lingerie, etc.

Les services techniques sont répartis dans quatre pavillons semblables. Chacun de ces pavillons, sur sous-sol, d'un rez-de-chaussée
et d'un étage, comprendra :

Au rez-de-chaussée :

1° Le service de la consultation ;

2° Le service des femmes enceintes ;

3° Le service de l'accouchement proprement dit.

A chacun de ces pavillons est annexé un bâtiment spécial destiné
aux femmes suspectes.

Le service de la consultation, orienté à l'est, comportera : un vestibule public donnant accès à la salle d'attente, une salle d'examen
médical, une petite pharmacie, un cabinet pour le chirurgien chef de
service, une salle de bains et divers locaux accessoires, vestiaires,
water-closets, salle de propreté, etc.

Le service des femmes enceintes comprendra un réfectoire ouvroir
pour 4 femmes, un dortoir à 4 lits, une chambre d'infirmière, une
salle de bains, un lavabo et quelques autres pièces.

Le service de l'accouchement proprement dit se composera d'une
grande salle de travail, éclairée verticalement sur trois de ses faces
(au nord, à l'est et au sud) et horizontalement par un vitrage carré,
chauffé en hiver à sa surface extérieure pour empêcher la condensation
des vapeurs. Cette salle contiendra quatre lits, des lavabos à pédales,

une étuve à stériliser, une table en lave et divers appareils destinés à assurer l'hygiène et la propreté la plus rigoureuse. Une salle de bains et une lingerie seront annexées à cette salle de travail. Un ascenceur hydraulique, établi dans la cage de l'escalier, servira à monter les accouchées. Entre les deux derniers services, sera ménagée l'entrée du personnel, donnant accès aux services des internes et au bureau de la surveillante. Le premier étage sera réservé en entier au service des accouchées. Il comprendra un grand dortoir (18 lits, 18 berceaux, orientation est-ouest) et de nombreuses dépendances : chambre de nourrices, salles de change, chambres de sage-femme, de surveillante, lingerie, office, tisannerie, salle d'opérations, laboratoire, etc.

### DÉTAILS

Tous les angles des pièces seront incurvés, les salles seront ou dallées en grès cérame, ou parquetées en sapin rouge de Norvège paraffiné. Le paraffinage aura pour but de permettre le lavage à l'eau sublimée. La peinture employée à l'intérieur proviendra des dérivés du goudron. Les armoires seront construites en pitch-pin, bois antiseptique. Tout le mobilier sera en fer. Les tables du service médical seront en lave émaillée. Les vitrines à instruments, les étagères, les tablettes destinées à recevoir les boîtes et les flacons seront en cristal et en fer nickelé. Les lavabos seront établis sur les modèles les plus récents (lavabos à pédales).

Les trémies à linge sale seront en grès, elles déboucheront dans le sous-sol d'où le linge sera emporté directement à la buanderie par l'extérieur. Les appareils de chasse des water-closets seront actionnés automatiquement par la poignée de la serrure de la porte. Les éviers des cuisines et offices seront munis de réservoirs à graisse en fonte inoxydable pour éviter la contamination des eaux de rebut.

L'eau employée sera l'eau de source (sauf pour l'ascenseur et les postes d'incendie). Les salles de travail et les salles d'opérations seront pourvues d'eau stérilisée (6° et 20°). Ces mêmes salles, ainsi que celles d'examen, de change, les offices, cuisines, etc., auront à leur disposition de l'eau filtrée.

Le chauffage se fera au moyen de la vapeur produite dans la salle centrale des machines. L'appel naturel sera adopté pour la ventilation. Quant à l'éclairage électrique, il sera produit par une dynamo placée dans une des salles des machines et communiquant avec les batteries d'accumulateurs actionnées par la machine à vapeur servant au chauffage.

# UN MUSÉE POUR UNE VILLE DE PROVINCE

*Programme de M. Eschmuller, élève de M. Raulin.*

Cet édifice est supposé construit à l'entrée d'une promenade publique, dans l'axe d'une large avenue permettant d'en embrasser toute la silhouette. L'emplacement occupé par les constructions est d'environ 3,000 mètres carrés. Le musée se compose d'une galerie de sculpture, d'une superficie de 450 mètres carrés ; de trois grandes salles de peinture offrant une surface murale utilisable de 1,200 mètres carrés et un cours de cymaise de 150 mètres ; d'une galerie d'archéologie de 450 mètres carrés, et de deux salles plus petites destinées, l'une, aux médailles, l'autre aux objets d'art. Deux annexes comprennent : celle de droite, une salle de dessin pour 30 élèves, un vestibule et la loge du concierge, avec deux pièces et une cuisine situées au premier étage ; celle de gauche, un atelier réservé au conservateur, quelques pièces y attenant et une chambre de gardien au premier étage. Cette annexe, comme la précédente, a son entrée spéciale.

Des courettes servent à l'écoulement des eaux pluviales du grand comble ; on y a disposé les escaliers desservant les toitures ; elles contiennent en outre les postes d'eau et les dépôts d'échelles.

Pour assurer la parfaite siccité des parois des salles, on a construit un double mur, distant du mur extérieur de $0^m,55$, largeur suffisante au passage d'un homme, en cas de réparation. L'intervalle est aéré par des ventilateurs à ailettes.

L'éclairage des salles se fait au moyen de plafonds vitrés.

Le musée proprement dit est élevé sur des caves voûtées en maçonnerie. Les calorifères, de système mixte, vapeur et air, y sont placés.

Sous les annexes, les caves sont plafonnées avec solives en fer et voûtains en briques.

# DIPLOME

## PARTIE ORALE (1)

### EXPOSÉ PRATIQUE

L'épreuve orale se compose :

1° D'un examen sur les différentes parties théoriques et pratiques se rapportant à l'établissement du projet choisi par le candidat, ou questions et discussions sur la maçonnerie, la couverture, la serrurerie, la charpente et les divers éléments employés dans la construction ;

2° De questions posées sur l'histoire de l'architecture ;

3° De questions posées en législation du bâtiment et en comptabilité (*d'après le programme que nous reproduisons ci-dessous*).

4° De questions posées sur les éléments de physique, chimie et géologie appliqués à la construction (*d'après le programme que nous reproduisons ci-dessous.*)

---

(1) Toutes les questions demandées à l'examen oral sont posées, en partie, d'après le projet rendu par le candidat ; c'est la discussion de son projet qui est faite et que le candidat doit soutenir devant les examinateurs.

# PROGRAMME DES COURS

DE

# PHYSIQUE, CHIMIE ET GÉOLOGIE

(*ARCHITECTES*)

ET

# DE CHIMIE DES COULEURS

(*PEINTRES*)

## PHYSIQUE

I. — *Pesanteur et hydrostatique.* — Pressions. — Presse hydraulique. — Ascenseurs.

Densités. — Pression atmosphérique. — Manomètres.

Pompes à gaz et à liquides. — Applications.

II. — *Chaleur.* — Dilatations : nécessité d'en tenir compte. — Calcul. — Thermomètre.

Dilatation des gaz : courants gazeux.

Définition de la chaleur spécifique et de la chaleur de vaporisation.

Conductibilité des corps pour la chaleur. — Échauffement.

Refroidissement. — Chaleur rayonnante.

Chauffage des édifices : par cheminées et poêles ; — par calorifères à air chaud ; — par circulation d'eau chaude ; — par la vapeur d'eau.

Air confiné. — Quantités et qualités de l'air nécessaire aux lieux habités. — Divers modes de ventilation. — Contrôle d'un chauffage et d'une ventilation.

III. — *Acoustique.* — Sons. — Échos. — Résonances. — Renforcement. — Qualités acoustiques d'un édifice.

IV. — *Optique.* — Réflexion. — Réfraction. — Dispersion.

Théorie de la loupe. — Lunettes. — Chambre claire.

Etude des différents modes d'éclairage : photométrie.

Lumière à l'huile, au pétrole, au gaz. — Eclairage oxhydrique.

V. — *Électricité et magnétisme.* — Machines électriques. — Piles. — Accumulateurs.

Notions élémentaires sur les courants. — Paratonnerres. — Boussole usuelle. — Sonneries. — Téléphone. — Lumière électrique. — Transport du travail par les courants électriques.


## CHIMIE

I. — Oyygène. — Hydrogène. — Eau.
Eaux naturelles : leurs diverses propriétés. — Mode de purification.
Moyens rapides pour s'assurer de la qualité d'une eau potable.
Azote. — Air. — Air confiné.
Acide azotique. — Gravure à l'eau-forte. — Ammoniaque. — Etude de la nitrification.
Soufre. — Action décolorante et désinfectante de l'acide sulfureux. — Acide sulfurique.
Hydrogène sulfuré : production par la réduction des sulfates, eaux sulfureuses, leur action sur quelques matériaux de construction.
Gaz des fosses d'aisances. — Procédés de désinfection.
Chlore. — Chlorures décolorants. — Applications.
Acide fluorhydrique. — Gravure sur verre.
Silice. — Jaspe. — Meulière. — Grès. — Silex. — Emploi de ces matériaux.
Carbone : combustibles.
Oxyde de carbone. — Acide carbonique. — Action nuisible de ces composés ; leur production dans la combustion.
Hydrogènes carbonés. — Gaz de la houille. — Eclairage et chauffage au gaz, becs, compteurs, régulateurs. — Pétroles. — Asphaltes. — Atmosphères toxiques ou explosives, précautions pour y pénétrer.
II. — Généralités sur les métaux.
Potasse. — Salpêtre : sa production dans les lieux habités.
Carbonate de soude. — Borate de soude. — Silicate de soude. — Sel ammoniac ; leurs emplois dans les arts.
Chaux. — Chaux grasse. — Chaux maigre. — Chaux hydraulique. — Ciments. — Béton.
Carbonate de chaux. — Essai de pierres gélives.
Incrustations dans les conduites d'eau.
Silicatisation des matériaux calcaires.
Sulfate de chaux. — Plâtre. — Plâtre aluné. — Stuc.
Aluminium. — Argile. — Kaolin.
Briques. — Faïence. — Porcelaine. — Grès. — Verres.
Fer. — Fonte. — Acier. — Oxydes de fer. — Ocres.
Zinc. — Fer galvanisé. — Chlorure de zinc. — Oxyde de zinc. — Etain. — Etamage.
Plomb. — Alliages de plomb. — Action des différentes eaux sur le plomb.
Minium. — Céruse. — Etude comparée de la céruse, du blanc de baryte et du blanc de zinc.

Cuivre. — Bronze. — Laiton. — Sulfate de cuivre : conservation des bois.

Argent. — Or. — Platine.

Galvanoplastie. — Cuivrage. — Nickelage. — Dorure et argenture.

Examen de diverses causes d'altération des matériaux.

Procédés pour rendre certains matériaux incombustibles.


## GÉOLOGIE

Constitution de la croûte terrestre.

Terrains ignés et terrains sédimentaires.

Principales roches employées dans les constructions.

Action des agents atmosphériques sur ces roches.


## CHIMIE DES COULEURS

Etude sommaire de la composition chimique des couleurs les plus employées.

Couleurs siccatives et non siccatives.

Huiles de lin, de noix et d'œillette.

Procédés pour rendre les huiles plus siccatives.

Huiles essentielles de térébenthine et de lavande.

Résines employées dans la composition des vernis.

Vernis à l'huile, à l'essence, à l'alcool.

Etude des siccatifs usuels.

Action de l'air et de la lumière sur les couleurs, les huiles, les essences et les résines.

Action des produits de la combustion du gaz sur les couleurs et sur les tableaux exposés.

Préparation des toiles ou des panneaux et procédés de peinture aux différentes époques de l'art.

# COURS

DE

# LÉGISLATION DU BATIMENT

(28 leçons)

## PREMIÈRE PARTIE

### LÉGISLATION DES ÉDIFICES PRIVÉS

#### PREMIÈRE SECTION

RÈGLES RELATIVES A L'EXÉCUTION DES TRAVAUX

##### § 1. *Du contrat d'entreprise.*

Nature de ce contrat. — Diverses espèces de marché.
Formation du contrat.
Effets du contrat d'entreprise. — Du délai d'exécution. — De l'exé-
cution normale. — Des malfaçons. — Des vices de construction. —
Des constructions frauduleuses. — Des changements. — Des travaux
supplémentaires. — Des dépenses excédant les prévisions. — Des
travaux imprévus. — De l'ajournement. — De l'abandon des travaux.
— De la vérification et de la réception. — De la comptabilité des ouvrages. — Du paiement des travaux.
De la responsabilité de l'entrepreneur. — Des mesures coercitives.
— De la régie. — Des causes qui mettent fin au contrat. — De la
résiliation et de ses suites. — De la perte des ouvrages avant la livrai-
son. — De la perte après la réception. — Garantie décennale. — Du
privilège de l'entrepreneur. — Contestations. — Arbitrage. — Ex-
pertise. — Référés.

##### § 2. *Rapports du propriétaire avec l'architecte.*

Nature du contrat. — De la responsabilité de l'architecte. — Hono-
raires. — Privilège. — Contestations. — Compétence.

### § 3. *Rapports du propriétaire avec les ouvriers.*

Action directe des ouvriers contre le propriétaire en paiement de leurs travaux.

## DEUXIÈME SECTION

### LOIS DU VOISINAGE OU LES SERVITUDES

### § 1. *Des servitudes qui dérivent de la situation des lieux.*

De l'écoulement naturel des eaux. — Du bornage. — Du droit de clôture.

### § 2. *Des servitudes établies par la loi.*

a. *De la mitoyenneté.* — Des murs mitoyens et des murs non mitoyens. — De la présomption légale de mitoyenneté. — De la faculté d'acquérir la mitoyenneté. — Du droit de contraindre le voisin à contribuer à la construction et à la réparation du mur mitoyen.

Effets de la mitoyenneté. — Droits et obligations qui dérivent de la mitoyenneté d'un mur.

Du cas où une chose commune est affectée à l'usage de plusieurs héritages appartenant à des propriétaires différents.

b. *Des vues sur la propriété du voisin.* — Des diverses espèces de vue. — Des jours.

c. *De l'égout des toits.*

d. *Du droit de passage en cas d'enclave.*

e. *De la distance* et *des ouvrages intermédiaires* requis pour certaines constructions.

De la distance des plantations.

Servitudes de distance pour les ateliers dangereux, insalubres et incommodes et pour les appareils à vapeur.

Existe-t-il d'autres servitudes d'utilité privée ?

### § 3. *Des servitudes établies par le fait de l'homme.*

Caractères essentiels des servitudes. — Comment elles s'établissent, s'exercent et s'éteignent.

De la convention. — De la destination du père de famille. — De la prescription. — Des actions auxquelles les servitudes peuvent donner lieu.

## TROISIÈME SECTION

### DES CONSTRUCTIONS DANS LEURS RAPPORTS AVEC LES DROITS PRIVÉS

#### § 1. *De la distinction des biens.*

Des immeubles par nature. — Des immeubles par destination.

#### § 2. *De la propriété.*

De l'accession immobilière. — Construction avec les matériaux d'autrui. — Constructions sur le sol d'autrui.

#### § 3. *Des droits privés* dont peut être grevée la propriété immobilière.

#### § 4. *Des servitudes* (renvoi).

#### § 5. *De la nue propriété. — De l'usufruit.*

Droits et obligations de l'usufruitier.—Des réparations usufruitières. — Droits et obligations du nu propriétaire. — Grosses réparations.

#### § 6. *Du louage des immeubles.*

Des baux. — Des états de lieu. — Des réparations locatives. — Des grosses réparations.

## QUATRIÈME SECTION

### POLICE DES CONSTRUCTIONS

De l'autorité réglementaire. — Police des constructions générales. — Police des constructions spéciales. — Puits. — Caves. — Égouts. — Fosses d'aisances. — Cheminées, etc. — Des constructions et matériaux prohibés. — Des mesures à prendre pendant l'exécution des travaux. — Des bâtiments en péril. — Des logements insalubres. — Des contraventions. — Juge compétent. — Pénalités.

## CINQUIÈME SECTION

### DES CONSTRUCTIONS DANS LEURS RAPPORTS AVEC LA VOIRIE URBAINE

#### § 1. *De la clôture obligatoire.*

Des terrains non bâtis bordant la voie publique.

# DEUXIÈME PARTIE

## LÉGISLATION DES TRAVAUX PUBLICS D'ARCHITECTURE

*§ 1. Des travaux publics d'architecture.*

Travaux de l'État. — Travaux départementaux. — Travaux communaux. — Travaux des établissements publics.
*Des autorités publiques* qui ordonnent et font exécuter ces travaux.
De l'organisation du service spécial des travaux d'architecture.

*§ 2. Étude. — Rédaction. — Approbation de projets.*

Des programmes. — Des concours. — Des avant-projets. — Des projets définitifs. — Devis. — Cahiers des charges. — Des devis modificatifs ou supplémentaires.

*§ 3. Des ressources financières.*

Des offres de concours.
*Principes de la comptabilité publique.*

*§ 4. Des divers modes d'exécution des travaux.*

Entreprise. — Régie. — Concession.
*Du contrat d'entreprise.* — Des pièces constitutives du contrat. — Des diverses espèces de marché.
Formes du marché. — Marchés de gré à gré. — Adjudication publique. — Formalités.
Clauses relatives à l'entrepreneur, au personnel, au matériel, aux matériaux.
Clauses relatives à l'exécution des travaux. — Clauses concernant les changements. — De l'ajournement. — De l'abandon des travaux. — De la réception provisoire et définitive. — Des mesures coercitives. — De la régie. — Des cas de résiliation. — Leurs suites. — Du règlement des dépenses. — Du paiement. — Des contestations. — Autorité compétente.
De la responsabilité de l'entrepreneur.

*§ 5. Rapports avec la propriété privée.*

*a.* Acquisition amiable.
*b.* Expropriation pour cause d'utilité publique. — Formes de l'enquête d'utilité publique. — Déclaration d'utilité publique.
Formes de l'enquête d'utilité privée. — Arrêté de cessibilité des propriétés particulières.

Jugement d'expropriation. — Indication des intéressés. — Des offres. — Du règlement des indemnités par le jury. — Attributions du jury. — Du paiement de l'indemnité ou de la consignation.

De la prise de possession. — Des cessions amiables. — Du morcellement. — Règles spéciales.

*c. Torts et dommages*, soit aux personnes, soit aux choses, en matière de travaux publics.

*d. Servitudes d'utilité publique*, pour l'exécution de travaux publics.

### § 6. *Du domaine dont font partie les édifices publics et les bâtiments civils.*

Domaine public. — Domaine privé. — Propriété. — Administration. — Rapports avec les voisins.

Autorité réglementaire. — Contraventions. — Répression.

# ACADÉMIE DES BEAUX-ARTS

## SECTION D'ARCHITECTURE

# PRIX DIVERS

## Attribués par l'Académie aux Architectes.

PRIX DE ROME. — PRIX ACHILLE LECLÈRE

PRIX CHAUDESAIGUES

FONDATION DE CAEN. — PRIX JARRY

FONDATION PIGNY

FONDATION DELANNOY. — FONDATION LUSSON

PRIX DESCHAUMES

PRIX DUC. — PRIX ANTOINE-NICOLAS BAILLY

# ACADÉMIE DES BEAUX-ARTS

## SECTION D'ARCHITECTURE

## PRIX DE ROME

### CHAPITRE PREMIER

#### DISPOSITIONS GÉNÉRALES

§ 1ᵉʳ. — Des concours. — Conditions. — Ordre et exposition des concours.

Article premier. — Sous la direction de l'Académie des Beaux-Arts de l'Institut, il est ouvert, tous les ans, un concours public de peinture, de sculpture, d'architecture et de composition musicale.

Art. 2. — Il est ouvert, tous les deux ans, un concours public de gravure en taille-douce.

Art. 3. — Il est ouvert, tous les trois ans, un concours public de gravure en médailles et en pierres fines.

Art. 4. — Les récompenses obtenues dans ces concours ont la dénomination de grands prix.

Art. 5. — Pour être admis à prendre part aux concours des grands prix, il faut être Français ou naturalisé Français, n'avoir pas trente ans accomplis au 1ᵉʳ janvier de l'année où s'ouvre le concours ; de plus, tout candidat doit être porteur d'un certificat délivré par son professeur ou par un artiste connu attestant qu'il est capable de prendre part au concours. Les artistes mariés ne peuvent concourir.

Art. 6. — Tous les ans, au mois de janvier, l'ordre des concours qui auront lieu dans le courant de l'année et l'époque de l'ouverture de ces concours est annoncé au *Journal officiel*.

Art. 7. — Chaque concours se divise en concours d'essai et en concours définitif.

Art. 8. — L'époque de l'ouverture des premiers concours d'essai est fixée de la manière suivante : pour la peinture, au dernier jeudi de mars ; pour la sculpture, au 1ᵉʳ jeudi d'avril ; pour l'architecture, au 2ᵉ mardi de mars ; pour la gravure en taille-douce, au 2ᵉ lundi de mars ; pour la gravure en médailles et en pierres fines, au 2e mercredi de mars ; pour la musique, au 1er samedi de mai.

Art. 9. — Le tableau des dispositions générales des concours est affiché à l'École des Beaux-Arts et au Conservatoire de musique quinze jours au moins avant l'ouverture de ces concours.

Art. 10. — Les programmes des concours d'essai et des concours définitifs sont fixés par l'Académie des Beaux-Arts comme il est dit au règlement spécial de chaque section.

Art. 11. — A la suite de chaque concours, les ouvrages des concurrents en peinture, sculpture, architecture, gravure en taille-douce, gravure en médailles et en pierres fines, sont exposés publiquement dans les salles de l'École des Beaux-Arts destinées aux expositions de l'École et de l'Académie des Beaux-Arts. Les ouvrages sont exposés avant et après le jugement de chaque concours (1).

§ II. — JUGEMENTS DES ESSAIS ET JUGEMENTS PRÉPARATOIRES DES CONCOURS DÉFINITIFS. — JURÉS ADJOINTS. — JUGEMENTS DÉFINITIFS.

Art. 12. — Les jugements des concours d'essai et les jugements préparatoires des concours définitifs sont rendus par les sections, qui s'adjoignent à cet effet, parmi les artistes étrangers à l'Académie, un nombre d'assesseurs égal à la moitié du nombre des membres de chaque section, à savoir :

7 peintres, — 4 sculpteurs, — 4 architectes, — 2 graveurs, — 3 compositeurs de musique.

Art. 13. — Les artistes qui seront appelés à prendre part aux jugements de sections ou jurés adjoints seront pris sur une liste portant un nombre de candidats dépassant de moitié le nombre des jurés adjoints qui seront appelés à prendre part aux travaux de chaque section, à savoir : 11 peintres, — 6 sculpteurs, — 6 architectes, — 3 graveurs, — 5 compositeurs de musique.

Art. 14. — Cette liste sera formée de la manière suivante :

Chaque section nommera au scrutin de liste un nombre de candidats égal à la moitié de ses membres ;

L'Académie complétera par la même voie le nombre des candidats spécifié plus haut.

Art. 15. — Lorsque les listes des candidats seront formées, les jurés adjoints seront désignés par le sort. Les noms des jurés adjoints seront publiés par ordre alphabétique.

---

(1) L'Académie, dans sa séance du 10 avril 1886, a décidé que, dès la première des épreuves préparatoires pour l'admission en loge, une pancarte portant le nom du concurrent, son âge, les prix obtenus par lui aux concours précédents, ainsi que le nom de son — ou de ses professeurs — seront inscrits au-dessous du travail faisant l'objet du concours.

Art. 16. — Les jurés adjoints forment avec les sections des commissions dites commissions de jugement.

Art. 17. — Le jugement définitif sera prononcé en assemblée générale par toutes les sections de l'Académie réunies.

Art. 18. — Toutes les fois qu'un jugement de section devra être validé par les suffrages de l'Académie, la majorité absolue des suffrages suffira. Lorsque, au contraire, le jugement préparatoire devra être réformé par la substitution d'une autre œuvre à l'œuvre proposée, la majorité des deux tiers des membres présents sera nécessaire.

Néanmoins, après trois tours de scrutin sans résultat, l'Académie décidera, s'il y a lieu, de suspendre la séance, et dans tous les cas, après trois autres tours, c'est-à-dire à partir du septième tour, la majorité simple suffira, dans un sens ou dans l'autre. Cette disposition est applicable dans tous les cas où la majorité des deux tiers est stipulée ci-après.

Lorsqu'une œuvre proposée pour une récompense par la section compétente ne l'aura pas obtenue de l'Académie, cette œuvre sera considérée comme proposée *a fortiori* pour la récompense suivante, à moins que son auteur ne l'ait déjà reçue dans un concours précédent, et elle pourra l'obtenir des suffrages de l'Académie à la simple majorité absolue.

Les autres propositions de la section seront considérées comme faites dans l'ordre déterminé par elle pour les récompenses que l'Académie aurait encore à décerner, dans le cas où les auteurs des œuvres proposées auraient antérieurement remporté semblables récompenses, et ces propositions, descendues ainsi d'un degré, pourront être validées également par la simple majorité absolue des suffrages de l'Académie.

Si le premier second grand prix n'est pas décerné, le concurrent qui obtiendra la récompense suivante n'aura d'autre titre que celui de deuxième second grand prix (bien que le premier demeure sans titulaire) et ne pourra par conséquent prétendre aux avantages attachés à l'obtention de ce premier second grand prix.

Dans le cas où la section, n'ayant pas fait de proposition pour une des récompenses quelle qu'elle soit, l'Académie jugerait qu'il y a lieu de décerner cette récompense, le candidat qu'elle aura choisi, devra, pour l'obtenir, réunir sur son nom la majorité des deux tiers.

Si, dans l'énoncé du jugement préparatoire, la section n'a pas cru devoir mettre hors de concours un ou plusieurs concurrents, les propositions faites à ce sujet, dans le sein de l'Académie, ne deviendront exécutoires qu'autant qu'elles auront réuni les deux tiers des voix. Il en sera de même dans le cas contraire, c'est-à-dire que les concurrents dont la section aura jugé à propos de prononcer la mise hors de concours devront, pour être réintégrés par l'Académie, obtenir cette majorité des deux tiers. Dans ce dernier cas, la section se réunira de nouveau pour examiner l'œuvre relevée par l'Académie de la mise hors de concours, et modifier, s'il y a lieu, par suite de cet examen, ses propositions pour l'attribution des récompenses à décerner.

Les votes étant secrets, en cas de partage des voix, celle du président ne saurait jamais être prépondérante.

Dans tous les scrutins qui se succèdent, au cours des opérations de jugement, les bulletins blancs ne sont pas comptés. Ils sont défalqués de l'ensemble des votes, et le chiffre de la majorité se trouve ainsi modifié. Les bulletins portant un zéro sont seuls valables pour exprimer un vote négatif.

Si ces zéros s'élèvent à un chiffre représentant les deux tiers des voix, ils annulent la décision de la section, à supposer que celle-ci ait présenté un candidat, et ils établissent d'autre part que la récompense pour laquelle ce candidat avait été proposé ne sera décerné à personne.

Les numéros sur les bulletins de vote devront être écrits en toutes lettres.

Aucune discussion sur les œuvres en cause ne peut avoir lieu pendant le dépôt des bulletins dans l'urne ni pendant le dépouillement du scrutin.

Lorsque le dépouillement du scrutin sera commencé, aucun bulletin, qu'on aurait omis préalablement de déposer, ne pourra être reçu.

Les votes de l'Académie, les scrutins une fois dépouillés, sont irrévocablement acquis, sauf le cas où une récompense précédemment obtenue par un des concurrents lui aurait été attribuée.

En ce qui concerne le jugement du concours de composition musicale, tout membre de l'Académie ou tout juré adjoint qui n'aurait pas assisté à la séance à partir de l'exécution du premier morceau de concours ne pourra être admis à voter.

Pendant la durée des séances consacrées au jugement préparatoire et au jugement définitif des concours pour les grands prix, à quelque section de l'Académie que ces concours se rattachent, aucun des membres de l'Académie, aucun des jurés adjoints ne pourra quitter la salle où l'on sera réuni, avant que les opérations de jugement soient complètement terminées.

Aucune modification aux dispositions qui précèdent ne saurait être mise en discussion dans le cours des sessions mêmes de jugement. Elle ne pourra être discutée qu'en séance ordinaire de l'Académie après convocation spéciale et en vue des sessions à venir.

Art. 19. — En principe, il ne peut être décerné par an dans chaque section qu'un premier grand prix, et deux autres récompenses, soit seconds grands prix, soit mentions honorables.

Art. 20. — Dans le cas où l'Académie n'aurait pas décerné le premier grand prix, cette récompense sera réservée pour être décernée l'année suivante, s'il y a lieu, à titre de deuxième premier grand prix. Toutefois, cette récompense ne diminuera pas le nombre de celles que l'Académie peut décerner tous les ans.

Art. 21. Lorsque tous les jugements sont terminés, le secrétaire perpétuel de l'Académie adresse au ministre un rapport où sont consignés les résultats des concours des grands prix.

Art. 22. — Il est tenu par le secrétaire perpétuel de l'Académie un registre particulier contenant les procès-verbaux de toutes les séances des jugements des concours des grands prix.

## CHAPITRE II

### ORGANISATION ET POLICE DES CONCOURS

§ 1er. — PEINTURE, SCULPTURE, ARCHITECTURE, GRAVURE EN TAILLE-DOUCE, GRAVURE EN MÉDAILLES ET EN PIERRES FINES.

Art. 23. — Les concours pour les grands prix de Rome ont lieu, à savoir : pour la peinture, la sculpture, l'architecture, la gravure en taille-douce et la gravure en médailles et en pierres fines, à l'École des Beaux-Arts; pour la composition musicale, au Conservatoire de musique.

Art. 24. — L'Académie des Beaux-Arts délègue à l'administration de l'École des Beaux-Arts le soin de maintenir et de faire exécuter les règlements à observer dans les concours de peinture, sculpture, architecture, gravure en taille-douce, gravure en médailles et en pierres fines, ainsi que la surveillance des concurrents.

Art. 25. — Les jeunes artistes qui désirent prendre part au concours pour les grands prix et qui remplissent les conditions déterminées par l'article 5 doivent se faire inscrire au secrétariat de l'École des Beaux-Arts, dans les délais annoncés au *Journal officiel* et affichés à l'École des Beaux-Arts,

Art. 26. — Dans les différents concours, l'appel des concurrents aura lieu à huit heures précises du matin; ceux qui se présenteront après cet appel terminé ne pourront être reçus.

Art. 27. — Jouissent pour les concours d'essai de certaines exemptions qui sont spécifiées par les règlements particuliers des sections de peinture, de sculpture et d'architecture, les artistes et les élèves de l'Ecole des Beaux-Arts ayant obtenu pour les grands concours précédents et pour les concours d'émulation de l'Ecole des Beaux-Arts, les récompenses déterminées par ces mêmes règlements (1).

---

(1) Ces récompenses sont classées de la manière suivante :
1er second grand prix.
2e second grand prix.
1re mention honorable.
2e mention honorable.
Admission en loge quand les conditions réglementaires du concours ont été remplies.
Première médaille obtenue en peinture, en sculpture et dans la 1re classe d'architecture à l'École des Beaux-Arts.
Deuxième médaille obtenue dans la 1re classe d'architecture de la même École sur projet rendu.

Art. 28.— Avant le deuxième essai, il sera donné connaissance aux concurrents pour les grands prix de Rome du règlement concernant les obligations des pensionnaires de l'Académie de France. Il sera fait de ce document un tirage spécial auquel sera annexé un état sur lequel les concurrents devront apposer leur signature, déclarant par là qu'ils acceptent à l'avance et dans toute leur étendue les clauses inscrites dans le règlement. Les concurrents qui refuseraient de signer cet engagement seraient, de ce fait, considérés comme renonçant au concours.

Lors de la lecture du programme du deuxième essai, le secrétaire perpétuel de l'Académie rappellera aux concurrents l'engagement qu'ils ont contracté.

Art. 29.— Pendant le concours, un extrait du règlement concernant chaque concours est affiché à l'entrée des loges qui y sont affectées.

Art. 30. — Toute infraction à la sincérité du concours entraîne la mise hors de concours.

Art. 31. — Aucun concurrent ne pourra soustraire son ouvrage au jugement de l'Académie pour quelque prétexte que ce soit.

Art. 32.— Tous les concurrents reçoivent une indemnité pour frais d'exécution du concours (1).

Art. 33. — Pendant la durée du concours, cette indemnité pourra être délivrée aux logistes au fur et à mesure de leurs besoins jusqu'à concurrence des deux tiers de la somme totale.

Art. 34. — Le tiers restant de cette indemnité sera retenu jusqu'à la fin du concours ; il sera perdu pour ceux des concurrents qui n'auraient pas rempli les conditions du concours, à moins que l'Académie n'en décide autrement.

Art. 35. — Dans le cas où les concurrents auraient commis quelques dégradations dans les loges, la réparation sera payée sur cette indemnité.

Art. 36. — Les concurrents sont spécialement placés sous la surveillance de l'Inspecteur de l'École chargé de faire observer les règlements relatifs à la police du concours.

Art. 37. — Les concurrents ne doivent introduire dans leur loge aucune personne étrangère à l'Ecole (les modèles reconnus tels, exceptés), ni s'introduire dans la loge des autres concurrents sous peine d'être exclus du concours.

Art. 38. — Les loges sont fermées les dimanches et fêtes. Aucun

---

(1) Cette indemnité a été réglée ainsi qu'il suit :

| | |
|---|---:|
| Pour chaque concurrent en peinture | 300 fr. |
| — en sculpture | 300 fr. |
| — en architecture | 200 fr. |
| — gravure en taille-douce | 200 fr. |
| — gravures en médailles et pierres fines | 200 fr. |

jour supplémentaire ne peut être accordé que par une décision de l'Académie, sur un rapport motivé de l'Administration de l'Ecole des Beaux-Arts.

Art. 39, — Si quelque difficulté imprévue entravait l'exécution du règlement, l'Administration de l'Ecole prononcerait provisoirement sur le point en litige et en référerait immédiatement à l'Académie par un rapport adressé à son président. Celui-ci, après avoir consulté l'Académie qui appréciera et jugera en dernier ressort, transmettra la décision arrêtée à l'Administration de l'École pour la mettre aussitôt à exécution, et l'avis en sera donné au ministre compétent.

Art. 40. — Le Directeur et le Secrétaire de l'École sont chargés de l'exécution de ces dispositions.

Art. 41. — Ils ont toujours, ainsi que l'Inspecteur de l'École, le droit d'entrer dans les loges.

## PREMIER ESSAI

### III. — Concours pour le grand prix d'architecture

Article premier. — Il y a tous les ans un concours pour le grand prix d'architecture.

Art. 2. — Le concours pour le grand prix d'architecture comprend deux concours d'essai et un concours définitif.

*Premier concours d'essai.*

Art. 3. — Sont admis à concourir les élèves en architecture qui remplissent les conditions déterminées à l'article 5 des dispositions générales du présent règlement.

Art. 4. — Le premier concours d'essai a lieu invariablement chaque année le deuxième mardi de mars.

Art. 5. — Le premier concours d'essai pour le grand prix d'architecture consiste dans une esquisse dont le sujet sera plutôt un motif architectural qu'un projet d'ensemble.

Art. 6. — Le nombre des exempts du premier concours d'essai qui est limité invariablement à quarante, se compose :

1° De ceux qui dans les concours précédents ont été admis en loge et ont rempli les conditions réglementaires du concours ;

2° De ceux qui dans les concours de l'École nationale et spéciale des Beaux-Arts ont obtenu par des médailles le plus grand nombre de valeurs, sur projets rendus ;

3° Des élèves médaillistes qui ont déjà participé au concours du deuxième essai.

En cas d'égalité de valeurs, l'exemption sera accordée au plus âgé.

Art. 7. — Le jour fixé pour l'ouverture du concours, les membres de la section d'architecture de l'Académie, réunis sous la présidence du Président de l'Académie assisté des autres membres du bureau, s'assemblent à sept heures et demie du matin à l'École des Beaux-Arts pour procéder au choix du programme.

Art. 8. — Chaque membre de la section propose un ou plusieurs programmes.

Art. 9. — Les membres de la section choisissent ensuite par scrutin de liste et à la majorité des suffrages trois des programmes proposés.

Art. 10. — Par un second vote on choisit au scrutin et à la majorité des voix le programme du concours. En cas d'égalité des suffrages entre deux programmes et après deux tours de scrutin, le programme sera désigné par le sort. Le programme doit être donné à neuf heures.

Art. 11. — Le Secrétaire perpétuel de l'Académie, assisté de deux commissaires, parmi lesquels sera l'auteur du programme, porte le programme aux concurrents et leur en fait la dictée.

Art. 12. — Les autres membres de la commission restent en séance jusqu'au retour du Secrétaire perpétuel et des commissaires afin de faire au programme, s'il y a lieu, les modifications nécessaires. Tant que les commissaires ne sont pas de retour et que le programme n'est pas définitivement arrêté, aucun membre ne peut quitter la séance.

Art. 13. — L'appel des concurrents se fait suivant leur ordre d'inscription sur les registres de l'École.

Art. 14. — Aucun document, tel que gravure, dessin, photographie ou calque d'architecture, ne peut être introduit par les concurrents dans le lieu du concours. Dès la dictée du programme, toute communication avec le dehors est et demeure interdite.

Art. 15. — L'esquisse doit être terminée en douze heures.

Art. 16. — L'esquisse de chaque concurrent porte le numéro sous lequel le concurrent se trouve inscrit à la suite de l'appel.

Art. 17. — Le soir même, après le départ des concurrents, les esquisses sont revêtues du timbre de l'Institut par un des membres de la section, assisté du Secrétaire de l'École des Beaux-Arts.

Art. 18. — Les esquisses sont exposées publiquement pendant deux heures avant et pendant deux heures après le jugement.

Art. 19. — La place assignée à chaque esquisse au moment de la première exposition et du jugement est déterminée par le sort.


*Jugement du 1ᵉʳ concours d'essai.*


Art. 20. — Au jour fixé, les membres de la section d'architecture de l'Académie et les jurés adjoints, réunis en commission de jugement sous la présidence du Président de l'Académie assisté des autres membres du bureau, s'assemblent dans le lieu où sont exposés les esquisses pour procéder au jugement du premier essai.

ART. 21. — Un classement provisoire des esquisses a été fait le matin par trois commissaires, dont deux membres de la section et un juré adjoint.

ART. 22. — Il est procédé, au scrutin et à la majorité absolue des suffrages, au choix des esquisses dont les auteurs seront admis au deuxième concours d'essai.

Indépendamment des esquisses admises sans classement et qui donnent à leurs auteurs le droit de concourir au deuxième essai, il sera choisi un certain nombre d'esquisses supplémentaires (de cinq à dix), lesquelles seront classées par ordre de mérite.

Lorsqu'une ou plusieurs vacances se produiront par suite de l'absence au concours de plusieurs élèves exempts du premier essai, ces vacances seront comblées par l'adjonction des esquisses supplémentaires et suivant le classement qu'elles auraient reçu.

ART. 23. — Les membres du bureau prennent part à toutes les discussions, mais ne votent que s'ils sont membres de la section.

ART. 24. — Le nombre des élèves à admettre sera déterminé d'après celui des élèves exempts, de manière que le nombre total ne dépasse pas soixante.

ART. 25. — Immédiatement après le jugement, les noms des élèves admis au second concours d'essai sont affichés dans l'École.

ART. 26. — Au moment de la seconde exposition, les esquisses des élèves admis sont rangées par ordre de mérite.

*Nous donnons page 406 divers programmes déjà donnés au premier essai.*

## SECOND CONCOURS D'ESSAI

ART. 27. — Le second concours d'essai a lieu aussitôt après le jugement du premier concours d'essai. Il consiste dans l'esquisse d'une composition d'ensemble.

ART. 28. — Le programme de l'esquisse est arrêté et transmis aux concurrents dans les formes spécifiées aux articles 7, 8, 9, 10, 11 et 12 du présent règlement. Les concurrents sont appelés : 1° les élèves exempts du premier concours d'essai d'après les récompenses qu'ils ont obtenues ; 2° les élèves admis après le premier concours d'essai dans leur ordre de réception. — Sont applicables au 2ᵉ concours d'essai les dispositions de l'article 14 du présent règlement.

ART. 29. — Les esquisses seront exécutées en vingt-quatre heures. Elles seront numérotées et timbrées dans les formes déterminées aux articles 16 et 17 du présent règlement.

Art. 30. — Le placement des esquisses au moment de la première exposition et du jugement est déterminé par le sort.

*Jugement du 2ᵉ concours d'essai.*

Art. 31. — Le second concours d'essai est jugé comme le premier par la section d'architecture et les jurés adjoints réunis en commission de jugement, sous la présidence du Président de l'Académie, assisté des autres membres du bureau, ainsi qu'il est dit aux articles 20, 22 et 23 du présent règlement.

Art. 32. — Le nombre des élèves admis au concours définitif ne peut dépasser dix.

Art. 33. — Immédiatement après le jugement, une affiche fera connaître les noms des élèves admis au concours définitif et rappellera le jour fixé pour l'ouverture du concours.

Art. 34. — Au moment de la seconde exposition, les ouvrages des élèves admis seront rangés dans l'ordre de leur réception.

Art. 35. — La veille de l'ouverture du concours définitif, les concurrents prendront possession de leurs loges suivant l'ordre d'admission fixé par le jugement.

*Nous donnons page 408 divers programmes donnés au premier concours d'essai.*

---

## CONCOURS DÉFINITIF

*Valeur des récompenses accordées pour ce concours :*

### En 1ʳᵉ et en 2ᵐᵉ classe

| | | | |
|---|---|---|---|
| Premier second grand prix de Rome. | — | 4 | valeurs. |
| Deuxième. | — | 3 1/2 | — |
| Mention au concours du grand prix. | — | 2 1/2 | — |
| Admission en loge pourvu que le concours ait été exécuté. | — | 2 | — |

*NOTA. — Ces deux valeurs pour l'admission s'ajoutent aux précédentes.*

Art. 36. — Le concours définitif pour le grand prix d'architecture commence dans la semaine qui suit le jugement du second concours d'essai.

Art. 37. — Le jour fixé pour l'ouverture des concours, les membres de la section d'architecture, réunis sous la présidence du Président de l'Académie, assisté des autres membres du bureau, s'assemblent à sept heures et demie du matin à l'École des Beaux-Arts pour procéder au choix du programme.

ART. 38. — Le programme est arrêté et transmis aux concurrents dans les formes prescrites aux articles 7, 8, 9, 10, 11 et 12 du présent règlement. Le programme doit être remis à neuf heures.

ART. 39. — Avant la dictée du programme, il est donné lecture aux concurrents des règlements qui assurent la sincérité du concours.

ART. 40. — Aussitôt après la dictée du programme, les concurrents entrent dans leurs loges. Quatre jours et trois nuits sont accordés aux concurrents pour l'exécution de leurs esquisses dont ils seront tenus de prendre un calque.

ART. 41. — Ce temps expiré, un membre de la section d'architecture, accompagné du secrétaire et de l'inspecteur de l'École, prend réception des esquisses. Elles sont, devant eux, recouvertes en entier d'une seule feuille de papier végétal contre-collée en plein et fixée en dessus et en dessous de l'esquisse par plusieurs rubans scellés à leurs extrémités du timbre de l'Institut. Dans cet état, les esquisses sont laissées à la disposition des concurrents. Elles ne peuvent être emportées hors des loges et doivent toujours être présentées à première réquisition.

ART. 42. — La durée du concours est de cent dix jours de travail, à partir de la dictée du programme.

ART. 43. — Les concurrents sont tenus d'exécuter leurs projets dans leur loge. L'introduction des études faites au dehors est interdite.

ART. 44. — Tous les papiers destinés aux dessins au net seront exactement visés et contresignés sur les collures par un membre de la section désigné à cet effet.

ART. 45. — Le papier calque n'est pas admis pour les dessins au net.

ART. 46. — Aucun concurrent ne peut soustraire son ouvrage à l'exposition publique, sous prétexte qu'il n'est pas terminé ou pour quelque cause que ce soit. Dans le cas où l'un des concurrents aurait détruit son ouvrage, il perdrait la partie de son indemnité qui a été mise en réserve, et la contravention à l'ordre établi pourrait être l'objet d'un blâme qui serait consigné au procès-verbal du jugement et porté sur l'affiche destinée à faire connaître le résultat du concours.

ART. 47. — A l'époque déterminée par l'Académie, et le concours étant clos, les dessins des concurrents sont reçus par un membre de la section délégué à cet effet.

### *Exposition publique.*

**ART. 48.** — Les projets mis au net étant collés sur châssis sont exposés à la hauteur uniforme de 1 mètre. Un espace égal est réservé pour chaque projet. Sous ces réserves, chaque concurrent, selon son rang d'admission, dirige le placement de son ouvrage.

**ART. 49.** — Les esquisses seront apportées des loges et rapprochées des projets auxquels elles appartiennent.

**ART. 50.** — Une exposition publique du concours a lieu trois jours avant et un jour après le jugement.

### *Jugement du concours définitif.*

### *Jugement préparatoire.*

**ART. 51.** — Le jour fixé pour le jugement du grand prix d'architecture, les membres de la section et les jurés adjoints, réunis en commission de jugement, sous la présidence du Président de l'Académie, assisté des autres membres du bureau, s'assemblent à onze l.eures du matin, dans la salle où est exposé le concours, pour procéder au jugement préparatoire.

**ART. 52.** — Le Président fait donner lecture du programme, puis la commission désigne trois commissaires, dont deux membres de la section et un juré adjoint, pour vérifier si les concurrents ont rempli toutes les conditions du programme et si les rendus sont conformes aux esquisses et dans les dimensions exigées.

**ART. 53.** — Après examen et dans un rapport verbal, les commissaires proposent, s'il y a lieu, de mettre hors de concours ceux des concurrents qui n'auraient pas rempli les conditions prescrites par le règlement ou par le programme. Il est statué par la commission sur ces propositions, à la majorité des suffrages. Les membres du bureau étrangers à la section ne prennent point part à ce vote, ainsi qu'il a été spécifié ci-dessus.

**ART. 54.** — La commission procède ensuite au jugement préparatoire dans les formes prescrites aux articles 22 et 23 du présent règlement.

Après discussion, elle décide, au scrutin, à la majorité des suffrages et sans ballottage, à quel numéro doit être accordé le grand prix.

**ART. 55.** — Dans le cas où, après trois tours de scrutin, la majorité ne serait pas obtenue par l'un des concurrents, le vote sera interrompu et le Président ouvrira de nouveau la discussion sur le mérite des ouvrages exposés.

**ART. 56.** — La commission décide, en observant les mêmes formes, s'il y a lieu d'accorder deux autres récompenses, soit **deux seconds**

grands prix, soit un second grand prix, et une mention honorable, soit deux mentions honorables. Dans ces limites, le vote sera continué tant que la majorité ne se prononcera pas pour la négative.

Art. 57. — L'opinion de la commission sur le mérite des ouvrages récompensés est recueillie et sommairement motivée dans un procès-verbal signé du Président et du Secrétaire perpétuel de l'Académie. Les chiffres des majorités sont consignés dans ce procès-verbal, ainsi que le nombre des scrutins.

## Jugement définitif.

Art. 58. — A une heure de l'après-midi, le même jour, l'Académie des Beaux-Arts s'assemble dans le même local pour procéder au jugement définitif. Les jurés adjoints assistent au jugement définitif avec voix consultative.

Art. 59. — L'Académie étant réunie et la séance ouverte, le Secrétaire perpétuel lit le programme du concours, le procès-verbal de la séance tenue par la Commission, la teneur du jugement préparatoire qui a été rendu et les motifs de ce jugement.

Art. 60. — Le Président désigne deux membres de la section, autres que ceux qui ont été chargés du rapport dont il a été parlé dans le jugement préparatoire, pour examiner si les conditions du concours et du programme ont été fidèlement remplies et si les ouvrages exposés sont conformes aux esquisses.

Art. 61. — D'après le rapport des commissaires, l'Académie décide, à la majorité absolue des suffrages, si les ouvrages qui peuvent lui être signalés pour infraction au règlement et dérogation au programme seront maintenus au concours ou en seront exclus.

Art. 62. — S'il est fait pour la mise hors de concours des propositions tendant à infirmer ou à modifier les décisions de la commission chargée du jugement préparatoire, ces propositions ne pourront être adoptées et exécutées que si elles recueillent les suffrages des deux tiers des membres présents.

Art. 63. — Ensuite, le Président invite l'Académie à procéder immédiatement au jugement définitif. La question est posée dans les termes suivants : « A quel numéro doit être accordé le premier grand prix ? » L'Académie décide, au scrutin, à la majorité absolue des voix et sans ballottage, à quel numéro le premier grand prix doit être accordé.

Art. 64. — Dans le cas où l'Académie n'aurait pas accordé le premier grand prix, ce premier grand prix restera en réserve pour les concours suivants, s'il y a lieu.

Art. 65. — Dès que le premier grand prix est décerné, l'Inspecteur de l'Ecole met sur les ouvrages dont les auteurs ont obtenu un premier second grand prix dans les précédents concours une inscription rappelant ce succès. Lorsqu'il aura été statué en ce qui concerne le premier second grand prix, l'Inspecteur de l'Ecole mettra sur les ouvrages dont les auteurs ont obtenu un deuxième second grand prix dans les précédents concours une inscription rappelant ce succès. Il sera procédé de même en ce qui concerne les mentions honorables. Ces inscriptions seront maintenues lors de l'exposition publique sur les ouvrages dont les auteurs n'auront pas obtenu une récompense supérieure dans le concours.

Art. 66. — Les autres récompenses, telles qu'elles sont prévues à l'article 56 du présent règlement, sont accordées en observant les formes indiquées plus haut.

Art. 67. — Les noms de ceux qui ont remporté le grand prix et les autres récompenses sont affichés dans l'Ecole aussitôt après le jugement.

## DE LA DISTRIBUTION DES PRIX DES
## PREMIERS GRANDS PRIX ET DES AUTRES RÉCOMPENSES

Article premier. — L'Académie des Beaux-Arts, dans sa séance publique annuelle, distribue les prix remportés dans les concours de l'année.

Art. 2. — Les ouvrages qui auront obtenu les grands prix de peinture, sculpture, architecture, gravure en taille-douce, gravure en médailles et en pierres fines, seront exposés pendant la semaine où aura lieu la séance publique.

Art. 3. — Dans cette séance sera exécutée la scène lyrique qui a remporté le premier grand prix et, si le premier grand prix n'a pas été donné, celle qui aura obtenu le second grand prix. Sera également exécuté dans cette séance un morceau de musique instrumentale composé par le pensionnaire musicien de troisième année.

Art. 4. — Les artistes qui ont remporté les premiers grands prix reçoivent un diplôme qui constate l'obtention de ces prix et une médaille d'or ; ils vont, en qualité de pensionnaires de l'Etat, passer à Rome un nombre d'années déterminé pour chacun des différents arts, ainsi qu'il est dit au règlement de l'Académie de France à Rome.

Art. 5. — Ceux qui remportent les seconds grands prix recevront un diplôme et une médaille d'or.

Art. 6. — Jouissent de l'exemption conditionnelle du service militaire, en vertu du paragraphe 3 de l'article 20 de la loi sur le recrutement de l'armée, du 27 juillet 1872, ainsi conçu :

Art. 4. — *Sont, à titre conditionnel, dispensés du service militaire :*

§ 3. *Les artistes qui ont remporté les grands prix de l'Institut, à*

*condition qu'ils passeront à l'Ecole de Rome les années réglemen-
taires et rempliront toutes leurs obligations envers l'Etat* (1).

Art. 7. — Les ouvrages qui auront obtenu les premiers grands prix ne pourront être retouchés après le jugement, sous quelque prétexte que ce soit.

Art. 8. — Ceux qui auront obtenu les seconds prix ou des mentions honorables ne pourront être retouchés avant l'exposition générale des prix.

Art. 9. — Les élèves qui ont remporté un second grand prix ne peuvent concourir que pour le premier dans le même art. Ceux qui ont déjà obtenu une mention honorable ne peuvent prétendre qu'au second et au premier prix.

*Nous donnons page 416 divers programmes donnés pour les Prix de Rome.*

---

(1) Cette loi a été modifiée par celle du 15 juillet 1889, qui stipule que les Grands Prix de Rome « *sont, sur leur demande, envoyés ou maintenus définitivement en congé dans leurs foyers jusqu'à la date de leur passage dans la réserve, pourvu qu'ils aient une année de présence sous les drapeaux* ».

# PREMIER ESSAI

## PROGRAMMES

### L'ENTRÉE PRINCIPALE D'UN GRAND BAIN PUBLIC DANS UNE CAPITALE

La ville de Paris, si bien pourvue en grands établissements de toutes sortes, ne présente aucun modèle, même convenable, d'un tel établissement de bains.

Plusieurs capitales, notamment Vienne, Pesth, peut-être grâce à une influence orientale, en présentent des spécimens qui s'approchent de bien loin encore des thermes antiques.

Le présent programme, sans demander le plan d'ensemble d'un pareil établissement qui contiendrait sous toutes leurs formes, non seulement des combinaisons balnéaires les plus confortables et les plus raffinées, mais tout ce qui pourrait en rendre le séjour agréable, ce programme s'arrête à l'entrée principale, à l'avant-salle où pénètrent tous les visiteurs pour se séparer au delà dans des vestibules distincts pour les deux sexes.

En amorce on pourra supposer que de là, on aura ainsi accès à un restaurant-café, à des salons d'attente, de lecture, de jeux, etc.

Le plan devra seulement donner l'amorce de la disposition accompagnant le grand vestibule, dont le maximum de dimension intérieure sera de trente mètres.

Il sera à l'échelle de $0^m,005$ pour mètre, ainsi que la coupe.

La façade au double.

### UN DÉBARCADÈRE MARITIME

Au bord de la Méditerranée, dans une anse assez profonde pour contenir un yacht, on projettera un pavillon élégant pouvant, à la relâche d'un voyage court, donner abri à une société princière.

Ce pavillon comprendra un vestibule dont les degrés seraient à fleur d'eau, la marée basse n'étant que de $0^m,70$ inférieure au plan de la mer.

Une salle à manger de 15 mètres de long. — Un salon des dames avec water-closets. — Un petit cabinet pour le maître avec cabinet de toilette composeront un gracieux ensemble.

Cuisines et offices en sous-sol.

La plus grande dimension, compris entourages, treilles, exèdres, ne dépassera pas 40 mètres.

La coupe et le plan seront à $0^m,005$ pour mètre, l'élévation à $0^m,01$ pour mètre.

## LA FAÇADE D'UN THÉATRE D'OPÉRA-COMIQUE

Cette composition ne comprendrait que la partie intérieure de l'édifice, la salle et la scène étant supposées en arrière-corps. Elle se développerait sur un grand boulevard, dans une longueur de 32 mètres au maximum.

Aucune autre dimension n'est déterminée.

On devra s'attacher à donner à la façade projetée un caractère d'élégance.

On fera l'élévation à $0^m,01$ pour mètre.

La coupe et le plan du mur de face seulement à $0^m,005$.

### PORTE D'UN HIPPODROME

Cet hippodrome, situé dans Paris, aurait son entrée sur une place de deux grands boulevards.

Cette entrée principale se composerait d'un vaste porche, flanqué de deux petits bureaux pour la distribution des billets, d'un bureau de contrôle, d'un vestiaire conduisant aux divers escaliers qui aboutissent aux différentes rangées de gradins.

Sur cette entrée même serait installée la tribune pour les musiciens, laissant une communication entre les deux côtés de l'hippodrome.

Derrière, ayant vue sur la place, une vaste loge formant foyer serait destinée aux personnes assistant aux cérémonies publiques extérieures.

La construction de cette loge ainsi que celle de la façade devra être monumentale, somptueuse même, et comportera des groupes allégoriques ayant trait aux exercices pratiqués dans l'hippodrome.

La dimension ou motif principal de l'entrée aurait 20 mètres au maximum, non compris les arrachements :

Travée à $0^m,15$ pour mètre.

Plan et coupe à $0^m,005$ pour mètre.

# SECOND ESSAI

## PROGRAMMES

### LE VESTIBULE D'UN MUSÉE.

Ce vestibule précéderait l'escalier principal d'un grand musée.

Dans sa composition doivent entrer huit colonnes antiques d'un marbre rare, qui seraient utilisées, soit pour la construction, soit pour la décoration.

La forme et les dispositions du vestibule sont indéterminées; cependant la plus grande dimension n'excédera pas 20 mètres.

Le fût des colonnes aura 4 mètres.

En précisant cette longueur du fût des colonnes, on laisse donc aux concurrents toute liberté, quant à la manière de les employer et au choix de l'ordre à adopter avec ou sans piédestal.

On fera un plan à l'échelle de $0^m,01$ pour mètre.

Et une coupe au double.

Les dessins seront mis au trait, à l'encre ou lavis.

### UNE PRÉFECTURE MARITIME

Cette préfecture serait l'une des villes principales du Midi de la France.

Elle comprendrait en parties très distinctes :

1° Les appartements de réceptions du Préfet ;

L'appartement d'honneur du Chef de l'Etat ;

Les appartements privés du Préfet ;

2° Les divers bureaux de l'Administration ;

3° Les services généraux. Poste de garde avec chambre d'officier, écuries, remises, cuisines, etc.

Ces diverses parties seront reliées entre elles par des communications faciles et couvertes.

Au rez-de-chaussée seront les appartements de réceptions du Préfet et ceux servant d'appartement d'honneur au Chef de l'Etat. Ils comprendront : Une série de salons de différentes grandeurs, grande salle à manger de 100 couverts et petite salle à manger, fumoir, salle de billard, serres et jardins ; le cabinet du Préfet, celui

# UNE PRÉFECTURE MARITIME

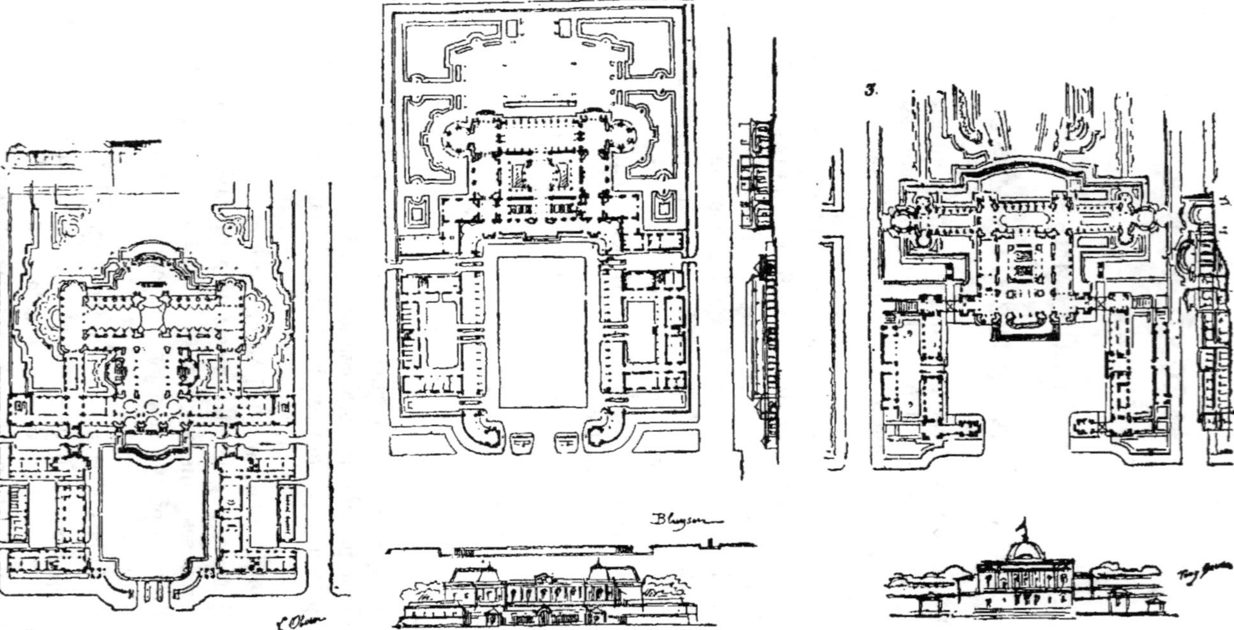

PROJETS DE MM. OLIVIER, BLUYSEN ET TONY GARNIER (*Extrait de la Construction Moderne*).

de son secrétaire particulier, celui du secrétaire général de la Préfecture.

Les appartements privés du Préfet et ceux des officiers attachés à la Préfecture seront aux étages supérieurs ; ils communiqueront avec le rez-de-chaussée au moyen d'escaliers, larges et faciles.

La partie affectée aux bureaux comprendra : un service de bureaux répartis en deux étages.

Au rez-de-chaussée devront être une grande salle de conseil, une autre pour le recrutement et le conseil de revision, quatre bureaux pour chefs de division, un bâtiment distinct affecté aux archives.

La façade principale de la Préfecture donnera sur une place publique dominant le bassin principal du port : des rues isoleront des maisons voisines les deux côtés latéraux.

La largeur du terrain n'excédera pas 125 mètres.

On fera pour les esquisses le plan du rez-de-chaussée, la façade et la coupe à l'échelle de $0^m,004$.

## UNE EXPOSITION NATIONALE ET COLONIALE DANS UNE GRANDE VILLE MARITIME

La surface disponible est limitée d'un côté par un large fleuve et contenue dans un rectangle ayant 350 mètres dans sa plus grande dimension. Les deux côtés perpendiculaires au fleuve sont bordés par des avenues plantées, et le fond du terrain communique par des passerelles avec un jardin public où se tiennent des fêtes exceptionnelles.

Des garages pour tramways et voitures publiques seront disposés à droite et à gauche en dehors de l'exposition ainsi que des pavillons pour abriter les voyageurs, pour la vente des plans et guides et pour le change des monnaies. Les bâtiments couvriront environ un tiers de la surface. Ils comprendront des galeries très variées pour les diverses expositions, une salle des fêtes, deux pavillons importants, l'un pour les divers services de l'exposition, l'autre à l'usage d'un restaurant ; une construction pour loger les chaudières ou machines électriques, avec les cheminées nécessaires.

Tout en prenant jour sur les jardins, la salle des fêtes devra avoir son entrée ou ses entrées spéciales ouvertes aux jours de réunion, afin de permettre aux voitures de déposer les invités sous une partie couverte à proximité d'un vestiaire et d'un buffet, et sans entrer dans l'exposition. Les restaurants et services de l'exposition peuvent occuper plusieurs étages. L'entrée, comme d'ailleurs toute la composition, sera très monumentale. On supposera que pour cette construction d'allure provisoire on aura réalisé, avec des matériaux peu durables, une œuvre décorative et architectonique qui défierait les siècles si elle était réalisée définitivement. De vastes jardins, des terrasses, des motifs d'eau devront avoir un grand attrait pour retenir les visiteurs autour des kiosques à musique, de jour et de soir. C'est autant une création imaginative qu'un abri bien disposé pour les produits exposés que ce programme demande. L'échelle du plan de la façade et de la coupe seront de $0^m,0015$ pour mètre.

## UNE VILLA DE RETRAITE POUR LES ARTISTES

Cet établissement, destiné à recevoir des artistes âgés, peintres, sculpteurs, architectes, graveurs, musiciens, vivant en commun, serait placé aux environs de Paris. Il serait établi dans un site agréable, sur un terrain boisé et présentant une déclivité prononcée entre une route et le bras d'un cours d'eau ne servant pas à la navigation commerciale.

On demande des logements composés de deux ou trois pièces et dépendances pour environ quatre-vingts pensionnaires. Ces logements seraient aménagés soit dans des pavillons séparés plus ou moins importants, soit dans un ou plusieurs bâtiments.

Un certain nombre d'ateliers annexés aux logements, ou groupés à proximité, seraient disposés pour permettre à des peintres et à des sculpteurs de continuer à se livrer à l'exercice de leur art.

Quel que soit le parti adopté, le caractère donné à l'ensemble devra s'éloigner autant que possible de celui d'un hospice ou d'un casernement; tout devra concourir à procurer une habitation d'un aspect agréable et commode.

En outre des logements particuliers, l'établissement comprendra des locaux à l'usage commun des pensionnaires. Il y aura une grande salle pouvant servir à des réunions, des concerts ou des expositions.

Plusieurs salles à manger et salles de cafés, une bibliothèque, musée de petites dimensions avec plusieurs salles de lecture ou de travail, un vestibule et un bureau.

Ces différents locaux seront disposés dans un rez-de-chaussée élevé, les dépendances nécessaires pour le service et l'administration se trouveraient dans des bâtiments séparés.

Les communications seraient faciles avec les habitations des pensionnaires, on les établira au besoin par des galeries ou portiques.

Des jardins entourés d'une clôture et disposés avec des rampes et des terrasses suivant les formes du terrain, occuperont l'espace libre autour des constructions. Ils se relieront à un bois situé en dehors de l'enceinte, mais dépendant de l'établissement.

La distance entre la route et le cours d'eau sera en moyenne de 25 mètres.

La surface de l'enceinte limitée d'un côté par la rivière sera de 80 mètres.

Pour les esquisses on fera un plan à l'échelle de 0$^m$,002 pour mètre, une façade et une coupe à la même échelle.

# UN PALAIS POUR L'INSTITUT DE FRANCE

Cet établissement se compose de deux parties distinctes ayant chacune leur entrée particulière, mais devant néanmoins être largement reliées entre elles : la partie affectée aux travaux des membres de l'Institut et la partie affectée au public lors des grandes solennités.

La partie réservée aux membres de l'Institut comprendra les bâtiments de l'administration, ainsi que les appartements des secrétaires perpétuels, puis soit autour d'une cour entourée de larges portiques ou promenoirs, ou d'une grande salle des Pas Perdus formant vestibule central, les cinq salles correspondant aux cinq classes de l'Institut. La salle destinée à l'Académie des sciences devra avoir une surface supérieure à celle des autres salles.

Ces salles précédées chacune d'un vestibule seront accompagnées de plusieurs pièces pour la réunion de commissions spéciales à chaque classe, puis de quelques autres pièces plus importantes destinées aux délégués des cinq académies.

En communication facile avec toutes ces principales divisions, il sera établi une grande bibliothèque, devant contenir au moins 50,000 volumes. Cette bibliothèque sera précédée d'un vestibule et accompagnée de bureaux pour les bibliothécaires.

La partie publique comprendra, avec toutes les dépendances nécessaires, une très vaste salle, pour au moins 1,500 personnes, salle utilisée pour les distributions des récompenses et les réceptions des membres. Elle sera précédée d'un très grand vestibule pour le public et accompagnée d'un autre vestibule pour les membres de l'Institut avant leur entrée dans la salle.

Cette partie publique comprendra en outre de vastes galeries pour les expositions, les concours et des envois de Rome, et d'autres galeries pour le musée fondé par M^{me} de Caen.

Tels sont succinctement les grands éléments qu'il faut ménager pour cet édifice, en dehors des services secondaires qui doivent y prendre place.

Le terrain dans sa plus grande dimension n'excédera pas 250 mètres.

On fera le plan, la façade et la coupe à l'échelle de 0^{m},002 par mètre.

## ATELIERS DE PEINTURE
## ET MAGASINS DE DÉCORS POUR UN THÉATRE
## DE PREMIER ORDRE

Les précautions à prendre contre l'incendie obligent à ne laisser dans les dépendances d'un théâtre que les pièces absolument nécessaires au répertoire courant. D'autre part, l'emplacement qu'il faudrait réserver pour loger les nombreuses sortes de décoration ne permet pas que ces décors puissent trouver place dans les bâtiments qui avoisinent la scène. Dans ces conditions, il est indispensable que de grands magasins formant dépôt général soient surtout dans un endroit offrant une grande surface et isolé des constructions voisines.

De plus, lorsque les peintres décorateurs ont à exécuter en peu de temps plusieurs sortes de fonds, ainsi que les fermes à châssis, il faut qu'ils aient à leur disposition de vaste locaux dans lesquels ils puissent peindre ensemble ces divers éléments décoratifs. C'est pour répondre à ces deux exigences que les bâtiments qui sont l'objet de ce programme seraient construits.

Ils comprendraient deux parties qui, bien que pouvant être reliées entre elles par quelques dégagements, devraient néanmoins former deux ensembles bien distincts :

1° Les ateliers de peinture et leurs dépendances;
2° Les magasins de décors et leurs dépendances.

## 1° Ateliers de peinture et dépendances

Ceux-ci seraient placés à la partie postérieure du plan et, tout en ayant accès du côté de l'entrée, devraient être principalement desservi à l'extérieur et comprendraient :

1° Un grand atelier de peinture rectangulaire d'une surface d'environ 1,500 mètres ;

2° Un autre atelier de moindre dimension de 800 à 1,200 mètres environ;

3° Un atelier de menuiserie de dimension à peu près égale à celle de ce dernier atelier.

Ces trois ateliers, éclairés par le haut, seront accompagnés, dans la plus grande partie de leurs pourtours, d'une sorte de ceinture de pièces destinées : pour la peinture, à la réserve des couleurs, à divers cabinets destinés à plusieurs décorateurs, à des petites salles servant à composer les esquisses, etc. ; pour la menuiserie, à des cabinets pour le chef menuisier ; pour le chef machiniste, à des dépôts de matières premières, des petites forges, etc., etc.

Ces trois ateliers qui auraient, ainsi qu'il a été dit, des sorties à l'extérieur devraient aussi communiquer largement entre eux par de grandes baies, afin de faciliter la manœuvre des toiles et des châssis.

Les ateliers de décors doivent avoir à l'intérieur des galeries balcons et des ponts volants, sur lesquels les artistes peuvent circuler afin de juger de l'effet de leurs toiles.

## 2° Magasins de décors

Autour d'une grande cour couverte formant hall, on disposera deux ou plusieurs magasins ayant ensemble un développement en longueur d'au moins 200 mètres et de largeur environ 12 à 15 mètres; les parois de ces magasins, sauf les parties affectées aux baies, comprendront une suite de logettes ayant environ 5 mètres de large sur 3 mètres de profondeur, les cloisons de séparations s'élèveront jusqu'au plafond placé à 15 mètres du sol.

Ces magasins, indépendamment de leur entrée sur le hall, doivent avoir entre eux des baies de communication largement ouvertes, et communiquer également avec l'extérieur.

Une grande cour d'entrée donnant accès au hall, et s'il se peut directement aux magasins, sera flanquée à droite et à gauche de bâtiments contenant, dans un, une remise pour six chariots; dans les autres, une écurie pour douze chevaux. A ces services seront ajoutés des remises pour les pompes, des magasins de combustibles et diverses pièces de dépendance.

A l'entrée des locaux seront placés deux pavillons destinés au concierge et à l'administrateur.

Des water-closets très aérés seront disposés dans les diverses parties de l'édifice.

Le terrain ne devra pas excéder 200 mètres dans sa plus grande dimension.

On fera le plan ainsi que la façade et la coupe à l'échelle de $0^m,0025$ par mètre.

# PRIX DE ROME

## CONCOURS DÉFINITIF

### PROGRAMMES

#### UNE ÉGLISE VOTIVE
#### DANS UN LIEU DE PÈLERINAGE CÉLÈBRE

Dans un site pittoresque et montagneux, sur un emplacement où un pèlerinage attire une grande affluence de fidèles, l'autorité diocésaine a décidé d'élever une basilique de vastes proportions où deux mille personnes puissent trouver place aisément, où des processions se rendant à la chàsse contenant les ossements de la sainte qu'elles viennent honorer puissent évoluer sans confusion.

Une petite ville étant proche du lieu consacré, c'est là que seront développés, dans le voisinage d'une gare, les hôtels et restaurants, les magasins nécessaires à un pareil concours de population sans cesse renouvelée.

On n'a admis dans le contact immédiat et à la base de la montagne que deux grands établissements consacrés aux ecclésiastiques de passage.

De larges abris précéderont le porche et le parvis, soit pour permettre aux fidèles d'attendre le moment où l'accès de l'église leur sera possible, soit pour se grouper pour des cérémonies extérieures, et notamment pour une bénédiction qui leur serait donnée du haut d'une tribune abritée.

Ces constructions ne devront pas masquer le noble aspect, principal ou latéral, de l'édifice religieux, supposé élevé à cinquante mètres au-dessus de la plaine. A peu près au niveau de celui-ci seront des constructions destinées à trente religieux vivant en communauté, avec une grande salle capitulaire, un réfectoire et ses dépendances, dans de petits logements séparés avec jardinets comme une chartreuse et un grand cloître qui reliera les différents services avec l'église.

Celle-ci sera accompagnée de douze chapelles où de nombreux ecclésiastiques célébreront le service divin. Des confessionnaux y seront répartis en grande quantité. Deux vastes sacristies serviront, l'une à la préparation des cérémonies de la pompe la plus solennelle,

l'autre à la réception des fidèles. Le maître autel occupera naturellement la place la plus importante ; mais la châsse de la sainte, objet
de visites continuelles, devra être établie dans un endroit très en vue,
très accessible, constituant le centre d'un motif de grande importance.

UNE ÉGLISE VOTIVE DANS UN LIEU DE PÈLERINAGE CÉLÈBRE

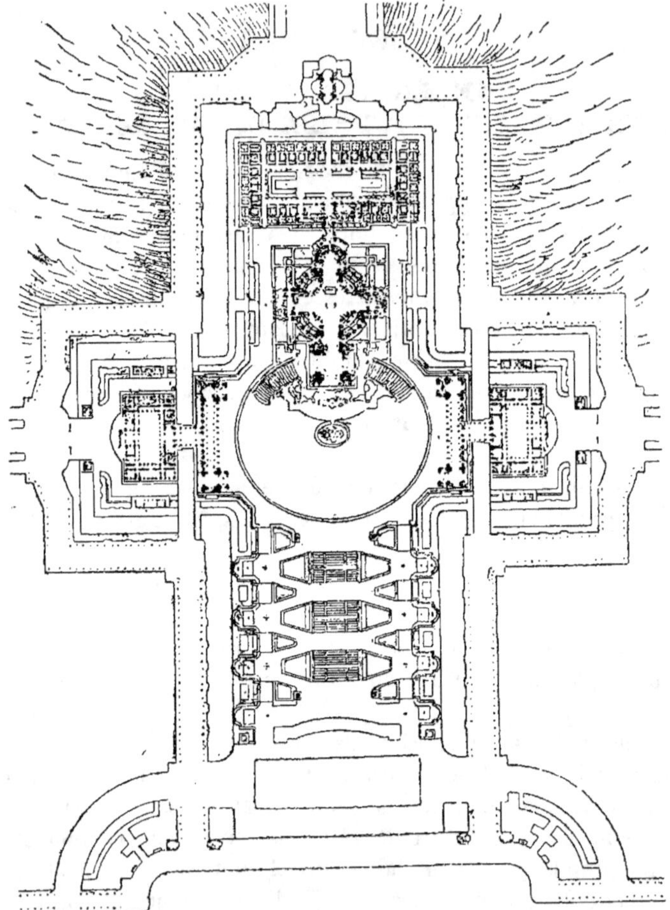

PROJET DE M. TONY GARNIER (Extrait de la *Construction Moderne*).

On devra tirer parti de la déclivité supposée du terrain, notamment
pour constituer une vaste crypte, des escaliers, des rampes d'accès,
des effets de toute nature résultant de la différence des niveaux.

Aucune forme particulière n'est indiquée pour la composition de l'édifice principal. On n'oubliera pas qu'une église de cette nature doit avoir le moyen de faire entendre de grandes masses chorales ou instrumentales, de célébrer des offices très pompeux, de les annoncer par des sonneries de cloches, de donner enfin les plus grandes amplifications à ses cérémonies au dedans et au dehors.

L'église proprement dite avec ses dépendances immédiates nécessaires à l'exercice du culte ne dépassera pas cent mètres et le terrain comprenant toutes les constructions, trois cents mètres.

L'échelle des esquisses est de $0^m,0025$ par mètre pour le plan, la façade et la coupe longitudinale. Une façade et une coupe longitudinale de l'église à $0^m,005$.

Pour le rendu, le plan, la coupe de l'église et la façade latérale, à l'échelle de $0^m,005$ et la façade principale, à $0^m,01$.


## UN PALAIS POUR LES EXPOSITIONS ET LES FÊTES


Cet édifice serait destiné spécialement à recevoir, successivement ou simultanément suivant leur importance, les expositions et les concours de divers genres qu'il est entré maintenant dans nos usages d'organiser périodiquement à des intervalles plus ou moins éloignés.

Il servirait aussi pour de grandes fêtes ou des cérémonies publiques exigeant un espace considérable et amenant un nombreux public.

Il devrait, pour répondre à cette destination, être utilisé, soit à la fois dans sa totalité, soit séparément par parties d'importance variable, et dans ce dernier cas, chaque partie devrait encore présenter l'aspect d'un ensemble complet, en obtenant ce résultat sans qu'il y ait à opérer d'autres modifications que les aménagements secondaires particuliers à chaque affectation spéciale.

Il comprendrait une vaste salle d'environ 45 à 50 mètres sur 150 mètres, entourée de portiques ou galeries et pouvant être un jardin employé à des expositions de sculpture aussi bien que d'horticulture, ou en d'autres temps être transformée en manège servant à des concours hippiques. En communication facile avec cette grande salle, on aurait de nombreuses salles et galeries de dimensions diverses appropriées de la manière la plus favorable pour les expositions de tableaux et dessins. D'autres galeries seraient destinées à recevoir des meubles, des tapisseries, des modèles et autres objets d'art ou même d'utilité.

Une grande salle pour les distributions de prix, les congrès, pour les auditions musicales et contenant des places pour 3,000 personnes serait disposée de manière soit à servir indépendamment pendant les expositions, soit à leur être réunie.

Les salles et galeries des expositions diverses seraient principalement placées au premier étage.

Le soubassement ou rez-de-chaussée contiendrait les locaux pour la réception des objets d'exposition, les magasins et les dépendances nécessaires aux diverses destinations de l'édifice.

Les vestibules et les escaliers seraient placés de façon à desservir les groupements particuliers tout en faisant partie de l'ensemble dans le cas de l'affectation totale du palais à une destination unique.

On insistera sur la facilité des accès, la largeur des communications. Le caractère de l'édifice sera riche et présentera un aspect agréable dans toutes ses parties.

Placées dans un espace environné de plantations, les constructions occuperont une surface de 70,000 mètres carrés, y compris, s'il y a lieu, les cours intérieures.

On fera le plan à l'échelle de $0^m,004$ par mètre ;

— la façade et la coupe à $0^m,008$ par mètre ;

— le détail, à $0^m,016$ par mètre.

## UN MUSÉE D'ARTILLERIE

Cet édifice, élevé dans la capitale d'un grand État, annoncera sa destination par le caractère sévère de sa décoration. Il serait situé sur le quai d'un large fleuve, précédé d'un bassin dans lequel pourraient stationner en plein air des engins de guerre maritime, tels que des torpilleurs, batteries flottantes, etc.

Une porte monumentale, avec logements et guérites, servira d'entrée à une esplanade. Cette esplanade sera séparée du quai ainsi que d'avenues d'entourage par des fossés, afin d'en rendre la surveillance facile.

Le musée comprendra une vaste galerie conduisant à un escalier monumental; les salles d'exposition seront au rez-de-chaussée et au premier étage et formeront six divisions principales où seraient classés les modèles d'armes anciennes, du moyen âge, de la renaissance et des époques suivantes jusqu'aux temps modernes ; des divisions moins importantes contiendraient les armes des peuples orientaux et des autres parties du monde, formant musée ethnographique des types de ces peuples. Toutes les salles du rez-de-chaussée pourront être reliées par de larges portiques, où trouveraient place les objets ne craignant pas le contact de l'air.

Au premier étage sera une grande salle contenant les modèles des costumes militaires d'armées régulières à diverses époques, infanterie et cavalerie. A différentes places de cette salle seront des trophées d'armes et de drapeaux conquis et des groupes équestres de guerriers célèbres entourés des types de soldats de leur époque.

Diverses galeries contiendront des cartes et plans, des vues représentant les actions de guerre et enfin des plans en reliefs de villes et de forteresses ; l'une de ces galeries formerait bibliothèque de livres spéciaux ; elle serait accompagnée, ainsi que les autres galeries, de quatre pièces d'études, de dépôts ou d'objets à classer ; des escaliers secondaires faciliteront les communications entre les diverses galeries. En arrière ou sur les côtés de l'édifice principal seront deux bâtiments isolés ou reliés par des portiques, mais ayant des entrées particulières. Ces bâtiments contiendront : l'un, au rez-de-chaussée, des ateliers de réparation avec bureau de comptable et porte de surveillance; une écurie pour quatre chevaux, une remise à voitures de matériel — et un ou deux étages de logements pour dix employés. Le second bâtiment, formant un petit hôtel, servira au conservateur et à sa famille. L'enceinte du musée sera ornée de parterres dans lesquels pourront être placés des engins de guerre de gros calibre.

La plus grande dimension du terrain n'excédera pas 390 mètres, enceinte comprise, mais berges non comprises. Pour les esquisses, on fera le plan du rez-de-chaussée à $0^m,0025$ (2 millimètres 1/2) par mètre, et la coupe et l'élévation à la même échelle.


## UN PALAIS POUR LES SOCIÉTÉS SAVANTES

Cet édifice serait le siège d'un centre scientifique et intellectuel, permettant aux sociétés savantes de se réunir et de se grouper, de communiquer entre elles et de se prêter un mutuel concours, tout en gardant chacune leur autonomie et leur complète liberté d'action.

A Paris, dans un espace restreint, un établissement de ce genre reçoit déjà trente-deux sociétés.

On suppose que, dans l'édifice proposé, les sociétés, au nombre d'environ quatre-vingts et d'inégale importance, seraient réparties en deux groupes principaux.

Le premier serait formé par les associations relatives aux sciences physiques et mathématiques. Le second se composerait des sociétés se rapportant aux arts, aux lettres, à l'archéologie.

Dans chacun des deux groupes, on aurait cinq salles de réunions devant alternativement servir aux séances de l'une ou l'autre des sociétés.

Ces salles de différentes grandeurs pourraient recevoir cent cinquante à trois cents assistants ; chacune serait accompagnée d'une petite salle de commissions ou de délibérations.

A proximité de ces salles on trouverait les locaux pour environ quarante sociétés; les unes auraient seulement un bureau et une salle d'archives ; les autres auraient en plus une salle de commissions et une ou deux pièces pour laboratoires ou dépôt de collections particulières.

Les services communs aux deux groupes comprendraient : une bibliothèque pouvant renfermer cinquante mille volumes, une grande salle de réunions pour les congrès ou autres assemblées nombreuses.

A cette salle, pouvant recevoir au moins un millier d'assistants, seraient ajoutés plusieurs salles pour commissions, un bureau et des galeries ou salles d'expositions.

On trouvera aussi une tour pour les observations astronomiques, quelques salles pour les instruments et les études.

L'administration comprendrait quatre ou cinq pièces pour les bureaux, caisse, secrétariat, un logement pour le secrétaire général de l'établissement et des logements secondaires pour concierges, gardiens, etc., un poste de pompiers, un bureau des postes et télégraphes et diverses dépendances.

On s'attachera particulièrement à donner dans l'ensemble de l'établissement des communications faciles par des galeries et des vestibules, de manière que toutes les sociétés qui y seraient logées soient commodément en rapport avec les salles de réunions ; les salles d'exposition devant, d'ailleurs, être disposées de manière à pouvoir être facilement accessibles au public.

La bibliothèque et ses dépendances et une partie des locaux particuliers affectés aux sociétés pourront être au premier étage.

Le terrain consacré à l'édifice ne dépassera pas 20,000 mètres; tout autour s'étendront des parterres ou plantations ayant pour objet d'isoler les bâtiments des rues avoisinantes.

On fera, pour les esquisses, le plan du rez-de-chaussée et celui du premier étage, à l'échelle de 0ᵐ,003 pour mètre ; la façade et la coupe, au double.

L'échelle du rendu sera, pour le plan du rez-de-chaussée, à 0ᵐ,075. Celui du premier étage, à la moitié.

La coupe et l'élévation, à 0ᵐ,015.

## PALAIS POUR LA COUR DE CASSATION

La Cour de cassation est un tribunal suprême : à cause de ses hautes attributions, ce tribunal doit se distinguer d'un palais de justice par une architecture plus imposante.

Ce palais, précédé d'une place publique, sera entouré de plantations ; il se divisera en trois sections : la chambre des requêtes, la chambre civile et la chambre criminelle.

Chacune de ces chambres aura une salle de conseil et un cabinet pour le président ; la chambre criminelle, devant servir aux assemblées générales de la Cour, sera d'une plus grande étendue ; elle devra contenir soixante sièges pour les magistrats, un siège pour le chef de l'État, un espace réservé au barreau, et un autre pour un auditoire d'environ cent personnes ; les autres chambres, outre la place réservée aux avocats et au public, devront chacune contenir quinze sièges pour les conseillers et le président.

Ces chambres ou salles d'audience seront éclairées par des jours latéraux ; elles seront précédées d'une galerie ornée de peintures et de sculptures qui représenteront les principaux législateurs, magistrats et jurisconsultes : des corridors ou petites galeries de communication donneront un accès facile aux diverses autres parties de l'édifice. Ces parties sont :

1° Un cabinet pour le premier président, précédé d'une antichambre et d'une salle d'attente ;

2° Un parquet, composé de quatre à cinq pièces et d'un cabinet pour le procureur général ; ce cabinet également précédé d'une salle d'attente ; des cabinets pour six avocats généraux ;

3° Un greffe, ayant cinq ou six pièces, avec cabinet du greffier en chef et dépôt pour les archives du greffe, formant trois sections ;

4° Un bureau d'enregistrement, contenant trois pièces ;

5° Une bibliothèque pouvant contenir environ trente mille volumes et un local pour les archives de la Cour, avec cabinet de l'archiviste ;

6° Un vestiaire pour soixante conseillers ;

7° Pour les avocats, une salle de conférence, une bibliothèque et un vestiaire ;

8° Une buvette, avec salle d'attente et logement de concierge. Enfin une entrée particulière pour les voitures des magistrats.

Cet édifice contiendra, dans un soubassement élevé, les dépôts de combustible et les appareils de chauffage et de ventilation et autres services ou dépendances.

Le palais proprement dit, sans y comprendre l'espace qui doit isoler des voies publiques, n'excédera pas 150 mètres dans sa plus grande dimension.

Pour l'avant-projet, on fera le plan du palais au-dessus du soubassement, sur une échelle de 2 *millimètres* pour *mètre ;* l'élévation principale et la coupe longitudinale sur une échelle double.

Pour les dessins rendus :

Le plan sur une échelle d'*un centimètre* pour *mètre.*

L'élévation principale à 2 *centimètres* pour *mètre ;* et deux coupes à *un centimètre* pour *mètre.*


## PALAIS POUR LE GOUVERNEUR DE L'ALGÉRIE, DESTINÉ AUSSI A LA RÉSIDENCE TEMPORAIRE DU SOUVERAIN.


Cet édifice sera entièrement isolé.

Une place publique entourée de talus et de gradins, et destinée aux exercices militaires, précédera le palais.

Un arc de triomphe, érigé aux victoires algériennes, formera l'entrée principale de la première cour, à laquelle on arrivera par des perrons et des rampes.

Deux autres entrées, accessibles aux piétons et aux voitures, sont accompagnées chacune d'un logement de concierge et d'un corps de garde. Des portiques conduiront aux différents corps de bâtiments destinés aux employés supérieurs et inférieurs, ainsi qu'aux bureaux et dépendances des divisions :

De l'intérieur et du commerce. — De la justice et des cultes. — De la guerre. — De la police.

Une autre cour, aussi en terrasse, sera également entourée de portiques ; ceux-ci, à un ou deux étages, et disposés plus encore pour abriter du soleil que de la pluie, auront, par intervalles, de larges ouvertures pour la plus facile découverte de sites environnants.

Des belvédères d'une certaine élévation pourront, dans les emplacements propices, surmonter ces portiques, qui communiqueront aux localités nécessaires pour loger dans des appartements de deux ou trois pièces, les généraux ou officiers supérieurs, les commissaires du gouvernement, les sénateurs et députés de passage à Alger.

Une cour d'honneur précédera le palais, elle devra être accompagnée de deux corps de bâtiments, destinés l'un à loger la suite du souverain lors d'un voyage de celui-ci dans nos possessions d'Afrique, l'autre le gouverneur.

Cette cour, à laquelle conduiront également des escaliers couverts, des perrons et des rampes, sera ornée de fleurs, d'arbres, d'eaux courantes et de fontaines.

Le palais contiendra :

Une salle des gardes ;

Un vestibule accompagné d'antisalles, d'un ou plusieurs escaliers ;

Un appartement pour le souverain ;

Une salle du trône, attenant à une galerie des fêtes et une salle de banquets ;

Une chapelle ;

Une salle de spectacle ;

On ménagera partout des dégagements faciles.

Les écuries et les remises, les cuisines et leurs dépendances seront distribuées dans les étages inférieurs.

L'appartement d'apparat du palais, et les appartements d'habitation seront accompagnés de terrasses et de belvédères.

Au delà et à l'entour du palais s'étendra un jardin avec parc.

Les effets d'eau seront combinés avec la plus riche végétation pour offrir des promenades agréables.

Les concurrents s'attacheront, dans la composition de cet édifice, qui devra joindre à une imposante grandeur beaucoup de magnificence, à appliquer les principes d'après lesquels furent créées les belles formes de l'architecture au siècle de Périclès, d'Auguste et de Léon X. Ils ne chercheront que dans les moyens simples et naturels, dans l'apparence extérieure des terrasses, des voûtes et des coupoles, la petitesse relative des jours, la disposition spéciale des portiques, l'introduction des belvédères, dans l'emploi enfin des eaux abondantes et de la végétation méridionale, à arriver à l'expression d'un caractère vrai de l'édifice et du pays ; en un mot, le but à atteindre est d'offrir à l'imagination et à l'imitation des peuplades algériennes le haut degré de perfection de notre industrie et de nos arts.

Les concurrents auront à suivre en cela l'exemple des Grecs et des Romains, que l'on voit, dans toutes leurs colonies et dans tous les pays, non pas imiter l'architecture incomplète des nations peu civilisées, mais agir au contraire puissamment sur elles, par leurs beaux monuments empreints du caractère particulier de la haute civilisation d'Athènes et de Rome.

Le terrain occupé par les bâtiments n'excédera pas 350 mètres dans sa plus grande dimension.

On fera pour les esquisses, le plan, pris au niveau du rez-de-chaussée de chaque terrain, avec la place publique, mais sans les jardins, à l'échelle de *un millimètre* et *demi* pour *mètre* (0$^m$,0015).

L'élévation générale et la coupe principale à l'échelle de *trois millimètres* pour *mètre* (0$^m$,003).

On fera pour les dessins rendus, le plan général, compris le jardin, à une échelle de *un millimètre* et *demi* (0$^m$,0015) pour mètre.

Le plan particulier du palais à une échelle de *cinq millimètres* (0$^m$,005) *p. m.*

L'élévation et la coupe principale à une échelle de *cinq millimètres* pour *mètre* (0$^m$,005) *p. m.*

## L'ESCALIER PRINCIPAL DU PALAIS
## D'UN SOUVERAIN

Cet escalier, partie essentielle du palais d'un souverain d'un grand empire, doit se présenter sous les dehors les plus imposants et les plus somptueux. Conçu dans de larges proportions, décoré de nombreux objets d'art et revêtu des marbres les plus riches, il offrira l'alliance de la magnificence et de la majesté.

Au rez-de-chaussée, il sera précédé d'un vaste vestibule, précédé lui-même d'une descente à couvert sous laquelle cinq voitures au moins pourraient à la fois laisser descendre les invités ; à proximité serait située une salle basse où se tiendrait la livrée.

Au premier étage, l'escalier donnerait accès à une salle des gardes précédant les salons, les galeries de réception et la chapelle du palais.

La plus grande dimension du terrain occupé par la construction n'excédera pas 80 mètres.

Pour les esquisses on fera le plan du rez-de-chaussée et du premier étage, de l'escalier et du vestibule, de la chapelle et de la salle des gardes (les salons de réception ou appartements ne seront qu'en amorce).

L'élévation du motif auquel donnerait lieu le vestibule et une coupe soit droite, soit bissée, sur l'escalier, la chapelle et la salle des gardes.

Les plans à 0$^m$,002 pour mètre, la façade et la coupe au double.

Pour les dessins rendus, les deux plans seront à 0$^m$,005 pour mètre, la façade à 0$^m$,01 et la coupe à 0$^m$,02 pour mètre.

On joindra à ces dessins une vue perspective de l'escalier, dont le premier plan sera à l'échelle de la coupe.

## UNE ÉCOLE DE MÉDECINE

Cet édifice destiné à l'enseignement de toutes les sciences médicales, sera composé d'un rez-de-chaussée et d'un premier étage :

Il sera accompagné d'un jardin botanique.

Il comprendra, au rez-de-chaussée, pour la démonstration de la médecine et de la chirurgie :

1° Un amphithéâtre pouvant contenir 1800 élèves.

2° Deux autres amphithéâtres moins vastes, l'*un* pour l'enseignement de la botanique auprès duquel on disposera *deux serres* pour l'entretien et la culture des plantes médicinales étrangères ; l'*autre* amphithéâtre, pour l'enseignement de la chimie et de la physique, accompagné d'une *salle* pour recevoir les appareils et produits chimiques nécessaires aux leçons, ou provenant des expériences, et d'un cabinet de physique contenant les appareils de cette science.

3° Une école pratique d'anatomie avec des dépôts pour les sujets et pour les dissections.

4° Un petit hospice pouvant recevoir environ 60 malades, classé en deux divisions pour les deux sexes, et réparti dans plusieurs salles pour l'étude de la clinique ou médecine d'observation au lit des malades. On s'attachera à éloigner cet hospice du bâtiment principal, afin de lui ménager l'air pur que nécessite la cure des malades. On devra également isoler, autant que possible, l'école pratique d'anatomie.

Il est à observer toutefois que, tout en éloignant de l'école de médecine proprement dite, ces deux établissements, il sera indispensable de les relier avec le bâtiment central au moyen de portiques ou galeries couvertes.

5° Une bibliothèque pour les livres de médecine.

6° Un cabinet d'instruments de chirurgie et un autre d'anatomie.

7° Une salle des examens précédée d'un vestibule et suivie d'un salon pour les professeurs.

8° Une salle d'assemblée avec ses dépendances pour les séances de l'Académie.

9° Des logements pour le concierge et les employés subalternes.

Le premier étage contiendra : outre l'administration qui sera composée d'une salle de conseil, archives, bureaux, etc.

1° Un appartement pour le doyen de la Faculté.

2° Un autre pour le secrétaire archiviste.

3° Et un autre pour le bibliothécaire chargé de la conservation des cabinets.

4° Et enfin un autre pour le directeur de l'école pratique.

Les diverses parties de cet établissement seront mises en communication par de larges promenoirs, sous lesquels les étudiants pourront attendre à couvert les heures des leçons. Outre l'emplacement nécessaire à la culture des plantes médicinales, on réservera dans le jardin des promenades ombragées où l'on puisse se livrer à l'étude.

Le terrain sur lequel sera projeté cet édifice aura, en y comprenant le jardin botanique, une superficie maximum de 200,000 mètres, ce qui pourrait produire un rectangle de 400 sur 500 mètres.

La superficie du terrain sur lequel seraient projetées des constructions, ne devra pas excéder 90,000 mètres.

On fera pour les esquisses, un plan général détaillé avec le jardin en arrachement, l'élévation et la coupe principale à l'échelle de $0^m,015$ pour *mètre*.

Pour les dessins rendus, le plan du rez-de-chaussée avec le jardin botanique, et celui du premier étage à l'échelle de $0^m,004$ pour *mètre*.

L'élévation et la coupe principale au double.

## UN PALAIS DES FACULTÉS DE THÉOLOGIE, DES LETTRES ET DES SCIENCES

Cet édifice, consacré à l'enseignement supérieur et à la collation des grades universitaires, sera en outre le siège de l'Académie de Paris.

La faculté de théologie comprendra, pour les divers cours de théologie, d'histoire sainte, de droit ecclésiastique, d'écriture sainte, etc., deux amphithéâtres, l'un pour 150 auditeurs, l'autre pour 300, accompagnés, l'un et l'autre, de quelques pièces accessoires à l'usage des professeurs ; une salle pour les compositions écrites, une salle pour les examens oraux, une salle pour les délibérations des professeurs et les réunions de la faculté.

La faculté des lettres comprendra les mêmes séries que ci-dessus, *mais dans de plus grandes proportions*, les deux amphithéâtres pour les divers cours de littérature, de poésie, d'histoire, de philosophie, etc., doivent contenir, l'un 300, l'autre 1,000 auditeurs.

La faculté des sciences, qui a besoin d'un espace beaucoup plus vaste, comprendra deux salles d'examens et deux salles de compositions, quatre amphithéâtres, dont deux pour 300 et deux pour 800 auditeurs, pour les divers cours d'astronomie, de botanique, de géologie, etc., dix laboratoires d'enseignement et de recherches, dont quatre avec cours d'isolement sont destinés aux manipulations chimiques ; un laboratoire spécial de chimie, et un cabinet d'instruments de physique (ces deux salles devront être en communication facile avec un des grands amphithéâtres), une collection de produits chimiques, avec galerie d'histoire naturelle et une galerie de minéralogie.

Pour chaque faculté, il y aura un appartement de doyen, un de secrétaire général, un secrétariat composé de quelques pièces se reliant avec le cabinet du doyen.

L'établissement comprendra en outre une chapelle pour les cérémonies, une bibliothèque générale divisée en trois sections correspondant aux trois facultés ; deux grandes salles, pouvant contenir chacune cent élèves pour les concours généraux des lycées.

Une salle de distribution de prix pouvant contenir de deux à trois mille personnes.

Un appartement du recteur de l'Académie, un autre du secrétaire général, un secrétariat et une salle de conseil.

Tous les locaux du palais, reliés et dégagés convenablement, peuvent être établis à divers étages ; ils seront desservis et surveillés par un ou plusieurs concierges et quelques agents secondaires logés dans l'établissement.

Le terrain formera un îlot limité par quatre voies publiques et n'excédera pas 300 mètres dans sa plus grande dimension.

On fera pour les esquisses un plan sur une échelle de 0$^m$,002 pour *mètre*.

L'élévation et la coupe au double.

Pour les dessins rendus, on fera deux plans à l'échelle de 0$^m$,005 pour *mètre*.

Une élévation, une coupe longitudinale et une coupe transversale au double.

# UN CONSERVATOIRE DE MUSIQUE ET DE DÉCLAMATION POUR UNE GRANDE CAPITALE

Ce conservatoire pouvant être entouré par des plantations sera limité à droite et à gauche par deux larges avenues ; par devant et par derrière par deux grandes places sur lesquelles s'élèveront les deux façades principales. Il comprendra quatre divisions, qui, bien que distinctes dans leurs destinations, doivent néanmoins être toutes reliées entre elles, afin de former un édifice ayant une grande unité de composition.

Les divisions sont celles-ci :

1° L'administration.

2° Le service des études.

3° Le grand théâtre public.

4° Le musée et la bibliothèque.

## PREMIÈRE DIVISION

### Administration

Cette administration, devant avoir son entrée principale commune avec celle du service d'études ou tout au moins être en communication directe avec elle, se composera des locaux suivants :

1° Grand vestibule d'entrée. — 2° Logement du concierge. — 3° Cabinet du directeur général (plusieurs pièces et dépendances). — 4° Cabinet du chef du secrétariat (deux pièces). — 5° Antichambre et grande salle d'attente commune aux deux cabinets ci-dessus désignés. — 6° Six ou huit bureaux pour la caisse, les commis, les gardiens, les archives spéciales, etc. — 7° Une grande salle de réunion pour les comités, avec vaste salle d'attente et pièces de dépendances. — 8° Plusieurs pièces pour le service médical, le service du bâtiment, le poinçonnage du diapason, etc. — 9° Logement et appartement de réception du directeur. — 10° Logement du chef du secrétariat. — 11° Cinq ou six logements pour divers employés principaux et plusieurs petits logements pour les gardiens et employés secondaires. — 12° Closets installés pour chaque service différent à l'exclusion de cabinets communs.

Cette administration pouvant occuper plusieurs étages devra avoir des communications directes et faciles avec le service des classes, auxquelles les administrateurs doivent pouvoir accéder sans traverser les cours intérieures de l'édifice.

DEUXIÈME DIVISION

## *Services des études*

Cette division comprendra : 1° Vingt classes, chacune pour vingt-cinq élèves (30 ou 40 mètres). Ces classes devront autant que possible être séparées les unes des autres, soit par une petite pièce servant de salle d'attente, soit par des vestiaires ou des dépôts particuliers d'instruments.

Des cabinets de professeurs doivent être annexés à chacune de ces classes ; celles-ci peuvent être placées au rez-de-chaussée ou au premier étage et même, au besoin, on pourrait en disposer quelques-unes dans un second étage ; dans tous les cas elles doivent être largement reliées les unes aux autres par des portiques, des couloirs, des galeries ou des escaliers vastes et commodes.

2° Quatre classes théâtrales pour les études de déclamation dramatiques ou lyriques, cours de maintien, etc. Chacune des classes devant contenir environ soixante élèves, elles seront toutes munies d'une scène occupant toute la largeur de la classe et d'une tribune faisant face à cette scène et pouvant contenir une quarantaine de personnes. Ces classes pourront être installées au rez-de-chaussée ou au premier étage, mais de préférence au rez-de-chaussée ; elles devront avoir au moins 10 mètres de largeur et 16 mètres de longueur, scène et tribune comprises. Un petit magasin servant de dépôt d'accessoires et des châssis de décoration sera annexé à chacune d'elles.

3° Quatre grandes classes ordinaires, chacune pour 40 à 50 élèves, destinées aux cours d'ensemble ; ces salles doivent être traitées en forme de quadrangulaire.

4° Un grand amphithéâtre pour les cours publics pouvant contenir 400 auditeurs.

5° Une grande salle (pour 500 personnes) avec une scène assez vaste pour les concours et les examens. Cette salle sera plutôt traitée en salle de théâtre qu'en salle de classe et devra par conséquent être emménagée par des tribunes et logettes placées au pourtour à un ou deux étages. Cette salle aura à proximité un petit foyer pour les élèves concurrents et un dépôt ou magasin pour les accessoires et les décorations.

6° Deux grandes salles d'attente, pouvant contenir au moins 200 personnes, seront disposées pour les hommes et pour les femmes à proximité de cette salle d'examen.

7° Une grande salle pour l'escrime avec ses dépendances.

8° Un bureau central de surveillants des classes et à chaque étage des bureaux particuliers de surveillants.

9° Un dépôt général de musique et à chaque étage un ou deux dépôts particuliers.

10° Un dépôt général des instruments.

11° Deux salles de réfectoire, avec cuisine, dépôt, etc.

12° Closets divisés en deux sections bien distinctes pour les hommes et pour les femmes, et disséminés autant que possible sur plusieurs points à tous les étages; des urinoirs devront également être établis en divers endroits.

Une partie de tous ces services peut être installée au rez-de-chaussée, au-dessous du musée et de la bibliothèque qui doivent occuper le premier étage.

TROISIÈME DIVISION

## Grand théâtre public

Ce théâtre destiné à l'application des études et aux séances de concert devra contenir environ 1,500 personnes.

Il devra avoir une entrée monumentale et spéciale pour le public, placée du côté opposé à celle de l'administration et des classes.

Il comprendra toutes les dépendances usitées dans un théâtre, en formant aussi un édifice complet disposé pour les représentations de toutes les œuvres scéniques.

QUATRIÈME DIVISION

## Bibliothèque musicale et musée des instruments

La bibliothèque devra avoir une superficie d'au moins 1,000 mètres, elle comprendra les galeries proprement dites, une ou deux salles de lecture, les bureaux du bibliothécaire et de divers employés, des pièces de dépôt, de grands magasins, etc.

Le musée des instruments, devant communiquer avec la bibliothèque, devra avoir une superficie d'au moins 500 mètres, et se composera de galeries et salles d'exposition, de bureaux et salles d'études, de dépôts, etc.

Ces services, bibliothèque et musée, devront être placés au premier étage ; on devra pouvoir y accéder par des entrées particulières, vastes et commodes ; un grand escalier devra aussi mettre en communication ces services et ceux des études.

En résumé, le théâtre, la bibliothèque et le musée, devant former surtout la partie monumentale de l'édifice, seront traités de façon à être grandement accessibles au public qui devra pouvoir y arriver sans pénétrer dans l'intérieur du conservatoire.

Des portiques, des cours, des jardins, etc., peuvent être installés dans le monument ou à son pourtour.

Le terrain, en ce qui concerne les bâtiments, n'excédera pas 180 mètres dans sa plus grande dimension.

On fera pour les esquisses le plan du rez-de-chaussée et celui du premier étage à 2 *millimètres et demi* pour *mètre*, la coupe et la façade du côté du théâtre au double.

Pour les rendus on fera les deux plans de *un centimètre* pour *mètre*, la façade du côté de l'administration à la même échelle, la coupe et la façade du côté du théâtre au double, et un détail de cette façade à 5 *centimètres*.

# RÈGLEMENT

D E

## L'ACADÉMIE DE FRANCE A ROME

---

## CHAPITRE PREMIER

### PERSONNEL DE L'ÉCOLE DE ROME

§ I<sup>er</sup>. — DU DIRECTEUR. — DES PENSIONNAIRES

ARTICLE PREMIER. — L'Académie de France à Rome est régie et administrée par un Directeur.

ART. 2. — Le Directeur de l'Académie de France à Rome est nommé par le chef de l'État, sur la proposition du ministre compétent : il est choisi sur une liste de trois candidats présentés par l'Académie des Beaux-Arts.

ART. 3. — Le Directeur est nommé pour six ans.

ART. 4. — Le Directeur, indépendamment de ses fonctions administratives, exerce un contrôle sur les travaux obligatoires des pensionnaires. Il correspond avec l'Académie pour tout ce qui concerne ces travaux et intéresse l'art et les études. Il tient un registre spécial sur lequel sont inscrits, chaque année, les sujets des envois avec l'indication des dimensions de ceux-ci, ainsi qu'il est dit à l'article 27.

ART. 5. — Les artistes qui ont remporté les premiers grands prix de Rome sont pensionnés par l'État, à savoir les peintres, les sculpteurs, les architectes, les graveurs en taille-douce et les compositeurs musiciens pendant quatre années ; les graveurs en médailles et en pierres fines pendant trois années (1).

ART. 6. — Tout pensionnaire est tenu de quitter Paris au plus tard le 20 décembre ; de justifier de sa présence à Florence entre le 25 décembre et le 5 janvier, après s'être arrêté soit à Gênes, soit à Milan, et de se trouver à Rome au plus tard le 20 janvier. Faute par lui de

---

1. Nonobstant le retranchement d'une année fait à la pension des élèves de l'École de Rome par le décret du 13 novembre 1863, réduction maintenue par le décret du 13 novembre 1871 actuellement en vigueur, l'Académie a la confiance que les dispositions des anciennes ordonnances qui fixaient, pour les peintres, les sculpteurs, les architectes, les graveurs en taille-douce et les compositeurs de musique, la durée de la pension à cinq années et à quatre ans pour les peintres de paysage et les graveurs en médailles et en pierres fines, seront remises en vigueur lorsque les raisons d'économie dont s'est inspiré le dernier décret n'existeront plus.

remplir ces obligations, il perdra son titre et ses droits de pensionnaire, à moins que l'Académie n'en décide autrement, d'après des motifs qu'elle appréciera.

Art. 7. — Les pensionnaires en arrivant à Rome doivent se présenter au Directeur de l'Académie : ils ne peuvent être reconnus par lui en qualité de pensionnaires qu'autant qu'ils sont pourvus de leur titre revêtu des formes légales. Cette pièce est enregistrée et remise ensuite au titulaire. A la suite de cet enregistrement, le Directeur donne lecture aux pensionnaires du règlement qui les concerne et leur en remet un exemplaire.

Art. 8. — Pendant leur séjour à Rome, les pensionnaires habitent le palais de l'Académie et y prennent leurs repas à une table commune.

Art. 9. — Les artistes mariés ne pouvant être admis au concours pour les Prix de Rome ni, par conséquent, devenir pensionnaires, le pensionnaire qui se marierait pendant son séjour à Rome perdrait sa pension.

§ II. — DU TRAITEMENT DES PENSIONNAIRES. — DES VOYAGES.

Art. 10. — Chaque pensionnaire en quittant Paris pour se rendre à Rome reçoit une somme de 600 francs pour les frais de son voyage.

Art. 11. — Il est annuellement alloué à chaque pensionnaire, pendant son séjour à Rome, une somme totale de 3,510 francs qui se décompose de la manière suivante, à savoir :

1° Traitement annuel . . . . . . . . . . . . . . . . . . . . . . . 2,310   »
Cette somme est payée au pensionnaire dans les termes déterminés ci-après : soit :
2,010 francs, à raison de 167 fr. 50 par mois, qui sont comptés en argent à chaque pensionnaire pour subvenir à ses études et à son entretien ;
Et 300 francs qui forment une retenue ou fonds de réserve dont il est tenu compte au pensionnaire à la fin de sa pension, comme il est dit au chapitre III du présent règlement.
2° Indemnité de table . . . . . . . . . . . . . . . . . . . . 1,200   »
Une somme de 1,200 francs par tête pour indemnité de table de chaque pensionnaire est allouée au Directeur qui en tient compte au pensionnaire à raison de 100 francs par mois.

Total. . . . . . 3,510 fr.

En outre les pensionnaires reçoivent à la fin de chaque année une indemnité de frais d'études réglée dans les proportions suivantes :

| | ANNEES. | fr. | |
|---|---|---|---|
| Peintres, fin de. . . . . . . . . . . . . . . . . . . . | 1re et 2e | 50 | Pour frais |
| — | 3e | 150 | de la copie |
| — | 4e | 500 | peinte. |

|                                              | ANNÉES        | fr.  |                                               |
|----------------------------------------------|---------------|------|-----------------------------------------------|
| Sculpteurs . . . . . . . . . . . . . . . . . | 1re, 2e, 3e   | 50   |                                               |
| —                                            | 4e            | 300  |                                               |
| Architectes . . . . . . . . . . . . . . . .  | 1re et 2e     | 50   | Pour frais de fouilles à l'occasion de la restauration. |
| —                                            | 3e            | 600  |                                               |
| —                                            | 4e            | 300  |                                               |
| Graveurs en médailles et en pierres fines . . . | 1re, 2e et 3e | 30 | Sans compter les frais d'achat de pierres fines. |
| Graveurs en taille-douce . . . . . . . . . . . . | 1re         | 30   | Pour frais d'achat de 2 planches de cuivre.   |
| —                                            | 2e et 3e      | 30   |                                               |
| —                                            | 4e            | 30   |                                               |
| Musiciens-compositeurs . . . . . . . . . . . | 1re et 2e     | 50   | Pour frais de copie de chaque envoi.          |

ART. 12. — Les architectes en partant pour la Grèce touchent une indemnité spéciale de 800 francs.

ART. 13. — Chaque pensionnaire, à l'expiration de sa pension, reçoit une somme de 600 francs qui lui est payée sur les fonds de l'Académie de France à Rome pour rentrer en France.

ART. 14. — Lorsque les pensionnaires sont en voyage, leur traitement leur est payé, à raison de 267 fr. 50 par mois.

ART. 15. — Nul pensionnaire ne peut voyager ou même quitter Rome pour quelques jours, sans l'autorisation du Directeur de l'Académie.

ART. 16. — Les seuls pays dans lesquels les pensionnaires soient autorisés à voyager sont l'Italie, la Sicile et la Grèce. Tout pensionnaire qui quittera les pays ci-dessus indiqués sans l'autorisation du Directeur, sera considéré comme démissionnaire.

ART. 17. — Les pensionnaires sont tenus de rester pendant la première année de leur pension à Rome et dans l'Italie centrale. Ils n'en peuvent sortir sans une autorisation spéciale du Directeur. Pendant la seconde année de leur pension, les pensionnaires peuvent voyager en Italie et en Sicile, et, à partir de la troisième année, dans l'Italie, la Sicile et la Grèce ; toutefois, ils ne pourront partir sans avoir obtenu auparavant l'autorisation du directeur.

ART. 18. — Les pensionnaires ne pourront obtenir cette autorisation que dans des conditions de temps telles que l'exécution de leurs travaux obligatoires demeure assurée.

ART. 19. — En ce qui concerne les musiciens compositeurs, après deux années passées à Rome et en Italie, ils devront visiter l'Allemagne, l'Autriche-Hongrie, et y séjourner au moins une année. Quant à la dernière année de leur pension, il leur est permis de la passer soit à Rome, soit en France.

Les pensionnaires musiciens, à partir de l'époque où ils auront quitté la villa Médicis, n'étant plus placés sous l'autorité immédiate du Directeur de l'Académie de France à Rome, devront faire parvenir les travaux constituant l'envoi de l'année, au Secrétariat de l'Institut, à Paris, le 6 juin, sous peine de perdre la retenue imposée à tous les pensionnaires, comme garantie de leurs travaux et de leurs obligations. Un avis, à cet effet, sera donné par l'Académie au Ministère qui paie leur traitement en Allemagne et en France.

Après que les pensionnaires compositeurs auront définitivement quitté Rome, la retenue de garantie des travaux sera renvoyée par le Directeur au Ministère et ne sera restituée aux pensionnaires que sur l'avis de l'Académie des Beaux-Arts constatant que ces pensionnaires ont rempli leurs obligations.

# CHAPITRE II

## TRAVAUX DES PENSIONNAIRES

Art. 20. — Les pensionnaires exécutent chaque année des travaux dont le caractère, la nature et l'ordre sont déterminés ci-après.

Art. 21. — Les travaux des pensionnaires consistent : 1° en des études générales propres à développer l'instruction et le talent : 2° en des études spéciales concernant chaque art et dont les résultats constituent les envois.

### § I^er. — ÉTUDES GÉNÉRALES

Art. 22. — La bibliothèque de l'Académie est ouverte tous les jours aux pensionnaires sur leur demande. L'entrée leur en est exclusivement réservée, sauf les autorisations qui pourraient être accordées par le Directeur.

Art. 23. — La galerie de moulages exécutés sur les chefs-d'œuvre de la sculpture et de l'architecture est ouverte aux pensionnaires tous les jours.

Art. 24. — Un cours d'archéologie est professé à l'usage des pensionnaires.

Les pensionnaires ont accès dans les monuments, musées et galeries de la ville de Rome.

Art. 25. — Tous les jours, excepté les dimanches et fêtes, le modèle vivant est posé, pendant deux heures, dans une salle de l'Académie affectée à cet usage. Cette séance a lieu en hiver de 6 à 8 heures du soir, et en été de 6 à 8 heures du matin.

§ II. — ÉTUDES SPÉCIALES

Art. 26. — Les études dont le résultat constitue les envois et qui ont un caractère rigoureusement obligatoire sont réglées, pour chaque section et pour chaque année de la pension, de la manière suivante :

Art. 27. — En principe, tout pensionnaire qui, ayant obtenu un deuxième premier grand prix, n'aura à jouir que de trois ou de deux années de pension, devra, pour remplir ses obligations, exécuter les travaux demandés par le règlement aux pensionnaires, à partir de la seconde ou de la troisième année de leur pension.

Les pensionnaires peintres ou sculpteurs sont tenus de soumettre les esquisses de leurs envois au Directeur de l'Académie. L'examen de ces esquisses porte sur le choix du sujet et sur les dimensions des ouvrages.

Les pensionnaires architectes devront faire connaître au Directeur quels sont les monuments qu'ils se proposent d'étudier.

Les graveurs soumettront au Directeur le choix des tableaux ou des peintures murales qu'ils désirent dessiner ou graver.

Les musiciens, pendant leur séjour à l'Académie, feront savoir au Directeur quels sont les sujets qu'ils se proposent de traiter.

L'acceptation de ces divers sujets d'envoi, de leur développement et de leurs dimensions, sera inscrite sur un registre spécial. Elle sera contresignée par chaque pensionnaire en ce qui le concerne.

Si, dans le courant de l'année, un pensionnaire est amené à changer le sujet de son envoi, il doit en faire la déclaration au Directeur. Dans ce cas nouveau, il est procédé ainsi qu'il a été dit ci-dessus.

Tous les ans, avant le 15 janvier, le Directeur adresse à l'Académie un rapport indiquant l'état d'avancement des travaux de tous les pensionnaires : à cet effet, ceux-ci devront faciliter au Directeur les constatations qui lui seront nécessaires.

### 1° Pensionnaires peintres.

Art. 28. — Le pensionnaire peintre devra exécuter :

*Dans la 1re année de sa pension.*

1° Une figure peinte d'après nature et de grandeur naturelle ; cette figure représentera un sujet qui sera emprunté soit à la mythologie, soit à l'histoire ancienne, sacrée ou profane ; — 2° un dessin d'après les peintures des grands maîtres de deux figures au moins ; — 3° un dessin d'après une œuvre remarquable de sculpture de l'antiquité ou de la Renaissance, soit statue, soit bas-relief.

*Dans la 2ᵉ année.*

Un tableau d'au moins deux figures nues ou en partie drapées, de grandeur naturelle.

*Dans la 3ᵉ année.*

1° Une copie peinte soit d'après un tableau ou une fresque de grand maître, soit d'après un fragment de tableau ou de fresque de trois figures au moins. Ce fragment sera copié de la grandeur de l'original ; si toutefois l'original était de proportion colossale et que le pensionnaire voulût le réduire, les figures ne devraient point avoir moins de deux mètres de proportion. Cette copie demeure la propriété de l'Etat ; — 2° une esquisse peinte de sa composition, dont le champ aura au moins cinquante centimètres sur son plus petit côté.

*Dans la 4ᵉ année.*

Un tableau de sa composition, de plusieurs figures de grandeur naturelle : le sujet sera tiré soit de la mythologie, soit des littératures, soit de l'histoire ancienne, sacrée ou profane. Ce tableau n'aura pas plus de quatre mètres dans sa plus grande dimension.

Le tableau qui constitue l'envoi de dernière année des pensionnaires peintres sera, lorsqu'il en paraîtra digne, signalé par l'Académie des Beaux-Arts à l'administration, dans une lettre spéciale qui sera jointe au rapport annuel adressé au ministre.

**2° Pensionnaires sculpteurs.**

ART. 29. — Le pensionnaire sculpteur devra exécuter :

*Dans la 1ʳᵉ année de sa pension.*

1° Un bas-relief d'une ou deux figures de grandeur naturelle nues ou en partie drapées. Dans le cas où le bas-relief ne comprendrait qu'une figure, elle serait nécessairement nue. Le sujet sera emprunté soit à la mythologie, soit aux littératures où à l'histoire ancienne, sacrée ou profane ; — 2° une copie en marbre d'une statue antique qu'il aura choisie avec l'approbation du Directeur. L'Etat fournit le marbre. L'ébauche de la copie dont le pensionnaire aura la faculté d'exécuter les restaurations, lui est livrée préparée à la grosse gradine. La copie en marbre demeure la propriété de l'Etat.

*Dans la 2ᵉ année.*

1° Une figure en ronde-bosse de sa composition et de grandeur naturelle ; — 2° l'esquisse très arrêtée en bas-relief d'une composition ne comprenant pas moins de sept figures, lesquelles auront au moins quarante centimètres de proportion.

### *Dans la 3e année.*

1° Le modèle d'une figure en ronde-bosse de la composition du pensionnaire, de grandeur naturelle; ce modèle doit être mis à la disposition du Directeur le 1er avril.

### *Dans la 4e année.*

Le pensionnaire doit exécuter en marbre la figure dont il a produit le modèle l'année précédente. L'État fournit le marbre de cette figure et il paie les frais de l'ébauche, qui doit être livrée au pensionnaire préparée à la grosse gradine.

La statue qui constitue l'envoi de dernière année du pensionnaire sculpteur, sera, lorsqu'elle en sera jugée digne, signalée par l'Académie des Beaux-Arts à l'administration, dans une lettre spéciale qui sera jointe au rapport annuel adressé au ministre.

### 3° **Pensionnaires architectes.**

Art. 30. — Le pensionnaire architecte devra exécuter :

### *Dans la 1re année de sa pension.*

Quatre feuilles de détails d'après les monuments antiques de Rome et de l'Italie centrale : ces détails seront au quart de l'exécution.

Les envois de détails devront être accompagnés de sections verticales et horizontales cotées avec soin et en nombre suffisant pour rendre compte des procédés employés et du degré de perfection de l'étude.

### *Dans la 2e année.*

1° Quatre feuilles de détails d'après les monuments antiques de l'Italie : ces détails seront au quart de l'exécution ; — 2° quelques détails d'architecture de la Renaissance.

Une feuille de détail devra présenter, lavé, un des éléments de l'envoi dans son état actuel, et une autre feuille devra présenter le même élément restauré. Le pensionnaire devra rechercher un motif pouvant donner lieu à une restauration assez importante.

### *Dans la 3e année.*

1° Deux feuilles de détail d'après un monument antique de l'Italie, de la Sicile ou de la Grèce : ces détails seront au quart de l'exécution ;

— de plus, un état actuel de tout ou partie du même monument ; — 2° des détails décoratifs extérieurs ou intérieurs et des ensembles d'architecture du Moyen âge ou de la Renaissance.

### Dans la 4ᵉ année.

La restauration d'un édifice antique ou d'un ensemble d'édifices antiques de l'Italie, de la Sicile ou de la Grèce, comprenant l'état actuel et l'état restauré avec des études de détails : un mémoire historique et explicatif sera joint à ce travail.

La restauration demeure la propriété de l'État.

#### 4° Pensionnaires graveurs en taille douce.

ART. 31. — Le pensionnaire graveur en taille - douce devra exécuter :

### Dans la 1ʳᵉ année de sa pension.

1° Deux figures nues d'après nature et deux dessins d'après des statues ou des bas-reliefs antiques ; — 2° deux études de fragments ou parties détachées d'après des tableaux ou des fresques de grands maîtres ; — 3° le dessin d'un portrait anciennement peint par un maître célèbre, dont l'original sera pris dans quelque musée ou une galerie de l'Italie et dont le choix sera approuvé par le Directeur. Dans ce dessin, la tête aura au moins six centimètres de hauteur ; — 4° une épreuve de la planche ébauchée de ce portrait.

### Dans la 2ᵉ année.

1° Une figure nue d'après nature et un dessin d'après l'antique ; — 2° un dessin de 0ᵐ,40 au moins d'après un tableau ou une fresque de grand maître ; — 3° la planche terminée au burin du portrait ébauché dans la 1ʳᵉ année.

Le cuivre, accompagné d'une épreuve, fera partie de l'exposition des envois. Le cuivre est et demeure la propriété de l'Etat. L'auteur pourra être autorisé par le ministre à faire tirer de cette planche jusqu'à concurrence de 300 épreuves qui resteront sa propriété ; mais cette autorisation ne pourra lui être accordée qu'à la fin de sa pension et s'il a satisfait à toutes ses obligations. Sur le rapport de l'Académie et avec l'autorisation du ministre, on pourra tirer un certain nombre d'épreuves qui seront placées dans les établissements publics.

### Dans la 3ᵉ année.

1° Deux figures nues d'après nature et deux dessins d'après des statues ou des bas-reliefs antiques ; — 2° un dessin de deux figures au moins d'après un tableau ou une fresque de grand maître; le choix du tableau ou de la fresque devra être approuvé par le Directeur. Ce dessin devra avoir, au moins, 0$^m$,30 dans sa plus grande dimension, et servira pour faire la planche qui devra être de même dimension et qui constitue l'envoi de dernière année; — 3° l'ébauche de cette planche; le pensionnaire devra la soumettre au Directeur à la fin de l'année.

### Dans la 4<sup>e</sup> année.

La planche terminée du dessin exécuté dans la 3° année.

La planche qui constitue l'envoi de dernière année du pensionnaire graveur en taille-douce sera, lorsqu'elle en paraîtra digne, signalée par l'Académie des Beaux-Arts à l'Administration, dans une lettre qui sera jointe au rapport annuel adressé au ministre.

### 5<sup>e</sup> Pensionnaires graveurs en médailles et en pierres fines.

Art. 32. — Le pensionnaire graveur en médaille et en pierres fines devra exécuter :

1° Une figure d'après nature, en bas relief, ayant au moins 0$^m$,30 de proportion, cette figure exprimera un sujet, elle sera exécutée en cire; — 2° une tête d'étude exprimant un sujet, ce modèle sera exécuté en cire et aura 0$^m$,16 de diamètre : ces sujets seront soumis à l'approbation du Directeur; — 3° la copie en creux d'une médaille ou d'une intaille antique; — 4° un dessin soit d'après nature, soit d'après l'antique, soit d'après les maîtres.

### Dans la 2<sup>e</sup> année :

1° La figure en médaille ou en pierre fine de la tête d'étude de l'année précédente. Ce travail demeure la propriété de l'État; — 2° un coin gravé en creux ou en intaille d'après une statue ou bas-relief antique. Les pierres sont fournies par l'État au graveur en pierres fines; — 3° une esquisse très arrêtée d'une composition de trois figures au moins, pour le graveur en médailles sur un champ circulaire de 0$^m$,28 de diamètre dans sa plus grande dimension, et, pour le graveur en pierres fines, une esquisse très arrêtée de trois figures au moins sur un champ de 0$^m$,28 de diamètre dans sa plus grande dimension : ces esquisses seront arrêtées en cire; — 4° deux dessins, l'un d'après nature, l'autre d'après les maîtres.

### Dans la 3<sup>e</sup> année :

1° Le modèle en cire d'une médaille ou d'une pierre fine gravée (camée ou intaille) de sa composition, consistant au moins en deux figures dont la proportion ne sera pas moindre de 0$^m$,30; — 2° l'exécution pour le graveur en médailles se fera sur acier en creux ou en relief à son choix. Le module sera de 0$^m$,50 au minimum et de 0$^m$,70 dans sa plus grande dimension.

La médaille ou la pierre fine qui constitue l'envoi de la dernière année du pensionnaire graveur en médailles ou en pierres fines, sera, lorsqu'elle en paraîtra digne, signalée par l'Académie des Beaux-Arts à l'administration, dans une lettre spéciale qui sera jointe au rapport annuel adressé au ministre.

### 6° Pensionnaires compositeurs de musique.

Art. 33. — Le pensionnaire musicien devra :

#### Dans la 1<sup>re</sup> année de sa pension :

1° Composer deux partitions complètes ; l'une de ces partitions sera un oratorio sur des paroles françaises, italiennes ou latines ; ou bien, à son choix, une messe solennelle, soit une messe de *Requiem*, soit un *Te Deum*. La seconde partition sera un opéra ou fragment d'opéra français ou italien, soit sur un livret ancien, soit sur un livret nouveau, pourvu que ce dernier ait été accepté par le Directeur ; — 2° copier ou mettre en partition lui-même une œuvre inédite des maîtres du xvi°, xvii° ou xviii° siècle manquant à la bibliothèque du Conservatoire, que cette œuvre soit découverte par lui ou qu'elle lui soit indiquée par l'Académie. La copie du pensionnaire sera déposée à la bibliothèque du Conservatoire.

#### Dans la 2° année.

Composer, comme dans la première année, deux partitions complètes, avec cette différence qu'il pourra remplacer l'*Oratorio* ou l'ouvrage de musique sacrée par une symphonie composée de quatre morceaux, et qu'il devra varier ses travaux de manière que, s'il a composé une année un opéra italien et un oratorio, il envoie l'année suivante une messe ou une symphonie et un opéra français.

#### Dans la 3° année.

1° Écrire un opéra en un acte, soit sur un livret ancien, soit sur un livret nouveau, pourvu que celui-ci ait été approuvé par la section de musique de l'Académie des Beaux-Arts ; — 2° composer le morceau symphonique destiné à être exécuté au commencement de la séance publique annuelle de l'Académie, après avoir été préalablement soumis au jugement de la section de musique.

*Dans la 4e année.*

Écrire également un opéra en un acte sur un livret ancien ou nouveau, ce dernier approuvé par la section de musique de l'Académie.

Tous les ans, une œuvre choisie par la section de musique parmi les quatre envois du pensionnaire de dernière année sera exécutée au Conservatoire.

Nota. — Les pensionnaires compositeurs de musique jouissent de leurs entrées aux théâtres lyriques pendant le temps de leur pension qu'ils sont autorisés à passer à Paris.

---

# CHAPITRE III

## EXPOSITION DES ENVOIS A ROME ET A PARIS

### DU RAPPORT DE L'ACADÉMIE DES BEAUX-ARTS

Art. 34. — Les travaux obligatoires doivent être mis à la disposition du Directeur chaque année, le 1er avril.

Art. 35. — Il y a tous les ans, au 1er avril et pendant quinze jours, exposition publique au palais de l'Académie de France à Rome des travaux obligatoires des pensionnaires peintres, sculpteurs, architectes, graveurs en taille-douce et graveurs en pierres fines.

Art. 35 *bis*. — Les pensionnaires musiciens de première et de seconde année devront remettre leurs envois au Directeur de l'Académie à l'époque réglementaire, c'est-à-dire le 1er avril de chaque année. Les pensionnaires musiciens, ayant achevé leurs deux années de séjour à Rome, ne pourront quitter l'Académie qu'après avoir livré au Directeur leur travail de 2e année.

Les pensionnaires de 3e et de 4e année sont tenus de déposer leurs envois le 6 juin au plus tard au secrétariat de l'Institut.

Tout pensionnaire qui n'aurait pas satisfait aux clauses du règlement, perdra ses droits à l'exécution de ses œuvres au Conservatoire de musique.

Art. 36. — Ne sont admis à cette exposition que les travaux demandés par le règlement.

Art. 37. — Immédiatement après cette exposition, les travaux des pensionnaires sont adressés au ministre et envoyés à Paris : ces travaux sont déférés par le ministre à l'examen de l'Académie des Beaux-Arts.

Art. 38. — Après cet examen, les travaux des pensionnaires seront, pendant une semaine, exposés au local des expositions de l'Ecole et de l'Académie des Beaux-Arts. L'exposition aura lieu dans la seconde quinzaine du mois de juin.

Art. 39. — Le résultat de l'examen des travaux des pensionnaires fait par l'Académie est consigné dans un rapport qui est chaque année envoyé au ministre, inséré au *Journal officiel*, et transmis au Directeur de l'Académie de France à Rome : celui-ci donne connaissance du rapport à chaque pensionnaire, en ce qui le concerne.

# CHAPITRE IV

## DE LA RETENUE

### DES MESURES QUE PEUT ENTRAÎNER LA NON EXÉCUTION DES TRAVAUX OBLIGATOIRES

Art. 40. — La retenue étant destinée à garantir l'exécution des travaux exigés des pensionnaires, nul d'entre eux n'aura droit à toucher sa retenue avant le terme de sa pension et avant qu'il ait rempli toutes les obligations qui lui sont imposées par le règlement.

Art. 41. — Toutefois, si un pensionnaire justifie auprès du Directeur du besoin qu'il a d'une partie de sa retenue pour terminer son travail de dernière année, il pourra en obtenir une partie, qui, en aucun cas, ne dépassera la moitié de la somme totale. Le solde de la seconde moitié ne pourra avoir lieu avant que le dernier envoi soit achevé et remis au Directeur de l'Académie.

Art. 42. — Tout pensionnaire qui n'aura pas exécuté son travail de dernière année ou ne l'aura pas livré au Directeur pour être exposé à Rome ne touchera pas sa retenue.

Art. 43. — Lorsqu'un pensionnaire aura laissé s'écouler deux années sans satisfaire à ses obligations, sa retenue, ou la partie restante de sa retenue, fera retour au trésor.

Art. 44. — Quand un pensionnaire n'aura pas rempli ses obligations pendant deux années, l'Académie sera saisie du fait par le Directeur. Elle en fera l'objet d'un rapport au ministre en demandant, s'il y a lieu, que le pensionnaire soit privé de sa pension.

# CHAPITRE V

## RÈGLES D'ORDRE ÉTABLIES A L'ACADÉMIE DE FRANCE A ROME

Art. 45. — Le temps des pensionnaires devant être exclusivement consacré à l'étude, il leur est interdit de se livrer à aucun travail de spéculation.

ART. 46. — La distribution des chambres et des ateliers se fait par le Directeur à raison de la nature de chaque art, et en tenant compte du droit d'ancienneté de nomination des pensionnaires.

ART. 47. — Il est expressément interdit d'emporter hors du palais de l'Académie les livres et autres objets appartenant à l'établissement.

ART. 48. — Il est expressément défendu de transporter les plâtres de la galerie de sculpture et d'architecture hors du lieu où ils sont placés pour l'étude commune, sans l'approbation du Directeur.

ART. 49. — Les pensionnaires se réunissent aux heures prescrites à une table commune pour le dîner et le souper. Les repas sont servis dans la salle destinée à cet usage. Les pensionnaires ne peuvent inviter à la table commune personne du dehors.

ART. 50. — Il est interdit aux pensionnaires de retenir pendant la nuit, dans le palais, qui que ce soit sous quelque prétexte que ce soit.

Pour le maintien de l'ordre et la sûreté de tous, les portes du palais doivent être fermées à minuit.

ART. 51. — Les pensionnaires, sous la protection immédiate du gouvernement, n'oublieront jamais que leur conduite doit être irréprochable.

ART. 52. — Tout pensionnaire qui aurait commis une infraction grave aux lois du pays dans lequel il se trouvera pourra, sur le rapport du Directeur adressé au Ministre, être privé de sa pension.

# ACADÉMIE DES BEAUX-ARTS

## SECTION D'ARCHITECTURE

### PRIX ACHILLE LECLÈRE

**EXPOSÉ PRATIQUE**

Aux termes d'une donation faite à l'Académie des Beaux-Arts par M^{lle} Louise-Henriette Esterre Leclère, le 26 mai 1855, modifiée par un nouvel acte du 12 avril 1866, et pour se conformer aux intentions de la donatrice, dans l'emploi de la rente perpétuelle qu'elle a fondée, un prix, consistant en une médaille de la valeur de *mille francs*, dit *prix Achille Leclère*, est mis chaque année au concours par l'Académie des Beaux-Arts.

Chaque année, le programme du concours, rédigé par la section d'architecture de l'Académie des Beaux-Arts, est publié dans le *Journal Officiel* le 23 décembre, jour anniversaire de la mort de M. Achille Leclère, ancien architecte, membre de l'Académie.

Pour être admis comme candidat à ce concours, il faut être Français et âgé au plus de trente ans le jour de la publication du programme.

*Suivent divers programmes déjà donnés à ce concours.*

# PROGRAMMES

## UN PALAIS PROVISOIRE

Une grande revue devant avoir lieu dans le Midi de la France en présence d'un souverain d'un pays voisin et du Président de la République, on suppose qu'il aura été nécessaire d'élever un ensemble de constructions provisoires, auquel le service des Beaux-Arts aura été appelé à participer en même temps que la Guerre et que la Marine.

Quatre voies parallèles séparées deux par deux par un large quai ont servi au débarquement des trains amenant des troupes. Cet ensemble n'est pas couvert, mais un large portique-abri s'élève du côté où descendront successivement les chefs de l'Etat et leur suite.

Un grand espace ménagé spécialement permettra les réceptions, l'installation du corps diplomatique, le placement des hautes personnalités militaires, enfin le groupement d'une assistance relativement peu nombreuse, mais commodément répartie, assise et bien placée, pour assister à la scène de l'arrivée des personnages officiels.

Outre les locaux nécessaires aux services, seront répartis à proximité les salons particuliers et les pièces accessoires où pourront se retirer les principaux invités, les chefs de l'Etat et les membres de leur famille ; mais une grande importance devra être donnée à des salons ou galeries accompagnant une vaste salle à manger où un lunch sera servi peu de temps après l'arrivée du train, avant le départ pour la revue. La sortie sur l'extérieur affectera des allures d'arc triomphal. On y trouvera un grand vestibule, de larges arbres et sur l'esplanade de la gare, des espaces pour ranger les voitures, pour amener les chevaux, pour répartir les escortes, pour assurer le service d'ordre et de police, et pour distribuer les troupes de parade à l'arrivée et au départ.

La construction de ce palais provisoire sera en matériaux légers ; mais l'aspect décoratif devant être grandiose et sévère, bien en harmonie avec une brillante fête militaire, toutes les ressources de l'art architectural, de la décoration peinte ou sculptée, des emblèmes guerriers, des armes, des trophées, des étendards, des feuillages, etc., seront mis en œuvre pour cette composition.

Les dimensions données n'ont d'autre limite que la longueur maxima supposée d'un grand train de troupe ; soit environ 200 mètres de quai ; les constructions ne dépasseront pas 100 mètres et elles occuperont telle partie qu'il résultera de la forme du plan et de l'esplanade du dehors.

# LA PORTE D'ENTRÉE D'UNE CAPITALE

Cette porte, d'un caractère monumental et décoratif, doit répondre à la fois aux exigences du service de l'octroi et aux besoins de la sécurité publique. On ne doit pas oublier qu'elle doit toujours être une barrière où se fait la visite des marchandises et celle de toutes sortes de voitures. On doit donc réserver des espaces suffisants et commodes pour ce service, et pourvoir à ce que les battants puissent être facilement ouverts ou fermés.

Les dépendances de la porte comprendront :

1° Un poste de surveillance pour environ douze commis, avec chambre de brigadier et water-closet ;

2° Une chambre de dépôt pour les objets saisis ;

3° Un bureau pour l'enregistrement des marchandises et la perception des droits d'octroi ;

4° Un poste militaire pour vingt-cinq hommes, avec chambre d'officier, violon et water-closet.

Rattachées au mur d'enceinte de la ville, les constructions ne doivent pas excéder une largeur maximum de 40 mètres ; les autres dimensions sont indéterminées.

---

Autres sujets de concours :

**Un établissement pour l'exposition des produits horticoles ;**

**Une salle des fêtes pour une mairie de Paris.**

# UNE CASERNE DE GENDARMERIE POUR UNE GRANDE VILLE

Cet édifice, isolé de toutes parts, contiendra un escadron de cavalerie et deux compagnies d'infanterie.

Les bâtiments seront disposés autour d'une grande cour de réunion ou de manœuvres et de cours de service. Les plus importants auront deux étages sur rez-de-chaussée.

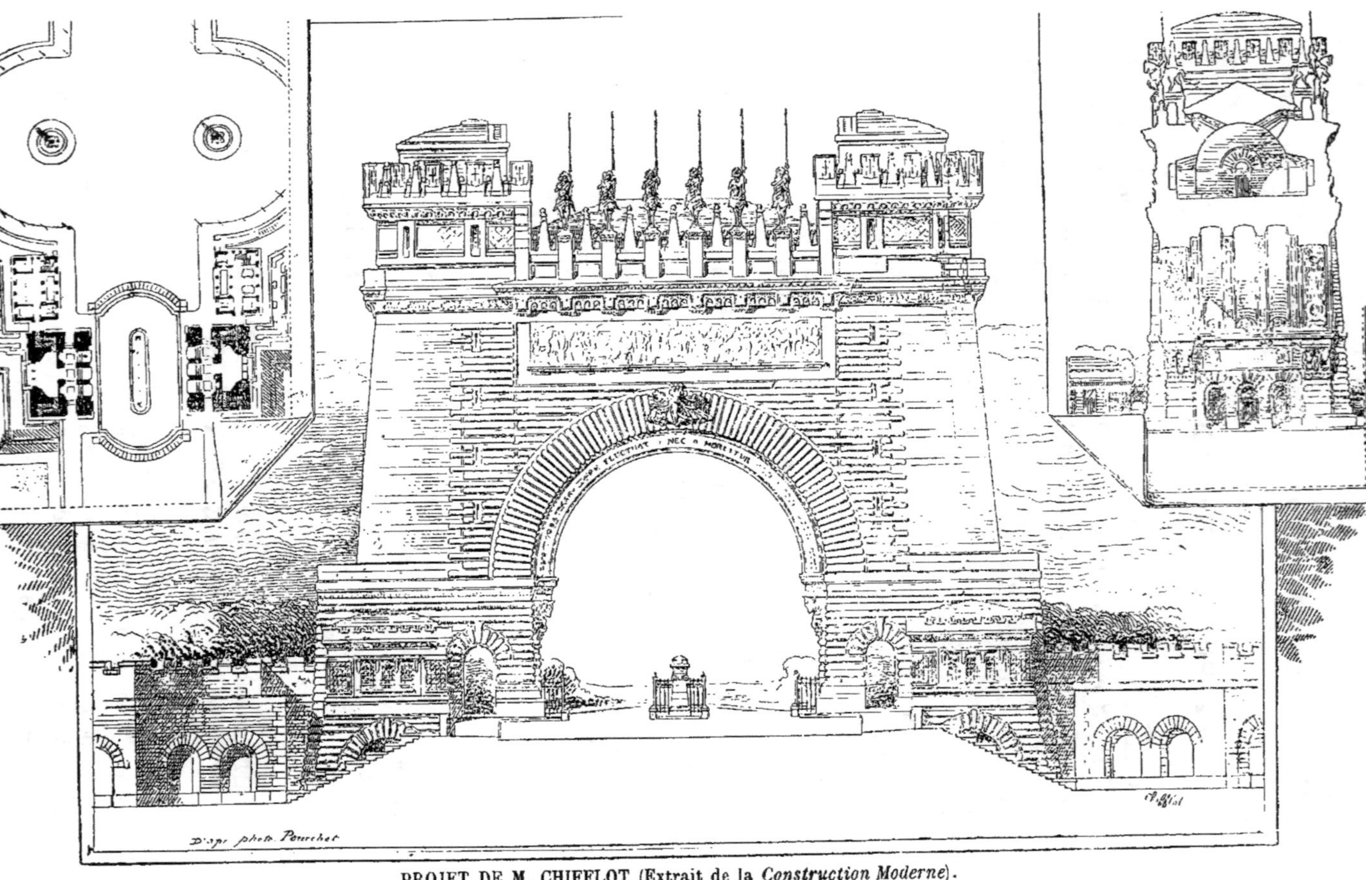



PROJET DE M. CHIFFLOT (Extrait de la *Construction Moderne*).

Un escadron se compose de :

> 1 capitaine,
> 4 lieutenants,
> 10 sous-officiers,
> 139 cavaliers, y compris les brigadiers.

Total : 154 hommes et 142 chevaux.

Chaque compagnie d'infanterie se compose de :

> 1 capitaine,
> 2 lieutenants,
> 8 sous-officiers
> 101 gardes et caporaux

Total : 122 hommes et 2 chevaux

L'état-major se compose d'un chef d'escadron, un chef de bataillon, d'un capitaine adjudant-major, de deux sous-officiers, d'un vétérinaire et d'un aide-chirurgien.

Les écuries devront être doubles en profondeur, chevaux tête à tête.

Les cavaliers logés au premier étage, au-dessus de leurs chevaux.

Les chambrées de 14 à 16 hommes seront précédées d'une galerie pour desservir les chambrées.

L'infanterie sera logée dans les mêmes conditions.

Les sous-officiers seront logés chacun séparément dans les étages supérieurs. D'après le règlement militaire, chaque sous-officier a droit à une chambre et un cabinet.

Les officiers seront logés dans un pavillon séparé.

Chaque officier doit avoir quatre pièces à feu.

L'état-major sera logé comme les officiers (dans les mêmes pavillons), excepté le commandant qui aura six pièces.

Ce pavillon seul aura des lieux d'aisances à l'intérieur, à raison d'un cabinet pour deux ménages.

On disposera une salle pour la pension des sous-officiers et une aussi pour la cantine de la troupe.

La cuisine devra être isolée et communiquer à couvert avec les bâtiments. Il y aura attenant un magasin pour les légumes.

Les latrines seront aussi isolées, ventilées, divisées et avec cabinets fermés pour les femmes.

Le magasin à fourrage sera disposé de manière à ne pas communiquer le feu en cas d'incendie.

Une infirmerie pour les chevaux sera divisée en trois parties,
savoir : chevaux blessés, malades, douteux. Le tout pour un dixième
de l'effectif.

La sellerie sera à proximité des écuries et y communiquant.

La forge du maréchal-ferrant et le hangar pour ferrer devront être
dans une cour de service, ainsi que les abreuvoirs.

Au rez-de-chaussée : vestibule d'entrée, poste de police avec violon,
deux logements pour un concierge et pour un adjudant sous-officier
et plusieurs salles pour les rapports, le piquet, la théorie, l'école,
plus deux salles de police, l'une pour la troupe, l'autre pour les sous-
officiers. Terrain à volonté.

Esquisses, plan du rez-de-chaussée et du premier étage (par 1/2)
élévation et coupe à $0^m,0015$.

# ACADÉMIE DES BEAUX-ARTS

## SECTION D'ARCHITECTURE

## PRIX CHAUDESAIGUES

Une somme de *deux mille francs* sera remise après concours à un jeune architecte, afin qu'il puisse séjourner pendant deux ans en Italie et y terminer ses études.

Les concurrents devront être Français et n'avoir pas trente ans révolus au 1er janvier de l'année du concours (1).

Lors de sa présentation au concours, chaque candidat prendra l'engagement, que stipule la testatrice, de consacrer, s'il remporte le prix deux années consécutives à des études en Italie.

A la fin de la première année le lauréat devra justifier, par la production de son portefeuille, de la nature de ses études. Ladite production, faite à l'Académie des Beaux-Arts, donnera lieu, en cas d'insuffisance ou d'un nombre trop restreint de notés, dessins, relevés ou croquis à la suppression de la pension de seconde année.

Ce concours aura lieu de la façon suivante :

### PREMIER CONCOURS D'ESSAI

Tous les jeunes architectes qui auront, au préalable, pris l'engagement dont il est parlé plus haut, entreront en loge pour y faire, en douze heures, une esquisse sur un sujet qui sera donné par la section d'architecture de l'Académie des Beaux-Arts.

Douze esquisses pourront être choisies.

Le concours d'essai est fixé au premier jeudi du mois de septembre.

---

(1) La limite d'âge, antérieurement fixée à trente ans, a été portée à *trente-deux ans* par décision de l'Académie du 24 février 1894.

L'exposition de ces esquisses aura lieu le lendemain vendredi, et le jugement sera rendu par la section d'architecture le surlendemain samedi.

## DEUXIÈME CONCOURS

Les douze concurrents admis à la suite de ce concours d'essai entreront en loge le lundi matin pour faire, d'après leurs esquisses, leurs dessins rendus. Ils sortiront de loge le samedi soir de la semaine suivante.

Les concurrents sont tenus d'exécuter leurs projets dans leur loge. L'introduction des études faites au dehors est interdite.

Les dessins rendus seront exposés un jour avant et un jour après le jugement, qui sera rendu le samedi suivant, par l'Académie des Beaux-Arts, dans la forme ordinairement suivie.

Le concurrent choisi devra partir pour l'Italie dans un délai de trois mois après la date du jugement.

---

Le concours Chaudesaigues aura lieu tous les deux ans.

L'Académie, dans sa séance du 24 février 1894, a ajouté au règlement ci-dessus les dispositions suivantes :

« Le prix étant institué pour compléter les études d'un élève architecte, celui-ci a la faculté de continuer ces études par la recherche de l'obtention du grand prix de Rome et de décider s'il veut les prolonger. Suivant sa décision, il lui sera loisible de profiter immédiatement des avantages de la fondation, au lieu d'ajourner son voyage jusqu'à l'époque où il ne pourrait plus concourir pour le grand prix de Rome (soit, quand il aura plus de trente ans, au 1er janvier).

« Néanmoins, comme le prix Chaudesaigues se partage en deux annuités, le lauréat pourrait toujours faire la première partie de son voyage et recevoir alors la première allocation, puis revenir ensuite tenter la chance du grand prix ; s'il ne l'obtenait pas, il pourrait aller accomplir la seconde année de son séjour en Italie et, en revenant, si toutefois il n'a pas dépassé l'âge réglementaire, se présenter de nouveau au concours du prix de Rome.

« Si, au contraire, il obtient le grand prix de Rome et qu'il n'ait accompli que la moitié de ses obligations et reçu la moitié de la valeur du prix Chaudesaigues, la seconde annuité de ce prix ne lui serait pas délivrée et resterait à la disposition de l'Académie.

« Il va sans dire que si le lauréat n'avait fait aucun voyage et, par contre, n'avait reçu aucune allocation, s'il obtenait le prix de Rome, dans ces conditions, il ne pourrait cumuler, et que la somme entière attribuée au prix Chaudesaigues resterait disponible pour un autre concours.

« En résumé, le lauréat du prix Chaudesaigues aura la faculté : 1° de combiner ses époques de voyage suivant sa convenance ; 2° de concourir au prix de Rome tant qu'il n'aura pas atteint trente ans ; mais il lui est interdit de cumuler les avantages des deux prix si, étant titulaire de l'un, il devient titulaire de l'autre.

« Dans tous les cas, le premier voyage devra avoir une durée minimum de six mois, pendant lesquels le lauréat devra faire les dessins qui lui sont demandés par l'Académie, et envoyés à l'Institut avant l'achèvement de la première période de la pension ; faute de quoi, la seconde annuité de cette pension ne lui serait pas accordée. »

*Suivent divers programmes donnes à ce concours.*

# PROGRAMMES

## UN ÉTABLISSEMENT HOSPITALIER DANS L'AFRIQUE CENTRALE

Nouvellement explorées, d'immenses contrées de l'Afrique centrale sont ouvertes aujourd'hui au commerce du monde civilisé, mais l'absence de communications à travers des pays peu habités, les difficultés, les périls d'un long trajet sous un climat brûlant, ne permettront pendant longtemps encore, aux marchands européens, de voyager autrement que par troupes nombreuses.

Dès lors, il convient de créer des centres de ravitaillement, sortes de postes fortifiés où les caravanes trouveraient un abri contre les attaques des nomades aussi bien qu'un repos momentané.

Les prêtres missionnaires, qui portent au loin les lumières du christianisme et les bienfaits de la civilisation sont naturellement désignés à la direction et à la garde des nouveaux établissements. Leur influence morale sur les barbares, leur persévérance à soulager les misères humaines par tous les moyens, auraient certainement pour effet d'attirer vers leurs maisons des ressources provenant des villages les plus éloignés.

L'établissement hospitalier se divisera en deux parties distinctes : le *caravansérail*, la maison religieuse.

On le suppose construit aux pieds des montagnes, à l'entrée des gorges profondes donnant passage vers l'intérieur du continent africain. Le site très accidenté, tantôt se relève sur des masses de rochers, tantôt s'abaisse sur des terrains à pentes rapides.

Les deux parties de l'établissement sont pourvues de défenses, de murailles, de fossés.

Le *caravansérail* se composera de : une très vaste cour, dans laquelle les caravanes pourront librement entrer avec leur suite, leurs bêtes de somme, leurs troupeaux, décharger leurs marchandises,

**UN ÉTABLISSEMENT HOSPITALIER DANS L'AFRIQUE CENTRALE**

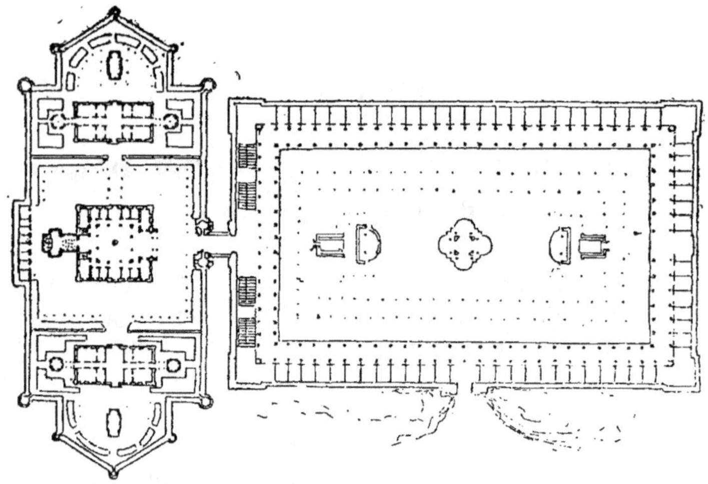

**PROJET DE M. MARC HONORÉ** (Extrait de la *Construction Moderne*).

camper au besoin. Elles y trouveront des eaux vives, des ponts, des abreuvoirs, des couverts d'arbres, des abris pour les animaux. Autour de cet espace se développeront de *larges portiques* offrant aux hommes la facilité de s'abriter et de séjourner soit par troupe, soit isolément par chambrées de famille. On ménagera une porte principale fortifiée, dont les protections contourneront extérieurement les portiques.

*La maison religieuse*, placée sur le point culminant, dominera les autres constructions. Elle sera défendue par une enceinte continue de hautes murailles, capables de soutenir un assaut, même du côté du caravansérail, dans le cas où il serait envahi. Elle aura une seule entrée de ce côté, une seule porte fortifiée, accompagnée d'un poste de concierge et d'un parloir servant de salle de consultation.

Dans l'enceinte de la maison religieuse on trouvera :

1° Un bâtiment d'hospice dans lequel 50 voyageurs malades seront logés dans des chambres séparées. Il y aura, en outre, un réfectoire, une cuisine et dépendances nécessaires, salles de bains, etc., enfin un petit jardin particulier clos de murs ;

2° Un bâtiment d'école destiné à recevoir 100 enfants indigènes des deux sexes jeunes néophytes logés dans des dortoirs. On trouvera en outre les classes, un réfectoire, dit salle de réunion, un petit jardin de récréation clos de murs ;

3° Un bâtiment d'habitation ou couvent pour 30 religieux. Les cellules seront disposées en deux étages autour d'un cloître. On y joindra une *petite* chapelle, une bibliothèque et un réfectoire ;

4° Un ou deux petits bâtiments de dépendances et cuisine contenant aussi les logements des serviteurs ;

5° Le jardin des religieux. Les eaux courantes amenées des hauteurs voisines, des puits, des citernes, permettront aux religieux d'entretenir sur les plateaux une végétation abondante et de cultiver un jardin potager suffisant à leurs besoins.

Nota. — Les constructions de la maison religieuse seront conçues au seul point de vue de l'utilité, elles revêtiront le caractère de la simplicité évangélique.

Terrain : une superficie de 40,000 mètres.

Esquisse : Plan à 0$^m$,015 pour mètre, façade à 0$^m$,003 pour mètre.


RENDU

Plan et coupe à 0$^m$,003 pour mètre, façade à 0$^m$,006 pour mètre.


## UN THÉATRE DE JOUR

Les représentations diurnes sont de plus en plus en faveur en toutes saisons. On suppose qu'une salle disposée spécialement pour les spectacles auxquels conviendrait la lumière naturelle, sans recherche des illusions de l'éclairage artificiel serait construite dans une promenade publique, dont elle formerait le motif décoratif principal. La scène y serait couverte. Elle pourrait être occupée par des acteurs, par un orchestre ou par des orateurs ou conférenciers.

Il y a dans beaucoup de villes d'Italie des théâtres d'été ouverts le jour. Ce n'est donc pas précisément une nouveauté qui est indiquée dans le programme.

La mise en scène y est forcément simple, ne comporte pas les ressources de la décoration théâtrale venant du haut; mais non seulement on y donne des ballets et des spectacles pour les yeux et des exécutions musicales, mais des tragédies, des drames et des comédies.

La partie réservée au public n'aurait pas seulement des gradins comme les amphithéâtres antiques, mais des rangs de loges et de galeries. Ce qui constituerait son originalité serait le ciel ouvert qui pourrait être rapidement revêtu de son vitrage en cas de mauvais temps. Il y aurait des galeries, vestibules, contrôles, vestiaires, des escaliers grands et petits.

Un foyer serait facultatif puisque le jardin pourrait en tenir lieu, de même qu'il pourrait être substitué à un café-buffet.

Derrière : entrée spéciale pour la direction, les artistes ; un foyer de la danse et du chant, un salon pour les musiciens ; vingt loges d'artistes hommes, autant d'artistes femmes, des salles pour cent figurants des deux sexes dans chacune; autant pour les choristes et les danseurs et danseuses, soit encore 200 personnes avec boxs pour les changements de vêtements ; des magasins d'accessoires de costumes.

Des dépôts de décors de peu d'importance seraient à proximité de la scène; pas de chauffage, de machinerie, d'électricité.

Les dimensions du terrain n'excéderont pas 60 mètres dans un sens, 100 dans l'autre.

On fera les esquisses à l'échelle de 0$^m$,0025 pour le plan, pour la façade principale, la façade latérale et une coupe.

Pour le rendu les échelles seront doublées, à l'exception de la façade qui sera à 0$^m$,01 pour mètre.


## UNE SALLE DE FÊTES ET DE CONCERTS


La salle projetée ferait partie d'un édifice circonscrit sur ses quatre faces par de larges boulevards.

Elle serait précédée d'un vestibule d'accès avec vestiaires et accompagnée de petits salons dans une partie desquels pourraient être aménagés des buffets. Elle devra en outre être disposée pour servir, soit de salle de bal pouvant contenir 1,000 à 2,000 invités, soit de salle de concert. A cet effet, l'orchestre devra être disposé de la manière la plus favorable à l'audition de la musique et pouvoir contenir commodément 100 musiciens. Elle devra être éclairée et ventilée directement sur l'extérieur par de larges baies, pour que les fêtes puissent y être données de jour.

La décoration de la salle fait l'objet principal du concours; toutefois, les concurrents devront fournir un plan d'ensemble rattachant la salle aux accessoires qui en sont l'accompagnement obligé.

Le terrain dans sa plus grande dimension est de 80 mètres.

On fera, pour les esquisses d'ensemble, à $0^m,002$ pour mètre, et les coupes longitudinale et transversale à $0^m,005$ pour mètre.

### RENDU

Les dessins rendus seront à l'échelle de $0^m,0075$ pour le plan et la coupe et $0^m,015$ pour la coupe longitudinale.

# ACADÉMIE DES BEAUX-ARTS

## SECTION D'ARCHITECTURE

### FONDATION DE CAEN

Conformément au testament de M^me la comtesse de Caen, les revenus de la fondation sont répartis entre les pensionnaires de l'Académie de France : architectes, peintres, sculpteurs, à leur retour de Rome à Paris.

### PRIX JARY

Ce prix a été institué en faveur du pensionnaire architecte qui, avant de quitter l'Académie de France à Rome, aura rempli toutes les obligations imposées par le règlement.

### FONDATION PIGNY

Ce prix, de la valeur de *deux mille francs*, est décerné chaque année à l'architecte ayant remporté le second grand prix au concours de Rome.

### FONDATION DELANNOY

Ce prix, de la valeur de *mille francs*, est attribué chaque année à l'élève qui a remporté le grand prix de Rome en architecture.

### FONDATION LUSSON

Ce prix, de la valeur de *cinq cents francs*, est délivré tous les ans à l'élève architecte qui a obtenu le second grand prix de Rome.

### PRIX DESCHAUMES

Ce prix, d'une valeur de *quinze cents francs*, a été fondé en vue d'encourager de jeunes architectes se distinguant par leur aptitude pour leur art et par leurs bons sentiments à l'égard de leur famille.

---

## PRIX DUC

Ce prix biennal est destiné à encourager les *hautes études architectoniques*.

### PROGRAMME.

A tous les âges, l'architecture a été la grande écriture de l'histoire, et celle de notre pays a fidèlement exprimé notre civilisation et nos mœurs, depuis la domination romaine jusqu'au siècle de Louis XIV inclusivement.

Depuis cette époque, les signes et les formes qui constituent les éléments de cette écriture n'ont pas suivi une marche régulière dans leurs transformations successives. L'esprit de l'art est devenu éclectique au lieu d'être organique, et il subit trop souvent l'influence du goût et des études historiques qui sont en faveur dans notre société. Par ce fait, le style de notre architecture n'a plus l'unité nationale qui caractérisait les époques passées, et il est menacé d'occuper un rang inférieur dans l'histoire de notre art.

Il a donc semblé utile au fondateur de déterminer, autant que possible, par des études spéciales et sous le patronage de l'Académie, le style et la forme des éléments de notre architecture moderne.

Le but de ce concours n'est pas le renouvellement de ces exercices d'où naissent tous les jours à l'École des Beaux-Arts, d'ingénieuses et brillantes compositions basées sur des programmes souvent complexes.

Les concurrents, libres dans le choix de leur composition, peuvent présenter les sujets les plus simples : ce qui leur est particulièrement demandé, c'est qu'en faisant une juste application de l'architecture à nos mœurs et à nos usages, ils recherchent la beauté, riche ou simple, des éléments architectoniques, c'est qu'ils présentent un résultat d'études qui rappelle les qualités diverses qui, aux belles époques de l'art, ont conquis l'admiration universelle.

Afin de bien accentuer la forme, les profils et l'ornementation qui doivent déterminer le style et le caractère de l'architecture, les concurrents développeront par des détails, au dixième au moins, les parties de leur composition qu'ils jugeront les plus favorables à cette expression.

Le plan ou les plans seront à une échelle libre.

Les élévations et les coupes seront à une échelle de $0^m02$ pour mètre.

Le concours, qui sera biennal, sera jugé par l'Académie des Beaux-arts après une exposition publique.

Il est ouvert à tous les Français qui justifieront de leur nationalité. Les études couronnées resteront la propriété de l'Académie.

*Nota.* — Seront admises pour prendre part au concours, les études présentées dans les conditions ci-dessus prescrites, et faites d'après un monument dont l'exécution par le concurrent ne remonterait pas à plus de deux années en deçà du terme fixé pour la remise des ouvrages.

Les projets devront être adressés au secrétariat de l'Institut avant le 1er avril de l'année du concours.

Parmi les œuvres ayant obtenu le prix Duc, nous citerons :

1873. — Le collège Chaptal — par Train
1878. — Le tombeau de Lamoricière — par Boitte
1884. — Palais de justice de Charleroi — par Ballu
1888. — Palais de justice de Bucharest — par Ballu
1890. — Salles des concerts et d'exposition à Nancy — par Jasson
1893. — Etablissement thermal du Mont-Dore — par Camut.

------

## PRIX ANTOINE-NICOLAS BAILLY

**M.** Bailly, membre de l'Institut, par son testament en date du 25 août 1889, a légué à l'Académie des Beaux-Arts une somme de *cinquante mille francs* pour la fondation d'un prix dont il chargeait la Section d'architecture de cette Académie de déterminer l'objet.

Conformément aux propositions de la Section, l'Académie a décidé que ce prix, d'une valeur de *quinze cents francs* environ, sera décerné intégralement, chaque année, à un architecte, pour l'une de ses œuvres, construite et achevée, ou à l'auteur d'un ouvrage sur l'architecture publié (texte ou planches gravées).

Ces œuvres ou publications ne pourront remonter à plus de six années précédant la date de l'ouverture du concours.

Le prix sera alternativement attribué dans les rapports suivants : deux fois (et consécutivement) pour des œuvres construites ; une autre fois pour des publications.

Les auteurs devront être Français.

Dans le cas où le prix ne serait pas décerné une année, le concours serait prorogé à l'année suivante.

---

## PRIX VEUVE LEPRINCE

*Extrait de son testament.*

« Je donne et lègue à l'Académie royale des Beaux-Arts, faisant partie de l'Institut de France, 3,000 francs de rentes perpétuelles sur l'Etat, dont cette Académie jouira à compter du jour de mon décès. Je fais ce legs pour contribuer au perfectionnement des beaux-arts. En conséquence, je veux qu'annuellement cette rente soit distribuée, savoir : 1,000 francs à celui qui aura remporté le premier prix de sculpture ; 1,000 francs à celui qui aura remporté le premier prix de peinture, 600 francs à celui qui aura remporté le premier prix d'architecture, et 400 francs à celui qui aura remporté le premier prix de gravure. Dans le cas où ces premiers prix ou aucun d'eux n'auraient été obtenus dans ces quatre arts, je veux que la portion qui devait être attribuée à celui de ces arts pour l'année où il n'y aura pas de prix d'obtenu, soit remise à celui ou à ceux qui, dans les années précédentes, auront obtenu les premiers prix, et qui, se trouvant pensionnaires de l'Etat à Rome, auront envoyé le meilleur ouvrage dans l'art où il n'y aura pas eu de premier prix d'obtenu.

# SALON ANNUEL

## SOCIÉTÉ DES ARTISTES FRANÇAIS

### RÈGLEMENT

#### DISPOSITIONS GÉNÉRALES

##### CHAPITRE PREMIER

DU DÉPÔT DES OUVRAGES

ARTICLE PREMIER. — L'Exposition annuelle des ouvrages des artistes vivants aura lieu au Palais des Champs-Elysées, du 1er mai au 30 juin 1898.

Elle sera ouverte aux productions des artistes français et des artistes étrangers.

Les ouvrages devront être déposés au Palais des Champs-Élysées, conformément au règlement particulier de chacune des sections. Aucun sursis ne sera accordé, pour quelque motif que ce soit : en conséquence, l'administration du Salon considérera toute demande de sursis comme nulle et non avenue, et refusera toute œuvre qui viendrait après le délai fixé.

ART. 2. — Seront admises au Salon les œuvres des six genres ci-après désignés :

1° Peinture ; — 2° Dessins, aquarelles, pastels, miniatures, émaux, faïences, porcelaines, cartons de vitraux et vitraux ; — 3° Sculpture ; — 4° Gravure en médailles et gravures sur pierres fines ; — 5° Architecture ; — 6° Gravure et Lithographie.

ART. 3. — Ne pourront être présentés :

Les copies, même celles qui reproduiraient un ouvrage  par un procédé différent (cette disposition n'est pas applicable à la gravure et à la lithographie, elle ne l'est pas non plus à la gravure en médailles ou sur pierres fines) ;

N'est pas du reste considérée comme copie, la répétition d'une œuvre faite par l'auteur lui-même de cette œuvre au moyen d'un procédé différent ;

Les ouvrages qui ont figuré aux Salons précédents de Paris ou aux Expositions universelles de Paris ;

Les tableaux sans cadre ;

Les ouvrages d'un artiste décédé, à moins que le décès ne soit postérieur à l'ouverture du dernier Salon, auquel cas ils ne peuvent être présentés que par la famille de l'artiste décédé ;

Les ouvrages non signés ;

Les sculptures en terre non cuite et les réductions d'ouvrages de sculpture déjà exposés en même matière ;

Les ouvrages de sculpture encore dans le moule ou non dépouillés.

Art. 4. — Les ouvrages envoyés à l'Exposition devront être expédiés francs de port à M. le Président de la Société des Artistes français au Palais des Champs-Élysées.

Chaque ouvrage pourra être muni d'un cartel portant le nom de l'auteur et l'indication du sujet.

Art. 5. — L'artiste, en déposant ou en faisant déposer ses œuvres, devra, en même temps, donner une notice *signée de lui* contenant ses nom et prénoms, *sa nationalité*, le lieu et la date de sa naissance (1), le nom de ses maîtres, la mention des récompenses obtenues par lui aux Expositions de Paris, sa qualité de prix de Rome ou de prix du Salon, son adresse, le sujet et les dimensions de ses ouvrages.

Art. 6. — Les ouvrages de chacun des six genres désignés ci-dessus devront être inscrits sur une notice spéciale.

Art. 7. — Un appendice du Catalogue sera consacré aux édifices publics construits par des architectes, ainsi qu'aux ouvrages de peinture et de sculpture exécutés pour la décoration de ces monuments.

Art. 8. — Dès que les ouvrages auront été enregistrés, nul ne sera admis à les retoucher.

Art. 9. — Aucun ouvrage ne sera reproduit au Salon sans une autorisation écrite de l'auteur, qui devra, s'il désire faire reproduire son œuvre, se conformer aux règlement établis.

Art. 10. — L'administration du Salon fera tout son possible pour assurer la bonne conservation des objets d'art qui lui auront été confiés par les artistes, mais elle décline d'avance toute responsabilité pécuniaire dans le cas où ces objets se trouveraient endommagés ou perdus pour quelque cause que ce soit. Elle fait les mêmes réserves en ce qui concerne les erreurs ou omissions qui pourraient être commises au catalogue.

Nul objet ne pourra être retiré avant la clôture de l'exposition, à

---

(1) La déclaration du lieu et de la date de naissance peut être utile aux artistes qui désirent concourir à certaines récompenses du Salon.

moins de circonstances exceptionnelles dont le Conseil d'administration sera juge.

L'ouvrage détérioré volontairement, pour une cause quelconque par l'artiste lui-même, pourra être maintenu à la place qu'il occupait, et l'artiste qui l'aura détérioré pourra être privé temporairement du droit d'exposer au Salon, par une décision du Conseil d'administration.

Les ouvrages admis au Salon devront être retirés dans les dix jours qui suivront la fermeture du Salon. Ils seront rendus aux artistes sur la remise du récépissé qui en aura été donné,

Après le délai précité, les ouvrages cesseront d'être sous la surveillance de l'administration du Salon et pourront être transférés dans un dépôt aux frais et à la charge de l'artiste à qui l'ouvrage appartient.

Au bout d'une année, si les frais occasionnés par ce dépôt n'ont pas été soldés par l'artiste, la vente de l'œuvre abandonnée sera poursuivie à la requête du Conseil d'administration de la Société des Artistes et, une fois les frais prélevés, le solde de vente sera remis à l'artiste ou à ses ayants droit.

## CHAPITRE II

### DE L'ADMISSION AU SALON

Art. 11. — L'admission des ouvrages présentés par les artistes sera prononcée par un jury constitué dans chaque section suivant les conditions et dans la forme arrêtées au règlement particulier de cette section.

Les fonctions de membre du jury ne sont pas incompatibles avec celles de membre du comité de la *Société des Artistes français*.

Chacune des quatre sections aura son jury spécial

La première comprendra la peinture, les dessins, pastels, aquarelles, miniatures, porcelaines, faïences, émaux, cartons de vitraux et vitraux.

La deuxième comprendra la sculpture, la gravure en médailles et la gravure sur pierres fines ;

La troisième, l'architecture ;

La quatrième, la gravure et la lithographie.

Art. 11 *bis*. — *Arts décoratifs*. — Par suite de la décision prise par le Comité, les œuvres d'art décoratif pourront être admises à figurer au Salon dans les conditions suivantes :

Chaque artiste pourra présenter deux œuvres d'art décoratif, en dehors de celles qui sont indiquées dans le règlement particulier à chaque section.

Tout assemblage d'ouvrages dans un même cadre, dont la grandeur maxima ne devra pas excéder $1^m,20$, sera considéré comme une seule œuvre.

Ne pourront être admises que les œuvres qui, par leur caractère, leur forme ou leur matière, seraient exclues des quatre sections du Salon.

Elles seront présentées au jury d'admission dans leur forme et leur matière définitive et aucun remplacement ne sera autorisé.

Les œuvres ne devront porter que les signatures des artistes qui les auront composées ou exécutées.

Lorsque plusieurs artistes signeront un même œuvre, chacun d'eux devra indiquer au Catalogue sa part de collaboration.

Toute œuvre ayant déjà été exposée au Salon dans l'une des quatre sections ne pourra être présentée, même dans une autre matière, aux arts décoratifs.

Toutes les œuvres présentées seront soumises sans exception à l'examen de tous les jurys, représentés par une délégation de chaque section : 4 peintres, 4 sculpteurs, 4 architectes, 2 graveurs.

Cette délégation sera chargée de la réception et du classement de ces œuvres.

Elle pourra proposer au Comité d'attribuer des récompenses s'il y a lieu.

Les récompenses seront des médailles de 1re, 2e et 3e classe qui ne pourront excéder au maximum le nombre de trois, et des mentions qui ne pourront au maximum excéder le nombre de quatre.

Pour les œuvres faites en collaboration, les récompenses seront attribuées nominativement à un ou plusieurs des collaborateurs et non à des collectivités.

Les artistes précédemment récompensés dans une des quatre sections ne pourront obtenir qu'une récompense supérieure à celles déjà obtenues.

Les récompenses obtenues aux arts décoratifs ne donnent aucun droit dans les quatre sections

Les exposants décorés pour leurs œuvres personnelles ou en raison de leur situation à la tête d'une industrie artistique seront déclarés hors concours.

Le jury se réserve de ne pas accepter toute œuvre d'art décoratif qui, par ses dimensions ou sa nature, serait trop difficile à placer.

La Société des Artistes français qui décline toute responsabilité pour les objets exposés au Salon, laisse à chaque exposant des arts décoratifs toute latitude pour prendre toute précaution ou faire exercer toute surveillance qu'il jugera à propos, à ses propres frais et à sa charge.

Art. 12. — Pour l'admission de toute œuvre, la majorité des membres du jury présents est indispensable.

En cas de partage, l'admission sera prononcée.

Art. 13. — Le placement des ouvrages sera fait conformément aux indications données par le jury.

Jusqu'à l'ouverture de l'Exposition, les portes du Salon seront rigoureusement fermées à toutes les personnes qui n'y seraient pas appelées par suite de leurs fonctions ou d'une convocation spéciale. Cette disposition ne s'applique ni au ministre, ni au directeur des Beaux-Arts.

## CHAPITRE III

### DES RÉCOMPENSES

Art. 14. — Les récompenses sont votées conformément au règlement particulier de chacune des sections.

En dehors d'une médaille d'honneur (1), chacune des sections disposera de médailles de trois classes.

La médaille d'honneur ne peut être donnée à un artiste qui l'a déjà obtenue.

Nul artiste ne pourra d'ailleurs recevoir une récompense d'un ordre inférieur ou égal aux récompenses qu'il a déjà obtenues.

Des mentions honorables pourront être décernées par le jury à la suite des médailles. Comme celles-ci, elles ne sauraient être décernées deux fois au même artiste.

Les médailles et rappels de médailles antérieures à 1864 ont la valeur des médailles actuellement décernées. La médaille unique

---

(1) La date du vote de la médaille d'honneur pour toutes les sections sera ultérieurement fixée par le Comité et annoncée par le *Bulletin mensuel* et l'affichage *au Salon*. L'avis au *Bulletin mensuel* est considéré comme AVERTISSEMENT OFFICIEL.

établie par le règlement de 1864 a la valeur d'une troisième médaille, si elle n'a été obtenue qu'une fois; d'une deuxième, si elle a été obtenue deux fois; d'une première, si elle a été obtenue trois fois. Les médailles des Expositions universelles ont leur valeur déterminée par le règlement particulier à chaque section.

Art. 15. — Les œuvres récompensées seront, lors du remaniement du Salon, désignées au public par des cartels.

Art. 16. — Les récompenses seront distribuées par le Comité de la Société des Artistes français et les jurys des quatre sections, en séance solennelle.

## CHAPITRE IV

### DE L'ENTRÉE AU SALON

Art. 17. — L'Exposition sera ouverte de huit heures du matin à six heures du soir, sauf le lundi, jour où les portes n'ouvriront qu'à *dix heures*.

Les jours fériés, quels qu'ils soient, les portes seront ouvertes dès huit heures du matin, même lorsque ces fêtes tomberaient un lundi.

Le droit d'entrée est fixé à 1 franc toute la journée à partir de 8 heures. Le jour du vernissage le droit d'entrée est fixé à dix francs. Le jour de l'ouverture, l'entrée sera de deux francs de 8 heures à midi et de un franc de midi à 6 heures.

Les dimanches ordinaires, l'entrée sera de 1 franc de huit heures à midi; à partir de midi, elle ne sera plus que de 0 fr. 50. Dans le cas où l'affluence des visiteurs serait par trop grande, l'administration se réserve la faculté de fermer momentanément les portes d'entrée et de faire attendre les visiteurs.

Art. 18. — Des cartes d'entrée, rigoureusement personnelles, seront mises à la disposition des artistes exposants. Ces cartes seront distribuées aux ayants droit, dans les bureaux du secrétariat de l'administration du Salon, au Palais des Champs-Elysées. Les artistes, pour s'en servir, devront y apposer leur signature. *Toute carte prêtée sera confisquée et ne sera jamais rendue au titulaire.*

Art. 19. — Il sera fait un service de cartes d'entrée à la presse. Elles seront rigoureusement personnelles et soumises aux mêmes règles que celles délivrées aux exposants.

Art. 20. — Le trésorier de la Société des Artistes français est autorisé à délivrer des cartes d'abonnement personnelles pour la durée du Salon, au prix de 30 francs et sur la remise d'une photographie du titulaire, laquelle restera annexée à la carte d'abonnement.

Chaque Sociétaire aura droit pour un membre de sa famille exclusivement à une carte d'abonnement avec photographie au prix de 10 francs pour la durée de l'Exposition.

Il sera aussi délivré des cartes de vernissage au prix de 10 francs et d'autres cartes d'un jour au prix fixé par le règlement.

## SECTION D'ARCHITECTURE.

**Article premier.**— Les ouvrages d'architecture devront être déposés au Palais des Champs-Elysées du 1er au 5 avril inclusivement, de 10 heures du matin à 5 heures du soir.

**Art. 2.** — Chaque artiste ne pourra envoyer que deux ouvrages, mais chacun de ces ouvrages pourra se composer de plusieurs châssis. Le jury aura toujours la faculté d'écarter les dessins qu'il ne jugerait pas indispensables à l'intelligence de l'œuvre présentée.

Ne pourront être admis les ouvrages présentés dans les concours des écoles d'architecture.

**Art. 3.** — Des photographies ou des monographies pourront être exposées, mais seulement à titre de renseignements complémentaires dont le jury appréciera l'opportunité.

**Art. 4.** — Les architectes pourront exposer des modèles en relief. Un modèle en relief présenté par un architecte comptera pour l'un des ouvrages exposés par lui, à moins que ce modèle ne soit le complément d'un de ses ouvrages,

**Art. 5.** — Le vote pour l'élection du jury d'architecture aura lieu au Palais des Champs-Élysées, dans les premiers jours du mois d'avril, de midi à 4 heures du soir. Le jury se composera de 14 membres

Sont électeurs pour le jury tous les architectes français exposants ayant été déjà admis au Salon, ou aux Expositions universelles de Paris dans la section. Toutefois les membres de la Société des Artistes français auront le droit de voter même lorsqu'ils ne seraient pas exposants. Le vote par correspondance est admis.

**Art. 6.** — Lorsqu'un ouvrage est signé de plusieurs auteurs dont l'un a déjà obtenu une récompense, cet ouvrage ne peut obtenir qu'une récompense supérieure.

**Art. 7.** — La médaille d'honneur dans la section d'architecture, sera votée par tous les architectes médaillés antérieurement ou décorés pour leurs œuvres, exposants ou non, et le jury de la section réunis en assemblée plénière sous la présidence du président du jury. Le vote ne pourra donner lieu qu'à deux tours de scrutin. La médaille ne sera décernée qu'à la majorité absolue des suffrages.

Les autres récompenses seront données à la majorité absolue du jury.

Le vote de la médaille d'honneur précédera celui des autres récompenses. Elle sera votée le même jour que les autres médailles.

**Art. 8.** — Le nombre des médailles est limité à douze, dont deux seulement pourront être de première classe

**Art. 9.** — Sont hors concours les artistes qui ont obtenu la décoration pour leurs œuvres ou la médaille d'honneur ou une 1re médaille.

N. — Les indications ci-dessus ont été données en admettant le Salon annuel ayant lieu aux Champs-Elysées, où il reviendra après 1900.

# ERRATA

Page 16. — 8ᵉ ligne, lire: *les cent-vingt-huit premiers élèves* au lieu des soixante-treize.

Page 25. — Le programme : *Le service de réception d'un hôtel de ville* doit être reporté aux programmes de Construction générale, page 280 et suivantes.

Page 43. — 17ᵉ ligne, lire : *plastiline* au lieu de pastyline.

Page 198. — Lire exposé pratique du *Cours d'histoire générale de l'architecture* au lieu de *Cours d'archéologie*.

Page 259. — 19ᵉ et 20ᵉ lignes, lire : *dont nous reproduisons un programme* au lieu de plusieurs programmes.

Page 279. — Reporter le titre *Projet de construction générale* à la page suivante, ce programme étant un exercice fait en loge.

Page 339. — Lire dans le N. B. à la 3ᵉ ligne : *nous ne reproduisons ces documents que pour le troisième programme* au lieu du premier.

Page 463. — 17ᵉ ligne. — Ajouter : 7° Les œuvres d'art décoratifs.

# TABLE DES DIVISIONS



## PREMIÈRE PARTIE

### ADMISSION



## DEUXIÈME PARTIE

### RÈGLEMENT OFFICIEL DE L'ÉCOLE

#### SECONDE CLASSE

##### ENSEIGNEMENT ARCHITECTURAL



##### ENSEIGNEMENT SCIENTIFIQUE



##### DESSIN ORNEMENTAL

## TROISIÈME PARTIE

### PREMIÈRE CLASSE

#### ENSEIGNEMENT ARCHITECTURAL



#### HISTOIRE DE L'ARCHITECTURE



#### DESSIN



#### DIPLÔME



## QUATRIÈME PARTIE

### PRIX DIVERS

#### Prix attribués par l'École des Beaux-Arts.



#### PRIX DE L'ACADÉMIE



#### SALON ANNUEL